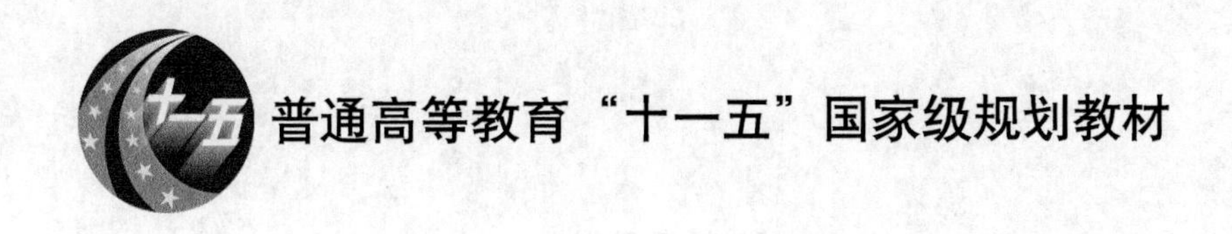

大学计算机基础教育规划教材

“国家精品课程”主讲教材、“高等教育国家级教学成果奖”配套教材
全国高校出版社优秀畅销书奖

大学计算机基础（第5版）

赵英良　主编
仇国巍　夏　秦　贾应智　编著

清华大学出版社
北京

内 容 简 介

本书是“大学计算机基础”课程教材。全书以计算机信息处理为主线，分为7章：第1章是计算机系统概述，介绍计算工具的发展、计算机硬件组成和计算机操作系统；第2章是Python语言编程入门，学习一门优秀的计算机编程语言；第3章是信息的表示与存储，学习信息是如何在计算机中表示和存储的、计算机是如何进行计算的，还包括数据压缩的内容；第4章是数据的组织，学习数据结构的基本内容；第5章是查找、排序和算法策略，学习求解问题的基本思路，包括递归、回溯和分治等内容；第6章是数据库技术基础，介绍数据如何管理；第7章是信息的传输，介绍计算机网络的基本知识以及信息传输中的基本技术。

本书以培养计算思维能力和基本计算能力为目标，内容精练，技术实用，讲解细致，习题丰富，可作为大学第一门计算机课程的教材和教学参考书。

图书在版编目(CIP)数据

大学计算机基础/赵英良主编. —5版. —北京：清华大学出版社，2017（2022.9重印）
（大学计算机基础教育规划教材）
ISBN 978-7-302-48132-4

Ⅰ. ①大… Ⅱ. ①赵… Ⅲ. ①电子计算机－高等学校－教材 Ⅳ. ①TP3

中国版本图书馆CIP数据核字(2017)第201851号

责任编辑：张 民
封面设计：何凤霞
责任校对：李建庄
责任印制：曹婉颖

出版发行：清华大学出版社
网 址：http://www.tup.com.cn，http://www.wqbook.com
地 址：北京清华大学学研大厦A座 **邮 编**：100084
社 总 机：010-83470000 **邮 购**：010-62786544
投稿与读者服务：010-62776969，c-service@tup.tsinghua.edu.cn
质量反馈：010-62772015，zhiliang@tup.tsinghua.edu.cn
课件下载：http://www.tup.com.cn，010-83470236
印 装 者：北京九州迅驰传媒文化有限公司
经 销：全国新华书店
开 本：185mm×260mm **印 张**：18.75 **字 数**：455千字
版 次：2004年8月第1版 2017年9月第5版 **印 次**：2022年9月第4次印刷
定 价：39.00元

产品编号：076818-01

序

进入21世纪，社会信息化不断向纵深发展，各行各业的信息化进程不断加速。我国的高等教育也进入了一个新的历史发展时期，尤其是高校的计算机基础教育，正在步入更加科学，更加合理，更加符合21世纪高校人才培养目标的新阶段。

为了进一步推动高校计算机基础教育的发展，教育部高等学校计算机科学与技术教学指导委员会近期发布了《关于进一步加强高等学校计算机基础教学的意见暨计算机基础课程教学基本要求》(以下简称《教学基本要求》)。《教学基本要求》针对计算机基础教学的现状与发展，提出了计算机基础教学改革的指导思想；按照分类、分层次组织教学的思路，《教学基本要求》提出了计算机基础课程教学内容的知识结构与课程设置。《教学基本要求》认为，计算机基础教学的典型核心课程包括大学计算机基础、计算机程序设计基础、计算机硬件技术基础(微机原理与接口、单片机原理与应用)、数据库技术及应用、多媒体技术及应用、计算机网络技术及应用。《教学基本要求》中介绍了上述六门核心课程的主要内容，这为今后的课程建设及教材编写提供了重要的依据。在下一步计算机课程规划工作中，建议各校采用“1＋X”的方案，即“大学计算机基础”＋ 若干必修或选修课程。

教材是实现教学要求的重要保证。为了更好地促进高校计算机基础教育的改革，我们组织了国内部分高校教师进行了深入的讨论和研究，根据《教学基本要求》中的相关课程教学基本要求组织编写了这套“大学计算机基础教育规划教材”。

本套教材的特点如下：

(1) 体系完整，内容先进，符合大学非计算机专业学生的特点，注重应用，强调实践。

(2) 教材的作者来自全国各个高校，都是教育部高等学校计算机基础课程教学指导委员会推荐的专家、教授和教学骨干。

(3) 注重立体化教材的建设，除主教材外，还配有多媒体电子教案、习题与实验指导，以及教学网站和教学资源库等。

(4) 注重案例教材和实验教材的建设，适应教师指导下的学生自主学习的教学模式。

(5) 及时更新版本，力图反映计算机技术的新发展。

本套教材将随着高校计算机基础教育的发展不断调整，希望各位专家、教师和读者不吝提出宝贵的意见和建议，我们将根据大家的意见不断改进本套教材的组织、编写工作，为我国的计算机基础教育的教材建设和人才培养做出更大的贡献。

"大学计算机基础教育规划教材"丛书主编

教育部高等学校计算机基础课程教学指导委员会副主任委员

冯博琴

前言

本书第4版于2011年出版。当时计算思维正在引入教学，编写第4版的目标是基于计算机信息处理的基本技能，培养计算思维能力，应用6年，收到了较好的效果。从对“大学计算机基础”课程做的调查看，学完本课，95%的同学认为本课程的收获很大或较大，90%以上的同学认为计算机科学是有趣的，80%的同学认为本课程对思考问题的能力有较大启发和很大启发，50%以上的同学认为对绑定、效率、记忆、递归、纠错、学习、按时间排序、计算、分解、冗余等计算思维的基本概念理解较好。本书第4版获2014年西安交通大学第十三届优秀教材一等奖暨全国高校出版社优秀畅销书奖，也是“国家精品课程”主讲教材。当然，本书也有很多不足，比如原来的组织结构不尽合理，内容偏多，部分内容讲得不够细致，例题、习题还不够丰富等。

在多年教学实践基础上，参考教育部高等学校大学计算机课程教学指导委员会编制的《大学计算机基础课程教学基本要求》(2016版)，本书主要作了如下修改：

(1) 调整了内容的顺序。将计算机系统的讲解放到了第1章，这样先让同学们了解计算机系统是什么样的；将数据的组织和数据管理分开，也调整了顺序，这样逻辑上更合理些。

(2) 增加了部分内容。如Python语言编程基础，这样就容易实现以后的基于Python的编程实验；增加了加法器的介绍，便于理解庞大的计算机系统是由基本电路组成的。

(3) 删除和精简了部分内容。如信息传输部分删除了同步技术、复用技术；信息表示部分删除了图像和音视频的压缩等。精简了算法策略和信息传输的大部分内容。

(4) 增加了例题和习题。大部分要求掌握的内容，都增补了例题，同时增补了类型丰富的习题，这使学生更容易把握教学的目的和目标，便于练习掌握。

(5) 增加了计算机科学家的简介。对本书中出现的计算机科学家，出于敬仰和敬意，大部分列出了简短介绍，同时也方便同学们了解知识、技术的背景，更好地掌握学习内容。

(6) 增加了课堂提问。这样方便学生进行阶段性思考，而不总是低头学习。

本书第5版组织更合理，内容更精练，讲解更细致，逻辑更紧密，习题更丰富，目标更明确，教学内容涵盖《大学计算机基础课程教学基本要求》列出的8类42个计算思维核心概念。

本书第1～3章由赵英良编写和修订，第5章由仇国巍编写和修订，第1、7章由夏秦编写和修订，第4、6章由贾应智编写和修订，全书由赵英良统稿。本书获西安交通大学本科“十三五”规划教材建设项目支持。在修订过程中卫颜俊、乔亚男等老师也提出了许多宝贵意见，在此表示感谢。

由于编者水平有限，书中难免有不足甚至是错误，恳请专家、同行和同学们批评指正，更希望提出意见和建议，谢谢。

编　者
2017年6月于西安

目 录

第1章 计算机系统概述

1946年,电子数值积分和计算机(ENIAC)的问世,标志着计算机时代的到来。七十多年来,计算机的发展经历了电子管、晶体管、集成电路和大规模集成电路等4个时代,已经进入网络化和智能化时代。计算机的应用从科学计算发展到信息处理、媒体制作、产品设计制造、智能控制和休闲娱乐。计算模式从单主机发展到客户机/服务器、浏览器/服务器、网络计算和云计算模式。计算机是如何实现这些神奇功能的呢?我们还是从计算说起吧。

1.1 计算和计算工具

计算由来已久,从远古人的结绳计数就开始使用计算。天文学家通过计算分析天体的运行规律和物质组成,生物学家通过计算解释人类遗传的规律,经济学家通过计算规划国家发展方向,工程师通过计算进行建筑、产品的设计,社会学家通过计算揭示社会发展规律,考古学家和历史学家通过计算揭示人类和宇宙的起源。

1.1.1 计算

计算(computation)是算法的执行过程,即从包含算法和输入数据的初始状态开始,经过一系列的中间状态,直至达到最终的目标状态的过程。

算法(algorithm)是由若干条指令组成的有穷序列。

指令(instruction)是表示某种动作的符号。

【例1-1】 一元二次方程的一般形式是 $ax^2+bx+c=0, a\neq0$,请写出求一元二次方程的根的算法(含复根)。

问题分析:一元二次方程的根可以通过求根公式计算出来。实根、复根可以通过根的判别式判断,不过应先计算根的判别式,再计算根。

解:设一元二次方程为 $ax^2+bx+c=0, a\neq0$,则求一元二次方程根的算法如下:

① 计算 $\Delta=b^2-4ac$。

② 如果 $\Delta=0$,则方程有两个相同的实根。

$$x1 = x2 = -b/(2a)$$

转⑤。

③ 如果 Δ>0，则方程有两个不同的实根。

计算 $d=\sqrt{\Delta}$

$$x1=(-b+d)/(2a),\quad x2=(-b-d)/(2a)$$

转⑤。

④ 如果 Δ<0，则方程有两个不同的复根。

计算 $d=\sqrt{-\Delta}$

$$x1=-b/(2a)+d/(2a)i,\quad x2=-b/(2a)-d/(2a)i$$

⑤ 结束。

其中，i 是虚单位，$i^2=-1$，“/”表示除法运算。

【例 1-2】 分析下列算法的功能。

① n=10。

② mul=1，i=1。

③ 如果 i<=n，计算 mul=mul * i，转④；
否则，转⑤。

④ i=i+1，转③。

⑤ 输出 mul。

⑥ 结束。

解：按照算法描述的步骤去做，第①步，n 表示 10，第②步，mul 表示 1，i 表示 1。第③步，i 小于等于 10 成立，所以执行 mul=mul * i，刚才 mul 表示 1，i 表示 1，结果是 mul 的值是 1；转④，执行 i=i+1，刚才 i 表示 1，加 1 之后变成 2，注意这时 i 就表示 2 了。然后转③。i 仍小于 10，再执行 mul=mul * i，注意，这时 mul 是 1，i 是 2，结果是 mul=1 * 2。又转④，i 又加 1，变成 3，3 小于 10，再乘以 mul……

大家注意，只要 i 小于等于 10，就会在当前 mul 基础上乘以 i，然后 i 加 1，这样，mul 就是最先乘以 1，再乘以 2，再乘以 3，再乘以 4，…，直到乘以 10，这就是 10!。当 i 加到 11 的时候，不小于等于 10 了，这时转⑤，输出 mul，就是 10!，值是 3628800。所以，这是一个求 10!的值的算法，改变 n 就可以求任意数的阶乘。

【思路扩展 1-1】 算法描述了做事情的步骤和过程，按照算法的说明，一步一步去做，就能完成任务，从这个意义上说，算法不仅可以描述数学计算，还可以描述任何任务的完成过程。事实上，常见的菜谱、乐谱、导航和各种使用说明等，都是算法。

为了方便计算，加快计算过程，人们设计出辅助计算的装置，这就是计算工具。有了计算工具，人们就可以完成更复杂的计算，计算和计算工具相互促进地发展着。

1.1.2 早期计算工具

中国古代最早的记数方法是结绳记数。所谓结绳记数，就是在一根绳子上打结来表示事物的多少。比结绳记数稍晚一些，古代的先民又发明了契刻记数的方法，即在骨片、木片或竹片上用刀刻上口子，以此来表示数目的多少。

在中国历史长河中，结绳记数和契刻记数的方法大约使用了几千年的时间，到新石器时代的晚期，才逐渐地被数字符号和文字记数所代替。最晚到商朝时，我国古代已经有了比较完备的文字系统，同时也有了比较完备的文字记数系统。在商代的甲骨文中，已经有了一、二、三、四、五、六、七、八、九、十、百、千、万这 13 个记数单字，而有了这 13 个记数单字(见图 1-1 和图 1-2)，就可以记录十万以内的任何自然数。

一　二　三　四　五　六　七　八　九　十　百　千　万

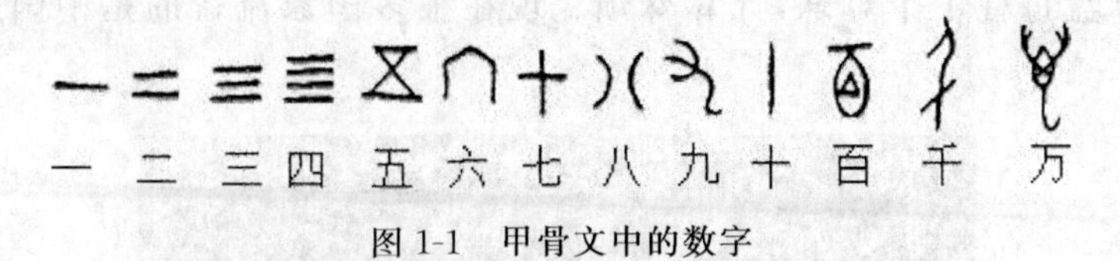

图 1-1　甲骨文中的数字

1. 算筹

中国春秋时代就出现了“算筹”。根据史书的记载和考古材料的发现，古代的算筹实际上是一根根同样长短和粗细的小棍子，一般长为 13～14cm，径粗 0.2～0.3cm，多用竹子制成，也有用木头、兽骨、象牙、金属等材料制成的(见图 1-3)，大约二百七十几枚为一束，放在一个布袋里，系在腰部随身携带。需要记数和计算的时候，就把它们取出来，放在桌上、炕上或地上都能摆弄。

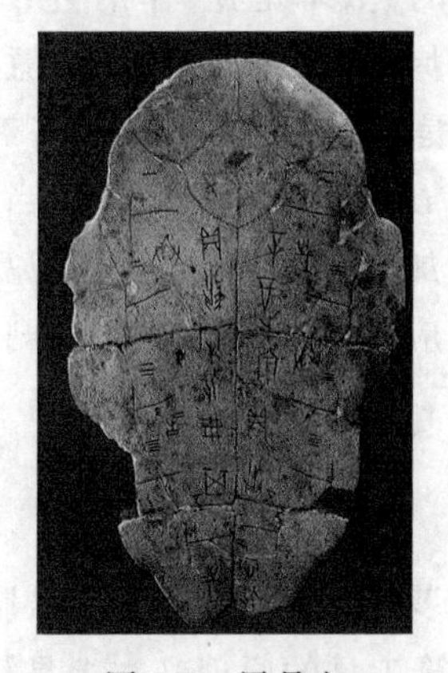

图 1-2　甲骨文

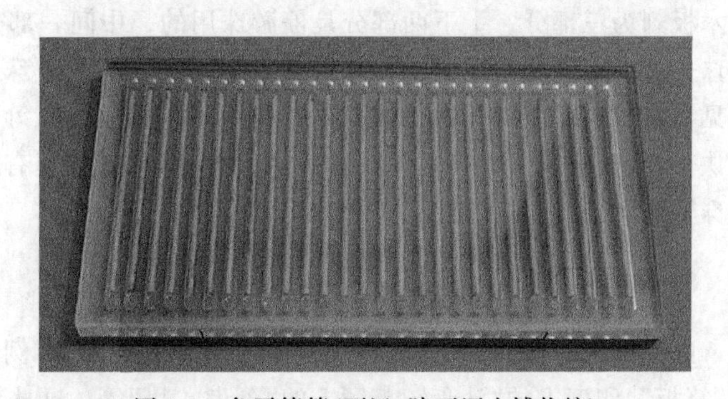

图 1-3　象牙算筹(西汉，陕西历史博物馆)

在算筹计数法中，以纵横两种排列方式来表示单位数字，其中，1～5 分别以纵横方式排列相应数目的算筹来表示，6～9 则以上面的算筹(1 个算筹代表 5)再加下面相应的算筹来表示，如图 1-4 所示。表示多位数时，个位用纵式，十位用横式，百位用纵式，千位用横式，依此类推，遇零则置空。这种计数法遵循十进制的进位计数制。而用算筹表示数的不同方法，就是数的编码。

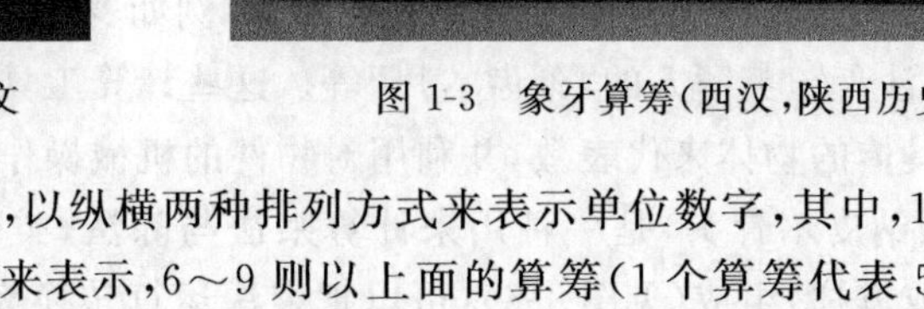

纵式
横式
1　2　3　4　5　6　7　8　9

图 1-4　古代算筹计数法

2. 算盘

算盘一类的计算工具很多文明古国都出现过，例如古罗马算盘没有位值概念，被淘汰了。俄罗斯算盘每柱十个算珠，计算麻烦。现在很多国家流行的是中国式的算盘（见图 1-5）。

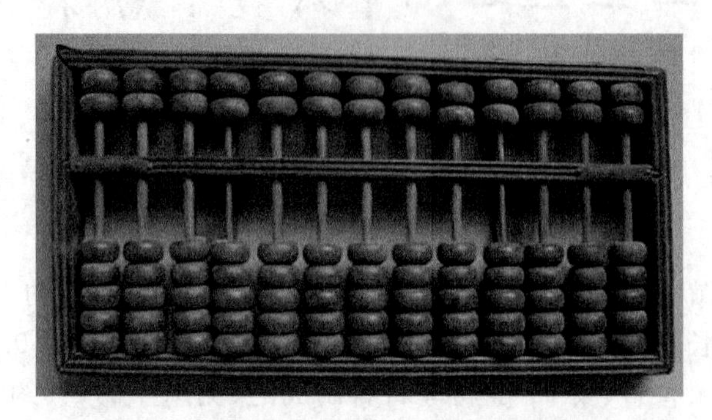

图 1-5 算盘（江苏南通，中国珠算博物馆）

中国算盘是从算筹发展而来的。汉末三国时期，徐岳撰的《数术记遗》中有述："珠算，控带四时，经纬三才"，这是对珠算的最早的文字记载。北周甄鸾为此作注，大意是：把木板刻为三部分，上下两部分是停游珠用的，中间一部分是作定位用的。每位各有五颗珠，上面一颗珠与下面四颗珠用颜色来区别。上面一珠当五，下面四颗，每珠当一。可见当时"珠算"与现今通行的珠算有所不同。算盘比算筹更加方便实用，同时还把算法口诀化，从而加快了计算速度。用算盘计算称珠算，珠算有对应四则运算的相应法则，统称珠算法则。

3. 纳皮尔筹

除中国外，其他国家亦有各式各样的计算工具发明，例如罗马人的"算盘"，古希腊人的"算板"，印度人的"沙盘"，英国人的"刻齿本片"等。这些计算工具的原理基本上是相同的，同样是通过某种具体的物体来代表数，并利用对物件的机械操作来进行运算。

纳皮尔[①]筹（也叫纳皮尔骨头）是一种用来计算乘法与除法，类似算盘的工具。由一个底盘及九根圆柱（或方柱）组成（见图 1-6），可以把乘法运算转换为加法运算，也可以把除法运算转为减法，甚至可以开平方根。

下面举例说明如何用纳皮尔筹进行乘法运算。

【例 1-3】 用纳皮尔筹计算 46785399 乘以 7。

解：

① 把编号 4,6,7,8,5,3,9,9 的圆柱依序放入底盘（见图 1-7）。

② 在 7 对应的行中将斜线中的数字相加即得到乘积（要进位）。

实际上，上述的计算步骤，相当于现在的计算机程序了。

---

① 约翰·纳皮尔（John Napier），1550—1617，英国数学家、物理学家、天文学家，发现对数，发明纳皮尔筹。

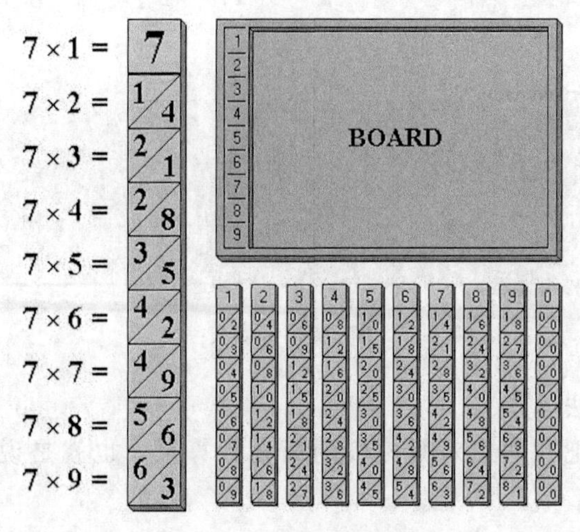

图 1-6　纳皮尔筹

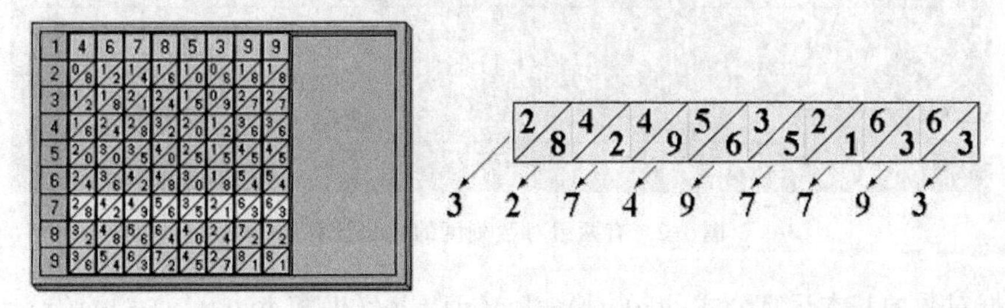

图 1-7　纳皮尔筹 46785399 乘以 7

4. 计算尺

1614 年，对数发现以后，乘除运算可以转化为加减运算。对数计算尺便是依据这一原理来设计的。1620 年，E·冈特[①]最先利用对数计算尺来计算乘除。1632 年，奥特雷德[②]发明了有滑尺的计算尺，并制成了圆形计算尺。

在计算尺的最基本形式中，用两组对数刻度来做乘除法这些在纸上进行时既费时又易出错的常见运算。在包含加减乘除的计算中，加减法在纸上进行。

所谓对数刻度，就是直尺上标“2”的位置距起点的距离是 log(2)而不是 2。实际上，即使是最基本的学生用计算尺也远远不止两组标度。多数计算尺由三个直条组成，平行对齐，互相锁定，使得中间的条能够沿长度方向相对于其他两条滑动。外侧的两条是固定的，使得它们的相对位置不变(见图 1-8)。有些计算尺(“双面”型)的两面都有刻度，有些在外条的单面和游标的两面有刻度，其余的只有一面有刻度(“单面”型)。更复杂的算尺可以进行其他计算，例如平方根、指数、对数和三角函数等。下面看一下如何用计算尺做

① 埃德蒙·冈特(Edmund Gunter)，1581—1626，英国牧师、数学家、几何学家、天文学家，发明冈特链(Gunter Chain)、冈特四分仪(Gunter quadrant)和冈特计算尺(Gunter scale)。

② 威廉·奥特雷德(William Oughtred)，1574—1660，英国数学家，发明有滑尺的计算尺，引入乘号“×”和正弦、余弦函数的缩写 sin、cos。

乘除运算。

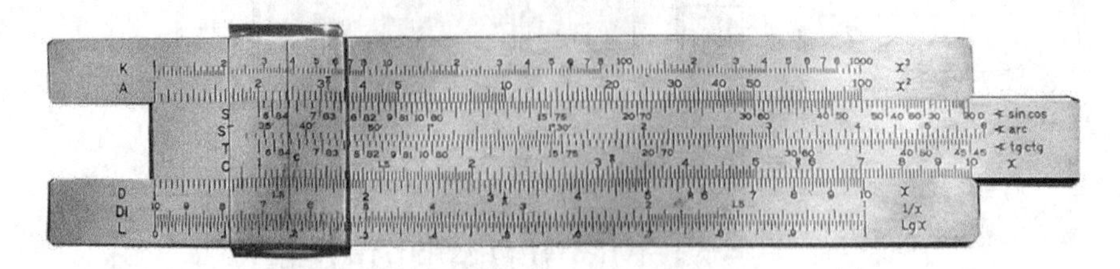

图 1-8 计算尺

(1) 计算尺的乘法运算

图 1-9 显示了一把有两组对数刻度的简化计算尺。也就是说，数字 x 印在长度为 $\log(x)$ 个单位的位置。

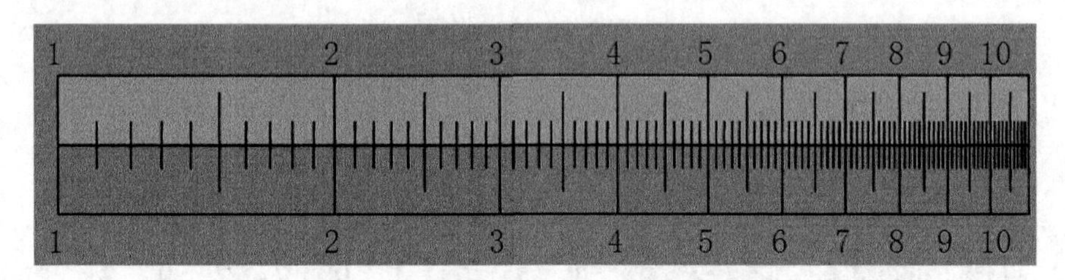

图 1-9 有两组对数刻度的简化计算尺

根据对数的基本运算公式，$\log(xy)=\log(x)+\log(y)$ 和 $\log(x/y)=\log(x)-\log(y)$ 把乘法和除法运算变为加法和减法运算。把顶部刻度向右滑动 $\log(x)$ 的距离，数字 y（位于顶部刻度 $\log(y)$ 的位置）对应的底部刻度就是 $\log(x)+\log(y)$。因为 $\log(x)+\log(y)=\log(xy)$，底部刻度的这个位置标记为 xy，也就是 x 和 y 的积。

图 1-10 显示了 2 乘以其他任何数字。上面刻度的索引(1)和下面刻度的 2 对齐了。这把整个上刻度右移了 log(2) 的距离。上刻度的数字（乘数 y）对应的下刻度就是 $2\times y$ 的结果。例如，上刻度的 3.5 对应的下刻度 7 就是 2×3.5 的结果；而上面的 4 和下面的 8 对齐，就是 $2\times4=8$。

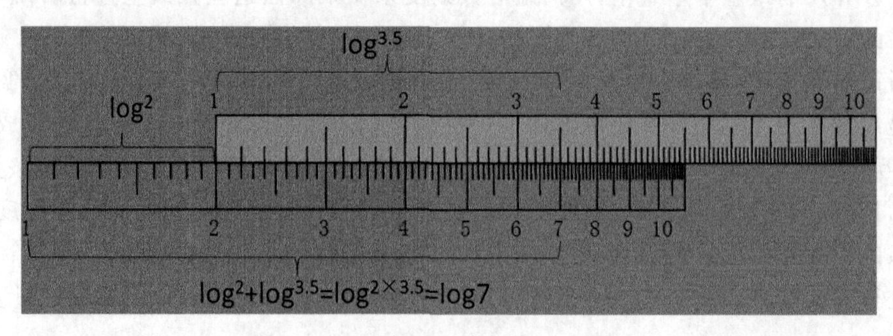

图 1-10 2 * y

(2) 计算尺的除法运算

图 1-11 显示了 7/2 的计算。上面的刻度尺向右移动，上面刻度的 2 放在下面刻度 7

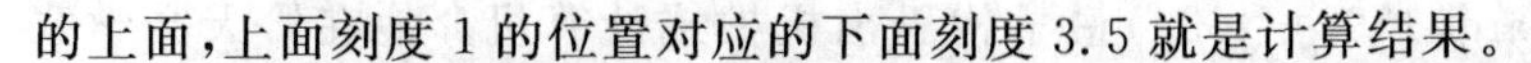

的上面，上面刻度1的位置对应的下面刻度3.5就是计算结果。

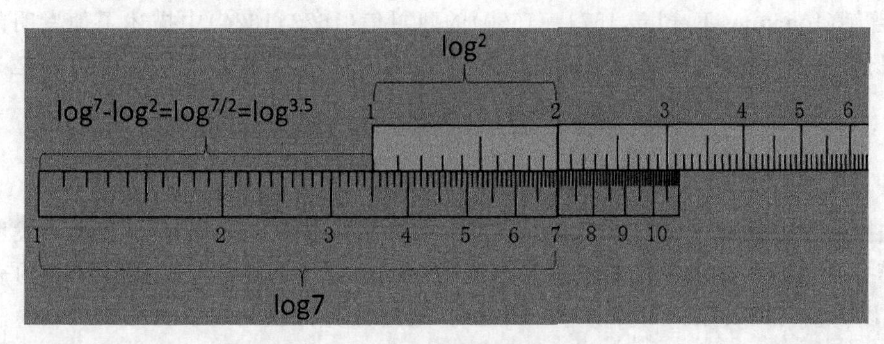

图1-11 用计算尺计算7/2

(3) 超出范围的乘法运算

有时操作可能会“超出范围”。例如图1-10中上刻度的7没有任何下刻度的数字对应，所以它不能直接给出2×7的计算结果。在这种情况下，可以把上刻度往左移，将上面的10与下面的2对齐，那么上面的1对应的下刻度就应是2/10＝0.2(即使尺子上没有)，则上刻度的7对应的下刻度就是0.2×7＝1.4，然后将小数点右移一位即14，如图1-12所示。

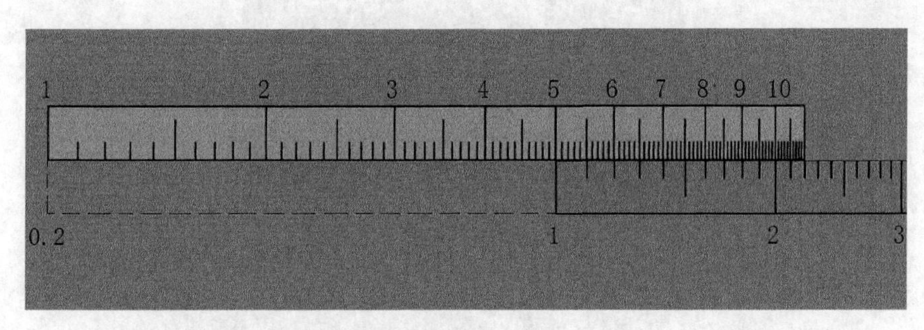

图1-12 用计算尺计算0.2×y

(4) 其他运算

除了对数刻度，有些算尺还有其他数学函数刻度。最常见的有三角函数(正弦、正切等)、常用对数(lg)、自然对数(ln)和指数函数(e^x)刻度等。

【思路扩展1-2】 计算尺的基本原理是利用对数将乘除法转换为加减法。计算机将数据变换为电信号、磁信号，进行信息的传输和存储，而计算机中的乘法、除法，也常常是转换为加法、减法和移位运算进行的。变换不仅是计算机科学中，也是其他学科甚至生活中解决问题的有效方法。当问题不能直接解决时，想想能不能做变换，变换对象、变换方法、变换步骤，其实，创新也是一种变换。

1.1.3 机械式计算机

前面介绍的几种计算工具，虽然也是机械装置，但计算过程完全手工，几乎不含任何“自动”的成分，使得计算的效率非常低。下面介绍几种有一些自动成分的计算工具。

机械式计算机是与计算尺同时出现的，是计算工具史上的一大发明。德国天文学家席卡德(Wilhelm Schickard,1592—1635)最早构思出机械式计算机。他在给天文学家J·开普勒(Johannes Kepler,1571—1630)的两封信(1623,1624)中描述了他发明的四则计算机,但并没有成功制成。而成功设计制造第一部能计算加减法计算机的是B·帕斯卡。

1. 盘式计算机

法国数学家帕斯卡(Blaise Pascal,1623—1662)19岁时,于1642年在巴黎发明了世界上第一台手摇计算机。帕斯卡的计算机是长方形的(见图1-13),在计算机的表面有6个可以转动的圆表盘。当转动每一圆盘时,通过计算机里面的棘轮可以带动每一个圆柱体转动(见图1-14)。在圆柱体的侧面刻有两横行0～9的数码,一行按顺时针方向排列,一行按逆时针方向排列。通过计算机表面每一个小孔,可以看到两横行数的一个数码。操作时先像拨盘电话一样逐位输入一个加数,这将显示在上方的读数窗里;再用同样的方式输入另一个加数,读数窗里就会显示出和了。当每位上的数字超过9时,由于棘轮的带动,可使其高一位的数码增加1,小于0时,可使高位减少1,分别用于加法和减法。帕斯卡计算机只能做加减法运算。

图1-13　帕斯卡机械式计算机

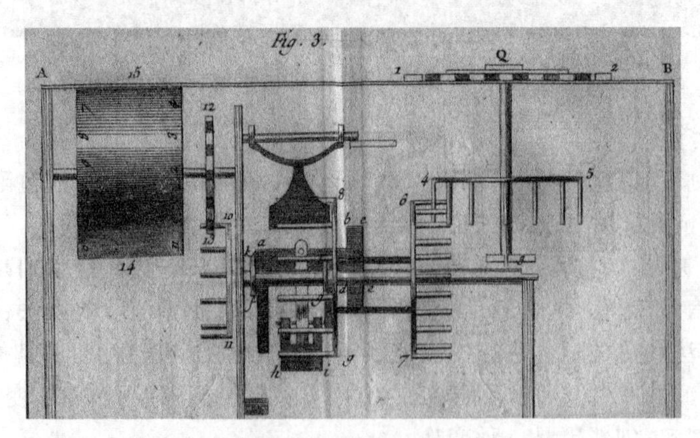

图1-14　帕斯卡机械式计算机的传动装置(Wikipedia)

由于有6个圆盘,就是有6个刻有数码的圆柱体,通过小孔可读到6个数码。帕斯卡计算机可表示6位数。

帕斯卡的加法机在法国引起了轰动。帕斯卡的机械计算机向人们揭示,可以用机械装置代替人们的思考和记忆。

2. 莱布尼茨计算机

1694年，发明微积分的德国数学家莱布尼茨(Gottfried Wilhelm von Leibniz,1646—1716)发明了可用于加法及乘法运算的计算装置，它与帕斯卡的计算装置类似，但增加了一组齿轮。莱布尼茨的计算装置主要由不动的计数器和可动的定位机构两部分组成(见图1-15)。不动的部分有若干读数窗，各对应一个带有10个齿的齿轮，用以显示数字。可动部分有一个大圆盘和8个小圆盘。用圆盘上的指针确定数字，然后把可动部分移至对应位置，并转动大圆盘进行运算。可移动部分的移动用一个摇柄控制，整个机器由齿轮系统传动。莱布尼茨计算装置的主要部件是梯形轴，即带有不同长度齿的小圆柱，圆柱的齿像梯形的样子。这种梯形轴是齿数可变的齿轮的前身，有助于实现比较简便的乘除运算。同时把机器分为可动部分与不可动部分的设计，导致滑架移位机构的产生，简化了多位数的乘除运算。莱布尼茨的这两项发明，长期为各式计算装置所采用，在手摇计算机发展史上做出了重要贡献。

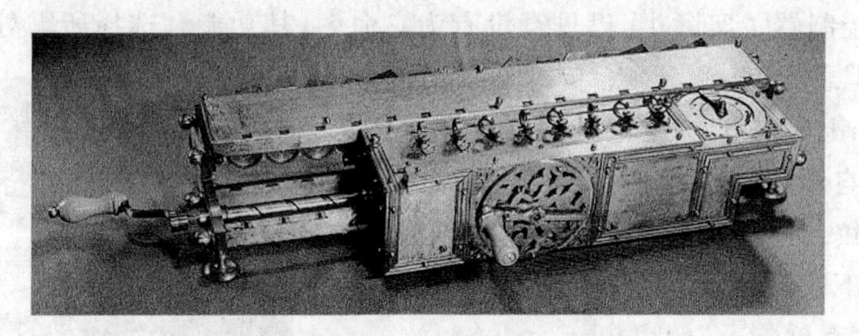

图1-15　莱布尼茨的计算装置

莱布尼茨充分认识到了计算机的重要性，他说，“天文学家再也不必继续训练为了计算所需要的耐心了”，“如使用这种机器，这种工作可以交给任何别的人去做。”他还曾预言，J. 纳皮尔(Napier)的计算尺快要闲置不用了，需要代之以能进行各种运算的快速计算机器。虽然他始终未能研制出一种能够完全自动运算的计算器，但却概括地描述了今天称为程序自动化的思想。

3. 巴贝奇的差分机和分析机

1822年，英国数学家、哲学家、发明家和机械工程师巴贝奇(Charles Babbage,1791—1871)把多项式数值表的复杂算式转化为差分运算，用简单的加法代替平方运算，制造出了可以运转的差分机模型(见图1-16)。它包括3个寄存器，每个寄存器是一根固定在支架上的带6个字轮的垂直轴。每个字轮代表十进制数字的某一位。字轮上有10个可辨认的位置分别代表数码0～9。这些寄存器同时又是运算器。它们可以保存3个10万以内的数并进行加法运算。差分机主要用于多项式的求值，是一种专用机。但它不只是每次完成一个算术运

图1-16　巴贝奇的差分机

算，而是能按照设计者的安排自动地完成整个运算过程，其中蕴含了程序设计的萌芽。他甚至设想了有7个寄存器，每个寄存器可以保存一个20位的数字的差分机，计算结果还可以自动印刷。然而，巴贝奇不断修订设计，也增加了开支，使得支持者越来越少。1842年，工作被迫停顿下来。

1834年，巴贝奇完成了一个新的设计，这种机器有专门控制运算程序的机构，而机器的其余部分可以进行各种具体的数字运算。新机器可能达到的计算能力使他惊喜万分，这就是巴贝奇的分析机。

分析机主要由3部分组成：

(1) 保存数字信息的齿轮式存储器。每个齿轮可存储10个数，齿轮组成的阵列总共能够存储1000个50位数。

(2) 从存储器中取出数据进行运算的装置，巴贝奇称为运算室(mill)。它也是由许多轴、齿轮等部件组成，用齿轮间的啮合、旋转、平移等方式进行数字运算。为了加快运算速度，他改进了进位装置，使得50位数加50位数的运算可完成于一次转轮之中。

(3) 操作控制器。实际上，巴贝奇没有为它命名，其功能是选择所需处理的数据以及输出结果。其思想来源于杰卡德（Joseph Marie Jackquard)提花机。提花机利用穿孔卡片（见图1-17)自动控制提起哪些经线，从而编制出设计的花纹。巴贝奇称“借助类似的方法对我的计算机下达命令，让它计算任意复杂的公式”，这就是“存储指令”的思想。

图1-17 杰卡德提花机的卡片(wikimedia)

巴贝奇还考虑到如何使这台机器根据某个计算结果的符号，从可能继续运算的两条路线中选择一条做下去，这就是现在称为“条件转移”的思想，它标志着机器不仅能代替人的具体计算，还可以代替人做出决策。

巴贝奇为了控制卡片的重复使用次数，改进了卡片的计数装置，使机器在还不能解决某些运算次数的情况下，仍可以向下编制程序。为了进一步提高运算速度，巴贝奇使机器可以使用各种预先编制好的函数表格，将函数表中的数据穿成卡片，当机器运算中需要用到某个函数值时，它将显示该函数相应的自变量，并响铃发出警报。

分析机的输出办法有3种：打印1～2份结果、准备铅版印刷和将数字结果穿成卡片或金属片上。

然而，由于巴贝奇的支持者甚少，他的设想当时没有实现。他的儿子也曾奋斗多年未果，但他坚信“总有一天，类似的机器将会制成，他们不仅在纯数学领域中，还必将在其他甚至是领域中成为强有力的工具”。

实际上，ENIAC之前的计算工具还有很多，由于技术、操作上的限制，很少投入使用。

【课堂提问1-1】 总结巴贝奇的差分机和分析机与现代电子计算机在结构上和工作原理上的相似之处。

1.1.4 电子计算机

20世纪科学技术的飞速发展，带来了大量的数据处理问题，对改进计算工具提出了迫切要求。然而，军事上的紧迫压力更是强有力的刺激因素。

第二次世界大战中，美国宾夕法尼亚大学莫尔学院电工系和阿伯丁弹道研究实验室共同负责为陆军每天提供6张火力表。这项任务非常困难和紧迫。因为，每张表都要计算几百、几千条弹道，而一个熟练的计算员用台式计算器计算一条飞行时间60秒的弹道要花20小时，用大型的微分分析仪也需要15～20分钟。从战争一开始，阿伯丁实验室就不断地对微分分析仪作技术上的改进，同时聘用了二百多名计算员，即使这样，一张火力表也往往要算两三个月，问题相当严重。

1. ENIAC

1942年8月，莫奇利(Mauchly,John William,1907－1980)写了一份题为《高速电子管计算装置的使用》的备忘录，它实际上成为第一台电子计算机的初始方案。1943年4月2日，莫尔学院负责与阿伯丁联系的勃雷纳德教授提出并起草了一份为阿伯丁弹道实验室制造电子数字计算机的报告。1943年6月5日，在工作开始前的最后一次会议上，这台计算机被命名为"电子数值积分和计算机"(Electronic Numerical Integrator and Computer)，简称ENIAC。

1945年年底，这台标志人类计算工具历史性变革的巨型机器宣告竣工。正式的揭幕典礼于1946年2月15日举行，这一天被人们认为是ENIAC的诞生日。

ENIAC计算机是计算工具划时代的产品。它长30m，宽1m，占地面积$63m^2$，有30个操作台，重30t，耗电150kW。它使用了17 468个真空管，1500个继电器，70 000个电阻，10 000个电容。它每秒执行5000次加法或400次乘法，是继电器计算机的1000倍，是手工计算的20万倍。原来花20分钟计算的弹道数据，现在只需花30秒。

ENIAC的最大特点就是采用电子线路来执行算术运算、逻辑运算和储存信息。ENIAC的电子线路有3种：用作电子开关的符合线路(coincidence circuit)、用来汇集从各个来源的脉冲的集合线路以及用以计算和存储的触发器线路。为了执行加减运算和存储数据，采用了20个加法器，每个加法器由10组环形计数器组成，可以保存一个10位的十进制数(机器采用十进制)。为了执行其他运算，ENIAC还采用了乘法器以及除法和开方装置。由于有20个累加器，ENIAC能同时执行几个加法或减法。

虽然ENIAC是第一台正式运转的电子计算机，但它的基本结构和机电式计算机没有本质的差别。ENIAC显示了电子元件在进行初等运算速度上的优越性，却没有最大限度地发挥电子技术所提供的巨大潜力。ENIAC有如下缺陷：第一，它按照十进制工作而非二进制，虽然也用了少量以二进制方式工作的电子管，但工作中不得不把十进制转换为二进制，而在数据输入、输出时再变回十进制；第二，它最初是为弹道计算而设计的专用计算机，虽然后来通过改变插入控制板里的接线方式来解决各种不同的问题，成为通用机，但它的程序是"外插型"的，仅为了进行几分钟或几小时的数字计算，准备工作就要花几小时甚至1～2天的时间；第三，它的存储容量太小，至多只能存20个10位的十进制数。

2. 冯·诺依曼计算机

在ENIAC还没有完成时，1944年，它的设计者就开始了新的计算机的设计，名字为EDVAC（Electronic Discrete Variable Automatic Calculator）。1945年，冯·诺依曼（John von Neumann，1903—1957）[①]提出了“EDVAC报告的第一份草案”（First Draft of a Report on the EDVAC）。在这份报告中，冯·诺依曼确定了新机器有5个构成部分：运算器、控制器、存储器、输入和输出装置（见图1-18）。运算器负责对信息进行处理和运算。控制器是计算机的控制中枢，它的主要功能是按照预先确定的操作步骤控制整个计算机有条不紊地工作。控制器从存储器中逐条取出指令进行分析，根据指令的要求来安排操作顺序，向计算机的各部件发送相应的控制信号，控制它们执行指令所要求的任务。存储器用来存放程序和数据，是计算机的记忆装置。输入设备的任务是把人们编制好的程序和原始数据送到计算机中，并将它们转换成计算机内部所能识别和接收的方式。输出设备的任务是将计算机处理结果转换成其他设备能接收和识别的形式。这一结构被称为**冯·诺依曼结构**，有此结构的计算机统称为冯·诺依曼计算机。事实上，现在大多数计算机都还是这一结构。

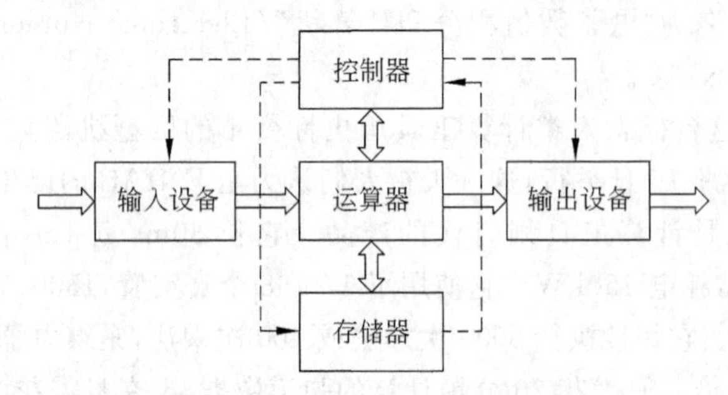

图1-18　冯·诺依曼结构示意图

EDVAC的方案有两个非常重大的改进：一是为了充分发挥电子元件的高速度而**采用了二进制**；二是实现了**存储程序**，可以自动地从一个程序指令进到下一个程序指令，其作业顺序可以通过一种称为“条件转移”的指令而自动完成。“指令”包括数据和程序，把它们用代码的形式输入到机器的存储装置中，即用存储数据的同一存储装置存储执行运算的命令，这就是所谓**存储程序**的新概念。这个概念被誉为计算机史上的一个里程碑。冯·诺依曼结构、采用二进制和存储程序统称为**冯·诺依曼思想**。

3. 计算机的发展

ENIAC诞生以来，随着组成逻辑电路的电子元件的发展，将电子计算机的发展划分

---

① John von Neumann，1903—1957，美国数学家、物理学家、发明家、计算机科学家，原籍匈牙利，在现代计算机、算子理论、集合论、博弈论、共振论、量子理论、核武器和生化武器等诸多领域内有杰出建树，是20世纪最伟大的科学全才之一，被后人称为“计算机之父”和“博弈论之父”。

为以下几个阶段：第一代**电子管时代**，第二代**晶体管时代**，第三代**集成电路时代**，第四代**超大规模集成电路时代**。

电子管计算机，约1946—1957年，采用电子管元件作基本器件，用光屏管或汞延时电路作存储器，输入与输出主要采用穿孔卡片或纸带，体积大、耗电量大、速度慢、存储容量小、可靠性差、维护困难且价格昂贵。在软件上，通常使用机器语言或者汇编语言编写应用程序。

晶体管计算机，约1957—1964年，由晶体管代替电子管作为计算机的基本器件，用磁芯或磁鼓作存储器，整体性能上比第一代计算机有了很大的提高。具有尺寸小、重量轻、寿命长、效率高、发热少、功耗低等特点。高级程序设计语言也相应出现，如FORTRAN，Cobol和Algo 160等。

集成电路计算机，约1964—1971年，中小规模集成电路成为计算机的主要部件，主存储器也渐渐过渡到半导体存储器，使计算机的体积更小，功耗更低，可靠性更高。有了标准化的程序设计语言和人机会话式的Basic语言。

超大规模集成电路计算机，约1971年以后，随着大规模集成电路的成功制造并用于计算机硬件生产，计算机的体积进一步缩小，性能进一步提高。集成度更高的大容量半导体存储器作为内存储器，发展了并行技术和多机系统，出现了精简指令集计算机(RISC)，软件系统工程化、理论化，程序设计自动化。

以后的发展从功能上描述，第五代是智能计算机，第六代是模仿人类大脑功能的计算机。如今，计算机从体积上趋于小型化，性能上趋于巨型化，功能上趋于网络化、智能化和综合化。

过去，提高计算机性能的主要策略一是提高CPU的工作频率(相当于工作节奏)，二是提高芯片的集成度。但这些技术发展都是有限的，比如，一直以来，处理器厂商均采用二氧化硅作为制作闸极电介质的材料。当英特尔导入65nm制造工艺时，虽已全力将二氧化硅闸极电介质厚度降低至1.2nm，相当于5层原子，但由于晶体管缩至原子大小的尺寸时，耗电和散热亦会同时增加，产生电流浪费和不必要的热能，因此若继续采用目前材料，进一步减少厚度，闸极电介质的漏电情况将会明显攀升，令缩小晶体管技术遭遇极限。而从20世纪90年代开始，人们已经开始探索使用其他材料的计算机，如以激光作传输介质的光计算机，以DNA作运算部件的DNA计算机，以蛋白质分子作开关元件的生物计算机，采用量子比特(qubit)作为最小的运算单元的量子计算机等。另一个提高计算能力的途径是改进人们使用计算机的模式，提高资源的利用率，如网格计算等。

1.2 计算机系统的组成

一种计算工具要能够完成计算，除工具本身外，还要有一套使用该工具的规则，也要有一组使用该工具解决具体问题的步骤。相同的工具，相同的用法，加工的对象不同，操作步骤不同，就能完成不同的任务。计算也是如此。

系统是由相互作用、相互依赖的若干组成部分结合而成的，共同完成特定功能的有机整体。**计算机系统**包括硬件系统和软件系统，如图1-19所示。**硬件系统**是构成计算机的相互联系、协调工作的实体部件,是有形的部分,如实现计算功能的中央处理器,实现输入功能的键盘,实现显示功能的显示器,实现文字印刷功能的打印机等均是硬件系统的组成部分。**软件系统**是相互联系、协调工作的,以电子或纸质等形式存在的计算机硬件的使用规则、使用步骤的集合,如操作系统、编程语言、计算机程序和计算机软件等。

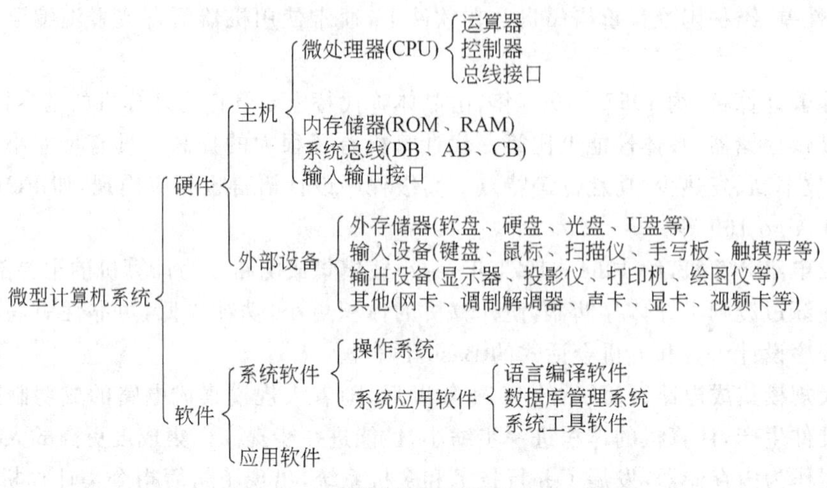

图 1-19 微型计算机系统的组成层次

计算机的硬件和软件是相辅相成的,它们缺一不可。硬件是计算机工作的物质基础,而软件是计算机的灵魂。没有硬件,软件就失去了运行的基础和指挥对象;而没有软件,计算机就不能工作。

1.2.1 硬件系统

计算机的硬件系统主要包括主机和外部设备。主机是计算机工作的主要部分,通常是必不可少的部分,如 CPU(central processing unit,中央处理器)、内存(或主存)、I/O(input/output,输入输出)接口、总线和主板等。外部设备是计算机工作的辅助部分,通常视需要配备,如用于输入信息的键盘、鼠标、扫描仪,用于输出信息的显示器、打印机、绘图仪,用于存储信息的硬盘、软盘、光盘、U 盘等。

1. CPU

CPU 即中央处理器,也称微处理器,是计算机中自动完成取指令和执行指令任务的部件。计算机中所有的设备都要在 CPU 的控制下工作,所以有人将它比喻成计算机的大脑。CPU 主要由运算器和控制器组成。**运算器**完成算术运算和逻辑运算。**控制器**协调各部件的工作,具体就是能完成从内存中取指令、分析指令和执行指令(产生控制信号)的自动化过程。

为了辅助运算和控制,CPU 内部还有用于暂时存放数据的装置,称为**寄存器**(register),以及用于传输信息的公共通路,称为**总线**(bus)。

寄存器中,有存放指令的,称为**指令寄存器**(instruction register,IR);有存放地址的,称为**地址寄存器**(address register,AR);有存放计算数据的,称为**累加寄存器**

(accumulator,AC)。还有一个总是存放着内存中的一条指令的地址的寄存器,称为**程序计数器**(program counter,PC)。控制器就是根据PC中的地址从内存中获取指令的,而且一条指令处理完,会自动确定下一条指令的地址(见图1-20)。

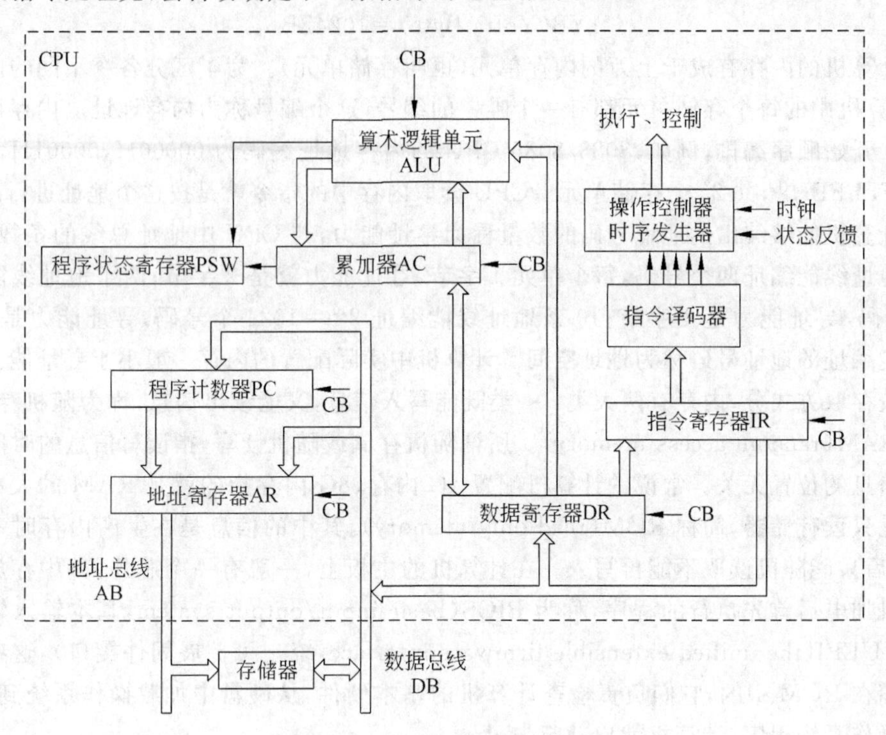

图1-20 CPU的逻辑结构图

CPU中的总线有用于传输数据的**数据总线**(data bus,DB),用于传送地址信号的**地址总线**(address bus,AB)和传递控制信号的**控制总线**(control bus,CB)。

2. 内存

内存也称为主存(main memory),也就是冯·诺依曼结构中的存储器,通常是由半导体材料制造的装置,用于在计算机运行过程中临时存放程序和相关数据。它的**特点**是加电时能够存储程序和数据,断电时数据消失,是计算机工作时的存储装置。CPU执行的命令、操作的数据是从内存中读取的,计算的结果也是放到内存中的。

内存由许多单元(cell)组成,每个单元可存放一组二进制数。在计算机中,每个内存单元能够存放8个二进制位,即一个**字节**(Byte,简写为B)。**位**(bit,简写为b)是计算机中最小的存储单位。字节是基本的存储单位,也是计算机存储容量的基本度量单位。一台计算机中内存单元(字节)的总数称为该计算机的**内存容量**。由于这个度量单位太小,把1024个字节称为1KB(Kilo Byte),1024KB称为1MB(Mega Byte)。其他单位还有GB(Giga Byte)、TB(Tera Byte)和PB(Peta Byte)等,换算关系如下:

1GB=1024MB

1TB=1024GB

1PB＝1024TB

1EB(Exa Byte)＝1024PB

1ZB(Zetta Byte)＝1024EB

1YB(Yotta Byte)＝1024ZB

计算机的内存有成千上万的内存单元(也叫存储单元)。为了区分各个不同的内存单元,计算机中的每个存储单元都有一个唯一的编号,这个编号称为**内存地址**。内存地址编号从 0 开始顺序编排,例如,8088/8086 CPU 的内存地址编码为 00000H,00001H,…,一直到 FFFFFH[①],共 2^{20} 个存储单元。CPU 读取内存中的指令就是按这个地址进行的。

计算机能够编出的地址号码的数量称为**寻址能力**,与 CPU 中地址总线的条数有关。一条地址线能编址两个号码,每个单元 1 字节,寻址能力就是 2 字节;两条地址线能编址 4 个号码,寻址能力是 4 字节;10 条地址线能编址 $2^{10}=1024$ 个号码,寻址能力是 1KB。所有能编址的地址号码称为**地址空间**。计算机中实际配置的内存一般小于寻址能力。

按存取方式分,内存有两大类:一类既能写入信息,又能读出信息,称为**随机存储器**,简称 **RAM**(random access memory)。所谓随机存储或随机读写,指读写信息的时间与读写的信息的位置无关。常说的计算机配置 4G 内存、8G 内存指的就是 RAM 的大小。另一类是**只读存储器**,简称 ROM(read only memory),其中的信息是在生产内存时一次写入,以后只能随机读取不能再写入。在计算机的主板上,一般有一个芯片,其中存放的是计算机加电后首先执行的程序,称为 BIOS(basic input/output system,基本输入输出系统)或 UEFI(the unified extensible firmware interface,统一可扩展固件接口),这些程序是存储在 ROM 中的,它们负责检查计算机的基本硬件,从硬盘中加载操作系统到内存,运行操作系统程序,计算机就启动起来了。

3. 总线

交通系统是加强各个地方联系的重要基础设施,而在现代计算机系统的复杂结构中,也有一个能够在各个部件之间高速、有效传输各种信息的公共通道,这就是总线。总线使各部件的连接变得简单,也使系统的扩展更加容易。总线由一组导线和相关的控制、驱动电路组成。在计算机系统中,总线被视为一个独立部件。

(1) 总线的分类

从所传输的信号类型分,总线有地址总线、数据总线和控制总线。地址总线的条数决定了能够访问的内存的大小。数据总线的条数决定了一次能传输的数据的二进制位数。如数据总线是 8 条,那么一次(也就是同时)能传送 8 位的二进制数据,也说数据总线是 8 位。控制总线决定信息传输的开始、停止和传送方向等。

从所处的位置分,总线有片内总线和片外总线。CPU 内部的是片内总线,连接运算器、控制器和寄存器等。CPU 外部的总线是外部总线,连接 CPU、内存和输入输出设备。

按传输数据的格式分,总线有并行总线和串行总线。**并行总线**一次传输多个数位,计算机内部的总线一般是并行总线,如 CPU 片内总线等。**串行总线**一次传输一个数位,计

① 这里的数是十六进制数,H 是十六进制数的标识符。十六进制数的标记方法将在第 3 章介绍。

算机与外设的连接总线常常是串行的，如USB(universal serial bus，通用串行总线)等。

在总线上传送信息，同一时刻只允许有一个设备发送信息。当总线上的设备连接较多，而且不同的设备又有不同的传输速度时，一条总线就不能满足传输需求。现代计算机常采用多级总线结构。

多级总线结构主要指外部总线采用多级。CPU不直接和内存、外设连接。首先加入了两个转换芯片(称为桥接芯片)，作用是信号的转换和缓存。一个用于CPU、内存和高速总线的连接，称为**北桥芯片**；一个用于慢速设备、慢速总线和北桥的连接，称为**南桥芯片**，如图1-21所示。

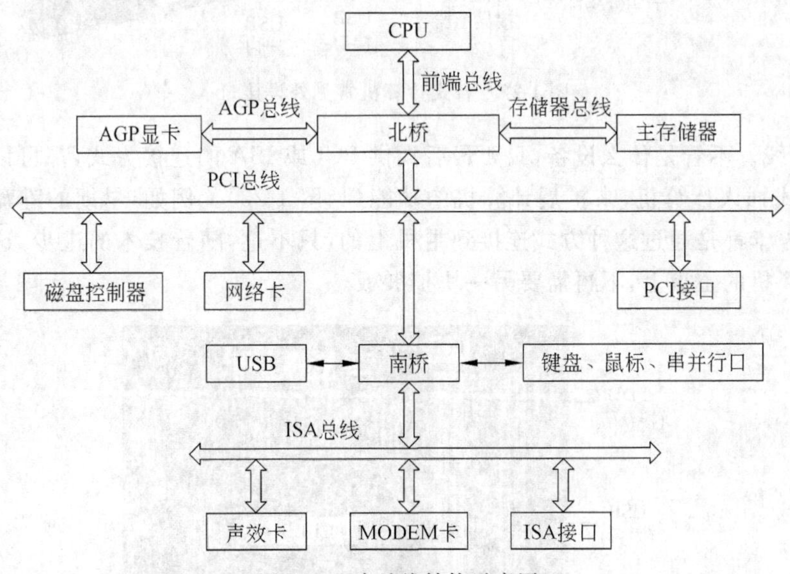

图1-21　多总线结构示意图

CPU和北桥之间的连接总线称为**微处理器级总线**，也叫CPU总线、前端总线或局部总线，用来实现CPU与外围部件(包括主存、Cache等)之间的快速传输。内存和北桥芯片直接连接，这个总线称为**存储器总线**；北桥和显示卡也可以直接连接，提供快速显示。从北桥芯片引出的公用总线，提供快速设备的连接，如网络、视频、高速存储器等。南桥芯片协调慢速设备和快速接口的工作，提供连接键盘、鼠标、硬盘和USB设备的接口以及用于扩展设备的总线。

(2) 外设总线

计算机中，用于专门设备连接的总线称为**外设总线**、外部总线或外部接口，如连接U盘的USB总线，连接硬盘的IDE(integrated development environment，集成开发环境)、SATA(serial advanced technology attachment，串行高技术连接，串行ATA)总线，连接显示器的HDMI(high definition multimedia interface，高清晰度多媒体接口)等。图1-22是台式计算机常用的接口。

(3) 系统总线

用于一般设备扩展的总线称为**系统总线**，如图1-21中的PCI(peripheral component interconnect，外设部件互连标准)总线和ISA(industry standard architecture，工业标准体

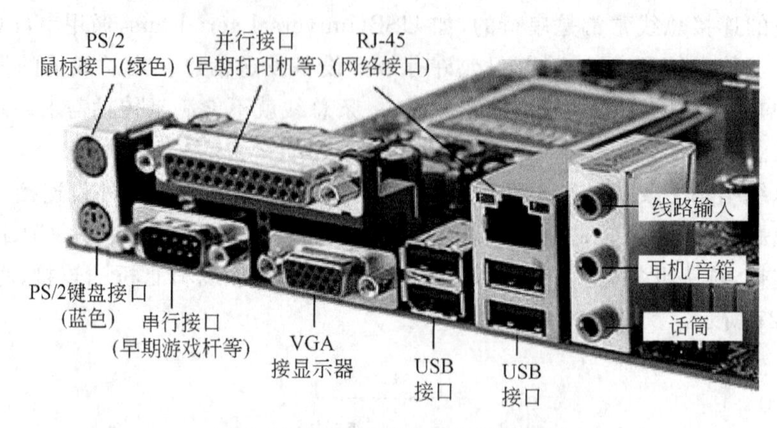

图 1-22　台式计算机常见外设接口

系结构）总线。不管是什么设备，只要最后提供 PCI 或 ISA 的连接方式，都可以通过一块板子的形式插入计算机，来扩展计算机的功能（见图 1-23）。例如，早期的键盘、鼠标、硬盘、网卡、声卡都是通过这种方式连接到主机上的，只不过，随着技术的进步，这些功能集成到了计算机的主板上，不再需要另一块扩展板。

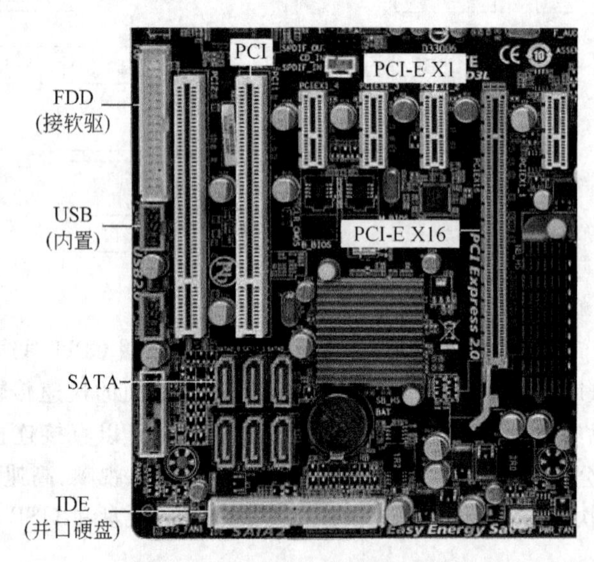

图 1-23　台式机主板上的总线接口

ISA 总线也称 AT 总线，是 20 世纪 80 年代初 IBM 推出的，数据线 16 位，地址线 24 位，最大传输速率为 16MB/s。目前来看这是一种低速总线，已经被淘汰。

PCI 总线是 1992 年由美国 Intel 公司推出的总线标准，数据线和地址线均为 32 位，提供 133MB/s 的数据传输率，且可扩展到 64 位最快 532MB/s 的传输速率，是一种快速总线。

AGP（accelerated graphics port）总线即加速图形端口。它是一种专为提高视频带宽而设计的总线标准。其视频数据的传输速率可以从 PCI 的 133MB/s 提高到 266MB/s（×1 模式——每个时钟周期传送一次数据）、533MB/s（×2 模式）、1.064GB/s（×4 模式）

和2.128GB/s(×8模式)。AGP总线在北桥芯片和显示接口之间建立一个直接的通路，使图形数据不通过PCI总线，而直接送入显示系统，从而大大提高图形数据的传输速度。

PCI-E(PCI Express)总线是2001年Intel提出的用以代替PCI和AGP接口规范的新型系统总线标准。与传统PCI或AGP总线的共享并行传输结构相比，PCI-E采用设备间的点对点串行连接。这样就能够允许每个设备建立自己独占的专用数据通道，不需要与其他设备争用带宽，从而极大地加快了设备之间的数据传送速度。PCI-E提供1～32通道连接方式，对应X1、X4、X8、X16、X32模式。PCI-E X1模式提供512MB/s的传输速率，X32模式可达到16GB/s。一般主板提供PCI-E X1和PCI-E X16模式的总线接口，它们的引脚(pin)数量不同，引脚少的接口卡可以插到引脚多的接口上。所谓引脚，就是从集成电路(芯片)内部电路引出与外围电路的接线，也叫管脚。图1-23是主板上部分系统总线的外形图。

4. 主板

主板(main board)又称母板(mother board)、主机板或系统板，它集成计算机的主要部件，如CPU、内存、桥接芯片、总线、接口等，控制着整个系统中各部件之间信息的流动，能够根据系统的需要，有机地调度微机各个子系统，并为实现系统的科学管理提供充分的硬件保证。

主板的结构主要有AT主板、ATX主板、NLX主板等。它们之间的区别主要在于各部件在主板上的位置排列、电源的接口外形及控制方式，另外在尺寸上也可能稍有不同，但不论何种结构，基本的外设接口(键盘、鼠标、串口、并口、网络接口、USB接口等)和总线插槽在主板上的相对位置基本是不变的。图1-24为一个实际的ATX主板的图片，注意观察CPU、桥接芯片的位置，总线的形状等。

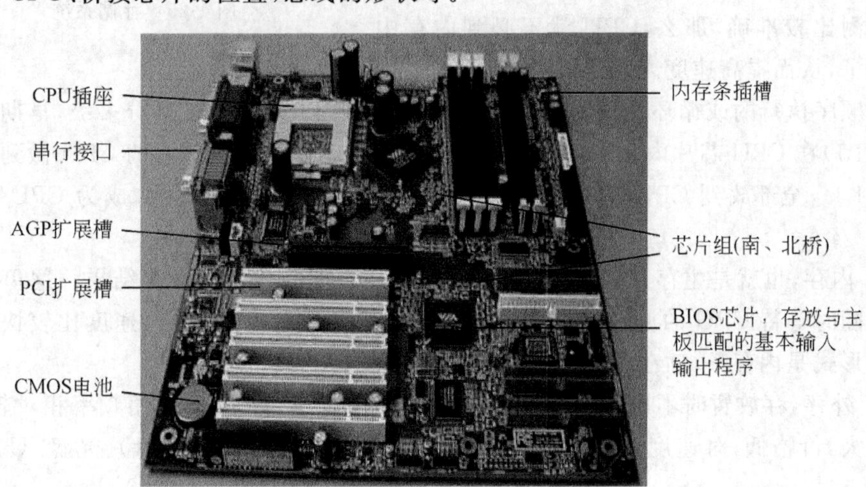

图1-24 主机板

5. 存储系统

存储器是记忆信息的实体，是计算机中的重要部件。CPU运算、程序和数据的保存都需要存储。内存是计算机运行过程中存放正在运行的程序和数据的存储装置。一般内存的存取速度快，但成本高，断电后数据丢失。人们需要成本低且能长期保存程序和数据的存储器。

(1) 存储器的不同需求

从计算角度，希望存储器存取速度快；从资料保存角度，希望存储容量大；从经济角度，希望存储器成本低。然而，从技术上看，这三者存在以下关系：

① 存取速度越快，单位容量的价格就越高。

② 存储容量越大，单位容量的价格就越低。

③ 存储容量越大，存取速度越慢。

所以，找到一种存储器，同时满足容量大、速度快、价格低这 3 个要求是不现实的，从使用场景看，也是不必要的，所以，需要一种折中方案。

(2) 存储器的层次结构

目前的计算机系统的存储装置设计成了四层结构(见图 1-25)。

① CPU 内部寄存器组，用于暂时存放待执行的命令、待计算的数据和计算结果。要速度快，能与 CPU 的运算速度相适应，但容量却不要大。如 CPU 中的指令寄存器、地址寄存器、通用寄存器组(AX、BX)等。

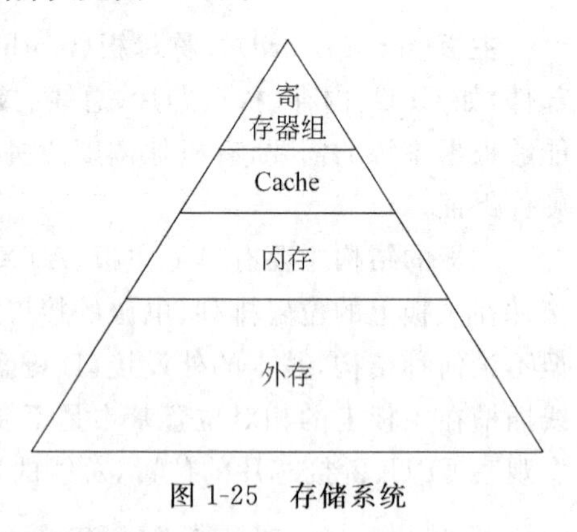

图 1-25 存储系统

② 高速缓存，即 Cache，在主存和 CPU 之间，存取速度比内存快，与寄存器相当，存放 CPU 可能即将执行的命令和即将处理的数据。系统提前将可能用到的命令和数据从主存取到 Cache 中，如果预测比较准确，那么，CPU 就不必到内存中取数据了，从而提高速度。这是可行的，因为不少程序是顺序执行的或循环执行的，所以预测多数比较准确。Cache 又分多级，早期的一级 Cache(L1)在 CPU 芯片内，二级 Cache(L2)在 CPU 芯片外。目前有的 CPU 做到了三级 Cache(L3)，全部放到 CPU 芯片内，容量达到 2MB、3MB，甚至更大，成为 CPU 的一项指标。

③ 内存，也就是主存，存放正在执行的程序及处理的数据和计算结果。这里的程序和数据随时等待 CPU 的调遣，使用频率高，要求有较大的存储容量，速度比较快。内存的物理形式是内存条，插在主板上。

④ 外存，存放暂时不用的程序和数据，特点是可以长期保存，使用频率相对较低，要求容量大，价格低，对速度要求不高。常用的外存有磁盘(硬盘、软盘)、光盘、U 盘和磁带等。

图 1-25 显示了存储器系统的层次结构，从上到下，容量增加，单位容量的价格降低，存取速度降低，被 CPU 使用的频率降低。从 CPU 对存储器的使用看，每层的速度向上一层靠近，而容量向下一层靠近。比如，Cache 使得 CPU 存取内存的速度相当于寄存器；如果预测得好，CPU 总可以从 Cache 中取数据(除非内存中的程序执行完毕)，仿佛 Cache

有内存那么大。

另外，为了提高外部设备的存取效率，许多外设中也设置缓存，如硬盘、打印机、扫描仪等。缓存的存取速度与内存相当，远远快于对设备的存取。数据先暂存到缓存中，然后成批写入设备或内存。

【思路扩展 1-3】 折中是计算机系统中的一个重要概念和设计思想。在一定条件下，做到两全其美是很难的，这时就要根据条件和环境、目标，找到一种可以接受的方案，就是折中。工程设计和生活中都经常需要折中。

【思路扩展 1-4】 缓存的设计是一种巧妙的解决方案。当两种传输载体的速度不相同时，引入缓存就能很好地协调工作。不仅在CPU和内存间、内存和外存间有缓存，在服务器、路由器、网络机顶盒、网页浏览器、音视频播放器中也普遍使用缓存。生活中，机场候机厅、火车候车室、宾馆大厅、旅游景点的广场、库房、货仓和水库等也都起到与缓存相同的作用。用好缓存，可以有效解决速度和容量的矛盾。

6. 输入输出系统

主机系统实现信息的存储与计算。输入输出系统实现信息的输入和输出。协调工作的、实现信息输入输出的部件称为**输入输出系统**，也称I/O(input/output)系统。

(1) I/O系统的组成

I/O系统由输入输出设备、输入输出接口和系统总线三大部分组成(见图1-26)。输入输出设备也称I/O设备或外设，实现信息的输入、输出和人机交互，常见外设有键盘、鼠标、显示器、打印机、扫描仪、U盘、数码相机、投影仪等。通过键盘、鼠标、扫描仪、照相机实现信息的输入，通过显示器、打印机、投影仪等实现信息的输出。

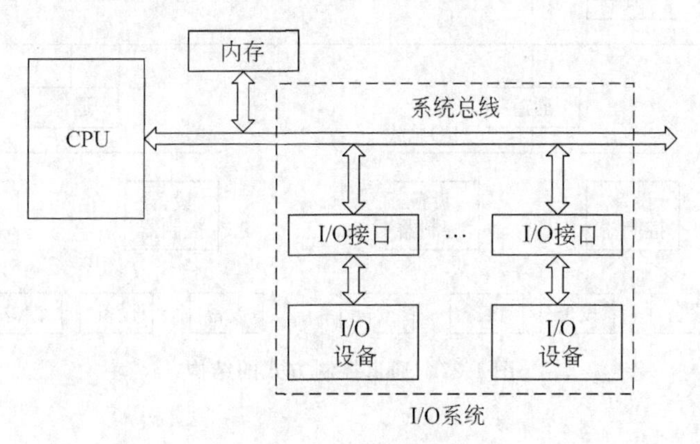

图1-26 I/O系统组成

总线是连接计算机各大部件的公共通道。由于不同的外部设备有不同的组成结构和工作原理，其工作速度、工作方式、信号类型、信号格式、工作电压都不相同，所以一般外部设备不能直接连接到系统总线上，而是经过一个中间的转换电路，这个转换电路称为**I/O接口**。不同的外设，I/O接口可能不同。但同一个接口，也可以连接不同的设备。早先的键盘、鼠标、打印机都有不同的接口，而今，这些设备都可以通过USB接口连接。

(2) CPU 与外设传输数据的控制方式

外设的种类多，信息处理速度与 CPU 有巨大差异。主机与外设之间进行数据交换时控制方式有程序控制方式、中断控制方式、DMA 控制方式和通道方式等。

程序控制方式是根据程序中的输入输出命令，CPU 从外设输入或向外设输出数据。如果外设没有准备好，或者出错，则 CPU 等待。这是用户不愿看到的，等待是效率低的。

中断是指在计算机运行过程中，如果发生某种事件，CPU 将暂停当前程序的执行，转而执行该事件对应的程序(称为中断处理程序、中断服务程序或中断子程序)，处理完毕后自动恢复执行原来的程序。中断控制方式中，CPU 启动外设后，继续执行程序处理其他事务，当设备准备好后，向 CPU 发出中断请求，CPU 收到中断请求后，执行中断处理程序，完成数据传送工作。设备没有准备好的时候，CPU 不等待，但数据传送工作由 CPU 完成。

计算机中，有一种专门进行输入输出的装置称为 DMA 控制器。**DMA**(direct memory access，直接内存存取)**控制方式**中，外部设备首先向 DMA 控制器提出传送请求，DMA 收到请求后，向 CPU 申请总线控制权，获得总线控制权后 DMA 完成内存与外设之间的数据传送。该方式中，数据传送是由 DMA 控制器完成的，CPU 可以进行不占用总线的工作或暂停。

通道也叫通道控制器，是一种专门用于控制外部设备输入输出数据的处理机。在通道控制方式中，CPU 不直接参与 I/O 控制与管理，而是由通道管理 DMA 控制器、响应中断，甚至现代的通道控制器有自己的存储器，大大减轻了 CPU 的负担，使 CPU 和输入输出设备可以并行工作。图 1-27 是通道控制方式的结构图。

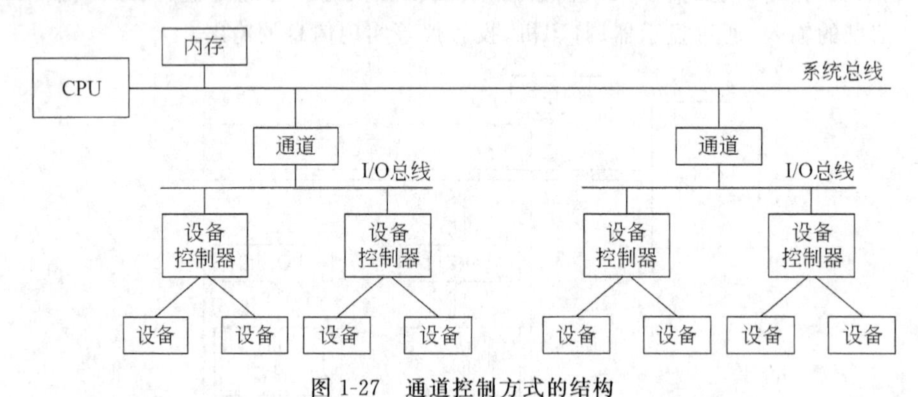

图 1-27 通道控制方式的结构

1.2.2 软件系统

计算机软件简称软件(software)，是指计算机系统中的程序及其文档。**程序**是一组指示计算机执行动作或做出判断的指令的有序集合；**文档**是为了便于编写和理解程序所需的说明性资料。计算机的硬件是计算机系统的物质基础，计算机硬件功能的发挥需要计算机软件。

1. 计算机软件的分类

根据软件解决的问题的类型，将软件分为系统软件和应用软件。

应用软件是解决生产、生活和科学研究中特定任务的软件，如火车售票系统、财务管理系统、图像处理软件和背单词软件等。

系统软件是完成一般计算机系统都需要的任务的软件。它又分为两类，一类是操作系统，另一类是系统应用程序。**操作系统**是管理和控制计算机系统中的硬件和软件资源，合理地组织计算机的工作流程，以便有效地利用这些资源为用户提供一个方便、安全、可扩展的使用环境的软件，提供其他软件运行的基础环境，如早期的DOS(disk operation system，磁盘操作系统)、Windows、Linux、UNIX和Android等。**系统应用程序**是为补充、扩展操作系统的功能而提供的软件，它们可以根据需要选择安装，如压缩软件、查杀计算机病毒的软件、计算机程序编写环境、数据库管理系统等。大家注意，软件的分类历来是模糊的，从不同的角度或侧重点，可能将它们分为不同的类别。比如，查杀计算机病毒也是一种具体的应用，从这个角度说，它应属于应用软件；而它为了保障计算机的工作，为其他软件提供正常运行的环境，从这个角度说，它就是系统软件。所以，一般为其他应用提供支持，保障计算机系统正常运行的软件可归为系统软件，只解决具体问题的就是应用软件。

2. 操作系统

计算机运行的过程就是计算机程序执行的过程，计算机程序执行的过程，就是利用计算机硬件完成各种功能的过程。计算机中的硬件资源包括CPU、内存和输入输出设备等，操作系统就是围绕这些资源的有效利用设计的。

按照所管理的资源和用户的需求，**操作系统的功能**分为存储管理、处理机管理、设备管理、文件管理和用户接口五大部分。

(1) 内存管理

每一个运行的程序都必须首先存放到内存中，然后才能运行，这个过程称为**加载**、**装载**或**装入**。同一时刻，计算机的内存中会存在多个程序。存储管理是对内存空间的管理，它负责哪个程序占用哪块内存空间以及如何高效利用。具体包括以下功能。

内存分配：按照某种方式为每个要运行的程序分配一定的内存空间，既要尽量满足程序需求，又要减少内存浪费。

地址映射：CPU执行程序时，都是按内存地址读取指令的，内存地址称为**物理地址**。而编写程序时一般不知道程序将放到哪段内存中，所以编写时程序中命令的地址一般都是从0开始编号的，称为**逻辑地址**。加载程序时要把程序中使用的逻辑地址转换为物理地址，这个过程称为**地址映射**。

内存保护：不同用户的程序都放在内存中，就必须保证它们在各自的内存空间中活动，不能相互干扰，更不能侵犯操作系统的空间，这就是**内存保护**。

内存扩充：一个系统中内存容量是有限的，当用户的程序超过系统能提供的内存容量时，如何让程序仍能运行，就是**内存的扩充**。内存扩充常用的方法是将外存(比如磁盘)

空间模拟成内存使用，称为**虚拟内存**。

（2）处理机管理

这里的处理机指的就是CPU。现代的计算机系统，内存中可以同时装入多个程序，它们交替地使用CPU运行，称为**分时**，内存中的程序称为**进程**。分时系统中，每个进程运行一个固定的短时间段，这个短时间段称为一个**时间片**。一个进程的时间片用完后，就要暂停下来，让另一个进程运行。从一个进程变换到另一个进程的运行称为**进程切换**，或上下文切换。处理机管理负责进程的创建、调度、进程间通信和撤销，所以处理机管理也叫**进程管理**或**CPU管理**。

一个计算机软件的命令序列平时是保存在外存中的，就是程序。当需要运行时，需要将其装入内存，然后才能运行；运行结束，需要释放内存资源，结束进程。创建进程、撤销进程、暂停进程和继续执行进程等相关工作称为**进程控制**。何时选择哪个进程使用CPU运行，称为**进程调度**。

操作系统中，进程的调度要照顾公平、高效，也要能处理紧急事务。常见的进程调度算法有先来先服务算法、时间片轮转法、短作业优先法和优先级法等方法。

等待运行的进程在内存中会排成一个队列，称为**就绪队列**。**先来先服务**是根据进程进入队列的先后使用CPU。

时间片轮转法就是每个进程使用一个时间片。时间片用完后如果任务没有完成就进入就绪队列，然后按照先来先服务的方法排队使用下一个时间片。

在一次应用业务处理中，从输入开始到任务全部结束，用户要求计算机处理的全部工作称为一个**作业**。一个作业可能对应多个程序。**短作业优先算法**是在等待执行的作业中优先选择预计计算时间最短的作业使用CPU。

优先级算法是给每个进程分配一个优先级别，调度时选择优先级最高的进程使用CPU。优先级固定不变的称为静态优先级，优先级在程序运行中动态改变的称为动态优先级。

内存中有多个进程，这些进程有的正在执行，称为**运行态**；有的准备就绪，等待执行，称为**就绪态**；有的不具备运行条件，等待某个事件的完成，如等待输入或输出，称为**等待态**，又称阻塞态或睡眠态。一个进程的状态总是在这3个状态间转换（见图1-28）。

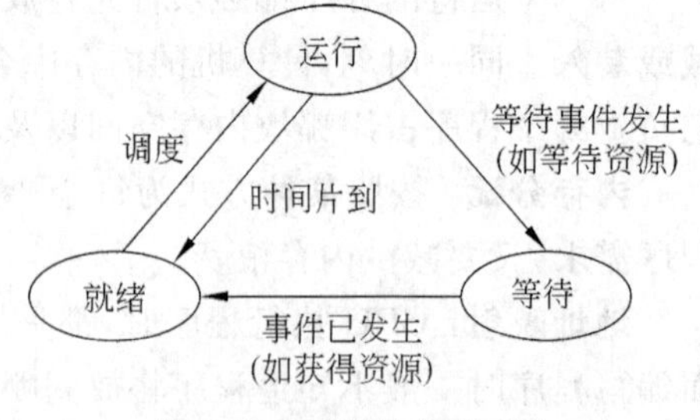

图1-28 进程的状态变化

运行态的进程，时间片用完进入就绪态，等待事件发生进入等待态；等待的事件发生，等待态的进程进入就绪态；就绪态的进程经调度进入运行态。

进程是为了使多个程序并发执行而引入的。所谓**并发**，就是在一段较短的时间内，多件事情同时进行。与此相关的**并行**指同一时刻多件事情同时进行。进程产生时，操作系统要为其分配资源，如内存和为管理进程而开设的额外存储空间等。进程结束时，系统要释放这些资源。一个程序多次频繁运行，就会产生多个进程，系统要为其分配和释放空间，影响整体效率。现代操作系统引入了另一个概念——线程。

线程是进程内的一段程序,它可以独立使用CPU,但不独立分配资源。线程也有运行、等待和就绪3个状态,变化关系与进程相同。一个进程中可以有一个或多个线程,线程的切换不重新分配资源,所以,线程的引入节省了资源,提高了程序并行性。现代的操作系统都支持多线程的程序。

在Windows操作系统中,在状态栏上右击选择“启动任务管理器”,可以查看进程的信息,单击“结束进程”可以终止选中的进程。

(3) 设备管理

设备管理是对输入输出设备的管理,负责把通道、控制器和输入输出设备分配给请求输入输出操作的进程,并启动设备完成实际的输入输出操作。设备管理的主要功能包括:

设备分配:根据用户的I/O请求和相应的分配策略,为该用户分配通道、控制器和设备。

设备驱动:实现CPU与通道和外设之间的通信。由CPU向通道发出I/O指令,后者驱动相应设备进行I/O操作。当I/O任务完成后,通道向CPU发出中断信号,由相应的中断处理程序进行处理。设备驱动是通过操作系统内核中的设备驱动程序(device driver)完成的,它能对BIOS不能支持的各种硬件设备进行解释,使得计算机能够识别这些硬件设备,从而保证它们正常运行。使用每个设备都需要安装设备驱动程序。不过,由于许多设备驱动程序都集成在操作系统的软件中,而且是自动安装的,所以,一般用户并不需要自己单独安装。如果使用的是一种新式设备,操作系统中没有相应的驱动程序,就需要单独安装了。设备驱动程序通常由设备制造商提供,只须安装一次。前面提及的BIOS是固化到计算机主板的芯片中的一组提供基本输入输出功能的程序,为计算机提供最底层的、最直接的硬件设置和控制。

缓冲区管理:目的是解决CPU和外设速度不匹配的矛盾,从而使它们能充分并行工作,提高各自的利用率。

设备无关性:又称为设备独立性,即用户编写的程序与实际使用的物理设备无关,由操作系统把用户程序中使用的逻辑设备映射到物理设备。例如,编写应用程序时并不需要知道具体是哪种打印机,只须使用一个PRN这样的虚拟名称,就可以在打印机上打印文件内容。

(4) 文件管理

文件是存储在外存中的有名的数据的集合。文件管理是对外存空间及存在其中的文件的管理,方便文件的使用,提高存储空间的利用率。

文件目录管理:为了方便用户管理和操作文件,文件管理允许用户分门别类地组织文件,每个类别称为一个目录或文件夹,每个目录下还可以有其他目录或文件。

按名存取:文件命名后保存在某个文件目录中。文件名使用字母、数字、下画线,甚至汉字等符号,不允许使用?,*,<,>,|,/,\,"等符号。文件名中一般会有一个点“.”,点前面的部分称为**主文件名**,点后面的部分称为**扩展名**或**后缀**。主文件名标明文件的内容,扩展名标明文件的类型。例如,文件名address.doc标明该文件存储的可能是通信地址,文件的格式是Word文件。所以,给文件和文件目录起个有意义的名字是个好习惯。

同一个目录下的文件不能同名。Windows 操作系统下文件名不区分大小写，而 Linux 系统下是区分大小写的。例如，Windows 下 A. doc 和 a. doc 被认为是同一个名字，而 Linux 下被认为是不同的文件。

文件的操作包括创建、删除、打开、关闭、读、写、复制、移动、重命名等。操作文件需要通过“路径＋文件名”的格式来使用文件。例如“c:\2016\doc\address. doc”，其中，冒号前是磁盘的名称，称为盘符，一般是一个字母；用“\”分开的部分是路径，如 2016、doc，是文件目录的名称；address. doc 是文件名。

一台计算机可以配置一块或多块硬盘。一块大的硬盘可以分成一个或多个存储区域，每个区域称为一个**分区**。每个分区用一个字母表示，称为**盘符**或逻辑盘符。通常在计算机中看到的 C、D、E 都是逻辑盘符，它们可能是一块物理硬盘的 3 个分区，也可能是 3 块物理硬盘。逻辑盘符就是根目录。在盘符下可以创建目录或文件，目录下还可以再创建目录和文件……这样就形成了**树型目录结构**。注意，这种目录结构只是逻辑上的一种划分方法，并不是文件在磁盘上的存放形式。物理上，磁盘上的最小存储单位也是位，基本单位是**扇区**。一个扇区是 512 个字节，每个扇区都有一个编号称为**扇区号**，但扇区还不是磁盘的存取单位，磁盘的存取单位是**块**，也称为**簇**。一个块是 2^k 个扇区，$k=0,1,2$……如果一个块是 4 个扇区，也就是 2KB，当一个文件不足 2KB 时，也会占用 2KB 的空间，超过 2KB，占用的空间是 2KB 的最小整数倍。每个块也有一个编号称为**块号**或簇号。

在整个磁盘空间中，一般有一块内容称为**引导扇区**，记录磁盘的基本参数、分区参数和操作系统所在位置，以便一开始就执行操作系统程序；第 2 块内容是**文件分配表**(file allocation table，FAT)，它记录每个文件存放在哪些块中，这是文件读写的关键，所以这个表格有两份；第 3 块称为**根目录区**，它是文件或文件夹的名称、文件大小、创建日期、存放位置和文件属性的列表，称为**文件目录表**或文件目录；最后是数据区，存放文件的实际内容。

磁盘的结构划分和文件在磁盘上的存放形式称为**文件系统格式**，有时也简称文件格式。目前 Windows 操作系统下常见的文件系统格式有 FAT16、FAT32 和 NTFS 等。

- FAT16 格式，最大磁盘分区为 2GB。分区越大，每簇的字节数就越大，磁盘浪费就越严重。这里的 FAT 就是文件分配表，16 实际上是记录文件存放簇号所使用的位数，16 位就意味着最多有 2^{16} 个簇。
- FAT32 格式，最大分区 32GB，单个文件最大 4GB。这使得有些大文件（如光盘映像文件（整个光盘内容作为一个文件）、视频文件）不能在该格式下保存（因为超过了 4GB)。
- NTFS(new technology file system)，最大分区 2TB，读写文件时自动压缩、解压，最大限度地避免磁盘空间的浪费，可以为共享资源、文件夹以及文件设置访问许可权限。所以，如果磁盘较大，保存的文件也很大时应使用 NTFS 格式。

磁盘的分区、簇的大小是用户可以选择的，所以，一块硬盘在使用前需要进行分区和格式化。格式化就是选择哪种文件系统格式所做的准备工作。在“控制面板|系统和安全|管理工具|计算机管理|磁盘管理”中可以进行磁盘或 U 盘的分区和格式化操作。请注意，分区和格式化都会使磁盘上原有的内容被清除，而且不可恢复，是具有破坏性的，所

以，不是新盘，不要轻易格式化。如果真的要格式化，一定先将数据备份到其他磁盘中。

(5) 用户接口

用户使用操作系统功能的方式就是**用户接口**。现代操作系统通常向用户提供3种类型的接口：命令接口、图形接口和程序接口。

命令接口：在提示符之后用户通过键盘输入命令，系统接收并解释这些命令，然后把它们传递给操作系统内部的程序，执行相应的功能。比如在“开始”菜单的“运行”框中输入 cmd33(Windows 7下)，打开“命令提示符”窗口(见图1-29)，其中，“＞”就是命令提示符，前面的“C:\Users\ylzhao”是当前操作所在的文件夹。在“＞”后面输入 dir 并按回车，可以看到当前文件夹下的文件目录，输入 notepad 并按回车，可以打开“记事本”程序，这种使用操作系统功能的方式就是命令接口方式。

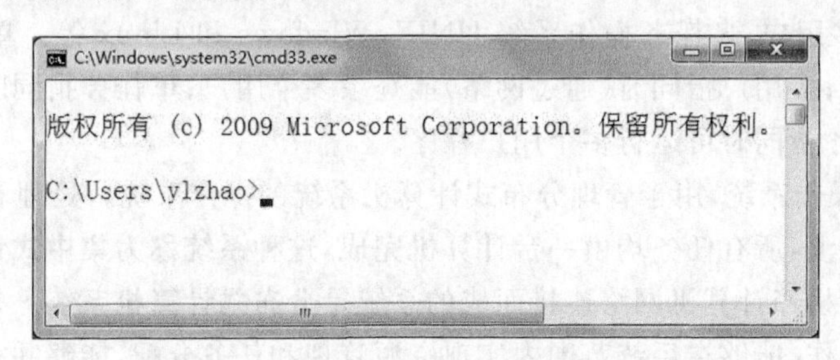

图1-29　Windows 操作系统下的命令提示符窗口

图形接口：目前大家使用点击鼠标的方式就是图形接口方式，通常称作图形用户界面 GUI(graphic user interface)，简称图形界面。用户点击鼠标时，系统分析用户在哪儿怎样点击了鼠标，是左键、右键、单击还是双击，操作系统把这一信息传递给相应的应用程序，应用程序根据预先设计好的约定，知道用户想做的操作，调用相应程序完成相应的功能。图形用户界面不需用户记住过多的命令，各种功能以形象、直观的图标或菜单展现，点击鼠标即可执行命令，非常方便。

程序接口：也称为系统调用接口，就是用户使用某种程序设计语言编写计算机程序，在程序中，使用操作系统的某些功能，如文件的读、写操作等。使用的方式就是直接或间接调用操作系统提供的函数，这些函数称为 API(application programming interface，应用程序编程接口)函数。计算机或编程中所说的**函数**，就是一段完成一定功能的有名的程序。

(6) 操作系统的类别

① 批处理操作系统，简称批处理系统。批处理是早期计算机处理作业的一种方式。操作员把用户提交的作业分批处理，每批中的作业由操作系统或监督程序负责作业间自动调度执行。运行过程中用户无须干预作业，大大提高了系统资源的利用率。现代操作系统一般也提供批处理功能。

② 分时操作系统，采用时间片轮转的方式，使一台计算机为多个终端用户服务。由于时间间隔很短，每个用户的感觉就像他独占计算机一样。分时操作系统的特点是可有效提高资源的使用率。典型的分时操作系统是 UNIX 和 Linux。

③ 实时操作系统，当外界事件或数据产生时，能够接收并以足够快的速度进行处理，

所得结果又能在规定的时间内用来控制生产过程或对处理系统做出快速响应,调度一切可利用的资源完成实时任务。提供及时响应和高可靠性是实时操作系统的主要特点,适合用于需要实时完成的任务(如导弹制导、自动驾驶、数据采集、生产控制等)。

④ 网络操作系统,能够控制计算机在网络中传送信息和共享资源,并为网络用户提供所需的各种服务,其主要功能是网络通信、资源管理、网络管理和网络服务。早期的网络操作系统主要指提供网络服务的操作系统,如 UNIX,Novell Netware 和 Windows NT 等。现代操作系统一般都具有网络信息传输功能,都是网络操作系统,包括 Android,Windows 7 和 Windows 10 等。

⑤ 微机操作系统,微型计算机上运行的操作系统,早期的单用户、单任务操作系统 MS-DOS,20 世纪 90 年代的单用户多任务操作系统 XENIX,Windows 3.x 和 Windows 9.x 等,近年的多用户、多任务操作系统 UNIX,Windows 和 Linux 等。单用户指同时只能登录一个用户;多用户指同时(通过网络)能登录多个用户;单任务指同时只可运行一个用户程序;多任务指同时可运行多个用户程序。

⑥ 分布式操作系统,用于管理分布式计算机系统的操作系统。处理和控制功能都集中在一台计算机上,所有任务均由一台计算机完成,这种系统称为**集中式计算机系统**。由多台分散的计算机经计算机网络连接而成的系统是**分布式计算机系统**。每台计算机既能自治又能协同工作,能够在系统范围内实现资源管理和任务分配,能够并行运行分布式程序的计算机系统。著名的分布式操作系统有 Amoeba(荷兰自由大学)Plan 9(AT & T 公司贝尔实验室)、X 树系统(美国加州大学伯克利分校)等。

⑦ 嵌入式操作系统,是指运行在嵌入式应用环境中,对整个系统及所有操作的各种部件、装置等资源进行统一协调、处理、指挥和控制的系统软件,如 VxWorks(美国 Wind River 公司)、CHORUS(Sun 公司)和 Navio(Oracle 公司)等。**嵌入式应用环境**是指将计算机嵌入到其他电子、机械装置和设备中,实现设备、装置的自动化、智能化操作。

1.3 本章小结

本章介绍了计算和算法的概念,了解了计算工具的发展,重点介绍了计算机系统的组成。计算机中的概念和设计思想与生活和其他学科是相通的,请同学们学习时注意体会,也请同学们思考为什么计算机系统会这样设计。

习 题 1

1. 单选题

(1) 用计算机语言编写的完成一定功能的指令序列是(　　)。

A. 计算　　B. 算法　　C. 指令　　D. 程序

(2) 世界上第一台电子数字计算机采用的主要逻辑部件是(　　)。

A. 电子管　　B. 晶体管　　C. 继电器　　D. 光电管

(3) 第三代计算机使用的逻辑部件是(　　)。

A. 晶体管　　B. 电子管

C. 中小规模集成电路　　D. 大规模和超大规模集成电路

(4) 一个完整的计算机系统应包括(　　)。

A. 系统软件和应用软件　　B. 硬件系统和软件系统

C. 主机和外部设备　　D. 主机、键盘、显示器和辅助存储器

(5) 下列度量单位中,(　　)与CPU性能有关。

A. MB　　B. Mb/s　　C. dpi　　D. GHz

(6) 微型计算机中,控制器的基本功能是(　　)。

A. 存储各种控制信息　　B. 传输各种控制信号

C. 产生各种控制信息　　D. 控制系统各部件正确地执行程序

(7) 下列4条叙述中,属RAM特点的是(　　)。

A. 可随机读写数据,且断电后数据不会丢失

B. 可随机读写数据,断电后数据将全部丢失

C. 只能顺序读写数据,断电后数据将部分丢失

D. 只能顺序读写数据,且断电后数据将全部丢失

(8) 存储管理负责的是(　　)。

A. 哪个程序何时使用CPU

B. 哪个程序存放在内存中的什么位置

C. 哪个文件存放在磁盘上的什么位置

D. 计算机的操作方式

(9) 下列有关存储器读写速度的排列,正确的是(　　)。

A. RAM＞Cache＞硬盘＞软盘　　B. RAM＞硬盘＞软盘＞Cache

C. Cache＞RAM＞硬盘＞软盘　　D. Cache＞硬盘＞RAM＞软盘

(10) 计算机软件是指(　　)。

A. 计算机程序　　B. 源程序

C. 目标程序　　D. 计算机程序及有关资料

2. 问答题

(1) 什么是计算?

(2) 电子计算机的发展经历了哪几个时代?各个时代的特征是什么?

(3) 生活中,有哪些系统也是类似冯·诺依曼结构的?请分析说明。

(4) 说说早期的计算工具与现代电子计算机系统在组成结构和使用上的相似之处。

(5) 简述计算机系统的组成。

(6) 什么是计算机操作系统?简述计算机操作系统的功能。

(7) 简述进程和程序的区别。

(8) 进程的状态有哪些?简述它们是如何转换的。

3. 探究题

(1) 计算机的自治是什么意思？

(2) 什么是分布式程序？

(3) 列举身边的嵌入式系统。

(4) 什么是人工智能？

(5) 什么是云计算？

第2章 Python语言编程入门

计算机系统由硬件系统和软件系统组成。硬件是基础,通过各种软件在硬件上的运行实现各种功能。软件是计算机程序、数据及相关文档的集合。计算机程序是为求解问题,用计算机语言编写的一些命令的有序集合。Python 是能写计算机程序的一种计算机语言。要用计算机求解问题,首先需要人们把问题的求解描述为一系列的步骤,然后告诉计算机让它求解,这一系列步骤就是算法。算法是计算机求解问题的关键。

2.1 算法的描述和评价

算法(algorithm)是由若干条指令组成的有穷序列。算法有其特征,首先要让人看懂,当然描述也有好坏。这是这一节先讨论的问题。

2.1.1 算法的特征

一个有效的算法应该具有如下特征。

1. 有0个或多个输入

这里的输入指能设定求解问题的基本数据,是问题求解的操作对象。

2. 输出

算法是为求解问题而设计的,按照算法的命令执行一系列的动作,最后应得到一个结果,这个结果就是输出。

3. 确定性

算法的每个步骤都必须有确定的含义,无二义。例如,“请把这两个数算一下”这个命令就是不确定的。不知道是要算和、差、积,还是什么。这样的命令就无法完成,或者结果无意义。

4. 有穷性

算法应该在有限步内终止,每一步能够在有限步内完成。

5. 可行性

算法的每步操作可以通过基本运算的有限次计算实现。例如，计算下面级数的和：

$$1+\frac{1}{2}+\frac{1}{3}+\frac{1}{4}+\cdots+\frac{1}{n}+\cdots$$

大家知道，这个级数是发散的，尽管可以分解为一系列除法和加法，但却不能在有限步内完成，而且存储量也是无穷的，精确计算不具有可行性，但可以限定当 $1/n<10^{-10}$ 时停止，这就是可行的。

不具有以上特征的算法要么没有意义，要么无法实现。也有一些算法，理论上可行，实际上不可行，例如，有些算法需要的计算时间是上千万年，甚至更长，也失去了实际意义。

2.1.2 算法的描述

算法的描述就是将计算的过程表达出来，能够让其他人理解，进而将算法编写成计算机程序在计算机上执行。算法的描述很重要。如果描述不清楚，表达不准确，就不易看懂，更不用说在计算机上执行了。常用的算法的描述方法有自然语言、流程图和伪代码表示法。

1. 自然语言描述法

自然语言描述方法，就是使用人们交流用的汉语、英语、日语等语言表达算法。

约公元前 300 年，欧几里得[①]发现，两个整数 p，q(p＞q)的最大公因数，等于 p 除以 q 的余数和 q 的最大公因数。这个余数比 q 要小，所以，这就转换为求两个更小的数的最大公因数的问题，如此继续转换，会有新的 p 除以新的 q 的余数为 0，这时的 q 就是原来的 p 和 q 的最大公因数。这就是辗转相除法，也叫欧几里得算法。

上述以一段文字描述的方式比较啰唆。自然语言描述算法，一般用 1、2、3 列出步骤，也可以使用数学公式，这样描述就更加清晰和准确。上述辗转相除法的自然语言描述见例 2-1。

【例 2-1】 用自然语言描述求两个正整数 p，q 的最大公因数的辗转相除法。

解：求两个正整数 p，q 的最大公因数的辗转相除法的自然语言描述如下：

对任意两个正整数 p 和 q：

① 如果 p＜q，交换 p 和 q。

② 求出 p/q 的余数，用 r 表示。

③ 如果 r＝0，则执行步骤⑦，否则执行下一步。

④ 令 q 为新的 p，r 为新的 q(也常表示为 p＝q，q＝r 或 p←q，q←r)。

⑤ 计算新 p 和新 q 的余数 r。

⑥ 转步骤③。

---

① 欧几里得(Euclid of Alexandria)，古希腊享有盛名的数学家，以其所著的《几何原本》闻名于世。

⑦ q就是所求的结果,输出结果q。

显然,列出步骤比段落描述要清晰。

2. 程序流程图描述

程序流程图简称流程图,就是用图形符号描述算法中的输入、输出、计算、计算顺序等内容。

流程图中,常用圆角矩形表示开始和结束,平行四边形表示输入和输出,矩形表示计算,菱形表示条件和判断,带箭头的线表示计算的顺序。流程图常用的符号如图2-1所示。

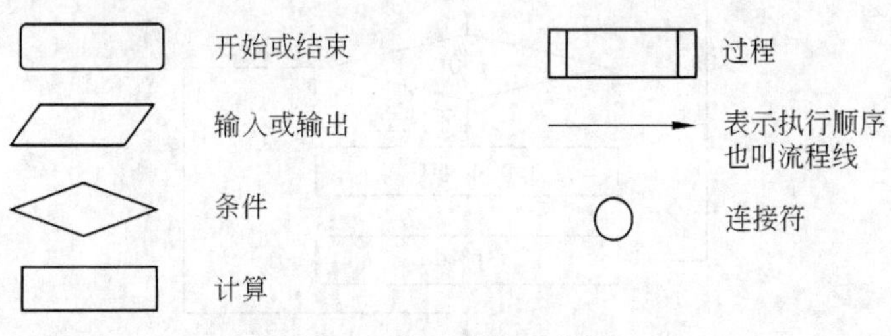

图2-1 流程图常用符号

其中的过程,实际是求解子问题的算法。如果将其展开写到这儿,流程图就会显得冗长和复杂。如果在这儿用一个名字表示,再在另一处详细描述,整个算法就会显得简洁和清晰。这样可以降低算法描述的复杂程度。连接符是为长流程图设计的。如果在一页纸上描述不下时,可以在前一页的流程线末端画一个圆圈,其中写上数字,在后一页流程线起始画一个圆圈,其中写上相同的数字,就表示它们是连起来的。

【例2-2】 用程序流程图描述求两个正整数p,q的最大公因数的辗转相除法。

解:求两个正整数p,q的最大公因数的辗转相除法的流程图描述见图2-2。

注意矩形中的等号,如r=p表示"r表示的值就是p的值";r=p%q表示"r表示的值是p%q的计算结果",其中%表示计算p除以q的余数,%称为求余运算符。如果将等号左边的符号理解为能存放数据的容器,r=p%q的意思就是将等号右边的式子的计算结果放入等号左边的容器中,所以,程序设计中将等号称为赋值运算符。菱形中r=0的等号是比较的意思,是比较r是不是等于0。为了和赋值区别,用于比较的等号常写为两个等号(==),如r==0。

3. 伪代码描述

流程图描述清晰、准确,容易理解,但有时画图还是比较费时间。伪代码描述也可以有清晰的结构,主要是写起来会快一些。

算法中,命令的执行次序通常有3种结构。一种是**顺序结构**,就是执行了上一句,就执行下一句,按先后顺序执行。第二种称为**分支结构**,就是按条件执行的。满足条件做什么,不满足条件做什么。第三种结构称为**循环结构**,就是根据条件,反复做某种计算,直到条件不满足。

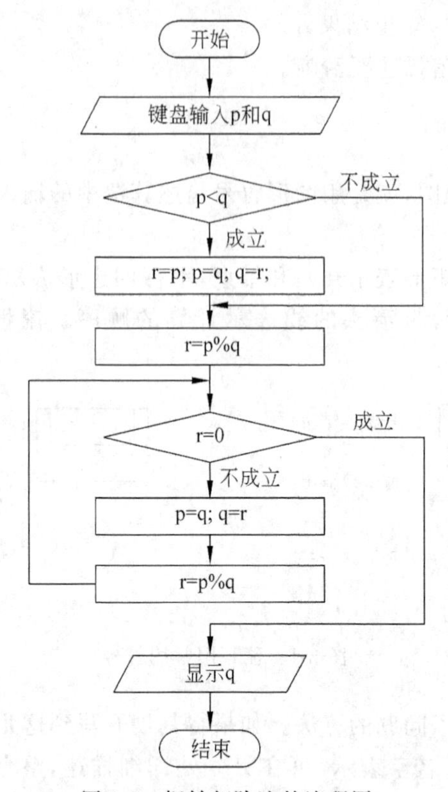

图 2-2 辗转相除法的流程图

伪代码就是结合这 3 种结构，主要是分支和循环结构的自然语言描述。下面对伪代码的描述做一些约定。

(1) 变量及数组

用符号表示数据，这些符号称为变量。这些符号可能是单个字母，也可能是单词。一般情况是由字母或下画线开头，后跟若干字母、数字、下画线的一串字符，例如 i，j，k，x1，ab12 等。

如果表示多个同类数据，使用很多符号不方便，常用的方法是使用符号加下标的方式。例如 A[i]，A 表示一类数据，i 表示第 i 个，称为下标，A[i]就表示这类数据中的第 i 个。A 称为数组，i 的值一般从 0 开始。

上面举的数组的例子有一个下标，称为一维数组。还可以有两个下标，称为二维数组，3 个下标为三维数组等。二维数组的形式为

```
A[下标 1][下标 2]
```

二维数组常用于存储矩阵。例如，可用 A[1][1]表示矩阵 A 的第 1 行第 1 列的元素，再比如围棋棋盘可用长宽各为 19 的二维数组表示，而数组的值可表示某个位置为黑棋、白棋或无子。

本书算法中，数组 L 的下标 p～q 的部分(即 L[p]，L[p+1]，…，L[q])用 L[p..q]表示。

(2) 赋值语句

给一个变量设定数值称为**赋值**，一般格式：变量←表达式(或变量和常数)。

例如：

```
c ←a+b;                    //表示将 a+b 的值赋给 c
```

该语句实质是先将右边表达式或变量的值计算出来，然后把该值赋给左边的变量，使左边的变量等于表达式或变量的值。

注意，赋值号左边只能是变量，而不能是表达式或常数。赋值号左右两边不能对换，x←y 与 y←x 的含义一般不同。

例如以下两句：

$x \leftarrow 2;$

$x \leftarrow x^3;$

顺序运行后，x 的内容为 8。

(3) 表达式

所谓**表达式**就是变量、常量或用运算符连接起来的变量、常量或表达式，如 a＋b＋c 是表达式，它是用＋将 a＋b 和 c 连接起来。表达式也可以使用圆括号，例如 a＊(b＋c)，圆括号中的表达式优先计算。

运算符有算术运算符、关系运算符和逻辑运算符。算术运算符用＋，－，＊，/，%分别表示加、减、乘、除和求余运算；关系运算符(也称比较运算符)用＝，≠，＜，＞，≤(或＜＝)，≥(或＞＝)等表示；逻辑运算符用 and，or，not 来表示。例如：

x＋y－6/z＋a＊b＋c%2 为算术表达式。

x＋y＋z＞a＊b＋c 为关系表达式(两个算术表达式用关系运算符连接起来)。

x＋y＞z and x＋z＞y and y＋z＞x 为逻辑表达式(三个关系表达式用逻辑运算符连起来)。

运算符有优先级，这里不详细介绍。一般情况下，若表达式中包含算术运算、关系运算和逻辑运算，首先处理算术运算，其次处理关系运算，最后处理逻辑运算。

逻辑运算的结果为“真(true)”或“假(false)”。若某个关系表达式成立，则这个表达式结果为“真”(true)，否则为“假”(false)。

(4) 分支语句

分支结构的计算表示就是分支语句，也叫选择语句，基本形式如下：

```
若(条件 C)：
    <B1>
否则：
    <B2>
```

其中，“条件 C”是一个逻辑表达式，＜B1＞和＜B2＞是一条语句或一组语句，称为**语句块**。它表示的执行顺序是，如果“条件 C”的值为“真”，则＜B1＞块被执行一次；如果“条件 C”值为“假”，则 B2 块被执行一次；然后执行后面的其他语句。注意，＜B1＞、＜B2＞语句块向右缩进。选择语句中“**否则**”部分可以不出现。

（5）循环语句

循环结构的计算表示是循环语句，其有两种形式。一种是“当”型循环语句，其形式如下：

```
当(条件 C):
    <B1>
```

其中，“条件 C”是一个逻辑表达式，＜B1＞是语句块。如果 C 的值为“真”，则执行＜B1＞，且在每次执行＜B1＞后都要重新检查“条件 C”；如果“条件 C”为“假”，则转到紧跟“当”语句后面的语句执行。循环中的语句块＜B1＞称为**循环体**，“条件 C”称为**循环条件**。

另一种循环语句形式如下：

```
循环(i 从 begin 到 end):
    <B1>
```

其中，i 是变量，称为**循环变量**，begin，end 一般是常数或表达式，＜B1＞是循环体。i 的初始值为 begin，当 i 小于等于 end 且大于等于 begin 时循环执行＜B1＞，每次循环体＜B1＞执行完毕将 i 加 1，再次检查 i 是否在 begin 和 end 之间，如果在，继续执行循环体，直到超出这个区间。

循环语句和分支语句可以相互嵌套，多个循环语句、分支语句也可嵌套在一起，从而实现复杂的功能。例如下面的语句就是两个循环语句嵌套。

```
循环(i 从 0 到 n):
    循环(j 从 1 到 m):
        x ← x+1
```

这段算法对于 0～n 的每一个 i 值，内层循环都要执行 m 次。

（6）函数描述

一个算法可能很长，可以将它分为功能上相对独立的几部分，每个部分起个名字，以后通过这个名字使用这段算法来表示相应的计算，这段有名的算法称为函数。函数的一般形式如下：

```
函数名(<参数表>):
    <Block>
```

其中，＜参数表＞是完成计算需要的数据的列表，称为**参数**，或**形参**。因为它是代表数据的符号。＜Block＞是语句块，称为**函数体**，是完成某功能的计算命令部分。函数往往有计算结果，称为**返回值**，这时函数体的＜Block＞最后一句如下：

```
return  <变量>(或<表达式>);
```

其中的＜变量＞(或＜表达式＞)就是计算结果。

在一段算法中使用一个已经定义过的函数，这个过程称为**函数的调用**。调用函数要给出函数名和实际的参数,这时的参数称为**实参**。函数调用相当于执行组成函数的算法,执行完毕,函数调用的式子就表示计算结果。下面是函数定义及调用的例子。

【例 2-3】 定义两个数相加的函数,并通过它计算两个数的和。

解:函数的定义:

```
add(x, y):                                  #函数的定义
    return x+y;                             #函数的返回值
```

此函数在使用时,需要传递两个常数或已赋值的变量进去,得到一个结果。在下面函数中使用了 add 函数。

```
main():                                     #定义主函数
    n1←5, n2←6;
    n3←add(n1, n2);
```

这段算法,设置 n1 的值为 5,n2 的值为 6,调用函数 add 计算 n1 加 n2 的和,并将计算结果存入 n3,即 n3 为 11。

上述例题解答中,"#"号及其后面的内容称为注释,是为方便理解算法而写的说明,是不需执行的。main 也是一个函数,它没有参数。用这个特殊的函数表示算法执行的起点,其他函数只能通过调用才能执行,而 main 函数是最先自动执行的。

(7) 格式要求

书写上用缩进表示程序中语句模块的层次结构。同一模块的语句有相同的缩进量,次一级模块的语句相对于其父级模块的语句缩进。基本形式如下:

```
语句 1;
语句 2;
    子语句 1;
    子语句 2;
        二层子语句 1;
        二层子语句 2;
    子语句 3;
语句 3;
```

各行语句均以分号结束。选择语句、循环语句整体上算一句,其中包含的语句块是子句,是需要缩进书写的。

【例 2-4】 用伪代码描述求两个正整数 p,q 的最大公因数的辗转相除法。

解:按照上述约定,求两个正整数 p,q 的最大公因数的辗转相除法的伪代码如下:

```
输入正整数 p, q
若(p<q):
    交换 q,p 的值
r←p%q                                       #%表示求余运算,p%q 就是 p 除以 q 的余数
当(r!=0):                                   #余数不为 0 是循环
    p←q                                     #q 变为新的 p
    q←r                                     #r 变为新的 q
```

```
    r=p%q                                     #再次求余数
输出 q                                        #循环结束,q中就是最大公因数
```

请大家注意，以上描述伪代码的方法是本书的描述方法，也可以有其他约定方法，通常要求一是要有控制结构的表达方法，二是要容易看懂。

2.1.3 算法的评价

如果一个算法有缺陷，或不适合于某个问题，执行该算法将不会解决这个问题。求解一个问题可能有多种算法，不同的算法可能用不同的时间和空间来完成任务。一个算法的优劣可以用空间复杂度与时间复杂度来衡量。

1. 时间复杂度

算法的时间复杂度是指执行算法所需要的时间。但是，一个算法处理的数据元素的个数是不确定的，并且不同计算机执行速度是不同的，因此不能以某个程序的绝对执行时间作为评价标准。一般将算法处理的数据元素的个数记作 n（又称问题规模为 n），将算法中的主要运算作为基本运算，将基本运算的次数作为时间复杂度的度量，它是问题规模 n 的函数 $f(n)$。

【例 2-5】 估计求 $1+2+3+\cdots+n$ 的下列算法的时间复杂度。

算法：

```
① sum=0;
② 循环(i 从 1 到 n):
      sum=sum+i;
③ 输出 sum;
```

解：这个算法中，主要的运算是加法运算，i 从 1 到 n 循环了 n 次，所以，这个算法的时间复杂度是 $f(n)=n$。

【例 2-6】 下面是计算两个向量的内积的算法。估计它的时间复杂度。

设两个向量分别为 a[1...n]和 b[1...n]。

```
① 输入 n;
② 循环(i 从 1 到 n):
   输入 a[i];
③ 循环(i 从 1 到 n):
   输入 b[i];
④ dotproduct=0;
⑤ 循环(i 从 1 到 n):
      dotproduct=dotproduct+a[i] * b[i];
⑥ 输出 dotproduct;
```

解：这个算法中的主要运算是乘法和加法，可以将每次的乘法和加法看作一个基本运算，第⑤步循环执行 n 次，所以时间复杂度也是 $f(n)=n$。注意，这个算法中，也有输入 n、输入 a[i]、b[i]的运算，但一般输入输出不作为基本运算。

【例 2-7】 下面是计算 $1!+2!+3!+4!+\cdots+n!$ 的算法，计算它的时间复杂度。

算法：

```
① 输入 n;
② sum=0;
③ 循环(i 从 1 到 n):
④     factorial=1;
⑤     循环(j 从 1 到 i):
            factorial=factorial*j;
⑥     sum=sum+factorial;
⑦ 输出 sum;
```

解：这个算法中，主要运算是计算阶乘的乘法和计算和的加法。乘法在两个循环中，当 i 等于1时，执行内循环，即乘法计算1次；当 $i=2$ 时，乘法计算2次，…，当 $i=n$ 时，乘法计算 n 次，所以，乘法的计算次数是

$$1+2+3+\cdots+n=(1+n)\times n/2$$

加法在外循环中，根据 i 的变化，执行 n 次，所以算法的时间复杂度是

$$f(n)=(1+n)\times n/2+n=\frac{1}{2}n^2+\frac{3}{2}n$$

当 n 趋向无穷大时，如果 $f(n)$ 的值增长缓慢，则算法优。一般可以用 $f(n)$ 的数量级 O 来粗略地判断算法的时间复杂度，如上例中的时间复杂性可粗略地表示为 $T(n)=O(n^2)$ 或 $T(n)=O(n^2/2)$。算法的时间复杂度也因此记为 $T(n)=O(f(n))$。与 n 无关的算法复杂度记做 $O(1)$，被认为是常数阶的。

常见的算法的时间复杂度是 $O(1)$，$O(n)$，$O(\log n)$，$O(n^2)$，$O(2^n)$ 等。$O(n^k)$（其中 k 为常数）阶的时间复杂度称为**多项式阶时间复杂度**。如果一个问题，具有 $O(n^k)$（其中 k 为常数）阶或更低阶时间复杂度的算法，被认为是容易求解的问题，称为 **P 问题**。$O(2^n)$ 阶时间复杂度称为**指数阶时间复杂度**。具有指数阶时间复杂度的算法，随着 n 的增长，工作量剧增。如果一个问题找不到多项式阶时间复杂度算法，或只具有指数阶时间复杂度算法，被认为是**难解的问题**。

2. 空间复杂度

算法的空间复杂度是指算法需要消耗的内存空间。由于存储程序和数据的空间是必要的，通常空间复杂度计算的是需要的额外空间的多少，其计算和表示方法与时间复杂度类似，在此可将一个数据元素的存储空间记作1。

【例 2-8】 下面是交换两个向量的算法，估计它的空间复杂度。

算法：

```
设两个向量分别为 a[1...n]和 b[1...n]。为了交换，使用一个中间向量 t[1...n]。
① 循环(i 从 1 到 n):                    #将 a 中的数据全部移到 t 中，a 就空出来
      t[i]=a[i];
② 循环(i 从 1 到 n):                    #将 b 中的数据全部移到 a 中，b 就空出来
      a[i]=b[i];
```

```
③ 循环(i从1到n):                                #将t中原来a的数据移到b中,完成交换
      b[i]=t[i];
```

解：这个算法的思路是先将a中的所有元素移到t中，再将b中的所有元素移到a中，再将t中存的原来a的元素存到b中，就交换过来了。a,b是待交换的向量，存储空间是必要的，t是为了交换而使用的空间，交换完就没有用了，是为交换而使用的额外空间，因此这个算法的空间复杂度是 n。另外，这个算法中的主要运算就是移动元素，有3个循环，每个循环的循环体执行 n 次，共 $3n$ 次，这是时间复杂度。

【例 2-9】 下面是交换两个向量的另一种算法，估计它的空间复杂度。

算法：

```
设两个向量分别为a[1..n]和b[1..n]。为了交换,使用一个中间变量t。
 循环(i从1到n):
      t=a[i];
      a[i]=b[i];
      b[i]=t;
```

解：这个算法，将每个元素a[i]移到t中，再将b[i]移到a[i]中，再将t移到b[i]中。这是一个一个换的，只用了一个额外的存储空间。空间复杂度是1。

和时间复杂度一样，空间复杂度也用数量级估计，记为 $O(1)$，$O(n)$，$O(n^2)$ 等表示。

2.2 计算机语言及其发展

为了编写计算机程序、利用计算机处理信息而设计的一系列符号和语法规则，就是**计算机语言**，也称**程序设计语言**，在不引起混淆的情况下也简称**语言**。计算机语言的发展经历了机器语言、汇编语言和高级语言等几个阶段。

1. 机器语言

电子计算机是由电子元件和线路组成的，用电子信号表示数据和要执行的操作（也就是命令，计算机中称指令）。命令的表现形式就是0、1组成的序列。不同的序列，可以表示不同的指令，称为**指令的编码**，这样的编码系统称为**机器语言**。人们把要做的事情用机器语言的指令序列表达出来，这就是**机器语言程序**。机器语言是计算机可以直接“理解”的语言，机器语言的程序是计算机可以“看得懂”的“文件”，它可以遵照执行，结果就完成人们交给它的任务。

机器语言用二进制数表示命令，计算机可以直接执行。然而，无论是程序的编写还是阅读都是一件困难的事情。特别是当程序有错误时，要想查找并修改错误，是非常困难的，因为程序员看到的是一系列的数字。

2. 汇编语言

20世纪40年代，研究人员为了简化程序设计的过程，开发了记号系统，使用单词的缩写符号来表示指令，而不再使用数字形式，这些符号称为**指令助记符**。同时也用符号表

示数据(汇编语言中称为操作数)、数据的存放地址以及 CPU 中暂时存放数据的装置——寄存器(register)等。例如使用 ADD 表示加,MOV 表示移动数据,JZ 表示转移等。

用指令助记符、地址符号等符号表示的指令称为**汇编格式指令**(assemble instruction)。汇编格式指令及其表示和使用这些指令的规则称为**汇编语言**(assembly language)。用汇编语言编写的程序称为**汇编语言程序**或**汇编语言源程序**,或简称**源程序**。

由于汇编语言使用了助记符和用符号表示数据及存储位置(称为存储单元的地址,简称地址),自然比机器语言容易掌握和使用。然而,机器只能识别机器语言表示的指令,比如,“MOV CX,E024”要翻译为 B924E0H。所以用汇编语言编写的程序并不能被计算机直接执行,还需要将它们翻译为一系列的机器指令。实际上,这个工作并不需要人来做,可以用机器语言编写一个程序来做这项工作,这个程序称为**汇编程序**(assembler)。翻译的过程称为**汇编**(assemble),翻译的结果称为**目标程序**(object program)。

汇编语言是在机器语言基础上的巨大进步,以致被称为第二代程序设计语言。然而,由于汇编格式指令是机器指令的符号表示,而不同的 CPU 能识别的机器指令可能是不同的,所以汇编格式指令与机器有着密切的关系,也就是说,针对一种 CPU 编写的求解某一问题的程序在另一种 CPU 的机器上不一定能正确地执行。另一个缺点是程序员在编写求解问题的程序时,需要考虑计算机中的寄存器、数据的存储位置、内存的容量等细节问题,而不仅仅要关心如何求解方程的问题。所以机器语言、汇编语言又被人们称为**低级语言**。

3. 高级语言

1953 年,美国 IBM 公司约翰·贝克斯(John W. Backus)向他的主管提出一项建议,开发一种更实用的计算机语言代替汇编语言为他们的计算机 IBM 704 编写程序,这就是 FORTRAN 语言,是 IBM Mathematical formula translating system 的缩写。1954 年,完成了计算机语言的详细说明书。1956 年 10 月,第一本 FORTRAN 指南问世。1957 年 4 月,开发出第一个 FORTRAN 编译器。约翰·贝克斯(John W. Backus)说,“我的工作来源于懒惰。我不喜欢写程序,所以当我参加 IBM 704 项目,为计算弹道写程序时,我开始设计一套编程系统以使写程序更容易。”

从 FORTRAN 开始,计算机科学家后来还开发了多种语言,如 COBOL,BASIC,Pascal,C,C++ 等。它们的特点一是与机器无关,使用这些语言编写的程序可以较容易地移植到不同的计算机上;二是其命令注重描述解决问题的方法和步骤,而不是某种机器的指令。所以它们又称为**高级语言**。

高级语言的命令也是用单词或缩写符号来表示的,但更加接近于问题的求解方法,因而容易被人理解,但这样的程序也不能被计算机直接识别,所以,也需要翻译成机器语言命令的程序,这样的程序称为**编译器**(complier)。通常,一条高级语言的命令(有时称为语句)编译后会对应几条机器指令。对不同的计算机系统,可能翻译后的机器指令序列也不同。

编译器一次将高级语言程序翻译成可执行的机器指令序列，以后再执行程序时不再需要翻译，这称为**编译执行**。还有另外一种"翻译"的策略，就是在翻译的同时执行指令，实际是翻译一条高级语言命令，接着就执行这些机器指令，然后再翻译下一条高级语言命令并执行，这样的翻译方式称为**解释执行**，这样的翻译程序称为**解释器**(interpreter)。

计算机语言是一套规则，编译和解释是语言的实现方式。一般以编译方式实现的语言称为**编译型语言**，如FORTRAN，C和C++等；一般以解释方式实现的语言称为**解释型语言**，如BASIC，PHP和Python等。但这种划分不是绝对的，理论上，一种语言既可以为其设计编译器，编译执行用它写的程序，也可以为其设计解释器，解释执行用它写的程序。

2.3 Python语言编程入门

1989年圣诞节期间，在阿姆斯特丹的Guido van Rossum为了打发圣诞节的无趣，决心开发一个新的脚本解释程序，作为ABC语言的一种继承。ABC是由Guido参加设计的一种教学语言。在Guido本人看来，ABC非常优美和强大，是专门为非专业程序员设计的，但是可能是由于它的非开放性，导致它并没有成功。Guido决心在新的语言中避免这一错误，并实现在ABC中闪现过但未曾实现的东西，就这样，Python诞生了。

Python是一种开放源代码的解释型高级语言，具有可移植性。程序无须修改就可以在Linux，Windows，Macintosh，Solaris和Android等平台上运行。Python语言简单、易学、可扩展，既支持面向过程的编程也支持面向对象的编程。Python丰富的库使其具有强大的功能，包括正则表达式、文档生成、单元测试、线程、数据库、网页浏览器、CGI、FTP、电子邮件、XML、XML-RPC、HTML、WAV文件、密码系统、GUI(图形用户界面)和其他与系统有关的操作等。

2.3.1 Python语言环境的安装和使用

Python的下载地址是http://www.python.org/download/，提供两个大的版本：Python 2.7.X和Python 3.X，这两个版本是不兼容的，功能上大体相同。本书使用的是3.X版本。

下载后的安装过程与一般软件的安装类似。默认安装路径是c:\python34(根据版本不同，可能是python31或python35等)，选项出现在Windows"开始"菜单中。

有3种使用Python的常见方式。

1. 使用交互式的带提示符的解释器

单击"开始"→"程序"→Python 3.4→IDLE(Python GUI)，打开Python交互式解释器窗口(见图2-3)，在">>>"提示符下输入Python的语句，按回车键即可执行该语句。例如：

```
>>>print("Hello World")
Hello World
>>>
```

其中,第 1 行的“>>>”是提示符,print('Hello World')是输入的 Python 语句,第 2 行是执行结果。第 3 行是提示符,等待输入其他语句(见图 2-3)。例如,输入 3+4,结果如下:

```
>>>3+4
7
>>>
```

按 Ctrl+Q 键或使用 File→Exit 菜单退出交互方式。这种方式的特点就是输入一句,执行一句,马上可以看到执行结果。

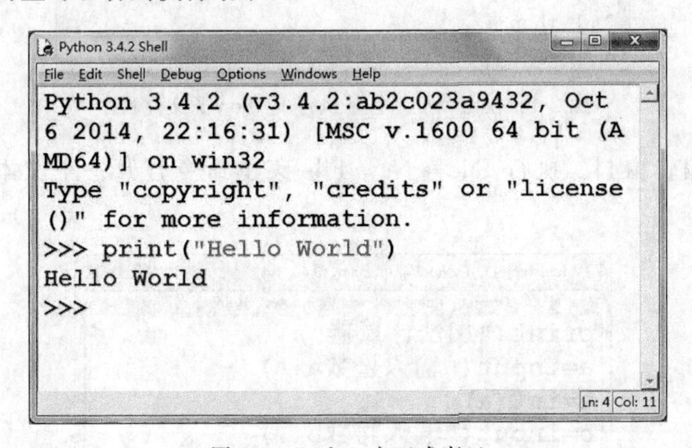

图 2-3 Python 交互式窗口

2. 在命令提示符下使用源文件

① 使用任何文本编辑器(可以使用“记事本”)编辑下列文件:

```
x=7
y=49
z=x+y
print("z=",z)
```

注意,**每行要顶格写**。

② 将其保存到 c:\python34 目录中,设文件名为 first.py,注意扩展名必须为.py。

③ 使用“开始”→“程序”→“附件”→“命令提示符”进入 Windows 命令提示符方式。

④ 输入“c:”,按回车,进入 C 盘。

⑤ 输入“cd\”,到 C 盘根目录。

⑥ 输入“cd\python34”,进入 Python 文件夹。

⑦ 输入 python first.py,执行 Python 程序。

运行结果见图 2-4。

3. 在集成环境下使用源文件

① 启动软件。单击“开始”→“程序”→Python 3.4→IDLE(Python 3.4 GUI),打开 Python 交互式解释器窗口(见图 2-3)。

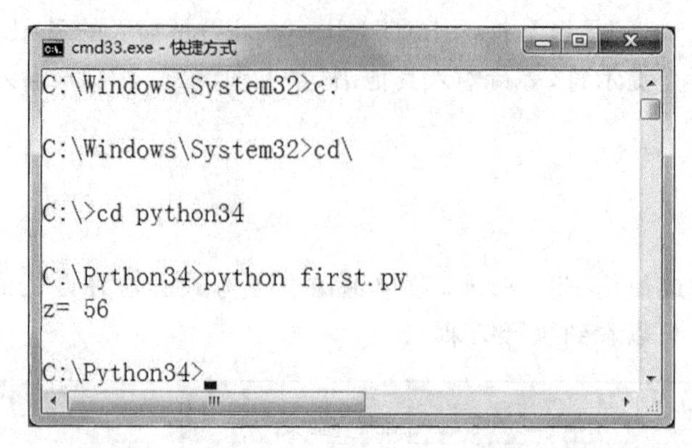

图 2-4 在命令提示符下执行 Python 源文件程序

② 打开编辑窗口。执行 File→New File 菜单命令打开一个文本编辑窗口(见图 2-5)。

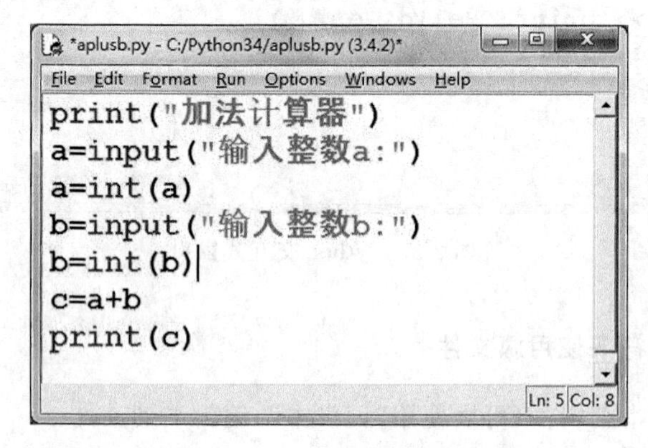

图 2-5 Python 程序编辑窗口

③ 编辑程序。在文本编辑窗口中输入下列内容,注意,每行要顶格对齐:

```
print("加法计算器")
a=input("输入整数 a:")
a=int(a)
b=input("输入整数 b:")
b=int(b)
c=a+b
print(c)
```

④ 保存文件。执行 File→Save 菜单命令,在"另存为"对话框中输入文件名 aplusb.py,保存文件。注意,默认的**保存位置为"c:\python34"文件夹,文件的扩展名一定加上".py"**。

⑤ 执行程序。执行 Run→Run Module 菜单命令或直接按 F5 键,在交互命令窗口中输入 10,回车,再输入 20,回车,结果显示 30(见图 2-6)。

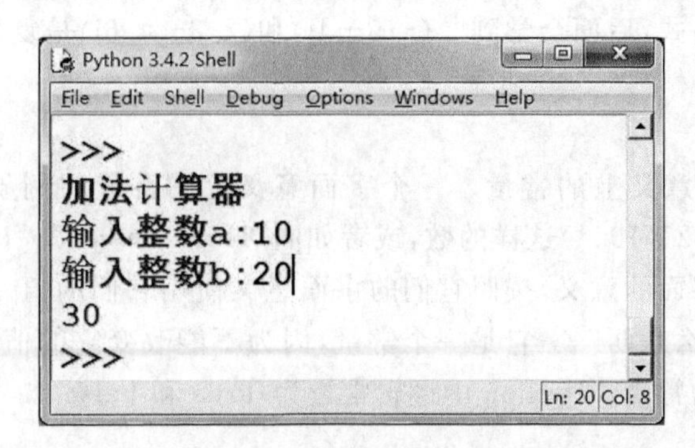

图 2-6　Python 程序运行结果

⑥ 修改程序。如果在第⑤步执行程序时，交互窗口中有红颜色的文字出现，说明编写的程序有错(见图 2-7)。请仔细阅读产生的错误提示信息，然后回到文本编辑窗口修改程序，再执行。例如，把程序中的 c＝a＋b 改为 c＝a＋B，再执行这个程序，就会显示如图 2-7 所示的信息，其中说明了错误的行号是 6(line 6)，错误的原因是 B 没有定义(name 'B' is not defined)。因为程序中输入的两个数是分别用小写的 a 和 b 表示的，不是大写的 B。

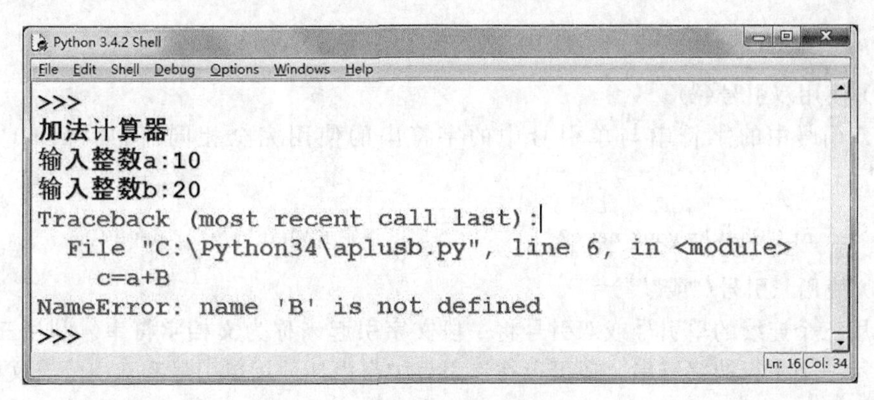

图 2-7　错误提示信息

2.3.2 Python 语法初步

每一种语言都需要能够表示数据和运算，能够控制命令的执行顺序，能够处理复杂数据和复杂问题，要有一套表示方法，必须符合一定的书写格式。

1. 数据类型

Python 中将组成程序的元素称为对象，对象的类型有数字(number)、字符串(string)、列表(list)、字典(dictionary)、元组(tuple)和文件(file)等。其中数字的类型有整数(int)、浮点数(float)和复数(complex)等。

在 Python 中有 3 种类型的数——整数(int)、浮点数(float)和复数(complex)。29 是一个整数。8.23 和 19.3E－4(表示 19.3×10^{-4})是浮点数，目前可以理解为实数，其实它是实数的一种表示格式,后面会学到。(−5+4j)和(2.3−4.6j)是复数。

2. 字面量

字面量,即字面意义上的常量。一个字面意义上的常量的例子是如同15、1.823、10.25E−3(表示10.2×10^{-3})这样的数,或者如同"How are you"、"It's a square!"这样的字符串。它们具备字面的意义,按照它们的字面意义使用它们的值。数2总是代表它自己,而不会是别的什么东西——它是一个常量,因为不能改变它的值。因此,所有这些都被称为字面意义上的常量。Python中逻辑常量为True和False。

3. 字符串

字符串是字符的序列,如上面的"How are you"。字符串基本上就是一组单词,一个句子或一个段落。一对单引号或一对双引号之间的字符序列表示一个字符串,用一对三引号引起来表示一段文本。

(1) 使用单引号(')

用单引号指示字符串,就如同'Have a nice day.'这样。所有的空白,即空格和制表符都照原样保留。如:

```
>>>print('Have a nice day.')                    #显示 Have a nice day.
```

(2) 使用双引号(")

在双引号中的字符串与单引号中的字符串的使用完全相同,例如"What's your name?"。

```
>>>print("What's your name?")                   #显示 What's your name?
```

(3) 使用三引号('''或""")

使用三个连续的单引号或双引号将一段文字引起来称为**文档字符串**。利用三引号,可以指示一个多行的字符串。还可以在三引号中自由地使用单引号和双引号。文档字符串可以方便地保留文本中的换行信息,用来在代码中方便地书写大段的说明,所以它经常用于块注释。

例如:

```
>>>doc1="""name zhang
tel 8765234
"""                                             ##用 doc1 表示三引号引起来的字符串
>>>print(doc1)                                  #显示 doc1 表示的内容
name zhang                                      #显示结果
tel 8765234
```

4. 注释

为了人们能够看懂程序,每一种语言都提供对程序进行说明的方法,这就是**注释**。Python程序的一行程序中,"#"后的内容被认为是注释,"#"及后面的内容不影响程序的执行,只是为阅读程序提供解释,如上面的举例中的"# 显示 Have a nice day."就是注释。去掉注释,不影响程序的功能,但阅读程序会更困难。**写注释是编程的好习惯**。

5. 转义符

如果想要在一个字符串中包含一个单引号('),例如,这个字符串是 What's your name?。那么用'What's your name? '来指示它,Python 会弄不明白这个字符串从何处开始,何处结束,因为这里的"'"都被认为是字符串的标识符,但又不成对。所以,要指明是单引号而不是字符串的标识,可以通过"\"来完成,如,'What\'s your name? '。第 2 个单引号前有一个"\"表示它就是单引号,而不是字符串的标识符。这里的"\"就是转义符。

另一个表示这种字符串的方法是"What's your name?",即用双引号。类似地,要在双引号字符串中使用双引号本身的时候,也可以借助于转义符。另外,你可以用转义符"\\"来指示反斜杠本身。转义符也用于表示一些不可显示的字符,如回车、换行、响铃等。

Python 中常用的转义符有:

\\	反斜杠符号	\b	退格(Backspace)	\v	纵向制表符
\'	单引号	\e	转义	\t	横向制表符
\"	双引号	\000	空	\r	回车
\a	响铃	\n	换行	\f	换页

- \yy 或\yyy　八进制数 yy 或 yyy 代表的字符,例如:\012 代表换行,\101 代表字符"A",其中,0 是数字。
- \xyy　十六进制数 yy 代表的字符,例如:\x0a 代表换行,\x41 代表字符"A",其中,x 是小写字母 x。

6. 变量和赋值运算

变量是代表数据的符号,它的值可以改变。如

```
a=5
b=7
```

a 和 b 就是变量,5 和 7 是常量,"="称为赋值运算符,它的意义是将等号右边表达式的值赋予左边的变量,以后就可以用左边的符号表示该值。Python 中,变量的使用不需要说明,变量类型根据值的类型确定,而且变量可以随时赋不同类型的值。变量命名要符合标识符命名规定。

7. 标识符的命名

变量是标识符的例子。标识符是用来标识某样东西的名字。除变量外,使用标识符的例子还有函数名、类名等。在命名标识符的时候,要遵循下列规则:

(1) 第一个字符必须是字母表中的字母(大写或小写)或者一个下画线(_)。

(2) 其他部分可以由若干字母(大写或小写)、下画线(_)或数字(0~9)组成。

(3) Python 的标识符是大小写敏感的。例如,name 和 Name 被认为是不同的标

识符。

计算机语言中都有一些已定义好的有特定意义的标识符，称为**关键字**(keyword)，也叫保留字(reserved words)。在编写计算机程序时不能用它们再来表示其他意义。下面是 Python 中的关键字。不过，这些并不需要背诵。

and	del	from	None	True
as	elif	global	nonlocal	try
assert	else	if	not	while
break	except	import	or	with
class	False	in	pass	yield
continue	finally	is	raise	
def	for	lambda	return	

8. 运算符和表达式

表示运算的符号称为**运算符**(operator)，例如，+，-，*，/这 4 个符号分别表示加、减、乘、除运算。运算作用的数据称为**操作数**或**运算数**(operand)，如 3+4 中的 3 和 4 就是操作数。用运算符将运算数连接起来有意义的运算式称为**表达式**(expression)，如 3+4。注意，表达式用运算符连接起来，仍然是表达式，如(a+b) * (c+d)等。一个变量或常量也是表达式，如 a,b,c 或 3,1.1,"valid"等。

9. 输入

一种语言要能够让用户输入待处理的数据。如果要输入字符串，Python 直接使用

```
x=input("Please input a data")
```

运行时，从键盘输入一行字符串，按回车键，输入的字符串赋值给 x。x 是变量名，可以替换为其他。input()是内置函数，括号中的字符串是提示信息，可以根据需要替换，也可以是字符串变量。例如：

```
str="请输入姓名:"
name=input(str)                              #输入字符串,保存到 name 中
print(name)                                  #显示输入的字符串
```

要输入整数，使用

```
n=int(input("Please input an integer:"))
```

或

```
n=input("Please input an integer:")          #输入字符串
n=int(n)                                     #通过 int()将数字组成的字符串转换为整数
```

实际是先将输入内容作为字符串，然后用 int()将其转换为整数。

同样，输入实数用

```
n=float(input("Please input an integer:"))
```

或

```
n=input("Please input an integer:")
n=float(n)
```

10. 输出

Python一般的输出格式是

print(expressions,sep='',end='\n')

其中,expressions是用逗号隔开的表达式列表,sep指定数据间的分隔符,默认为空格;end指定末尾的符号,默认是换行符,例如:

```
print(1,2+3,4+5,sep=',')                 #显示结果为1,5,9
print(1,2+3,4+5,sep=',',end='')
print(11,12,13,sep=',',)                 #和上一行一起执行,结果为1,5,911,12,13
```

Python的输出函数print还可以使用格式控制符,方法是将格式控制写在一对双引号中,然后是"%",接着将输出的数据列表写在一对圆括号中,用逗号隔开。例如:

```
print("%d和%d的平均值是%f"%(21,33,(21+33)/2))
```

执行结果为

```
21和33的平均值是27.000000
```

其中的%d,%f是格式控制符,21用第一个%d控制,33用第二个%d控制,最后一个表达式用%f控制。控制符的意义见表2-1。

表2-1 Python的格式控制符

<table>
<tr><th>格式符号</th><th>输出功能</th><th>格式符号</th><th>输出功能</th></tr>
<tr><td>%s</td><td>字符串</td><td>%X</td><td>十六进制整数(大写)</td></tr>
<tr><td>%c</td><td>字符</td><td>%e</td><td>浮点数格式1(1.234568e+03)</td></tr>
<tr><td>%d</td><td>十进制整数</td><td>%E</td><td>浮点数格式2(1.234568E+03)</td></tr>
<tr><td>%i</td><td>整数</td><td>%f</td><td>浮点数格式3(1234.567891)</td></tr>
<tr><td>%u</td><td>无符号整数</td><td>%g</td><td>浮点数格式4(1234.57)</td></tr>
<tr><td>%o</td><td>八进制整数</td><td>%G</td><td>浮点数格式5(12.3457)</td></tr>
<tr><td>%x</td><td>十六进制整数</td><td>%%</td><td>打印%号</td></tr>
<tr><td>%nd</td><td>输出整数占n位
n>0,居右;n<0居左
n有小数时,不足位补0</td><td>%nf</td><td>输出实数占n位
n>0,居右;n<0居左
n有小数时,小数点后的数字表示保留的小数位数</td></tr>
<tr><td>%ns</td><td colspan="3">输出字符串占n位。n>0,居右;n<0,居左;n有小数时,小数表示取字符串的前几位。
例如,print("%10.5s"%("abcdefghijk")) #显示"   abcde"</td></tr>
</table>

11. 缩进

空白在 Python 中非常重要。行首的空白称为**缩进**，它决定逻辑行的缩进层次，用来决定语句的分组。同一层次的语句必须有相同的缩进量，它们是按顺序从上到下执行的。每一组这样的语句称为一个块。Python 是用连续相同层次缩进表示语句块的。

注意，不要混合使用制表符和空格来缩进，因为这在跨越不同平台的时候，可能无法正常工作。建议在每个缩进层次使用单个制表符或 4 个空格。

2.3.3 运算符

不同的计算机语言表示运算的符号是不相同的。一个表达式中可以有多个运算符，运算的次序约定就是运算的优先级。

1. 运算符

用于数值计算的运算符称为**算术运算符**，运算结果为数值，如“＋”表示加法，2＋3 的结果为 5。

用于比较大小关系或确定先后次序的运算符称为**比较运算符**或**关系运算符**，运算结果为真(True)或假(False)，称为**逻辑值**，如“＞”是大于运算，5＞3 结果为 True，即“真”。

用于表示条件同时成立、之一成立或不成立等关系的运算符称为**逻辑运算符**，运算结果也为逻辑值，如 and 表示逻辑“与”，就是两个条件同时成立，如 x＞1 and x＜5，即要求 x 的值在(1,5)区间内才叫“真”。若 x 的值是 2，它的结果就是 True；若 x 的值为 0，它的结果就是 False。

Python 的常用运算符见表 2-2。

表 2-2 Python 的常用运算符

<table>
<tr><th>运算符</th><th>功 能</th><th>举 例</th></tr>
<tr><td>＋</td><td>加</td><td>2＋3 结果为 5</td></tr>
<tr><td>－</td><td>减</td><td>2－3 结果为－1</td></tr>
<tr><td>*</td><td>乘</td><td>2*4 结果为 8</td></tr>
<tr><td>**</td><td>乘方</td><td>2**3结果为8;2**0.5 结果为 1.4142135623730951</td></tr>
<tr><td>/</td><td>除</td><td>1/2 结果为 0.5</td></tr>
<tr><td>//</td><td>整除</td><td>25//10 结果为 2</td></tr>
<tr><td>%</td><td>求余</td><td>25%10 结果为 5;4.6%1.5 结果为 0.09999999999999964</td></tr>
<tr><td>＞＞</td><td>右移</td><td>8＞＞2 结果为 2</td></tr>
<tr><td>＜＜</td><td>左移</td><td>5＜＜2 结果为 20</td></tr>
<tr><td>&</td><td>按位与</td><td>13&9 结果为 9</td></tr>
<tr><td>|</td><td>按位或</td><td>13|9 结果为 13</td></tr>
</table>

续表

运算符	功　能	举　例
^	按位异或	13^9 结果为 4
～	按位取反,值为－(x＋1)	～100 结果为－101
＞	大于	5＞3 结果为 True;3＞5 结果为 False
＜	小于	5＜3 结果为 False,3＜5 结果为 True
＞＝	大于等于	3＞＝3 结果为 True;3＞＝5 结果为 False
＜＝	小于等于	3＜＝3 结果为 True;5＜＝3 结果为 False
＝＝	等于	5＝＝5 结果为 True;3＝＝5 结果为 False
!＝	不等于	3!＝5 结果为 True;3!＝3 结果为 False
not	逻辑非	not True 结果为 False;not False 结果为 True not(5＞3)结果为 False;not(5＜3)结果为 True
and	逻辑与	两边均为 True,结果为 True;只要有一边为 False,结果就为 False x＝3,x＞1 and x＜5 结果为 True x＝0,x＞1 and x＜5 结果为 False
or	逻辑或	两边只要有一个 True,结果即为 True;两个都为 False,结果为 False x＝3,(x＝＝1 or x＝＝3 or x＝＝5)结果为 True x＝0,(x＝＝1 or x＝＝3 or x＝＝5)结果为 False

2. 运算符的优先级和运算顺序

当一个表达式中有多个运算符时,就要确定先进行哪种运算,这就是**运算符的优先级**。优先级高的先运算,例如 2＋3＊5,乘法的优先级高,先计算 3＊5 再和 2 加,结果为 17。如果想先计算 2＋3,可以使用圆括号,即(2＋3)＊5,**圆括号中的总是先计算。括号可以嵌套,里面的圆括号先计算**,如((a＋b)－(c＋d))＊2,计算顺序是 a＋b,c＋d,再计算差,再乘以 2。

表 2-3 列出了 Python 运算符的优先级,序号越小,级别越高。表 2-3 运算符有些会在后面学到,有些不会学到,可以作为资料。同一级别的运算符从左向右运算,如 2＋3＋5,先算 2＋3,再加 5。但等号连用时,从右向左运算,如 a＝b＝c＝5,相当于 a＝(b＝(c＝5))。注意,等号构成的表达式也是有值的,它的值是右边表达式的值,而且等号的左边总是变量或可以赋值的量。**等号具有最低优先级。**

表 2-3　运算符优先级

序　号	运　算　符	描　　述
1	'expression,…'	字符串转换
	{key:datum,…}	字典显示

续表

序　号	运　算　符	描　　述
1	[expression,…]	列表显示
	(expression,…)	绑定或元组显示
2	f(arguments,…)	函数调用
	x[index:index]	寻址段
	x[index]	下标
	x.attribute	对象属性
3	**	乘方
4	+x,-x,~x	正、负号、按位取反
5	*,/,%,//	乘、除、取余、整除
6	+,-	加、减
7	<<,>>	左移、右移
8	&	按位与
9	^	按位异或
10	|	按位或
11	<,<=,>,>=,!=,==	比较
	is,is not	同一性测试
	in,not in	成员测试
12	not x	逻辑“非”
13	and	逻辑“与”
14	or	逻辑“或”
15	if-else	条件表达式
16	lambda	Lambda 表达式

3. 应用举例

【例 2-10】 编写程序计算梯形的面积。

解：梯形的面积公式是：

$$S=(上底+下底)\times 高/2$$

设上底用 a 表示，下底用 b 表示，高用 h 表示，面积用 s 表示，允许输入实数，则该问题的算法如下：

① 输入实数 a,b,h

② 计算 s=(a+b)*h/2

③ 输出 s

源程序：

```
print("本程序计算梯形的面积.")              #显示程序的功能
a=float(input("请输入梯形的上底长度:"))     #提示并输入上底,实数
b=float(input("请输入梯形的下底长度:"))     #提示并输入下底,实数
h=float(input("请输入梯形的高:"))           #提示并输入高,实数
s=(a+b)*h/2                                 #计算梯形面积
print("该梯形的面积是:",s)                  #显示结果
```

运行结果：

```
本程序计算梯形的面积.
请输入梯形的上底长度:2
请输入梯形的下底长度:4
请输入梯形的高:3
该梯形的面积是: 9.0
```

4. 模块的导入和数学函数的使用

编程求解问题时，并不是所有的程序都要自己从头编写，有些常用的计算程序已经有人编写好了，如计算三角函数值，计算平方根，计算对数等的程序，需要时直接使用即可。这些已经有的程序通常有个名字，比如计算平方根的程序叫 sqrt；使用时还需要给它必要的数据，比如 x，就是求 x 的平方根。要计算平方根时只要写

```
r=sqrt(x)
```

执行这行程序，就能计算出 x 的平方根并赋值给 r，平方根就保存到 r 中。当然，x 应是大于等于 0 的数。这很像数学中的函数，计算机中也叫函数，sqrt 是**函数名**，x 是**参数**。不同功能的程序，函数名是不同的，需要的参数也是不同的。这些程序可能保存在不同的文件中，使用时还要告诉计算机这个文件是什么。比如，数学函数的计算程序大多在一个叫 math 的文件中，把它称为模块。所以要使用数学函数，需要用下面的一行程序告诉计算机要用 math 模块中的函数了。

```
from math import *
```

也可以使用

```
import math
```

不过，这时使用其中的函数时要用

```
r=math.sqrt(x)
```

的格式，也就是模块名、点、函数名、参数的格式。使用其中的函数，只须导入一次。

【例 2-11】 编写程序，已知直角三角形的斜边和直角边，求另一个直角边的长度。

解： 设直角三角形的两个直角边分别为 a，b，斜边为 c，则有 $a^2+b^2=c^2$，如果已知 c 和 a，则

$$b = \sqrt{c^2 - a^2}$$

这个问题的算法并不难,为节省篇幅,在此不再赘述,下面是 Python 程序。

源程序:

```
from math import *                          #导入数学函数模块
print("本程序求直角三角形的另一直角边.")
c=float(input("请输入直角三角形的斜边:"))
a=float(input("请输入直角三角形的一个直角边:"))
b=sqrt(c**2-a**2)                           #计算另一直角边
print("该梯形的面积是:",b)                    #显示结果
```

运行结果:

```
本程序求直角三角形的另一直角边.
请输入直角三角形的斜边:5
请输入直角三角形的一个直角边:4
该梯形的面积是: 3.0
```

注意,输入时,要保证斜边大于直角边,否则开方就会出错。除了开平方外,常用的数学函数见表 2-4,使用时需要导入 math 模块。

表 2-4 Python 常用数学函数

函　　数	功　　能	示　　例
ceil(x)	上取整	ceil(5.8),结果为 6
floor(x)	下取整	floor(5.8),结果为 5
fabs(x)	求绝对值	fabs(−10),结果为 10
sqrt(x)	x 的平方根	sqrt(2),结果为 1.414213562
pow(x,y)	x**y	pow(2,3),结果为 8
exp(x)	e 的 x 次方	exp(2),结果为 7.389056099
log(x [,base])	x 的以 base 为底的对数,base 省略是以 e 为底	log(8 * 8,8),结果为 2 log(e * e),结果为 2
log10(x)	x 的以 10 为底的对数	log10(10 * 10),结果为 2
degrees(x)	弧度转角度	degrees(3.14),结果为 179.9087477
radians(x)	角度转弧度	radians(90),结果为 1.570796327
sin(x)	x 的正弦,x 为弧度	sin(3.14/4),结果为 0.706825181
cos(x)	x 的余弦,x 为弧度	cos(3.14/4),结果为 0.707388269
tan(x)	x 的正切,x 为弧度	tan(3.14/4),结果为 0.99920399
acos(x)	x 的反余弦	acos(1/2),结果为 1.047197551
asin(x)	x 的反正弦	asin(1/2),结果为 0.523598776
atan(x)	x 的反正切	atan(1/2),结果为 0.463647609
atan2(y, x)	y/x 的反正切	atan2(1, 2),结果为 0.463647609

math 模块中还有两个常量可用,一个是 pi=3.141592653589793,是圆周率,另一个

是 e=2.718281828459045，是自然常数。使用它们也需要导入 math 模块。

有些函数，不需要导入模块就可使用，这些函数称为**内置函数**。常用的内置函数有：

- chr(n)，返回编码是 n 的字符，如 chr(97)，结果为'a'，97 是'a'的 ASCII 码；
- ord(c)，返回字符 c 的编码，如 ord('a')，结果为 97；
- eval(str)，计算字符串 str 对应表达式的值，如 a=4，b=7，则 eval("a+b")的结果为 11。

除数学函数模块外，Python 中还有许多其他模块，需要时再介绍。

2.3.4　控制结构

前面编写的程序，计算机是按照语句的先后顺序从上到下顺序执行的。就是上面的一行先执行，下面的一行后执行，而且不会返回到上一行，这种结构称为顺序结构。前面学过算法，问题的解决并不是都能顺序处理的，还需要按条件处理或重复处理。

1. 分支结构

下面看一个例子。

【例 2-12】　有一个分段函数：

$$f(x)=\begin{cases}x^2+2, & x\leqslant 2\\ 2x, & x>2\end{cases}$$

要求编写程序，用户输入 x 的值，计算函数 $f(x)$的值。

解：这样的问题如何编写程序呢？$f(x)$涉及两个表达式，先写哪一个呢？按题目要求，应是 $x>2$ 时用下面的式子计算，而 $x\leqslant 2$ 时用上面的式子计算。

(1) 两重分支

程序设计语言提供一种叫分支的结构，处理需要分情况处理的问题。Python 提供的编程格式是

```
if  <条件>:
    <if 块>
else:
    <else 块>
```

其中，if，else 是关键词，照写；＜条件＞是用上一小节的关系运算符或逻辑运算符连接起来的表达式，如 x＜=2；＜if 块＞和＜else 块＞是一系列的语句，注意它们是缩进对齐的。这个整体叫分支语句。它的功能是当＜条件＞为 True 时，执行＜if 块＞，否则（即＜条件＞不成立时），执行＜else 块＞。注意，书写时，＜条件＞和 else 后都有冒号。

分支结构非常适合求解分情况处理的问题，分段函数是这类问题之一。

例 2-12 的源程序 1：

```
from math import *                              #导入数学函数模块
print("本程序计算一个分段函数的值.")
x=float(input("请输入自变量 x 的值:"))
```

```
if(x<=2):
    y=x*x+2
else:
    y=2*x
print("函数值为:",y)
```

运行结果：

```
本程序计算一个分段函数的值.
请输入自变量 x 的值:0
函数值为: 2.0
本程序计算一个分段函数的值.
请输入自变量 x 的值:4
函数值为: 8.0
本程序计算一个分段函数的值.
请输入自变量 x 的值:2
函数值为: 6.0
```

注意，这里的运行结果实际上是运行了 3 次，一次小于 2，一次大于 2，一次等于 2。用手工计算一下，结果都是正确的。注意，这是检验程序是否正确的常用方法，它们是函数涉及的两个区间及一个关键点。

(2) 单分支

在分支语句中，else 部分可以没有。例如，上面的程序还可以改写一下。

例 2-12 的源程序 2：

```
from math import *                              #导入数学函数模块
print("本程序计算一个分段函数的值.")
x=float(input("请输入自变量 x 的值:"))
y=x*x+2
if(x>2):
    y=2*x
print("函数值为:",y)
```

是否有 else 部分，视问题需要而定。上面的这段程序，先计算 y＝x＊x＋2，后面判断如果 x 不大于 2，就不再计算了，得到的值就是 y＝x＊x＋2 的值；如果 x＞2 成立，就会再计算一次 y＝2＊x，结果 y 就是新计算的值。

分支中的条件也可以比较复杂。

【例 2-13】 计算下列函数的值。

$$f(x)=\begin{cases}x^2/2, & -1\leqslant x\leqslant 1\\ 1/2, & \text{其他}\end{cases}$$

解：

源程序：

```
print("本程序计算一个分段函数的值.")
x=float(input("请输入自变量 x 的值:"))
```

```
y=1/2
if(x>=-1 and x<=1):
    y=x*x/2
print("函数值为:",y)
```

也就是说,<条件>可以是多个逻辑运算符连接的多个条件表达式。由于计算比较简单,这个题就不写结果了。

(3) 分支嵌套和多分支

【例 2-14】 编写程序,计算下列函数的值。

$$f(x)=\begin{cases} t+10, & 0\leqslant t<5 \\ 3t, & 5\leqslant t<10 \\ 30, & 10\leqslant t<20 \\ -3t+90, & 20\leqslant t\leqslant 30 \end{cases}$$

解:这也是一个分段函数,分的段还比较多。对这样的分段函数,可以使用**分支的嵌套**,就是在一个分支的<if 块>或<else 块>中再有另一个分支语句。比如,可以先用一个分支判断 t 是否在[0,30]之间,不在则无意义;在区间中的情况,再判断是否小于5,在不小于5的情况下再判断是否小于10。程序如下:

例 2-14 的源程序 1:

```
print("本程序计算一个分段函数的值.")
t=float(input("请输入自变量 t 的值:"))
if(t>30 or t<0):                        #这是无定义的情况
    print("无定义")
else:
    if(t<5):                            #这是定义域内小于 5,就是 0<=t<5
        y=t+10
    else:
        if(t<10):                       #这是不小于 5 时小于 10,就是 5<=t<10
            y=3*t
        else:
            if(t<20):                   #这是不小于 10 时小于 20,就是 10<=t<20
              y=30
            else:
                y=-3*t+90
    print("函数值为:",y)
```

运行结果:

```
本程序计算一个分段函数的值.
请输入自变量 t 的值: 25
函数值为: 15.0
```

注意,**本程序的测试,也应该运行多次,输入多种数据**。这里是限于篇幅,仅列一组数据。还要注意本例程序中**最后一行 print 的位置,它是缩进的**,意味着它是第1个if的

<else 块>中的语句,是在所有有定义的情况处理完之后执行的。**使用分支嵌套,要特别注意程序是属于哪个 if 的<if 块>或<else 块>的。缩进不正确,得到的结果就会不正确。**

上面的分支嵌套格式显得复杂和啰唆。分支还有另一种格式:

```
if <条件 1>:
    <if块 1>
elif <条件 2>:
    <if块 2>
⋮
elif <条件 n>:
    <if块 n>
else:
   <else块>
```

当有多个情况需要处理时,使用这种格式,没有那么多的缩进,程序显得更清晰些。

例 2-14 的程序还可以再改写一下。

例 2-14 的源程序 2:

```
print("本程序计算一个分段函数的值.")
t=float(input("请输入自变量 t 的值:"))
if(t>30 or t<0):                           #这是无定义的情况
    print("无定义")
elif(t<5):                                 #这是定义域内小于 5,就是 0<=t<5
    y=t+10
elif(t<10):                                #这是不小于 5 时小于 10,就是 5<=t<10
    y=3*t
elif(t<20):                                #这是不小于 10 时小于 20,就是 10<=t<20
    y=30
else:
     y=-3*t+90
if(not(t>30 or t<0)):                      #定义域内
    print("函数值为:",y)
```

这里,也要注意最后的 if 是 t 在定义域内才显示 y 的值。

2. 循环结构

先看一个题目。

【例 2-15】 编写程序,用户输入非负整数 n,计算 $n!$。

问题分析:这个题目的计算方法是

$$f(x)=\begin{cases}1, & n=0\\ 1\times 2\times 3\times \cdots \times n, & n>0\end{cases}$$

就是当 n 是 0 时,结果是 1;当 $n>0$ 时,从 1 开始逐步乘以 2,乘以 3,一直乘到 n,就是连续做多次乘法。如果是计算5的阶乘,可以直接写 $y=1\times2\times3\times4\times5$,但 n 是不确定的,那这个式子怎样写呢?

计算机语言提供一种运算(或一系列运算)连续做多次的机制,这就是循环。Python的循环格式如下。

(1) for 循环

for i in range(n1,n2,n3):
    <循环体>

其中,for 是关键词,in 和 range 也是不变的;i 称为**循环变量**,可以换为合法的标识符;n1是起点,n2 是终界,n3 是增量,它们都是整型表达式; <循环体>是一系列的语句,缩进、对齐。这段程序的功能是 i 取值 n1,如果 i<n2,则执行循环体,然后 i=i+n3,如果还小于 n2 则再次执行循环体,…,直到 i<n2 不成立。这样的结构称为**循环结构**,这样的语句称为**循环语句**。注意,range()**后有冒号**,<**循环体**>**缩进**。

有了这个 for 循环语句,n!阶乘的程序就简单多了。

例 2-15 源程序:

```
print("本程序计算 n!.")
n=int(input("请输入 n:"))
if n==0:
    y=1
else:
    y=1
    for i in range(1,n+1,1):
        y=y*i
print(y)
```

运行结果:

```
本程序计算 n!.
请输入 n:5
120
```

这个程序中,循环是嵌套在分支语句中的,这是可以的。**循环、分支可以嵌套**。循环中有循环,循环和分支相互嵌套都是可以的。还要注意,输入的 n 是转换成了整数,range 中的终界是 n+1,使得最后一个取值是 n。当循环的增量是 1 时,可以省略,所以程序中的 range 可以写为 range(1,n+1)。range 中的起点通常是 0,如果是 0 时,起点也可以省略。例如上述程序中,循环这一段可以写为

```
for i in range(n):
    y=y*(i+1)
```

表示 i 从 0 开始,i<n 时循环,每循环一次,i 增 1。第 1 次,i=0,y 乘的(i+1)就是 1,第 2 次乘的是 2,…,第 n 次乘的是 n。

确定了起始值、终止值和增量,就可以确定循环次数。所以,**当知道循环次数时,或想**

让循环体执行一定的次数时，就可使用 for 循环。

（2）while 循环

再看一个题目。

【例 2-16】 求下列式子的和，直到最后一项 $1/((n+1)(n+4))<=1.e-10$ 时停止。

$$\frac{1}{2\times5}+\frac{1}{3\times6}+\cdots+\frac{1}{(n+1)(n+4)}+\cdots$$

问题分析：这是一列数求和的式子，数学上称为级数。$1/((n+1)(n+4))$ 是其中一项的一般表示，也叫一般项或通项。由于它是无限项的求和，实际上是不可能的。给定 n 求前面若干项的和是可以的，称为部分和。也可以确定通项的条件，不满足条件就不再求和，也就是本题的要求。

程序设计语言也提供按条件循环的功能，Python 的按条件循环的语句格式是

```
while <条件>:
    <循环体>
```

其中，while 是关键字，其功能是当<条件>为真（即为 True，成立）时，执行循环体，然后再次检查<条件>，若为 True，再执行循环体，直到<条件>不成立。注意，**<条件>后有冒号，循环体缩进、对齐。**

源程序：

```
sumu=0                          #和的初始值
n=1                             #n 的初始值
u=1/((n+1)*(n+4))               #第 1 项
while(u>1.0E-10):               #循环条件
    sumu=sumu+u                 #求和
    n=n+1                       #下一个 n
    u=1/((n+1)*(n+4))           #计算下一个通项
sumu=sumu+u                     #加最后一项
print(sumu)                     #显示结果
```

运行结果：

```
0.3611011112110977
```

这是一个通过循环求和的程序。求和的程序，一般先设一个变量表示和，初始值为0，然后构造一个通项（本题中的 u），如果通项符合条件，则加到和中；再构造通项，检查循环条件，如果仍满足循环条件，再加到和中……。倒数第 2 行的 sumu＝sumu＋u，实际是将第 1 个小于等于 1.0e－10 的项也加到了和中，这是题目要求的。从近似值角度说，一般的程序都不加这一项。

while 循环，满足条件就执行循环体，但一般不知道循环几次就不满足条件了。所以，**当不知道循环多少次，只知道循环条件时，使用 while 循环。**

3. break 和 continue 语句

循环过程中，有时需要提前结束。**break 语句用来终止循环语句，退出循环。**

continue 跳过当前循环块中的剩余语句,然后继续进行下一轮循环。

【例 2-17】 编写程序,计算两个数的商。每输入两个数,如果是合理的实数,计算商,输出,然后再输入;如果除数为 0,重新输入;如果被除数和除数都为 0,结束程序。

问题分析: 这个题目要求不断地计算两个数的商,可以使用 while 循环。如果输入合理,循环一直进行,可以直接将条件写为 True。题目要求还有两个例外,就是看输入的数据,可以使用 if 语句,判断输入的数据符合哪一条。一种是不计算商了,但还要继续输入,这就需要 continue;另一种是停止循环,使用 break。

源程序:

```
print("计算除法:")
while(True):                                    #条件为 True,永远循环
    a=float(input("输入被除数:"))               #输入实数
    b=float(input("输入除数:"))
    if(a!=0 and b==0):                          #b 为 0,即除数为 0
        continue                                #不做除法,进行下一次循环,重新输入
    if(a==0 and b==0):                          #两个都为 0
        break                                   #退出循环,结束
    c=a/b                                       #输入合理,计算商
    print("商为:",c)
print("程序结束.")                              #程序结束
```

运行结果:

```
计算除法:
输入被除数:1
输入除数:2
商为: 0.5
输入被除数:1
输入除数:0
输入被除数:0
输入除数:0
程序结束.
```

2.3.5 列表和字符串

一个变量表示一个数据或数据元素。列表可以表示多个数据或数据元素。

1. 列表

列表是对象的有序集合。列表的内容可以修改,列表的长度可变。

(1) 列表的定义

列表的定义:

<列表名称>=[<列表项>]

其中，多个列表项用逗号隔开，它们的类型可以相同，也可以不同，还可以是其他列表，也可以为空。例如

```
date=[2011, 2, 9, 9, 54]                          #整数组成的列表
day=['sun','mon','tue','wed','thi','fri','sat']   #字符串组成的列表
today=[2011,2,9,"wed"]                            #混合对象组成的列表
data=[date,day]                                   #其他列表组成的列表
L2=[]                                             #这是一个空列表
```

均是合法的列表。

(2) 列表元素的使用

使用时，通过

<列表名>[索引号]

的形式使用列表中的元素，索引号从0开始，即0是第1项的索引号。例如，date[0]的值是2011，day[1]得到"mon"，data[1][3]得到"wed"(data[1]相当于day，后面再加[3]，相当于day[3]，就是"wed")。下列程序：

```
date=[2011, 2, 9, 9, 54]
day=['sun','mon','tue','wed','thi','fri','sat']
today=[2011,2,9,"wed"]
data=[date,day]
print(date[0])                #下标是0,实际是显示date的第1个数据2011
print(day[1])                 #下标是1,实际是显示day的第2个数据(字符串)mon
print(data[1][3])  #data[1]相当于data的第2个数据day,后面的[3]就是day[3]--wed
```

的运行结果为

```
2011
mon
wed
```

【例2-18】 设有10个整数，17，38，20，16，3，24，30，44，－10，12，求它们的最大值、最小值和平均值。

问题分析：多个数据，可以用列表保存，其中的每个数据可以通过下标访问，进行求和与比较。列表中数据元素的个数可以通过函数len()得到。

源程序：

```
print("多个数据求最大、最小和平均值:")
L=[17,38,20,16,3,24,30,44,-10,12]            #定义列表
N=len(L)                                     #求列表的元素个数
if(N>0):                                     #元素个数大于0,说明列表不空
    suml=L[0]                                #和的初始值
    maxl=L[0]                                #最大值的初始值
    minl=L[0]                                #最小值的初始值
```

```
    for i in range(1,N):                       #循环,1,…,N-1
        suml=suml+L[i]                         #求和
        if L[i]>maxl:                          #找更大的
            maxl=L[i]                          #保存更大的数
        if L[i]<minl:                          #找更小的
            minl=L[i]                          #保存更小的数
    avgl=suml/N                                #平均
else:                                          #没有元素的情况
    avgl=0                                     #均设为 0
    maxl=0                                     #
    macl=0                                     #
print("最大:",maxl," 最小:",minl," 平均:",avgl)
print("程序结束.")                              #程序结束
```

运行结果:

```
多个数据求最大、最小和平均值:
最大: 44  最小: -10  平均: 17.7
程序结束.
```

当对列表中的元素逐个进行操作时,可以将列表直接用在 for 语句中,格式为

```
for i in <列表>:
```

其功能是 i 逐个取<列表>中的元素进行循环。每取一个循环一次,直到取完。例如:

```
L=[17,38,20,16,3,24,30,44,-10,12]
for i in L:                                    #i 取 L 中的每个元素进行循环
    print(i,end=' ')                           #显示 i 的值,以空格间隔,不换行
print()                                        #换行
```

运行结果:

```
17 38 20 16 3 24 30 44 -10 12
```

实际上,原来 for 循环中的 range(1,n,1)也是生成了一个列表。

(3) 列表的操作

列表的常用操作是增加元素和删除元素,方法是

```
<列表>.append(<元素>)                          #在末尾增加元素
del <列表>[<下标>]                             #删除指定下标的元素
```

例如:

```
L2=[]                                          #定义空列表
L2.append(1)                                   #在末尾增加元素 1
L2.append(2)                                   #在末尾增加元素 2
L2.append(1+2)                                 #在末尾增加元素 3
del L2[0]                                      #删除第 1 个元素
```

```
print(L2)                                   #显示列表内容
```

结果为

```
[2, 3]
```

注意 append 的使用。前面是列表的名称，然后是一个点号，后面是一对圆括号。从圆括号看是函数的用法，前面要加列表名称和点号，说明这个函数是与列表相关联的，称这样的函数为"方法"(method)，这里它是列表的"**方法**"，要注意这里的"方法"一词与传统意义的方法是不同的。

列表可以进行的操作见表 2-5。

表 2-5 列表的运算

运算格式/举例	说明/结果
L1=[]	建立空列表
L2=[2011, 2, 9, 19, 54]	5 项，整数列表，索引号 0—4
L3= ['sun',['mon','tue','wed']]	嵌套的列表
L2[i],L3[i][j]	索引，L2[1]的值为 2，L3[1][1]的值为'tue'
L2[i:j]	分片，取 i 到 j−1 的项，生成子列表
len(L2)	求列表的长度
L1+L2	合并两个列表成为一个列表
L2 * 3	重复，L2 重复 3 次
for x in L2	循环，x 取 L2 中的每个成员执行循环体
19 in L2	判断 19 是否为 L2 的成员。是，结果为 True；否则为 False
L2.append(4)	增加 4 作为其成员，即增加一项
L2.sort()	对 L2 的元素排序，结果变为[2, 9, 19, 54, 2011]
L2.index(9)	得到 9 在列表中的索引号，结果为 2
L2.reverse()	逆序，L2 的结果为[2011, 54, 19, 9, 2]
del L2[k]	删除索引号为 k 的项
L2[i:j]=[]	删除 i 到 j−1 的项
L2[i]=1	修改索引号为 i 的项的值
L2[i:j]=[4,5,6]	修改 i 到 j−1 的项的值为等号右边的列表值
L2.clear()	清除列表的所有元素

(4) 列表的输入和输出

【例 2-19】 输入 N 个元素，放在列表中，然后从后向前显示列表的元素。N 由用户输入。

问题分析：程序中，N 必须是确定的值，所以先让用户输入 N 的值，然后使用 for 循环，输入 N 个整数，使用列表的 append 方法将元素插入到列表中。输出时，使用 for 循环一个元素一个元素地从最大下标到最小下标依次输出。要先定义一个空列表。

源程序：

```
#列表的输入和输出
a=[]                                          #定义空列表
N=int(input("请输入元素个数"))                  #输入整数
for i in range(N):                            #循环,i 的取值为 0,1,…, N-1
    k=int(input("请输入第"+str(i)+"元素:"))         #输入整数
    a.append(k)                               #将输入的整数 k 添加到列表 a 中
for i in range(N-1,-1,-1):                    #循环,i 的取值为 N-1,N-2,…,0
    print(a[i],end=' ') #显示元素 a[i], end=' ',引号中有一个空格,表示数据的分隔符,
                                              #特别是它不会换行
print()                                       #什么也不显示,但会输出一个换行符,起换行作用
```

运行结果：

```
请输入元素个数 5
请输入第 0 元素:11
请输入第 1 元素:12
请输入第 2 元素:12
请输入第 3 元素:13
请输入第 4 元素:15
15  13  12  12  11
```

提示：程序中 str(i)是将整数 i 转换为字符串。例如，str(10)得到的是'10'。

2. 字符串的运算

写在单引号、双引号或三引号中的一系列字符为**字符串**，字符串可以用符号表示就是**字符串变量**。

字符串中的每一个字符可以通过下标引用。例如，str1＝"Python"，str1[0]就是'P'，str1[1]就是'y'等。下标的范围也是 0，1，2，…，$n-1$，其中 n 为字符个数。"Python"的字符个数为 6。与列表不同的是，**不能通过下标改变字符串中的字符**，例如 ste1[0]＝"p"是不行的。既不能在字符串中添加字符，也不能删除字符串中的字符。字符串称为**不可变对象**，就是一旦定义，其内容就不能改变。但可以将运算结果用一个新的字符串变量表示。表 2-5 中，不改变列表内容的运算对字符串也可以使用。

字符串间可以直接使用"＋"号运算，功能是将两个字符连接起来形成一个字符串。例如

```
s0="Python"
s1='C++'
s2=s0+"  "+s1                       #结果使 s2 为"Python C++",这就是生成新的字符串
```

【例 2-20】　编写程序，用户输入一个字符串，将其中的小写转换为大写。

问题分析：在计算机中，每个英文符号对应一个数字，这个数字称为 **ASCII 码**，例如

大写字母'A'的 ASCII 码为 65，小写字母'a'的 ASCII 码为 97，26 个字母是连续编号的，大写和小写的值相差 32，利用这一点，将小写转换为大写。

获得字母的 ASCII 值用 ord（<字符>），获得一个 ASCII 值对应的字符用 chr(<ASCII 值>)。

源程序：

```
print("字符串小写转大写.")
s1=input("请输入一个字符串:")                    #输入字符串，注意没有 int,float 什么的
n=len(s1)                                        #求长度
s2=""                                            #设置 空 字符串
for i in range(n):                               #循环
    if(s1[i]<='z' and s1[i]>='a'):               #判断是否小写
        c=ord(s1[i])-32                          #ASCII 减 32
        c=chr(c)                                 #转换为字符串
        s2=s2+c                                  #连接到 s2 后面
    else:                                        #不是小写的情况
        s2=s2+s1[i]                              #直接连接
print(s2)                                        #显示字符串
print("程序结束.")                               #程序结束
```

运行结果：

```
字符串小写转大写.
请输入一个字符串:Python is a splendid  language.
PYTHON IS A SPLENDID  LANGUAGE.
程序结束.
```

提示：对字符串的每个字符操作时，很像列表，但**字符串可以整体输入和输出，而列表不行。**

2.3.6 函数

前面学习了如何使用系统已有的函数。也可以自己定义函数。

1. 函数定义

Python 中定义函数的方法是

```
def  <函数名>(<形参表>):
    <函数体>
    return  <表达式>
```

其中，def 是关键词，<函数名>是合法的标识符，通常是与函数功能相关的单词或缩写，然后跟一对圆括号，圆括号之中可以包括一些用逗号隔开的变量名，它们是函数计算需要的数据，称为**参数**。由于这时它的值是不知道的，所以称为**形式参数**，简称**形参**。形参可以有多个，用逗号隔开。该行以冒号结尾。接下来是向右缩进的语句块称为**函数体**，这是

完成函数功能的程序。如果函数有一个计算结果，最后写 return　<表达式>，其中，return 是关键词，<表达式>的值是最终的计算结果，称为**返回值**。

2. 函数的调用

函数的调用就是函数的使用，格式为

<函数名>(<实参列表>)

其中，<实参列表>是与形参对应的实际数据的列表，可以是常量、变量或表达式。如果函数有返回值，这个返回值可以赋值给其他变量，或作为操作数进行计算。这时的参数列表是常量或有确定值的变量，叫**实际参数**，简称**实参**。

3. 实例

【例 2-21】 编写函数计算 $n!$，用户输入 n，调用函数计算 $n!$。

源程序：

```
def factor(n):                        #函数的定义,factor为函数名,n为参数(形参)
    y=1;                              #初始值为 1
    while(n>0):                       #n>0 循环
        y=y*n;                        #逐步乘,第 1 次乘的是 n,第 2 次乘的是 n-1,…
        n=n-1;
    return y                          #返回值 y 就是 n!, 若 n=5,就是 120
print("计算 n!")
n=int(input("请输入 n:"))              #输入字符串
f=factor(n)            #调用函数 factor,实参是 5,就是想求 5 的阶乘,返回值 120 赋值给 f
print(n,"!=",f)                       #显示
print("程序结束.")                     #程序结束
```

运行结果：

```
计算 n!
请输入 n:5
5!=120
程序结束.
```

注意，**函数必须通过调用才会执行。没有调用，即使进行了 def 的定义，也不会执行。**

如果函数没有计算结果，就不需要 return，函数的调用也不能赋值或计算。

【例 2-22】 编写函数，显示列表元素的值，每行 4 个。在主函数中定义列表，调用函数显示其内容。

问题分析：函数的定义使用 def，本题的形参是一个列表，其实也只须写一个标识符，在函数中对列表进行操作，显示其内容。调用该函数时，实参是一个具体的列表。

该函数只是显示数据，没有计算结果的值，不需返回数据。至于每行 4 个数据，只要用一个变量，记录显示过的数据个数，每显示 4 个，就换行一次。

源程序：

```
#定义显示列表元素的函数
def printlist(L):                              #函数定义
    k=1                                        #当前显示的元素个数
    for i in L:                                #循环,对 L 中的每一个元素
        print(i,end='\t')                      #显示元素,不换行,
                                               #\t 是转义符,为多行的列对齐
        if(k%4==0):                            #显示过 4 个
            print()                            #起换行作用
        k=k+1                                  #显示的元素个数加 1
    print()                                    #换行。函数定义结束
    #函数定义结束,该函数没有返回值
#下面是主程序
print("显示列表元素")
L=[1,2,3,4,5,6,7,8,9,10,11,12]                 #定义列表
printlist(L)                                   #调用函数,显示列表元素
print("程序结束.")                              #程序结束
```

运行结果：

```
显示列表元素
1	2	3	4
5	6	7	8
9	10	11	12
程序结束.
```

函数的参数可以有多个,而且函数的调用可以嵌套,就是一个函数的定义中可以调用另一个函数。

【例 2-23】 定义求三个数的最大值的函数。编写主函数,输入三个实数,调用函数求最大值,并显示。

源程序：

```
def max2(a,b):                                 #定义函数,求两个数的较大值
    if(a>=b):
        return a
    else:
        return b
def max3(a,b,c):                               #定义函数,求三个数的最大值
        tmp=max2(a,b)                          #调用 max2 求 a,b 的较大值 tmp
        return max2(tmp,c)                     #再调用 max2 看 tmp 和 c 哪个大
#下面是主程序
print("求三个数的最大值")
a=float(input('请输入第 1 个数:'))
b=float(input('请输入第 2 个数:'))
c=float(input('请输入第 3 个数:'))
```

```
print("最大值为:",max3(a,b,c))                    #函数调用直接在 print 函数中
#程序结束
```

运行结果：

```
求三个数的最大值
请输入第 1 个数: 1
请输入第 2 个数: 3
请输入第 3 个数: 2
最大值为: 3.0
```

2.4　本章小结

本章第 1 节介绍了算法的特征、算法的表示方法和算法的评价。如果一个算法不具备算法的特征，那它实际上就不是一个真正的算法，可能无法理解或无法实现，没有实用价值。算法的表示方法，虽然列出了几种，但实际上具体细节的描述是没有标准的，关键是要让人明白要干什么，怎么做。要让人明白，就要知道阅读的人对问题的理解程度，但实际上这是不现实的。对初学者，算法应描述成四则运算、初等函数运算、关系运算、逻辑运算和赋值的序列。例如，计算列表元素的和，不能笼统地表达为“把其中的元素都加起来”。因为对初学者，看到这种表达，仍然不知是如何加的，特别是不能确切地告诉计算机如何加，无法写出计算机程序。可以用伪代码表达为

```
设 L[1,…,N]为列表,N 为其元素个数
sum=0
对 i=1,…,N
    sum=sum+L[i]
输出 sum
```

注意这已经非常接近程序了，那么在此基础上写程序，就会比较简单。其中的“元素个数”在 Python 程序中表示为 len(L)。

算法的复杂度对设计实用的算法非常重要，因为如果一个算法求解时间很长或占用的空间超出计算机的能力，是没有实际意义的。但理论上指数阶时间复杂度的算法，随着计算机运算速度提高，对小规模问题也是可以求解的。

第 2 节介绍了计算机语言，对其中的计算机语言、机器语言、汇编语言、高级语言、编译、连接和解释等基本概念应理解清楚。

第 3 节是 Python 语言编程，除了理解和使用常量、变量、数据类型、标识符、运算符、表达式、分支、循环、列表、字符串和函数等基本语法点之外，还应知道，所有语言都有类似的表达能力，使用方法大同小异。所以，应深刻理解这些概念、语法规则和使用方法，以后再面对其他计算机语言时，注意比较类似语法规则的不同之处，就能很快入门。还要注意和自然语言比较，它们也有相似之处。

实际上 Python 的内容还有很多，很多有特色、好用的功能还没有学到。这里介绍的内容只是为了后面学习的需要。Python 是一种功能强大，编程效率很高的语言，有兴趣

的同学可以参加专门的 Python 课程的学习,也可以自学。

习 题 2

1. 选择题

(1) “算法的每个步骤都必须有确定的含义,无二义。”描述的是算法的(　　)。

A. 确定性　　B. 可行性　　C. 有穷性　　D. 正确性

(2) 下面哪项不是算法的描述方法?(　　)

A. 自然语言　　B. 流程图　　C. 伪代码　　D. E-R 图

(3) 程序流程图中,菱形用来表示(　　)。

A. 输入或输出　　B. 计算　　C. 条件　　D. 开始或结束

(4) 程序中,“赋值”(如 c=a+b)的含义是(　　)。

A. 求使等式成立的变量的值

B. 赋予左边的符号有价值的含义

C. 等号右边表达式的值用左边的符号表示

D. 等号右边表达式用左边的符号表示

(5) 计算机程序或算法中,变量的含义是(　　)。

A. 值可以变化的符号　　B. 值不确定的符号

C. 方程中的符号　　D. 函数中的自变量

(6) 算法或计算机程序中,用来使一段命令(或语句)执行多次的结构称为(　　)。

A. 顺序结构　　B. 分支结构　　C. 循环结构　　D. 函数

(7) 下列时间复杂度表示中,(　　)是次快的。

A. $O(\log_2 n)$　　B. $O(n^2)$　　C. $O(2^n)$　　D. $O(n)$

(8) 能被计算机直接执行的程序是(　　)源程序。

A. 机器语言　　B. 汇编语言　　C. 高级语言　　D. 解释型语言

(9) 高级语言源程序经编译,得到结果的是(　　)。

A. 源程序　　B. 目标程序　　C. 可执行程序　　D. 编译程序

(10) 当前编写的 Python 程序是(　　)执行的。

A. 直接执行　　B. 解释执行　　C. 编译执行　　D. 汇编执行

2. 简答题

(1) 算法的特征有哪些?

(2) 描述算法的方法有哪些?

(3) 使用流程图描述计算两个 n 维向量内积的算法。

(4) 设计一个实现例 2-7 的功能,但具有更少的乘法计算次数的算法。

(5) 请使用流程图,描述计算下列级数的前 n 项和的算法:

$$S_n = 1 + \frac{1}{2^2} + \frac{1}{3^2} + \cdots + \frac{1}{n^2}$$

n 由用户输入。

(6) 使用伪代码描述在数组 $a[1\cdots n]$ 中查找一个元素的算法。查找的结果是元素在 a 中的序号。查找需要与数组元素进行比较,分析查找其中第1个元素的比较次数,查找第2个元素时的比较次数,…,以及查找第 n 个数的比较次数。

(7) 计算机语言从与硬件的关系分,有哪几类?

(8) 常见的低级语言和高级语言有哪些?

(9) 关于计算机程序,什么是编译执行?什么是解释执行?常进行编译执行和解释执行的语言分别有哪些?

3. 编程题

(1) 编写程序,输入 x 计算下列分段函数的值。

$$f(x)=\begin{cases}(x+1)^2, & x<1\\ 4-\sqrt{x-1}, & x\geqslant 1\end{cases}$$

(2) 编写程序,输入两个正整数,求它们的最大公因数。①不使用函数实现。②使用函数实现。

(3) 编写程序,使用循环计算 $1+2+3+\cdots+n$ 的值,n 由用户输入。①不使用函数实现。②使用函数实现。

(4) 编写程序,计算下列级数的前 n 项和:

$$S_n=1+\frac{1}{2^2}+\frac{1}{3^2}+\cdots+\frac{1}{n^2}$$

n 由用户输入。

(5) 编写程序,用户输入 k,在列表 $a=[9,34,7,26,20,16,24,149,40,41]$ 查找 k 是否存在。①若存在,显示其下标;若不存在,显示"不存在"。②显示每次查找使用的比较次数。

(6) 利用下式编写程序,输入 n,计算 π 的近似值。

$$\frac{\pi}{2}=\frac{2\times 2}{1\times 3}\times\frac{4\times 4}{3\times 5}\times\frac{6\times 6}{5\times 7}\times\cdots\times\frac{2n\times 2n}{(2n-1)(2n+1)}$$

(7) 编写程序,用户输入 n,然后输入两个 n 元的向量,再计算两个向量的内积,输出内积。①不使用函数实现。②使用函数实现。

(8) 编写程序,用户输入一个字符串,将字符串中的小写字母转换为大写字母,大写字母转换为小写字母,其他字符不变。用函数实现。

(9) 编写函数,返回一个整数的逆序整数。例如,输入1234,返回4321。

提示:一个数a的个位数字可用a%10计算。a去掉个位后的数可用int(a/10)取得。

如果知道各位数字1,2,3,则构造123的方法是((0*10+1)*10+2)*10+3,可用循环计算。

(10) 编写函数,根据阿拉伯数字,返回月份的英文名称。

提示:使用字符串列表。让下标是 i 的元素对应月份 i 的英文单词。

(11) 编写函数,计算列表元素的平均值。在主程序中输入 n 个实数,调用函数计算列表元素的平均值,**在主程序中**显示平均值。

第3章 信息的表示与存储

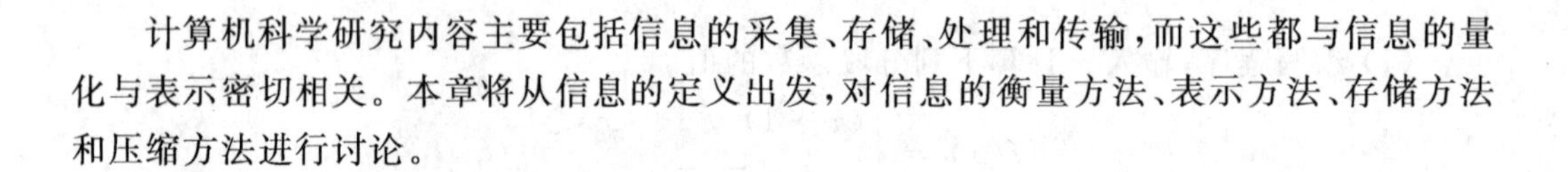

计算机科学研究内容主要包括信息的采集、存储、处理和传输，而这些都与信息的量化与表示密切相关。本章将从信息的定义出发，对信息的衡量方法、表示方法、存储方法和压缩方法进行讨论。

3.1 信息和信息的表示

关于信息的定义，有多个角度。

一般意义上的信息是指现实世界中事物的存在方式或运动状态的反映，具有可感知、可存储、可加工、可传递和可再生等自然属性。

目前认为对信息的比较科学的定义是从概率统计的观点给出的，即信息是“对事物运动状态或存在方式的不确定性”的描述。

在信息通信的理论中，信息被认为是用以消除通信双方知识上的“不确定性”的东西。

【课堂提问 3-1】 请大家说说下列哪些是信息？哪些不是？它们的不同是什么？

①图书馆，②图书馆有很多书，③火车，④现在的火车速度很快了。

3.1.1 计算机中的信息和信息的表示形式

【课堂提问 3-2】 大家先想一下，生活中，有哪些表示和传递信息的方法？

1. 计算机中的信息

计算机科学中的信息通常被认为是能够用计算机处理的任何有意义的内容或消息，它们以数据的形式出现，如数字、字符、文本、图像、视频和声音等。数据是信息的载体。

2. 信息的表示

在计算机科学中，信息的表示形式有信号表示、符号表示和机器表示等。

(1) 符号表示

符号表示是对信息的抽象描述，符号主要是文字符号，如将温度用数字表示，数字越高表示越温暖，数字越低表示越凉爽或寒冷，符号是信息在数学层面的表达。符号表示的特点是“抽象”、“一般”，可以根据具体对象赋予符号不同的内容。例如，假如有个小教室有4行8列的座位(真是小了点),如果座位上有人,就用1表示,如果没人就用0表示,则下列形式的数据就很容易地表示这个教室的空闲情况。

1011 1100

0101 1110

0110 0110

0011 1000

(2) 机器表示

为了可以使用计算机来存储和处理信息,必须将符号表示的信息变成一种计算机能够“理解”的“数据”,这就是**信息的机器表示**。实际上,信息在计算机中是以电子器件的稳定物理状态来表示的。很多常用物理器件具有两种稳定的状态,如磁铁的N极、S极,电路的有电、无电,高电平和低电平,开关的断开和闭合、晶体管的导通和截止、电容有电荷和无电荷、光线的强弱等。两种不同的状态可以分别用来表示符号0和1,多个不同状态的组合就可以表示不同的信息。例如,要表示常用的交通工具,可以用00表示自行车,01表示汽车,10表示飞机,11表示轮船。用物理器件的两个状态表示0和1,就把数据记录了下来。

(3) 信号表示

信息需要传递(或传输)。生活中的信息传递方式(如喊话、灯光、鸣笛、旗语等),其传输距离和速度都是非常有限的,邮政的传输距离可以很远但速度却很慢,比较快捷的传输方式是使用电信号。无论是计算机内的各个部件(如键盘、鼠标、硬盘等),还是计算机所控制的对象(如电冰箱中的温度传感器、压缩机启停控制电路等),硬件电路之间传输的信息都以**电信号**的形式进行表示。

3.1.2 数的表示

我们看到一个数如313,自然认为是三百一十三。这种个位上的1代表1,十位上的1代表十,百位上的1代表一百的计数方法称为**十进制记数法**。实际上,十位上的1也可以不代表十,这就是不同的记数方法。计算机中常用的记数方法包括二进制、八进制、十六进制和十进制。为了不同的目的,计算机中还经常需要将一个数在不同的数制间进行转换。

1. 进位记数制

十进制数使用0～9共10个符号,数量每增加1,个位数字就加1,当加到十的时候,个位数字写为0,十位数字加1,称为**进位**。这种使用有限数量的符号,采用进位方法记数的格式就是**进位记数制**。日常生活中采用的是“**逢十进一**”的记数规则,就是**十进制**。

(1) 进位记数制的一般形式

进位记数制一般数的表示形式是

$$d_n d_{n-1} \ldots d_3 d_2 d_1 d_0 . d_{-1} d_{-2} d_{-3} \ldots d_m$$

它表示的数对应的十进制数是(注意,d_0后面有一个小数点)

$$\sum_{i=0}^{n} d_i N^i + \sum_{j=-1}^{m} d_j N^j$$

一种进位记数制由一组符号和三个要素组成。

- **符号**:组成数的数字,如0,1,2,3,4,5,6,7,8,9等。
- **基数**:或基,就是上面式子中的N,也是所用符号的个数。
- **数位**:数字所处的位置,如上面表示形式中的下标。
- **权**:不同位置的数字1代表的数量,是基数的幂N^i。

N不同时,就是不同的进位记数制表示法,称为***N*进制**。计算机科学中常用数制是二进制、八进制和十六进制。

(2) 十进制

十进制数采用的符号是0,1,2,3,4,5,6,7,8,9这10个数字,基数是10,从小数点向左的数位依次叫个位、十位、百位、千位、万位等,也可以按下标叫第0位,第1位,第2位等。从小数点向右的数位依次叫十分位、百分位、千分位等。对整数,左边的称**高位**,右边的称**低位**。十进制的位权是10^i,$i=n,n-1,\cdots,2,1,0,-1,-2,\cdots,m$。

(3) 二进制

二进制采用的符号是0和1,基数是2,数位的称呼可以采用十进制的称呼,但要注意它的权是不同的。避免混淆的称呼是第0位,第1位等。二进制的位权是2^i,$i=n,n-1,\cdots,2,1,0,-1,-2,\cdots,m$。例如二进制的11,对应的十进制数是$1\times2^1+1\times2^0=2+1=3$。读非十进制的数时,不能读成几百几十几,应只读数字。如二进制的11,不能读成"十一",应读成"幺幺"或"一一"。在书写上,为了和十进制区分,其他进制的数采用下标或加后缀方法。二进制下标是2,后缀是B,如二进制11记为$(11)_2$或11B。十进制的下标是10,后缀是D,常省略。不写后缀和下标的默认是十进制。

(4) 八进制

八进制采用的符号是0,1,2,3,4,5,6,7,基数是8,位权是8^i,$i=n$,$n-1,\cdots,2,1,0,-1,-2,\cdots,m$。例如八进制的11,对应的十进制数是$1\times8^1+1\times8^0=8+1=9$。八进制下标是8,后缀是Q或O(大写字母O),如八进制11记为$(11)_8$,11Q。注意,如果大写字母O和数字0易混时,应写下标8或使用字母Q。

(5) 十六进制

十六进制采用的符号是数字0~9以及字母A~F,字母分别表示数量的10,11,12,13,14和15。字母的大小写均可,但一般一个数中大小写应一致。十六进制数的基数是16,位权是16^i,$i=n,n-1,\cdots,2,1,0,-1,-2,\cdots,m$。例如十六进制的11,对应的十进制数是$1\times16^1+1\times16^0=16+1=17$,十六进制AB2对应的十进制数为$10\times16^2+11\times16^1+2\times16^0=10\times256+11\times16+2=2738$。十六进制下标是16,后缀是H,如十六进制11记为$(11)_{16}$,11H。有些程序设计语言中也使用前缀0X或0x,如0X11表示11是十六进制数。

除二进制、八进制、十六进制外,如果需要,也可以将数表示为三进制、七进制和二十进制等。

某种进制的数,按照各位数字和位权计算出对应的十进制数,称为**按权展开**。

2. 不同数制数的转换

在生活和计算机科学中，为了方便，在不同的场合需要采用不同进制的数，所以，经常需要在不同进制的数之间转换。其他进制转十进制的方法就是按权展开，所以不再介绍。

(1) 十进制转其他进制

一个十进制数转换为 N 进制数，基本的方法是：整数部分，除 N 取余，直到商为 0，再将得到的余数从低位到高位依次排列即得到相应的二进制整数；小数部分，乘 N 取整，直到小数部分为 0，将得到的整数从高位到低位排列，形成小数部分。下面以十进制转换为二进制为例介绍具体的转换算法。

【例 3-1】 将十进制 124.625 转换为二进制数。

解：计算步骤如下：

```
    整数部分的转换过程                        小数部分的转换过程
  除数  被除数              余数              0.625
  2 |124…………………………0              × 2           取整
     2 |62(商,新被除数)……0              1.250  …………1
       2 |31………………………1              × 2
         2 |15……………………1              0.50   …………0
           2 |7…………………1              ×2
             2 |3………………1              1.0    …………1
               2 |1……………1
                  0 ———— 商
```

整数部分，最先得到的余数是最低位，最后得到的是最高位，所以整数部分是 111 1100B。习惯上从小数点向两边，每 4 位加空格隔开，这是为易于阅读。

小数部分，最先得到的是高位，所以，小数部分是 0.101B。

两部分合起来就是 124.625D=111 1100.101B=$(111\ 1100.101)_2$。

注意，在十进制转换为其他进制时，会出现小数部分无限循环的情况，这时，可以根据需要取若干位小数，比如 4 位或 8 位等。

用计算机求解十进制整数转二进制整数。设要转换的十进制整数为 d。b[1,…,n] 为数组，用于存放转换后的二进制数的每一位，算法如下：

```
k=1
若 d=0:                          #d 为 0 时,不需计算
    b[k]=0
否则:                             #d 不为 0 时,需要计算
    当 d//2>0:                    #商不为 0 时转换,继续转换。//表示 d 除以 2 的商,也称整除
        b[k]=d%2                  #求余,存入 b[k]
        d=d//2                    #求商
        k=k+1                     #位数加 1
    b[k]=d                        #最后的余数存入 b[k]
循环,i 从 k,到 1:
```

```
    显示 b[i]
```

其中，%号表示求余，d//2 表示 d 除以 2 的商，即整数部分。不同的计算机语言中，取整的运算是不同的。

如果要将十进制小数转换为二进制，设要转换的十进制小数为 f，h[1，…，n]为数组，用于存放转换后的二进制数的每一位，则算法如下：

```
k=1,
若 f=0.0:
    h[k]=0
    k=k+1
否则:
    当 f>0 且 k<9:                #k<9 是限制小数位数不超过 8 位,避免无限循环
        h[k]=[f * 2]             #右边的[]表示对其中的运算结果取整
        f=f * 2-h[k]             #乘 2 后减去整数部分
        k=k+1
循环,i 从 1,到 k-1:
    显示 h[i]
```

请读者使用 Python 语言将上面两个算法写成程序。数组在 Python 的对应项是列表。取整的对应项是 int()函数。对于整数，也可以用//符号。

十进制转八进制、十六进制以及其他进制，都使用相同的方法，只是基和使用的数字符号不同，特别是十六进制，当余数为 10，11，…，15 时，显示的符号应是 A，B，…，F。

(2) 二进制和八进制的转换

二进制数转换为八进制数，从小数点向两边，每 3 位隔开，不够 3 位补 0，将每 3 位的二进制按权展开，再写成一位的八进制数，就得到与二进制数在数量上相等的八进制数。

【例 3-2】 将二进制数 111 1100.1011B 转换为八进制数。

解：转换过程如下：

将二进制数每 3 位隔开，不够 3 位补 0，得到 001 111 100.101 100B。

每 3 位二进制按权展开：1 7 4 .5 4

八进制数：174.54Q=$(174.54)_8$

即：111 1100.1011B=174.54Q=174.54O=$(174.54)_8$

特别注意，小数点后，不够 3 位的一定补 0，否则转换容易出错。

八进制到二进制的转换，将每一位的八进制，转换为 3 位二进制。

【例 3-3】 将$(1567.123)_8$转换为二进制。

解：将每一位的八进制，转换为 3 位二进制。

$(1567.123)_8$=001 101 110 111.001 010 011B=11 0111 0111.0010 1001 1B

(3) 二进制和十六进制的转换

二进制数转换为十六进制数，从小数点向两边，每 4 位隔开，不够 4 位补 0，将每 4 位的二进制按权展开，再写成一位的十六进制数，就得到与二进制数在数量上相等的十六进制数。

【例 3-4】 将二进制数 111 1100.10111B 转换为十六进制数。

解：转换过程如下：

将二进制数每 4 位隔开，不够 4 位补 0，得到 0111 1100.1011 1000 B

每 4 位二进制按权展开：7 12 . 11 8

十六进制数：7C. B8H＝$(7C.B8)_{16}$

即：111 1100.10111B ＝7C. B8H＝$(7C.B8)_{16}$

十六进制到二进制的转换，将每一位的十六进制数，转换为 4 位二进制。

【例 3-5】 将$(1DB1.A11)_{16}$转换为二进制。

解：将每一位的十六进制，转换为 4 位二进制。

$(1DB1.A11)_{16}$＝ 0001 1101 1011 0001.1010 0001 0001B

【课堂提问 3-3】 请总结十进制、二进制和十六进制数字符号的对应关系，填写表 3-1。

表 3-1　十进制、二进制、八进制和十六进制基本数字的对应关系

十进制	二进制	八进制	十六进制	十进制	二进制	八进制	十六进制
0				8			
1				9			
2				10			
3				11			
4				12			
5				13			
6				14			
7				15			

3. 数的四则运算

四则运算是数的基本运算，对于非十进制数，加、减、乘、除的计算方法和十进制是相同的，只是，加法逢 N 进 1；减法借 1 当 N；对于乘法，本位是积%N，进位是积//N。这里不再举例。

4. 整数在计算机中的表示

数，在数学上是无限的，可以无限大，可以无限小，位数也可以无限长。而实际表示时，就要受到存储装置，显示装置的限制，比如，算盘能表示的数就是有限位的，在纸上也不可能写出无限长的数。

(1) 无符号数

不考虑数的符号，或者说只考虑正数，就是无符号数。如果存储装置只能存储最长 8 位的二进制数，那么能表示的最小整数就是 0000 0000B，十进制就是 0；能表示的最大

整数就是 1111 1111B,按权展开,十进制就是 255,也就是 1 0000 0000B－1B＝2^8-1＝255。所以,一个 k 位的无符号数,能表示的数的范围是 0～2^k-1。要表示更大的数,就需要更多的二进制位,16 位的二进制数,能表示的无符号数的范围是 0～65 535。32 位二进制能表示的最大无符号数是 4 294 967 295,这也是许多程序设计语言中表示整数采用的位数和范围。

(2) 有符号数的原码表示

数学上,用"＋"表示正号,"－"表示负号,一个数前面加上正号或负号,就是正数或负数。正号通常可以省略。

考虑正负的数,就是**有符号数或带符号数**。一个二进制数,前面加上符号,称为**二进制真值**,简称**真值**,如＋1101 0111B,－1000 1010B 等。也可以写十进制的真值,如＋215,－138 等。

计算机中,所有的数据都需要用物理器件的状态表示,也就是 0 或 1,或它们的序列。正号和负号也要用 0 或 1 表示。一般用有限位二进制数的最高位表示符号,0 表示正,1 表示负,其他数位表示数的绝对值,这样的二进制数称为**原码**。用数码 0 和 1 表示符号的二进制数称为**机器数**。如果是 8 位二进制有符号数,1101 0111B 对应的十进制真值就是－87,0110 1010B 的十进制真值就是＋106。反过来,1101 0111B 是－87 的原码,0110 1010B 是＋106 的原码,记为

$$[-87]_{原}=1101\ 0111\text{B}$$
$$[+106]_{原}=0110\ 1010\text{B}$$

由于有一位要用来表示符号,所以,8 位原码表示的绝对值最大的正数是 0111 1111,即十进制＋127。绝对值最大的负数是 1111 1111,十进制真值是－127。如果是 16 位,能表示的数的范围是－32767～＋32767。如果是 n 位,能表示的数的范围是 $-(2^{n-1}-1)$～$+(2^{n-1}-1)$。

设 X 是一个整数,用 n 位二进制表示,X 的原码定义为

$$[X]_{原}=\begin{cases}X, & 0\leqslant X<2^{n-1}\\ 2^{n-1}-X=2^{n-1}+|X|, & -2^{n-1}<X\leqslant 0\end{cases}$$

方括号中的 X 常写为十进制真值,等号右边的按二进制无符号数写。例如,用 8 位表示:

$$[+58]_{原}=(0011\ 1010)_2$$
$$[-121]_{原}=2^{8-1}-(-121)=128+121=249=1111\ 1001\text{B}$$

0 的原码有两种形式:

$$[+0]_{原}=0000\ 0000\ \text{B}$$
$$[-0]_{原}=1000\ 0000\ \text{B}$$

分别称为正 0 和负 0。

原码表示直观易懂,机器数、真值转换容易,实现乘除运算简单,但实现加减运算不方便。例如,－1＋1,按原码计算

$$\begin{array}{rl}1000\ 0001 & \text{——}-1\\ \underline{+0000\ 0001} & \text{——}\ \ 1\\ 1000\ 0010 & \text{——}-2\end{array}$$

对应位相加，得到的是-2而不是0。当然，通过判断符号，特殊处理也可以得到正确结果，但通用性差。

(3) 有符号数的补码表示

在校对指针式的钟表时，如果当前钟表的指示时间是3点(见图3-1)，而实际时间是1点，对表的方法一是将时针向后拨2格，即3减2变成1；另一种方法是将时针向前拨10格，即3加10变成1。相当于在能表示12个小时的表盘上，3减2等于1，3加10也“等于”1。钟表对时，**减法可以转换为加法**。

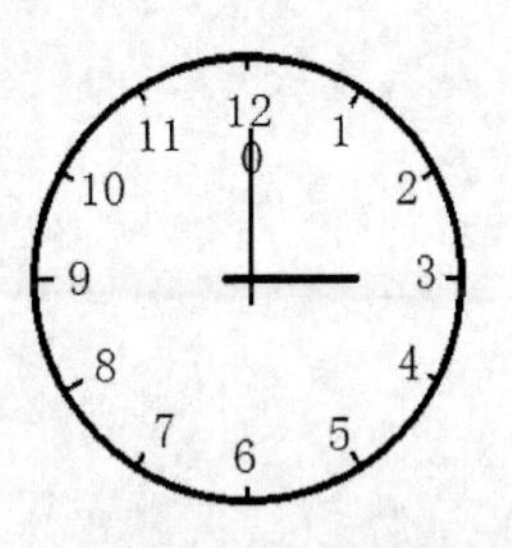

图3-1 对时方法

为什么$3+10$也等于1呢？根本原因是在表盘上，当数大于12时，自动丢掉了12。

计算机中，存储一个数总是使用有限的数位，那么它能表示的数的范围就是有限的，当超出最大范围时，就称为**溢出**，最小的溢出量称为**模**或**模数**。例如，8位的二进制数，最大数是1111 1111B，表示255，如果再加1，就变成0000 0000B，就是0了，多出的进位无法表示，被舍掉。溢出的数量是$255+1=256$，所以256就是8位二进制数的模数。若机器能表示的数是二进制的n位数，则能表示的数是$0\sim2^n-1$，它的模是2^n。

算术运算中，自动舍弃溢出量的运算称为**“模运算”**。在模运算中，若A,B,M满足：

$$A = B + kM(k\text{为整数})$$

则称A,B在模M下**同余**，即A和B除以M得到的余数是相同的，记为

$$A \equiv B(\text{mod } M)$$

有时也写为

$$A = B(\text{mod } M)$$

例如，$13=1+1\times12$，则$1\equiv13(\text{mod } 12)$；$-2=10-1\times12$，则$-2\equiv10(\text{mod } 12)$。即在模12下，1和13同余，$-2$和10同余。

同余具有如下性质：

① 反身性：$a\equiv a(\text{mod } M)$。

② 对称性：若$a\equiv b(\text{mod } M)$，则$b\equiv a(\text{mod } M)$。

③ 传递性：若$a\equiv b(\text{mod } M)$，$b\equiv c(\text{mod } M)$，则$a\equiv c(\text{mod } M)$。

④ 同余式相加：若$a\equiv b(\text{mod } M)$，$c\equiv d(\text{mod } M)$，则$a\pm c\equiv b\pm d(\text{mod } M)$。

⑤ 同余式相乘：若$a\equiv b(\text{mod } M)$，$c\equiv d(\text{mod } M)$，则$ac\equiv bd(\text{mod } M)$。

在模12下，-2和10同余。由同余性质④，$a-2\equiv a+10(\text{mod } 12)$，即一个数减2和加10在模12意义下，得到的值是相同的。这样就将减法转换为了加法。10称为-2在模12下的**补数**或**补码**。这就是为什么对表时，向后拨2小时和向前拨10小时得到的结果是一样的。

设$M>x>0$，则：

$$[-x]_{\text{补}} = M - x$$

计算机科学中定义，在n位二进制能表示的数的范围内，正数的补码还是这个数，负数的补码是模数加这个数或模数减这个数的绝对值，表示为

$$[X]_{补} = \begin{cases} X & 0 \leqslant X < 2^{n-1} \\ 2^n + X = 2^n - |X| & -2^{n-1} \leqslant X < 0 \end{cases}$$

例如，$n=8$，则 $2^n=256$。

$[1]_{补}=1=0000\ 0001B$

$[2]_{补}=2=0000\ 0010B$

$[127]_{补}=127=0111\ 1111B$

$[-1]_{补}=256-1=255=1111\ 1111B$

$[-2]_{补}=256-2=254=1111\ 1110B$

$[-128]_{补}=256-128=128=1000\ 0000B$

$[-127]_{补}=256-127=129=1000\ 0001B$

$[0]_{补}=0000\ 0000B$

注意，正数的补码最高位为0；负数的补码最高位为1。

原码表示中，1000 0000B是表示−0的，而补码表示中它表示−128，所以，补码的表示范围是−128～127。如果是n位二进制数，补码能表示的数的范围是$-2^{n-1}\sim+(2^{n-1}-1)$。

一个负数从原码转换为补码，除使用定义外，还可以使用一种简便方法，就是自低位向高位，连续的0及第一个1不变，再向左，按位取反(即0变为1,1变为0)，符号位不变。例如，8位有符号数，−98的原码是1110 0010B，则补码是1001 1110B，注意，末两位没变，向左除符号位外，0变为1，1变为了0。但这种方法不适合−0和−128的转换，请特别注意。

【例3-6】 若一个8位有符号数的补码是1011 0101B，那么这个数是多少？原码是多少？

解：这个数的最高位为1，它是一个负数的补码。按权展开：

$$1011\ 0101B=181,\quad X=[X]_{补}-2^n=181-256=-75$$

所以，它应该是−75的补码，即$[-75]_{补}=256-75=181=1011\ 0101B$，其原码为

$$[-75]_{原}=1100\ 1011B$$

简单的求原码的方法和求补码的方法相同，就是：从右向左，连续0和第一个1不变，其他位取反，符号位不变。比较−75的原码和补码的差别。

(4) 有符号数的补码运算

使用补码的定义，可以证明：

$$[X]_{补} \pm [Y]_{补} = [X \pm Y]_{补} \pmod{2^n}$$

$$[[X]_{补}]_{补} = X \pmod{2^n}$$

这样，就可以将减法和负数的运算全部转换为补码运算，符号位也一同参加运算。例如，−1+1：−1的8位补码为1111 1111B，1的补码为0000 0001B，则

$$[-1]_{补}+[1]_{补}=0000\ 0000B \pmod{256}$$

0000 0000B就是0的补码，所以−1+1的结果为0。注意，本来有一个进位，在(mod 256)下，被舍去。

上例中，最高位有进位，自然舍去得到了正确结果。但情况并不都是这样，例如，

－127－2，－127 的补码是 1000 0001B，－2 的补码是 1111 1110B，1000 0001B＋1111 1110B＝1 0111 1111B。舍去进位1，0111 1111B应是127的补码，但－127－2应是－129而不是127。

（5）溢出的判断

前面介绍过溢出，溢出的本质是运算结果超出了机器能表示的数的范围。但进位并不代表真正的溢出。实际上，**判断真溢出的方法是**：①正数和负数相加不会产生溢出；②正数相加，如果符号位变为1，则为溢出，否则不溢出；③负数相加，如果符号为变为0，则为溢出，否则不溢出。有进位而不溢出的情况称为**假溢出**。

【例3-7】 下列式子中的数字是8位二进制补码，计算下列式子的值并判断是否溢出。

① 1100 0001＋1100 0001

② 1000 1001＋1100 0001

③ 1100 0001＋0100 1010

④ 0100 0011＋0011 1110

⑤ 0100 1111＋0010 0011

解：

① 1100 0001＋1100 0001＝1 1000 0010，负数相加，最高位有进位，**符号不变，不溢出**。

1100 0001＋1100 0001＝1000 0010 ＝$[-126]_补$（mod 256），所以结果的十进制是－126。

② 1000 1001＋1100 0001＝1 0100 1010，负数相加，最高位有进位，**符号改变，溢出**。

③ 1100 0001＋0100 1010＝1 0000 1011，**负数和正数相加，不会溢出**。

1100 0001＋0100 1010＝0000 1011＝$[11]_补$（mod 256），所以结果的十进制是11。

④ 0100 0011＋0011 1110＝1000 0001 正数相加，**没进位，但符号位改变，溢出**。

⑤ 0100 1111＋0010 0011＝0111 0010 正数相加，**符号位不变，不溢出**，0111 0010＝$[114]_补$，所以结果是114。

（6）有符号数的反码表示

为了计算有符号数的补码，常利用一种中间状态——反码。**正数的反码是它本身，负数的反码是除符号位外，其他位按位取反。**

带符号数的反码定义为

$$[X]_反 = \begin{cases} X & 0 \leqslant X < 2^{n-1} \\ (2^n - 1) + X & -2^{n-1} < X \leqslant 0 \end{cases}$$

例如：

$[0011\ 1010]_反$＝0011 1010（正数的反码）

$[1011\ 1010]_反$＝1100 0101

$[1000\ 0000]_反$＝1111 1111（－0的反码）

$[0000\ 0000]_反$＝0000 0000（＋0的反码）

$[1111\ 1111]_反$＝1000 0000

n位二进制数的反码的表示范围是$-(2^{n-1}-1) \sim +(2^{n-1}-1)$。**0的反码表示不**

唯一。

补码可以通过反码求得，方法是：**正数的补码等于反码；负数的补码等于反码加1；0的补码是0**。例如，求27、−27的补码：

$$[+27]_{原}=0001\ 1011$$

$$[+27]_{反}=0001\ 1011$$

$$[+27]_{补}=0001\ 1011$$

$$[-27]_{原}=1001\ 1011$$

$$[-27]_{反}=1110\ 0100$$

$$[-27]_{补}=1110\ 0100+1=1110\ 0101$$

注意，这种方法不适合求-2^{n-1}的补码。可以永远记住，−1的补码是全1，-2^{n-1}的补码是1后面全0（$n-1$个）。

小数或实数也可以用原码、反码和补码表示，但它们在计算机中实际采用的是另一种表示方法——浮点表示。

5. 数的二进制浮点表示

与浮点对应的概念是定点。所谓**定点表示**就是事先约定小数点的位置，一旦约定，不能改变。前面的整数的补码表示，就是定点表示，默认约定小数点在最右端。如果约定在最前面或中间某位置，就是可以表示小数或实数了。但小数点的固定，限制了数的表示范围和精度。拿十进制来说，例如约定数位为8位，小数点后保留两位。像12.18，1840.28这样的数容易表示，而0.0000128，128000000000这样的数，就无法表示。

科学计算中对于很小或很大的数，常用的一种表示方法是科学记数法，0.0000128表示为1.28×10^{-5}，128000000000表示为1.28×10^{11}，简洁、明了而不失精度。

计算机中，实数也采用这种方法，只不过针对的是二进制实数。小数点是根据记法的改变，改变了位置，称为**浮点表示**，这样表示的数就是**浮点数**。若约定，整数位保留一位，则10101110B和0.0010111B可以分别表示为

$$10101110B=1.010111B\times2^{7}$$

$$0.0010111B=1.0111B\times2^{-3}$$

一个二进制实数，总可以表示为

$$\pm1.f\times2^{e}$$

的形式，称为**规格化的形式**（整数位为1）。要保存这个数，只须保存符号、f和e，而确定的整数部分1和阶码e的底2不需要保存。所以，计算机中浮点表示的数具有如下结构：

符号	阶码E(指数)	尾数(f)F

符号位用1位表示，阶码位的多少决定了数的表示范围，尾数位的多少决定了数的精度。阶码和尾数可以用原码或补码表示。

为了数据交换的需要，大家需要遵循统一的表示格式。计算机中有两种浮点表示的约定，称为IEEE 754国际标准。一种是使用4字节即32位表示实数，1位符号位，8位阶

码位，23位尾数位，称为**单精度浮点格式**；另一种使用8字节即64位表示实数，1位符号位，11位阶码位，52位尾数位，称为**双精度浮点格式**。显然双精度比单精度数的范围要大，精度要高。

单精度格式的符号位用0表示正数，1表示负数。阶码使用移码表示。所谓**移码**，就是在原数之上加上(或减去)一个数，加的这个数叫**偏移量**或**偏置值**。单精度使用的偏移量是127。阶码(E)＝实际指数(e)＋偏移量(127)。阶码位的取值为0～255。0和255有特别意义，其他1～254，减去偏移量，实际的指数范围是－126～127。尾数保存的是小数部分，原码，不含符号位。这样，**单精度规格化形式**能表示的**绝对值最大的数**是

$$1.1111\ 1111\ 1111\ 1111\ 1111\ 111\text{B}\times 2^{127}\approx 3.402\ 823\ 5\times 10^{+38}$$

绝对值最小的数为

$$1.0000\ 0000\ 0000\ 0000\ 0000\ 000\text{B}\times 2^{-126}\approx 1.175\ 494\ 4\times 10^{-38}$$

【例3-8】 如果一个32位的单精度位模式(就是32位单精度表示形式)是

1 1000 1100 0011 0000 0000 0000 0000 000

那么它表示的数是多少？

解：最高位是符号位，为1，说明是负数。

后面8位1000 1100B＝140，减偏移量127，实际指数是140－127＝13。尾数部分是0011 0000 0000 0000 0000 000，那么，它表示的数是

$$-1.0011\times 2^{13}=-1.1875\times 1024\times 8=-9728$$

【例3-9】 一个数 $1.1101\ 0001\text{B}\times 2^{-3}$ 的32位单精度位模式是什么？

解：这是一个规范化的数，正数，最高位为0。指数为－3，移码，－3＋127＝124＝0111 1100B，这是指数部分。尾数部分就是小数点后的数，不够的补0，即

0 0111 1100 1101 0001 0000 0000 0000 000

一个IEEE 754位模式，设符号位为S，阶码位为E，尾数位为f。当E全为0，f全为0，s也为0时，表示0.0；当E全1，f全0时，s为0时，表示正无穷；当E全1，f全0，s为1时，表示负无穷；当E全1，f不为0时，表示这不是一个数，常表示为NaN(Not a Number)，例如负数开平方时。

若E全为0，而f不为0，那么单精度模式表示的数是

$$0.f\times 2^{-126}$$

这样形式的数称为**非规格化的数**。单精度能表示的绝对值**最小的非规格化数**是

$$0.0000\ 0000\ 0000\ 0000\ 0000\ 001\times 2^{-126}=1.0\times 2^{-149}\approx 1.401\ 298\ 5\times 10^{-45}$$

绝对值**最大的非规格化数**为

$$0.1111\ 1111\ 1111\ 1111\ 1111\ 111\times 2^{-126}\approx 1.175\ 494\ 2\times 10^{-38}$$

注意，这两个数都比规格化形式表示的最小数还要小，这就是非规格化数的意义，用来表示绝对值更小的数。

【例3-10】 若单精度的位模式是1 0000 0000 0101 1010 0000 0000 0000 000它表示的数是多少？

解：符号位为1，说明是负数，指数全0，尾数不为0，说明是非规格化数。它表示的数是：$-0.0101\ 1010\text{B}\times 2^{-126}$。

【例 3-11】 若一个数是 $1.01101B\times2^{-130}$，能不能表示为单精度模式？如果能，写出位模式。

解：$1.01101B\times2^{-130}$ 这样书写是规范化的格式，但指数部分小于－126，超出了单精度指数－126～127 的范围，所以按规格化的单精度格式是无法保存的。若写成 $0.000101101\times2^{-126}$，这是一个非规格化的形式，指数和尾数都在单精度能表示的范围内，位模式为

0 0000 0000 0001 0110 1000 0000 0000 000

双精度格式与单精度格式的位模式类似，指数的偏移量是 $2^{k-1}-1=2^{11-1}-1=1023$（其中 k 是指数位数），阶码位的取值 0～2047，0 和 2047 保留，规格化数可用 1～2046，减去偏移量，实际指数范围是－1022～1023。

浮点数解决了大数和小数的表示问题，但要注意，只是部分或者说在一定范围内解决。使用浮点数有两点要清楚：一是浮点数的表示范围仍然是有限的，数量和精度都是有限的；第二是实数的表示常常是不精确的，比如 0.1 的问题，转换为二进制是无限循环小数，但不管是单精度还是双精度的尾数部分都是有限的，不可能无穷，这就使得 0.1 在计算机中实际上不是精确的 0.1。大家运行一下下列 Python 程序，分析结果：

```
a=0.0
for i in range(10):          #这个循环执行几次？
    a=a+0.1;                 #0.1 被加了几次？
print(a==1.0)                #这是逻辑值，结果是 True 还是 Flase 呢？
print(a)                     #a 的值是多少呢？是 1 吗？
```

6. 十进制数的 BCD 码表示

大家注意到，信息的表示可以有各种各样的方法。数的表示其实不一定用数字，更不一定用二进制。例如，比赛的第 1 名、第 2 名、第 3 名，常被称为冠军、亚军和季军。在计算机中，一个十进制数除了可以转换成二进制表示外，还可以将十进制数的每一位数码符号都用二进制编码来表示。这种十进制数的表示方法称为“二进制编码的十进制数”，简称 **BCD 码**(binary coded decimal)。所谓**编码**，可以理解为“用代号表示”。

十进制使用 10 个数字符号 0～9。要给这 10 个符号各自一个代号，需要 4 个二进制位。但 4 个二进制位可以给出的编码个数是 16 个，超出了需求。所以可以按一定的规则，取 10 个来与 0～9 对应就形成了不同的 BCD 码。表 3-2 是不同编码方案使用的 4 位编码。

表 3-2 常用的 BCD 码

十进制数字	8421 码	5421 码	2421 码	余 3 码	BCD Gray 码
0	0000	0000	0000	0011	0000
1	0001	0001	0001	0100	0001

续表

十进制数字	8421码	5421码	2421码	余3码	BCD Gray码
2	0010	0010	0010	0101	0011
3	0011	0011	0011	0110	0010
4	0100	0100	0100	0111	0110
5	0101	1000	1011	1000	0111
6	0110	1001	1100	1001	0101
7	0111	1010	1101	1010	0100
8	1000	1011	1110	1011	1100
9	1001	1100	1111	1100	1000

(1) 8421码

4位二进制编码从高位到低位的位权依次设为8、4、2、1,按权展开后与十进制数码对应,就是8421码,这样的编码方法称为**有权BCD码**。例如,8421码表示的1001,按8421权展开是1×8+0×4+0×2+1×1=9,所以1001就是数字9的编码。数字6分解为权的和是4+2,它的BCD码0110。一个十进制数的8421 BCD编码就是将十进制数的每一位直接写成对应的8421编码。例如,十进制的1896的8421 BCD码表示就是0001 1000 1001 0110。反过来,若一个十进制数的8421 BCD编码为0111 0100 0101,每4位写成一个十进制数字,它代表的是745。

(2) 5421和2421码

5421码和2421码也是有权BCD码,它们从高位到低位的权值分别为5、4、2、1和2、4、2、1。比如2421码,1101按权展开是2+4+0+1=7,它是7的编码。8的2421码是1110,前3位的位权分别为2、4、2,加起来是8。十进制1896的2421BCD码是0001 1110 1111 1100。

注意,由于按权2421,1010展开是4,0100展开也是4,就是说十进制数字4可以有两种编码,同样2也有两种编码,所以,这种BCD码的编码方案是不唯一的,使用时要先做约定。表3-2中的2421编码用0100表示4。

(3) 余3码

余3码是8421 BCD码的每个码组加3(0011B)形成的,例如,7的8421码是0111,加0011,0111+0011=1010,是7的余三码编码。余三码常用于BCD码的运算电路中。

(4) Gray码

Gray码(格雷码)因1953年公开的弗兰克·格雷(Frank Gray,1887—1969,美国发明家)专利pulse code communication(脉冲编码通信)而得名,其最基本的特性是任何相邻的两组编码中,仅有一位不同,因此又称为单位距离码。Gray码的单位距离特性有很重要的意义。例如,两个相邻的十进制数7和8,其对应的二进制数为0111和1000。在用二进制数进行加1计数时,如果从7变为8,二进制数的4位都要改变,但在实际物理实现时,4位改变不可能完全同时发生,若从低位到高位逐位变化(串行计数器就是这样变化的)，则中间会出现 0111→0110→0100→1000 多种状态，即会出现短暂的错误编码 0110 和 0100。如果使用 Gray 码来完成同样的任务，因为相邻的两个 Gray 码只有一位变化，就可以避免出现这种错误。

格雷码和余 3 码都是无权码，就是每个数位上没有固定的权值。

3.1.3 非数值信息的表示

计算机发明的初期主要是用来进行科学运算的，但随着计算机应用的不断扩展和丰富，现在计算机很大一部分功能是用来处理非数值信息的，如文字、图像、视频和声音信息等。与数值信息类似，非数值信息在计算机中也是用二进制编码来表示的，但具体的表示方法随信息类型的不同和应用的不同有很大区别。下面就来讨论一下非数值信息的编码与表示。

1. 文字信息的表示

【课堂提问 3-4】 英文使用了 26 个字母(不分大小写)，试着给出一种二进制编码方案(包括使用多少位(码长)以及如何编码)来表示这些字母。如果区分大小写，编码方案应如何改动?

每一种语言的文字都是由字母、数字、标点符号及一些特殊符号所组成，它们通称为字符(character)。**字符**是各种文字和符号的总称，包括各国家的文字符号、标点符号、图形符号和数字等，与某种用途相关的字符集合称为**字符集**。字符集种类很多，每个字符集包含的字符个数不同，常见的字符集有：ASCII 字符集、GB2312 字符集、BIG5 字符集、GB18030 字符集和 Unicode 字符集等。要让计算机能够识别、存储和处理各种文字，首先要对相应语言所使用的字符集中的字符进行编码，就是每种符号设定一个数字或二进制形式的代号。编码的码长与字符集的大小有关，如 8 位编码可以表示大小为 256(2^8)个字符的字符集，16 位编码可以表示 65536(2^{16})个字符大小的字符集。

【课堂提问 3-5】 请举出身边事物的编码。

字符集中每个字符都使用一个唯一的编码来表示(字符的二进制表示)，所有的编码就构成了该字符集的编码表，简称**码表**。世界上不同文字系统的字符集有很多，相应的编码也有很多。

1) 英文字符编码

计算机技术发源于美国，因此最早的信息编码也来源于美国。计算机中使用最广泛的西文字符集及其编码是 ASCII 码(American Standard Code for Information Interchange，美国信息交换标准编码)，它已被国际标准化组织(International Organization for Standardization，ISO)批准为国际标准，称为 ISO 646 标准。

(1) 标准 ASCII 编码

标准 ASCII 码采用 7 位编码(如果用 8 位来存储，则最高位总为 0)，编码范围是 00H～7FH，总共可以表示 128 个符号。ASCII 字符集包括英文字母、阿拉伯数字、标点符号以及一些计算机系统中使用的控制编码等。标准 ASCII 码编码表如表 3-3 所示，其中行号代表编码的高位，列号代表编码的低位，是十六进制形式，如字母 A，行是 4，列是

1,则字符 A 的编码是 41H(十进制 65)。

表 3-3　标准 ASCII 代码表(十六进制)

低位 高位	0	1	2	3	4	5	6	7	8	9	A	B	C	D	E	F
0	NUL	SOH	STX	ETX	EOT	ENQ	ACK	BEL	BS	HT	LF	VT	FF	CR	SO	SI
1	DLE	DC1	DC2	DC3	DC4	NAK	SYN	ETB	CAN	EM	SUB	ESC	FS	GS	RS	US
2	SP	!	"	#	$	%	&	'	(	)	*	+	,	-	.	/
3	0	1	2	3	4	5	6	7	8	9	:	;	<	=	>	?
4	@	A	B	C	D	E	F	G	H	I	J	K	L	M	N	O
5	P	Q	R	S	T	U	V	W	X	Y	Z	[	\	]	^	_
6	`	a	b	c	d	e	f	g	h	i	j	k	l	m	n	o
7	p	q	r	s	t	u	v	w	x	y	z	{	|	}	～	DEL

标准 ASCII 码中的 00H～20H 和 7FH 为 33 个控制编码(有时也称为控制字符),用来表示计算机中的控制动作。这些控制编码与早期计算机系统使用电传打字机作为操作终端有很大的关系。例如,CR(编码为 0DH)表示回车,当电传打字机接收到此字符编码时,就会使打印头回到起始位置,而不是将它打印出来。其他一些编码则用来表示数字、字母和标点符号等**可打印字符**(也叫**可显示字符**)。数字字符 0～9 的 ASCII 码是连续的,为 30H～39H,十进制是 48～57;大写英文字母 A～Z 和小写英文字母 a～z 的 ASCII 码也是连续的,分别为 41H～54H(十进制是 65～90)和 61H～74H(十进制是 97～122)。因此在知道一个数字或字母的编码后,即可推算出其他数字和字母的编码。

标准 ASCII 码共有 94 个可打印的字符,称为**图形字符**。这些字符在计算机键盘上都有相应的键,当操作者按下某一个键时,该键对应的字符的 ASCII 编码就被输入到计算机的存储器中供进一步处理。

只支持 ASCII 码的应用系统会忽略字节流中每个字节的最高位,只认为低 7 位是有效位。例如,因特网中的邮件传输协议 SMTP 就只支持标准 ASCII 编码,所以 SMTP 为了传输采用 8 位编码的信息(如包含汉字字符的邮件),就必须使用 BASE64 或者其他编码方式对传输的内容重新编码。

(2) 扩充 ASCII 编码和 ISO8859

7 位标准 ASCII 编码用来处理英文没有什么问题,但是若还要表示其他国家的文字,128 个编码显然不够用。于是 IBM 公司在设计微型计算机时将 ASCII 编码进行了扩充,使用 8 位二进制来编码其他一些西欧语系的文字符号,具体方法就是使用一个字节的全部 8 位,最高位为 0 的 128 个编码与标准 ASCII 编码完全相同,最高位为 1 的 128 个编码则用来编码扩充的文字符号,扩充出来的 128 个编码称为**扩展 ASCII 编码**,对应的字符称为**扩展 ASCII 字符**。

这种扩充 ASCII 编码的方法也被 ISO 所采纳,这就是 **ISO8859** 编码标准(也称为 ISO Latin)。ISO8859 标准使用了 8 位编码,收录的字符除标准 ASCII 字符外,还包括西欧语言、希腊语、阿拉伯语、希伯来语等语系所对应的文字符号。而根据语系的不同，ISO8859 的编码标准又分为几个部分，如 ISO8859-1(Latin-1)所包含的符号可以用于西班牙语、丹麦语、德语、意大利语等，而 ISO8859-15(Latin-15)则可以用于法语、芬兰语等。每种编码的 0～127 与 ASCII 编码完全相同，只是 128～255(相应二进制编码的最高位为 1)才根据语系的不同而不同。这意味着不同国家的扩展 ASCII 字符往往是不兼容的，也就是说表示的是不同的文字符号。

2) 中文字符的表示

【课堂提问 3-6】 中文属于象形文字，它所使用的字符集要远远大于属于拼音文字的西文(如英文、希腊文、西班牙文等)。基本的汉字字符集大约有 7000 个汉字。试着给出一种二进制编码方案(包括使用多少位(码长)以及如何编码)来表示这些汉字。如果希望编码方案能够兼容 ASCII 编码，应该如何处理呢？

(1) 国家汉字编码标准 GB2312-80

汉字编码的基本思路是将汉字以及汉语中用的大小写字母、数字、标点符号、日语符号、希腊字母、俄文字母、拼音符号、注音字母、图形符号等编为 94 行 94 列的表格，每行叫做一个区，每列叫做一个位。这样，每个符号对应一个区号和一个位号，例如"啊"字在 16 区，第 1 列，那么 1601 就是"啊"字的数字编码，这个数字叫**区位码**。区位码是 4 位的十进制数，它的前两位是区号，也叫**区码**；后两位是位号，也叫**位码**。区位码的十六进制形式是将区码和位码分别转换为两位的十六进制数。如 1601，16 转换为十六进制是 10H，01 转换为十六进制是 01H，那么"啊"字的区位码的十六进制是 1001H，在计算机中存储，占两个字节。

区位码表中，01～09 区为符号、数字区；16～87 区为汉字区；10～15 区、88～94 区是有待进一步标准化的空白区。汉字区中 16～55 区收录常用汉字 3755 个，称为第一级汉字，按汉语拼音字母/笔形顺序排列；56～87 区收录次常用汉字 3008 个，称为第二级汉字，按部首/笔画顺序排列。共计 6763 个汉字。

汉字的显示和打印也需要使用控制符。ASCII 中的控制符使用的编码是 00～1FH 共 32 个编码。为了和 ASCII 中的控制符兼容，汉字的编码决定不再使用 00～1FH 的数字，区码和位码都不用。于是，将区码和位码都后移 32(20H)，即各加 20H，这样得到的每个汉字符号的编码称为**国标码**。如，"啊"字的区位码为 1001H，1001H＋2020H＝3021H 就是"啊"字的国标码。

然而，当 ASCII 编码的文件和国标码编码的文件在一个系统中时，遇到 3021H，那么它是 ASCII 中的"0"和"!"呢？还是汉字"啊"呢？这就分不清了。于是，为了和 ASCII 兼容，汉字编码决定不再使用 00～7FH 共 128 个编码位。再将国标码的区码和位码部分各自再后移 128(80H)个位置，即各加 80H，这样得到的编码称为**机内码**。例如，"啊"字的国标码为 3021H，3021H＋8080H＝B0A1H 就是"啊"的机内码。

事实上，目前一般计算机中保存的汉字，保存的都是它们的机内码。机内码占两个字节，每个字节的最高位都是 1，所以，当遇到一个字节最高位不是 1(值小于 128)时，那么它是一个 ASCII 符号，最高位是 1(大于 128)时，那么它和后面一个字节表示一个汉字符号。

上述编码方法形成国家汉字编码标准——“信息交换用汉字编码字符集(基本集)”,代号是GB2312-80,简称国标码,于1980年发布。

(2) GBK

GBK(“国标”、“扩展”汉语拼音的第一个字母)编码,是在GB2312-80标准基础上的扩展,叫做《汉字内码扩展规范》,使用双字节编码方案,其编码范围为8140H~FEFEH(剔除xx7F),共23940个码位,收录21003个汉字,完全兼容GB2312-80标准,支持国际标准ISO/IEC10646-1和国家标准GB13000-1中的全部中日韩汉字,并包含了BIG5编码中的所有汉字,集简体、繁体字与一体。GBK编码方案于1995年12月正式发布,中文版的Windows 95,Windows 98,Windows NT以及Windows 2000,Windows XP,Windows 7等都支持GBK编码方案。

(3) GB18030

GB18030的全称是《信息交换用汉字编码字符集基本集的补充》,是我国计算机系统必须遵循的基础性国家标准之一。GB18030有两个版本:GB18030-2000和GB18030-2005。GB18030-2000是GBK的取代版本,2000年发布,它的主要特点是在GBK基础上增加了CJK统一汉字扩充A的汉字,汉字字符数达到27533个。GB18030-2005于2005年发布,主要特点是在GB18030-2000基础上增加了CJK统一汉字扩充B的汉字,包括多种我国少数民族文字(如藏、蒙古、傣、彝、朝鲜、维吾尔文等),汉字字符数达到70244个。

GB18030标准采用单字节、双字节和四字节三种方式对字符编码。单字节使用0X00~0X7F码位(ASCII)。双字节部分,首字节码位是0X81~0XFE,尾字节码位分别是0X40~0X7E和0X80~0XFE。四字节部分范围为0X81308130~0XFE39FE39,其中第一、三字节编码码位均为0X81~0XFE,第二、四字节编码码位均为0X30~0X39。这里以**0X开头的数表示是十六进制数**(大小写相同)。GB18030的码位结构包含的字符数及与其他标准的关系见表3-4,其中的码位的编码范围均是十六进制。

表3-4 GB18030-2005标准码位结构及与其他标准的关系

<table>
<tr><th colspan="3">编码方案</th><th>第1字节</th><th>第2字节</th><th>第3字节</th><th>第4字节</th><th>码位数</th><th>字符数</th><th>字符类型</th></tr>
<tr><td rowspan="6">GB18030-2005,70244汉字</td><td rowspan="5">GB18030-2000,27533汉字</td><td></td><td>00~7F</td><td></td><td></td><td></td><td></td><td>128</td><td>ASCII</td></tr>
<tr><td rowspan="3">GBK,21003汉字</td><td>81~A0</td><td>40~FE</td><td></td><td></td><td>6080</td><td>6080</td><td>GBK汉字</td></tr>
<tr><td>AA~FE</td><td>40~A0</td><td></td><td></td><td>8160</td><td>8160</td><td>GBK汉字</td></tr>
<tr><td>B0~F7</td><td>A1~FE</td><td></td><td></td><td>6768</td><td>6763</td><td>GB2312汉字</td></tr>
<tr><td></td><td>81~82</td><td>30~39</td><td>81~FE</td><td>30~39</td><td>25200</td><td>6530</td><td>CJK统一汉字扩充A</td></tr>
<tr><td></td><td></td><td>95~98</td><td>30~39</td><td>81~FE</td><td>30~39</td><td>50400</td><td>42711</td><td>CJK统一汉字扩充B</td></tr>
</table>

从表中看出,后面的标准与前面的标准是兼容的,这样,以前编辑的文字,在新的标准下仍能使用。兼容性是系统设计时应考虑的重要指标。

(4) BIG5

BIG5是我国台湾地区使用的汉字编码字符集,它包含了台湾地区使用的13060个繁体汉字和420个图形符号。BIG5也使用16位编码方案,以两个字节来存放一个汉字编码。第一个字节称为"高位字节",第二个字节称为"低位字节"。"高位字节"的编码范围为0x81~0xFE,"低位字节"的编码范围是0x40~0x7E及0xA1~0xFE。

(5) CJK

CJK(Chinese Japanese Korean)编码是ISO 10646通用字符集(universal character set,UCS)在汉字编码上的具体实现。与CJK编码相对应的国家标准号为GB13000-90。CJK采用的是双字节形式的基本多文种平面。在65536个码位的空间中,定义了几乎所有国家或地区的语言文字和符号。其中从0x4E00~0x9FA5的连续区域包含了20902个来自中国(包括台湾地区)、日本、韩国的汉字。CJK是GB2312-80、BIG5等字符集的超集。

3) ANSI信息编码

ANSI(American National Standards Institute,美国国家标准协会)是专为计算机工业建立标准的机构,在世界上具有相当重要的影响力。**ANSI编码**是ANSI制定的一种采用双字节编码的信息编码标准。ANSI编码包含很多代码页,每个代码页与字符集有关,例如代码页936对应的就是GB2312-80,代码页950对应的就是BIG5,代码页65001对应的就是UTF-8等。

不同ANSI代码页之间互不兼容,使用某个ANSI代码页编码的信息无法在采用其他ANSI代码页的系统中正常显示,这就是为什么日文版/繁体中文版软件在简体中文系统中会出现乱码的原因。显然,属于两种语言的文字无法存储在同一个使用ANSI编码的文本中。

4) ISO 10646和Unicode编码

ISO 10646是国际标准化组织ISO(International Organization for Standardization)和国际电工委员会IEC(International Electrotechnical Commission)制订的实现全球所有文字统一编码标准——《信息技术通用编码字符集》的代号,简称UCS(universal coded character set),1993年发布第1个版本。Unicode是多语言软件制造商组成的统一码联盟制订的统一编码标准,于1994年发布。它们的目的是制订一个全世界统一的编码标准,以便全球文字能兼容使用。1991年左右,两个项目的参与者都认识到,世界不需要两个不兼容的"统一字符集"。于是,它们开始合并双方的工作成果,并为创立一个单一编码表而协同工作。两个项目仍都存在,并独立地公布各自的标准,但都同意保持两者标准的码表兼容,所以,Unicode和UCS或ISO 10646是一致的。

(1) 编码方式

最初Unicode字符分17组编排,码位从0x0000~0x10FFFF,最高一个字节就是组号,每组称为一个平面(Plane),每个平面有256行和256列,共65536个码位,总码位有1114112个,然而目前只用了少数平面。

通用字符集(UCS)UCS-2用两个字节编码,UCS-4用4个字节编码。

UCS-4根据最高位为0的最高字节分成$2^7=128$个组(group)。每个组再根据次高字节分为256个平面(plane)。每个平面根据第3个字节分为256行(row),每行有

256个码位(cell)。理论上能容纳的字符数是128×256×256×256=2 147 483 648个。group 0的平面0被称作基本多语言面BMP(Basic Multilingual Plane)。如果UCS-4的前两个字节为全零,那么去掉这两个零字节就得到了UCS-2。Unicode计划使用的17个平面,在group 0。在Unicode 5.0.0版本中,已定义的码位只有238605个,分布在平面0、平面1、平面2、平面14、平面15、平面16。平面0上定义了27973个汉字,平面2上定义了43253个汉字,共71226个。Unicode所定义的6个平面中,第0平面(BMP)最为重要,目前实现的也是这个平面。常用的中文定义在0x4E00-0x9FA5中。

(2) 实现方式

Unicode的实现方式不同于编码方式。一个字符的Unicode编码是确定的,但它在计算机中的实现方式可能不同,这其中的原因还是源于兼容、存储效率和传输效率问题。

Unicode在诞生之日起就面临着一个严峻的问题:如何与已在世界范围内广泛使用的ASCII字符集兼容。ASCII字符是单个字节的,比如A的ASCII是65。而Unicode是双字节的,比如A的Unicode是0065,这就造成了一个非常大的问题:以前处理ASCII码的方法不能被用来处理Unicode了。另一个更加严重的问题是,C语言使用'\0'作为字符串结尾,而Unicode里恰恰有很多字符都包括了一个字节的0,这样一来,C语言的字符串函数将无法正常处理Unicode,除非把世界上所有用C写的程序以及它们所用的函数库全部换掉。此外,一个仅包含标准ASCII字符的Unicode文件,如果每个字符都使用Unicode编码,则其第一字节的8位始终为0,这就造成了很大的浪费,降低了信息的存储、传输和处理效率。

于是,就有了如何在计算机中实现Unicode的问题。解决这个问题的方案类似于霍夫曼(Huffman)编码的变长编码思想。这就是**UTF(UCS Transformation Format)**。它是将Unicode编码规则和在计算机的实现对应起来的一个规则。现在流行的UTF有三种:UTF-8、UTF-16和UTF-32。

① UTF-8

UTF-8以字节为基本单位对Unicode进行编码。从Unicode到UTF-8的编码方式见表3-5。

表3-5 UTF-8的编码方式

Unicode编码(十六进制)	UTF-8字节流(二进制)
00000000-0000007F	0xxxxxxx
00000080-000007FF	110xxxxx 10xxxxxx
00000800-0000FFFF	1110xxxx 10xxxxxx 10xxxxxx
00010000-001FFFFF	11110xxx 10xxxxxx 10xxxxxx 10xxxxxx
00200000-03FFFFFF	111110xx 10xxxxxx 10xxxxxx 10xxxxxx 10xxxxxx
04000000-7FFFFFFF	1111110x 10xxxxxx 10xxxxxx 10xxxxxx 10xxxxxx 10xxxxxx

UTF-8的特点是对不同范围的字符使用不同长度的编码,也就是**变长编码**,最大长度是6个字节。对于0x00-0x7F的字符,UTF-8编码与ASCII编码完全相同。最后一行

中有 31 个 x，即可以容纳 31 位二进制数字，这也是 UCS-4 的最大码位 0x7FFFFFFF 的位数。

常用汉字的 Unicode 编码范围为 0x4E00～0x9FA5，两字节的编码范围为 0x0800～0xFFFF，所以在 UTF-8 中，一般汉字占 3 个字节。

例如“汉”字的 Unicode 编码是 0x6C49。0x6C49 在范围 0x0800～0xFFFF，使用 3 字节模板。将 0x6C49 写成二进制是 0110 1100 0100 1001，用这个比特流依次代替模板中的 x，得到：1110 0110 1011 0001 1000 1001，十六进制即 E6 B1 89。

计算机在识别这些数据时，如果一个字节的数值大于 128，取值范围为 192～224，那么它和下一个大于等于 128 的字节表示一个 Unicode 字符（Unicode 编码对应表中的 x 部分）；如果第 1 个字节的取值范围为 224～240，那么它和后面的两个字节组成一个 Unicode 字符。这种把较少字节编码编为较多字节编码的思想，是值得学习的。

UTF-8 可以看成 Unicode 的压缩版本。如果一个文件的内容主要是英文，那么采用 UTF-8 编码比采用 Unicode 编码的文件大小将减少 50%。反之，如果文件内容主要是汉、日、韩语，那么 UTF-8 会使文件大小增大 50%。

由于汉字的 Unicode 编码和 GB2312 编码不同，所以，使用 Unicode 编码的中文文件不能使用 GB2312 编码方式打开。或者说，如果打开时的编码方式与保存时使用的编码方式不一致，看到的内容会是不正确的，俗称**“乱码”**。

② UTF-16

UTF-16 编码以 16 位无符号整数为单位，若将 Unicode 编码记作 U，UTF-16 的编码规则如下：

如果 U＜0x10000，U 的 UTF-16 编码就是 U 对应的 16 位无符号整数（16 位称为一个字（WORD））。简单说，就是原来两字节的编码，仍用原来的两字节作为其编码。

如果 U≥0x10000，先计算 U′＝U－0x10000，然后将 U′写成二进制形式：yyyy yyyy yyxx xxxx xxxx，U 的 UTF-16 编码（二进制）就是：110110yyyyyyyyyy 110111xxxxxxxxxx。

为什么 U′可以被写成一个 20 位的二进制数？Unicode 的最大码位是 0x10ffff（第 16 面），减去 0x10000 后，U′的最大值是 0xfffff，所以可以用 20 个二进制位表示。例如：Unicode 编码 0x20C30，减去 0x10000 后，得到 0x10C30，写成二进制是：0001 0000 1100 0011 0000。用前 10 位依次替代模板中的 y，用后 10 位依次替代模板中的 x，就得到：1101100001000011 1101110000110000，即 0xD843 DC30。

现在的问题是，把一个 21 位的数映射成两个 16 位的数，那么不是与原来的 16 位的数冲突了吗？这是信息编码中的另一技巧，设置代理区（surrogate）。将 0x10000～0x10FFFF 映射到两个 WORD 后，可以计算，第一个 WORD 的取值范围是 0xD800～0xDBFF，第二个 WORD 的取值范围是 0xDC00～0xDFFF。事实上，0 平面的这个区域是没有给任何符号编码的，就是为把 BMP 以外的区域映射为 UTF-16 使用的。留有余量，考虑扩充，即**冗余**，是计算机科学中处理问题时的重要思想之一。

③ UTF-32

UTF-32 编码以 32 位无符号整数为基本单位。Unicode 的 UTF-32 编码就是其对应的 32 位无符号整数。由于其冗余加大,或者说同样的文本内容占的空间更多,所以目前基本不用。

④ Unicode 的字节序

同样一个数或一个编码,如“汉”字的 Unicode 编码 0x6C49,保存到计算机中时,写成 6C49H 或 496CH 都可以,这就是字节序(byte order)。由于历史的原因,存储数据有两种字节序:big endian(大尾)和 little endian[①](小尾)。内存的基本单位是字节,每个字节都有一个地址。所谓 big endian 就是高位字节放在低地址位置。所谓 little endian 就是低位字节放在低位字节位置。设内存地址从左向右增加,那么 big endian 将“汉”字表示为 6C49,little endian 将它表示为 496C。简单说,高位字节在前就是 big endian,低位字节在前就是 little endian。

使用 Intel/AMD CPU 的计算机建立的 Unicode 文件采用的是 little endian,而苹果公司早期型号的计算机上建立的 Unicode 文件采用的是 big endian。

Unicode 中推荐的标记字节顺序的方法是 **BOM(Byte Order Mark)**。在 UCS 编码中有一个叫做“ZERO WIDTH NO-BREAK SPACE”的字符(即 BOM 字符),它的编码是 FEFF,而其反序编码 FFFE 在 UCS 中是不存在的字符,所以可以用它们来作为字节顺序标记。如果字节流前是 FEFF,就表明这个字节流是 Big-Endian 的;如果字节流前是 FFFE,就表明这个字节流是 Little-Endian 的。UTF-8 不需要 BOM 来表明字节顺序,但可以用 BOM 来标明编码方式。

【课堂实践 3-1】 在 Windows 下,使用记事本编辑文件,文件内容为“abc123 汉字”,使用“文件→另存为”分别保存为 ANSI,Unicode,Unicode big endian,UTF-8 等格式的文件,使用 Editplus 等类似文本编辑器(能以十六进制方式查看文件内容),打开它们,以十六进制方式查看文件,可以看到 Unicode 格式文件以 FF FE 开头,Unicode big endian 格式文件以 FE FF 开头,UTF-8 格式文件以 EF BB BF 开头,而 ANSI 格式文件没有格式标识符(见图 3-2)。

ANSI	00000000	61 62 63 31 32 33 BA BA D7 D6
Unicode	00000000 00000010	FF FE 61 00 62 00 63 00 31 00 32 00 33 00 49 6C 57 5B
Unicode big endian	00000000 00000010	FE FF 00 61 00 62 00 63 00 31 00 32 00 33 6C 49 5B 57
UTF-8	00000000	EF BB BF 61 62 63 31 32 33 E6 B1 89 E5 AD 97

图 3-2 不同编码格式的文本文件的十六进制形式

图 3-2 中,第 1 列是编码方式,第 2 列是文件的起始字节号,第 3 列是字符的编码。ANSI 是与 GB2312 兼容的格式,可以看到小写字母 abc 的 ASCII 分别是 61H,62H,

① endian 这个词出自《格列佛游记》。小人国的内战就源于吃鸡蛋时是究竟从大头(big-endian)敲开还是从小头(little-endian)敲开,为此小人国曾发生过 6 次叛乱,其中一个皇帝送了命,另一个丢了王位(引自《深入理解计算机系统》)。

63H，十进制就是 97，98，99；“汉”字的机内码是 BABAH，“字”的机内码是 D7D6。

Unicode 编码的文件的开头两个字节是 FFFE，说明是 little endian，每个字符占两个字节，低字节在前，'a'的编码是 61 00，即 ASCII 字符也占两个字节，而它的实际编码是 61H。对应“汉”字的是 496C，低字节在前，实际的 Unicode 编码是 6C49H。

第 3 行，是 Unicode big endian 格式，开头是 FE FF，高位字节在前。

第 4 行是 UTF-8 格式，开头 3 个字节是 EF BB BF，后面才是文字内容，ASCII 字符占 1 个字节，汉字占 3 个字节，“汉”字的 UTF-8 编码是 E6 B1 89。

2. 汉字的字形码和输入码

前面讲的汉字的编码，只解决了汉字的存储和传输问题，但是，计算机怎么知道汉字的写法呢？比如 B0A1H 是汉字“啊”的机内码，就是说，存储“啊”时实际存的是 B0A1H，计算机看到 B0A1H 怎么与“口”、“阝”“可”联系起来呢？所以，还要让计算机知道汉字的写法，这就是字形码。

(1) 字形码

先看图 3-3(a)，这是一个由点“·”和“#”组成的图案，这就是“汉”。如果将其中的点“·”用 0 表示，“#”用 1 表示，就得到图 3-3(b)所示的一组数据。按照这组数据，如果是 0，在屏幕上显示空白(就是不显示任何字符)，遇到 1 就显示一个亮点，那么，就能在屏幕上看到亮点组成的汉字“汉”。图 3-3(b)显示的这组数据就是“汉”这个字的**字形码**，它能告诉计算机，“汉”这个字怎么写。图 3-3(b)的每一个数字不超过 1，自然可认为是二进制数据，每个数字就是一位，每 8 位可以看作一个字节，共 32 个字节。若干汉字的字形码数组的有序集合就是汉字字库，如果其中每个汉字都是由 16＊16 个点组成的就称为 **16 点阵字库**。还有 32 点阵、48 点阵、64 点阵字库。

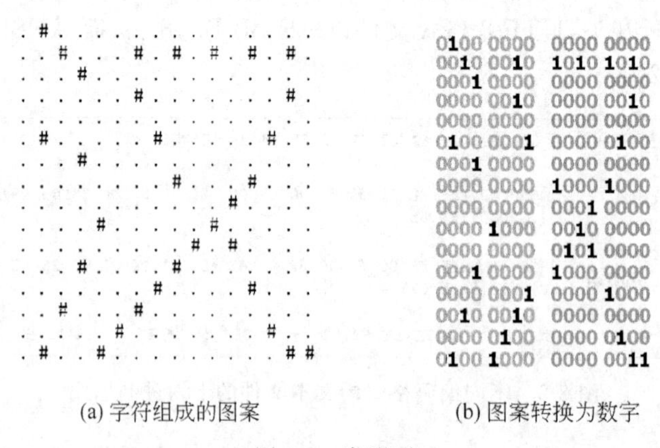

(a) 字符组成的图案　　(b) 图案转换为数字

图 3-3　字形码

点阵越大，描述的字就越清晰、光滑，特别是显示较大的字时就越好看，但点阵越大，占据的存储空间就越大。现在计算机中显示尺寸较大的汉字时，使用的是矢量字库。**矢量字库**中记录汉字形状的不是点阵数据，而是笔画，记录笔画的形状和形状特征。例如“横”，只要记录起点和终点的坐标，显示汉字时，根据要显示的字号，重新计算起点和终点的位置，计算机就能重新绘制出平滑、适当的“横”出来，记录“横”的数据量与显示的“横”的大小没有关系。

矢量字库占用存储空间小，文字放大平滑、无锯齿。Windows 操作系统的 FONTS 目录中扩展名为 FON 的是点阵字库，扩展名为 TTF 的是矢量字库。

字库的排列是有规律的，计算机可以很容易地根据文字编码找到对应的字形码。

(2) 输入码

字形码解决了汉字的书写问题，要把汉字输入到计算机中，理论上可以直接输入机内码，但记住机内码不是一件容易的事，特别是对于一般的大众来说。拼音是人们认字时使用的手段，所以，基本的输入汉字的方法就是拼音输入法。用户通过键盘输入拼音，计算机自动找到具有该读音的所有汉字，分屏显示，用户选择一个确认要输入的字，计算机知道你选的是第几屏的第几个汉字，也就知道是哪个汉字，就把汉字的机内码保存在计算机中，通过汉字的字形码显示汉字的“图形”。

用来将汉字输入计算机的代号就是**输入码**。除**拼音**输入外，还有**五笔字型**输入法、**简拼**、**双拼**和**手写输入**法等。

3. 声音信息的表示

声音的本质是机械波。这种波被人耳感知为声音。如果波的频率在 20Hz～20kHz 之间，一般人耳就可以听到，这个范围的信号叫**音频信号**；小于 20Hz 的信号，一般听不到，叫**次音频信号**；大于 20kHz 一般也听不到，叫**超音频信号**(超声波)。

如果能记录或表示音频信号的波形，就能记录声音。然而，声音(特别是语音)产生的波的波形是很复杂的，无法用一个函数表示。而且，这个波的横坐标是时间，纵坐标是幅度，它们都是连续的，称这样的信号为**模拟信号**，这样的数据为**模拟数据**。计算机无法存储无穷个无限精度的数据，也就无法表示模拟信号。办法就是变无限为有限，变精确为近似。将模拟信号转换为可在计算机中表示和存储的信号的过程叫**数字化**，得到的信号叫**数字信号**，对应的数据叫**数字数据**。对声音来说，得到的声音叫**数字音频**。

(1) 数字音频

声音被麦克风拾取，将声波转换成电信号，这时的信号是模拟的音频信号。将模拟音频信号转换为数字音频主要包括 3 个基本步骤：**采样**、**量化**、**编码**。

采样就是周期性地对音频信号的幅值进行测量，并记录所得到的数值序列(这些数值称为**样本**值)。采样使得有效时间内的无限个值变成有限个值，也称为时间上的**离散化**(见图 3-4)。

采样得到的是有限个数值，但这有限个数值可能是幅值范围内的任何一个数值，这些任意的数值是计算机无法表示的，比如这个值是一个无限不循环小数。

量化就是将取值任意的数限定到一组取值之内，比如，取 10～20 的整数，或者保留一位小数、两位小数等。量化实际是一个取近似数的过程。

对于有限个值，可以采用编码的方法，将它们对应一个二进制的数，这就是**编码**。例如，10～20 的整数，有 11 个数，可以使用 4 个二进制位表示，用 0000B 表示 10，0001B 表示 11，0010B 表示 12，0011B 表示 13 等。编码使用的位数和量化的取值个数有关，它决

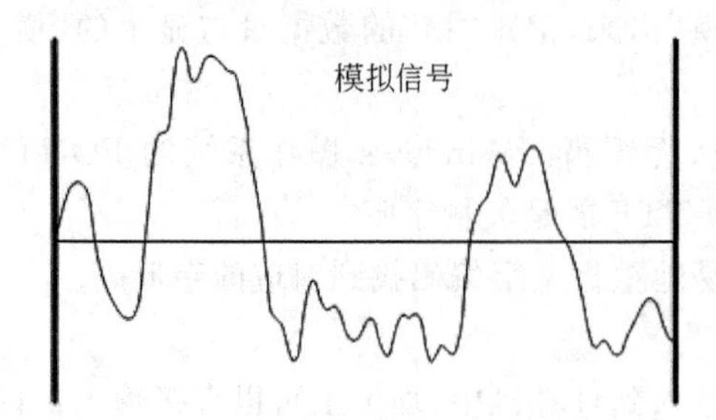

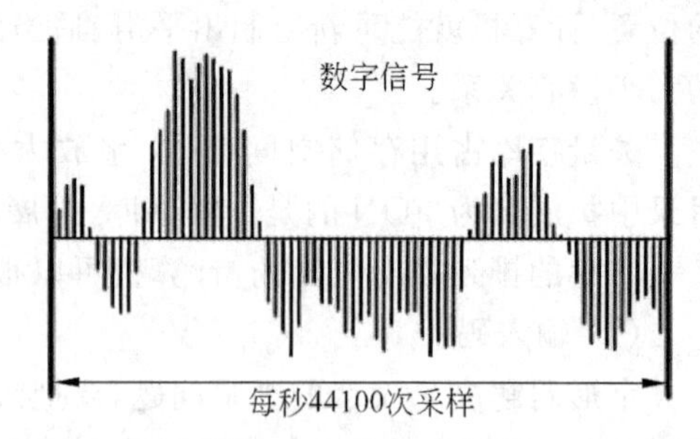

图 3-4 音频信号的采样

定了数据的精度，称为**样本精度**或**量化位数**。

采样、量化和编码后，可以得到一系列数据，将它们保存下来，就是数字数据，对声音来说，就是**数字声音**或**数字音频**，这样的声音文件称为**波形文件**。播放声音时，可以使用数学的方法，近似还原原来的波形，送到扬声器播放。声音的数字化和数字声音的还原，需要专门的设备，这个设备就是声卡。

存储在计算机上的波形文件的扩展名为 WAV，MOD，AU 和 VOC 等，Windows 中的录音机和媒体播放器都支持波形文件的记录和播放。注意，常见的扩展名为 mp3，wma 的声音文件也是波形文件，但它们是经过数据压缩过的。

如果确定了采样频率、样本精度，就能计算出 1 秒钟产生的数据量。一秒钟的数据量也叫**数据率**。

$$数据率(b/s)=采样频率(Hz)\times样本精度(bit)$$

如果是**立体声**的声音，有两个声道（也叫**双声道**），数字化就会同时有两组数据，数据率就会增加一倍。

有了数据率，就可以计算一首歌占的存储空间大小。

【例 3-12】 高保真立体声声音数字化采样频率为 44.1kHz，样本精度为 16 位，请计算一首不压缩的 4 分钟歌曲占的存储空间是多少 MB。

解：高保真立体声有两个声道，数据率为

$$44.1\times1000\times16\times2=1411200(bit/s)=176400(B/s)$$

4 分钟的数据量为

$$176400\times4\times60=42336000(B)\approx40.37(MB)$$

答：4 分钟不压缩高保真立体声数字声音的数据量大约是 40.37MB。

数字音频是原来声音的近似，显然，采样频率越高，获得的点就越多，量化位数越多，得到的数据就越精确，显然，就越接近于原来的声音，声音的质量就越好，但也不是越大越好。1928 年，美国电信工程师奈奎斯特（Harry Nyquist，1889—1976，美国电子工程师）证明：当采样频率大于信号中最高频率的两倍时，采样之后的数字信号能完整地保留原始信号中的信息，这个定理称为**采样定理**，又称**奈奎斯特定理**。根据这个定理和实际需要，不同需求的数字声音的数字化指标见表 3-6。

表 3-6 不同质量需求的声音的常用数字化参数

质量需求	频率范围	采样频率	样本精度	声道数	数据率
电话	200～3400Hz	8kHz	8bit	单声道	64kb/s
调幅广播 AM(amplitude modulation)	50～7000Hz	11.025kHz	8bit	单声道	88.2kb/s
调频广播 FM(frequency modulation)	20～15 000Hz	22.050kHz	16bit	双声道立体声	705.6kb/s
激光唱盘 CD(compact disk)	20～20 000Hz	44.1kHz	16bit	双声道立体声	1411.2kb/s
数字音频磁带 DAT(digital audio tape)	20～20 000Hz	48kHz	16bit	双声道立体声	1536 kb/s

(2) MIDI 音频

MIDI(musical instrument digital interface,乐器数字接口)是电子乐器(电子合成器)用来交流、传输音乐信息的一种标准。MIDI 音频并不是对音频信号进行采样、量化和编码,而是对用什么乐器演奏、节拍是多少、演奏什么音符以及音符持续时间是多少进行编码。MIDI 相当于一个指令系统,其指令中包含了如何演奏乐谱的信息,这些信息通过 MIDI 接口发送给电子乐器,电子乐器按照指令发出声音。简言之,MIDI 音频是对乐谱进行编码,而不是音乐本身。

由于 MIDI 文件中存储的是用电子乐器如何重构音乐的指令序列,因此 MIDI 文件比波形文件更为紧凑。例如,"用单簧管演奏 D 音符 2 秒钟"这条指令可以编码为 3 个字节,显然它要比产生同样声音的 44.1kHz 的 16 位数字音频需要两百多万个比特(44100×16×2 声道×2 秒)来编码所占用的存储空间要少得多。值得注意的是,尽管 MIDI 文件能存储和重构乐器声音,但不能存储和重构语音、声乐和自然界的声音。

MIDI 文件的扩展名为 MID,CMF 或 ROL。大多数音乐播放软件都支持 MIDI 文件的播放。由于 MIDI 文件是乐谱,那么它在不同的电子乐器上发出的声音和音色可能是不同的。

【课堂提问 3-7】 请从记录方式、数据量和适用范围等方面总结波形声音和 MIDI 音乐的优缺点。

4. 图像信息的表示

图像是画成、摄制或印制的形象。图像是被人的视觉器官感知的结果。通常把自然界的景物抽象成平面的影像。影像是由不同分布的颜色组成的。一幅平面图像,可以看成以 x,y 为自变量,取值为颜色值的函数 $f(x,y)$。由于横向和纵向上都有无穷个坐标点,每个坐标位置上的颜色值也是任意的,所以,自然的图像也是模拟的信号,称为**模拟图像**。转换为数字图像的方法也是采样、量化和编码。

(1) 位图(bitmap)

一幅模拟图像,设 x 坐标的取值范围是$[0,a]$,y 坐标的取值范围是$[0,b]$,x 方向上,分成 N 等份,$\Delta x=a/N$;y 方向上分成 M 等份,$\Delta y=b/M$,这样就得到$(N+1)\times(M+1)$个坐标点(x_i,y_j),$x_i=i\times\Delta x$,$i=0,1,\cdots,N$; $y_j=j\times\Delta y$,$j=0,1,\cdots,M$。这样,图像就变

成有限个坐标点组成的图像 $f(x_i,y_j)$，这就是**图像的采样**。

采样得到的采样点上的函数值 $f(x_i,y_j)$是任意的，就是说可能取到函数值区间上的任意值，设取值区间为$[c,d]$，将其限定到 $c+k\times\Delta f$，其中 $\Delta f=(d-c)/K$，$k=0,1,2,\cdots,K$，K 为某确定的正整数，这就是**图像颜色的量化**，$K+1$ 称为**量化级别**或**灰度级**。采用编码的方法将量化值用二进制表示，就得到$(N+1)\times(M+1)$个可在计算机中表示的数据，这就是数字图像。将这些数据按一定的顺序(比如从上到下从左到右)保存到文件中，就是**数字图像文件**，也称**数字图像**。这就是图像的数字化。每个采样点称为一个**像素**(pixel)，这样得到的数字图像统称**位图**。

图像的数字化过程中，单位尺寸内的采样点越多，量化的级别越多，得到的图像就会越精细。单位尺寸的采样点数称为**图像的空间分辨率**。如果数字化的设备是扫描仪，单位尺寸的采样点称为**扫描分辨率**，单位为 dpi(dots per inch)。扫描分辨率也是扫描仪的一项技术指标。若没有必要对图像的物理尺寸进行度量时，通常就把$(N+1)\times(M+1)$称为空间分辨率，简称分辨率或**图像分辨率**。

数字图像在屏幕上显示或在打印机上打印时，也是以像素为基本单位的。计算机屏幕横向和纵向能显示的像素点数的乘式称为屏幕分辨率，如 1024×768，1280×720，1920＊1080 等。如果图像的分辨率高，显示时系统会舍去一些行和列；如果图像的分辨率低，显示时系统会适当增加一些行和列，增加和舍去的行列是经过计算的，保持图像清晰。打印时，单位尺寸打印的点数，称为**打印分辨率**，单位为 dpi。打印分辨率也是打印机的一项技术指标。

编码每个量化值使用的二进制位数与量化级别有关。若量化级为 4 则需要 2 个二进制位，量化级为 16，需要 4 个位，一般量化级别是 2^k，k 称为**位深度**，$k>0$。量化级别就是图像能表示的颜色的数量。$k=1$ 时，即黑白图像，也称**二值图像**。$k=2,4,8$ 时，称为 4 色、16 色、256 色图像。也可以用来表示不同级别的灰度图像。当 $k=24$ 时，每个点用 3 个字节表示，可以表示 16777216 种颜色。由于人眼能分辨的颜色是非常有限的，所以 $k=24$ 时的图像称为真彩色图像或 24 位图像。真彩色图像每个像素用 3 个字节表示，这 3 个字节分别表示红、绿、蓝 3 个分量的不同级别，它们的组合就是不同的颜色。

知道了图像的分辨率、位深度，就可以计算不压缩的图像数据的大小。

图像大小(MB)＝图像宽度(pixel)×图像高度(pixel)×位深度/8/1024/1024

其中，除以 8 是将位转换为字节，除两次的 1024 是将字节转换为 MB。

【例 3-13】 一幅真彩色图像的分辨率是 2560×1920，计算它的不压缩文件大小。

解：真彩色图像的位深度为 24 位，每个像素点占 3 个字节。它的文件大小为

$$2560\times1920\times3/1024/1024\approx14.0625(\text{MB})$$

答：这幅图像的文件大小约为 14.0625MB。

位图通常用于表示静态图片。网页上的大多数图片，拍照、扫描得到的图像通常都是位图。位图有很多种存储格式，常见的文件扩展名有 BMP，JPG，GIF，TIF，PIC 和 PCX。

(2) 矢量图

矢量图使用几何元素来描述图形，它由一系列的点、线段、圆、多边形和曲线等图形元素组成，而这些图形又可以用数学表达式来描述，因此矢量图存储的是图形的属性。例如

一个圆，如果用矢量方法来描述，只须存储它的圆心坐标和半径大小即可。显示时知道圆心位置和半径大小，计算机就可以通过计算确定要显示的每一个像素点。

矢量图的优点是：

① 所需要的存储空间较小(与图像中图元的数量和复杂性有关)。

② 无论如何缩放图像都不会失真，即矢量图质量与分辨率无关。例如，位图中的圆在放大之后会出现锯齿，而矢量图像中的圆在任何尺寸下看起来都是平滑的。

③ 矢量图中的每个图元都可以当作一个独立的对象，单独加以拉伸、缩小、变形、上色、移动和删除。这在计算机辅助设计、工程制图、广告创意等领域具有广泛的用途。

矢量图文件通常的文件扩展名是 WMF，DXF，MGX，EPS 和 CGM。流行的矢量图编辑软件有 MS Visio，Corel DRAW 和亿图等。

【课堂提问 3-8】 请比较位图和矢量图的优缺点及适用范围。

5. 视频的表示

图像随时间的变化就是视频。理论上的视频在时间和空间上也是连续的，是模拟信号。视频数字化首先在时间上离散，取有限个时刻的图像，每幅图像称为一**帧**(**frame**)，每秒中取样的帧数称为**帧频**；然后再在空间上离散，每幅图像取有限个像素点，每幅图像的分辨率称为**帧分辨率**，横向的点数称为**水平分辨率**，垂直方向上的点数称为**垂直分辨率**；然后再在颜色取值上量化，最后编码成数字视频。

早期视频的采样标准有两种，一种帧频是 29.97(通常称 30)，帧分辨率是 720×480，被美、日、韩等国家和中国台湾地区采用，叫做 NTSC 制式(national television standards committee，(美国)国家电视标准委员会)；另一种帧频为 25，帧分辨率是 720×576，被中国大陆(含香港地区)、欧洲、印度等国家和地区采用，叫做 PAL 制式(phase alteration line，逐行倒相)。

目前的超高清(ultra high-definition)数字电视的帧分辨率达到 3840×2160(4K)，甚至 7680×4320(8K)，所谓 4K 和 8K 是说这个分辨率是高清电视分辨率 1920×1080 的 4 倍或 8 倍。帧分辨率 1024×720 也称高清，垂直分辨率在 720 以下称为标清，如 640×480，720×576 等。

常见的视频文件的扩展名有 AVI，wmv，mpg 和 mp4 等。由于数字视频的原始数据量巨大，大多视频文件都是经过压缩的，不压缩的数据一般放在 AVI 格式的文件中。

3.2 信息的存储

信息的存储需要借助物理器件。很多物理器件的稳定状态有两个，如磁极 N 和 S，电容电荷的有和无等，刚好可以用来表示二进制数据中的 0 和 1，所以，信息的存储和处理就是 0,1 的变换，也就是 0,1 的运算。关于 0,1 运算的系统称为逻辑代数或布尔代数。

3.2.1 布尔运算

一个非空集合及建立在这个集合上的封闭运算组成的系统称为一个代数系统，简称

代数。一种运算在集合上是**封闭的**，如果集合中的元素经这种运算后结果还在这个集合中。

布尔代数[①]是由逻辑变量集 $K(A,B,C,\cdots)$，常量“0”、“1”以及“与”、“或”、“非”3 种基本逻辑运算构成的代数系统，其中逻辑变量集 K 是布尔代数中变量的集合，它可以用任何字母表示，每个变量的取值只能为常量“0”或“1”。“1”常用于表达“真”、“成立”、“开”、“有”、“高”等状态，“0”常用来表示“假”、“不成立”、“关”、“无”、“低”等状态。布尔代数应用于逻辑电路领域称为**逻辑代数**。

1. “与”运算

“与”运算也叫逻辑乘，运算符用“·”表示，运算式写为 $F=A \cdot B$，其中 A，B 是布尔变量，F 是运算结果，两个数都为变量时，运算符可以省略。“与”运算定义见表 3-7，其中第 1，2 列表示两个运算数，F 表示运算结果。第 1 行表示 A，B 都取 0 时，结果是 0，第 2 行表示 $A=0$，$B=1$ 时，结果 $F=0$。这种表示输入变量所有可能取值的组合及对应的输出变量值的表格称为**真值表**。“与”运算表示的逻辑关系是：只有当决定一事件结果的所有条件同时具备时，结果才能发生。简述为：**两个都为“真”时，结果为“真”**。例如在串联开关电路中（见图 3-5），只有在开关 A 和 B 都闭合的条件下，灯 F 才亮，这种灯亮与开关闭合的关系就称为“与”逻辑。

表 3-7 “与”运算真值表

A	B	F
0	0	0
0	1	0
1	0	0
1	1	1

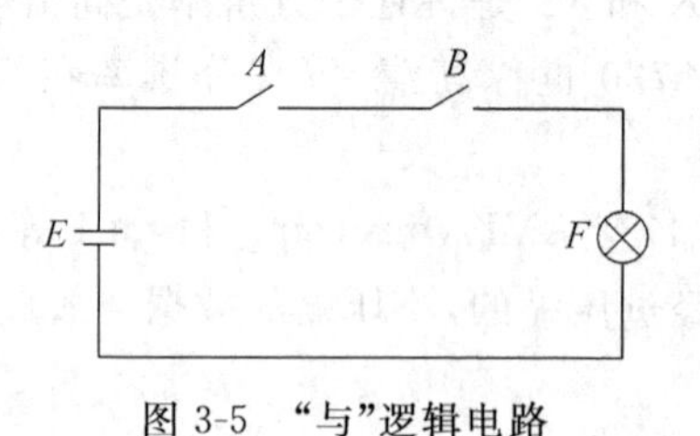

图 3-5 “与”逻辑电路

2. “或”运算

“或”运算也叫逻辑加，运算符用“+”表示，运算式写为 $F=A+B$，其中 A，B 是布尔变量，F 是运算结果。“或”运算的真值表见表 3-8。“或”运算简单表达为：**只要有一个为**

---

① 布尔（George Boole，1815—1864），英国数学家、教育家、哲学家和逻辑学家，在逻辑代数方面的贡献奠定了信息时代的基础，布尔代数以他在逻辑代数的贡献而命名。

"真"，结果就为"真"。例如在并联开关电路(见图 3-6)中，开关 A 和 B 只要有一个开关闭合，灯 F 就会亮。

表 3-8 "或"运算真值表

A	B	F
0	0	0
0	1	1
1	0	1
1	1	1

3. "非"运算

"非"运算常用的运算符是"'"或"－"，运算式写为 $F=A'$ 或 $F=\overline{A}$。"非"运算只有一个运算数，称为**一元运算**。非运算的运算规则是 $A=0$ 时，结果 F 为 1，$A=1$ 时，结果 F 为 0。简述为**"1 变 0，0 变 1"**。非运算的逻辑实例见图 3-7。A 闭合时灯灭，A 断开时灯亮。

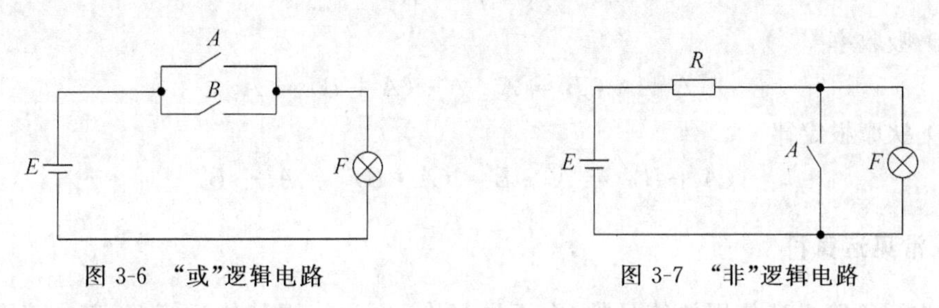

图 3-6 "或"逻辑电路　　图 3-7 "非"逻辑电路

4. "异或"运算

"异或"运算的逻辑含义是：当两个输入变量相异时，输出为 1；相同时输出为 0。"异或"运算的符号是"⊕"。"异或"逻辑的真值表如表 3-9 所示。"异或"运算并不是最基本的运算，它可以用前面的 3 种基本运算表达出来：

$$F = A \oplus B = AB' + A'B$$

表 3-9 异或运算的真值表

A	B	F
0	0	0
0	1	1
1	0	1
1	1	0

5. 运算规律

上述定义的逻辑运算满足下列运算规律。

(1) 交换律

$$A \cdot B = B \cdot A \quad A + B = B + A$$

(2) 结合律

$$A \cdot (B \cdot C) = (A \cdot B) \cdot C \quad A + (B + C) = (A + B) + C$$

(3) 分配律

$$A \cdot (B + C) = A \cdot B + A \cdot C$$

$$A + (B \cdot C) = (A + B) \cdot (A + C)$$

(4) 0-1 律

$$A + 0 = A \quad A \cdot 0 = 0 \quad A + 1 = 1 \quad A \cdot 1 = A$$

(5) 互补律

$$A + A' = \Omega = 1 \quad A \cdot A' = 0$$

(6) 幂等率

$$A \cdot A = A \quad A + A = A$$

(7) 对合律

$$(A')' = A$$

(8) 吸收率

$$A + A \cdot B = A \quad A \cdot (A + B) = A$$

(9) 狄摩根定律

$$(A + B)' = A' \cdot B' \quad (A \cdot B)' = A' + B'$$

6. 常见运算符

布尔运算除上述使用的符号外，在不同场合，也常使用其他运算符，基本意义不变。常用的运算符见表 3-10。

表 3-10 不同场合常用的布尔运算符

逻辑运算	布尔代数	命题逻辑	数字逻辑	位运算	逻辑运算
非	'	¬	¯(上划线)，#，/	~	NOT，!
与	·	∧	·，∧	&	AND，&&
或	+	∨	+，∨	|	OR，||
异或	⊕	⊕	⊕	^	XOR

7. 位运算

位运算是指将二进制数按对应的位进行的布尔运算。计算机语言中位运算的常用运算符是 &，|，~，^ 分别表示与、或、非(取反)和异或。位运算中的“非”其实是按位取反(1 变 0，0 变 1)。

1) 位运算举例

【例 3-14】 计算下式的值(按 8 位二进制转换)。

① 185 & 72；　② 185 | 72；　③ ～185；　④ ～72；　⑤ 185^72。

解：185、72 转换为二进制分别为 1011 1001B，0100 1000B。下面是位运算的竖式，上下对应位做与、或、非、异或运算得下面的结果。

与运算：
```
  1011 1001
& 0100 1000
-----------
  0000 1000
```

或运算：
```
  1011 1001
| 0100 1000
-----------
  1111 1001
```

异或运算：
```
  1011 1001
^ 0100 1000
-----------
  1111 0001
```

非运算：
```
~ 1011 1001
-----------
  0100 0110
```

非运算：
```
~ 0100 1000
-----------
  1011 0111
```

答：①185 & 72＝0000 1000B＝8；②185 | 72＝1111 1001B＝249；③～185＝0100 0110B＝70；④～72＝1011 0111B＝183；⑤185^72＝1111 0001B＝241。

注意上述计算结果给出了十进制数，但一般位运算的结果重点是二进制结果，注重把哪些位变换成什么。给出十进制数，只是说明不同的运算规则，结果不同。

任何数和 0 做"与"运算，结果都为 0；和 1 做"与"运算保持不变。任何数和 0 做"或"运算，保持不变；和 1 做"或"运算，结果都为 1。这样就可以设计一个加数，让另一个加数改变某些位，保持另一些位。

例如，将一个 16 位数的低 8 位置 1，设 B＝0x00FF，对任意的 A，$A|B$ 的结果的低 8 位为 1，高位保持不变。

2）位运算的应用

位运算的应用很广，作用很大，这里只示例给出几种。

（1）控制开关

二进制数的每一位可以表示一个开关，1 开，0 关。这样就可以通过设置一些位为 0 或为 1 来控制开关。开关可以对应霓虹灯、设备、路口和闸机等。

（2）进行集合运算

例如，可以用位向量$[a_{w-1},\cdots,a_1,a_0]$来表示任何集合 $A\subseteq\{0,1,2,\cdots,w-1\}$，其中 $a_i=1$ 当且仅当 $i\in A$。例如，$a=[01101001]$表示集合 $A=\{0,3,5,6\}$（a 的第 0，3，5，6 位为 1）。在这种情况下，布尔运算 |、& 和～分别相当于集合运算的∪（并）、∩（交）和－（补）。

例如，可以用 $a=[01101001]$表示集合 $A=\{0,3,5,6\}$，而 $b=[01010101]$表示集合 $B=\{0,2,4,6\}$。运算 $a\&b$ 得到位向量[01000001]，即 $A\cap B=\{0,6\}$。

【课堂提问 3-9】　大家分析 $a|b$，$\sim a$，$\sim b$ 的结果和表示的集合。

注意，对于一个 W 位的位向量，$\{0,1,2,\cdots,W-1\}$是全集。把二进制数当向量看待就是位向量。

（3）文献检索

在搜索引擎的文本框中输入关键词，系统很快能找出与这些词相关的文章。

搜索引擎是一套系统，它有一个称作"网络蜘蛛"的软件，每天到各网站获取各种文章，然后对文章进行分析，得到一个二进制数，设为 $A[k]$，这个二进制数中的每一位对应一个关键词，如果该文献中有此关键词，则该位为1；没有该词，该位为0。将对应文章的二进制数作为列，有n篇文章就有n列，那么每一行就对应一个关键词。

检索文献时，按关键词找到行，行中为1的列对应的文献就是符合要求的。如果按多个关键词"并且"的关系查找，那么找到多个关键词的行向量，然后做"与"运算，结果中为1的位对应的文件符合要求。比如关键字"原子能"对应的二进制位串是0100100001100001…，表示第2,5,9,10,16篇文献包含这个关键字。同样，假定关键字"应用"对应的二进制位串是0010100110000001…，那么要找到同时包含"原子能"和"应用"的文献时，只要将这两个二进制位串进行布尔运算"与"，可得到运算结果0000100000000001…，表示第5和第16两篇文献满足要求。

除上述介绍的应用外，在计算机的文件属性设置，用户权限管理等应用中也经常使用位运算。

3.2.2 门电路

电路中有电，可以用来表示1，无电可以用来表示0，那么就可以用电路表示逻辑运算。电路中逻辑值1和0并不是用绝对电压值表示的，而是用相对高的电压水平和相对低的电压水平表示，简称**电平**，常说高电平、低电平。用以实现基本和常用逻辑运算的器件称为**门电路**，简称门。

门可以通过很多种技术制造出来，如齿轮、继电器、光学器件和半导体电路等。今天的计算机中，门通常是通过微电子集成电路来实现的，其输入和输出的0和1用电平表示，一般用高电平表示1，用低电平表示0。

1. 与门

与门是实现"与"运算的电路。图3-8是与门的一种实现电路，A，B为输入端，Y为输出端。输入电压为+5V或0V。当A，B有一端为0V时，对应的二极管导通，Y的电压就是0V（设二极管压降不计），这就是逻辑值0；若A，B端均为+5V，两个二极管均截止，Y保持+5V电压水平，这就是逻辑值1。即A，B全为1时输出1，否则输出0。这个电路就实现了逻辑与的运算，是与门。与门电路作为一个整体使用，在电路中使用图3-9所示的符号表示。

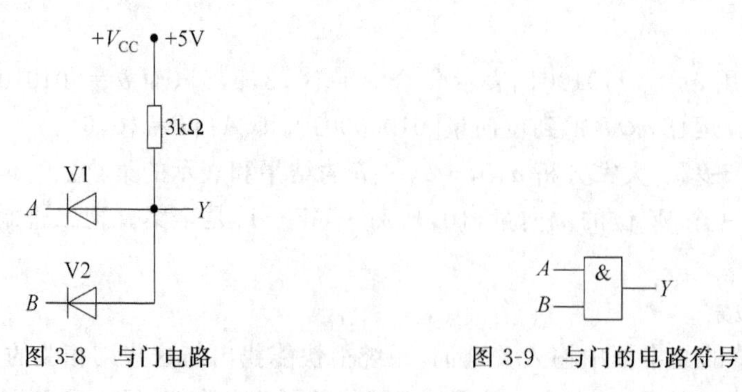

图3-8 与门电路　　图3-9 与门的电路符号

2. 或门

图 3-10 是二极管组成的或门。A,B 只要有一端是+5V,则相应二极管导通,Y 端为 5V,若 A,B 均为 0V,Y 为 0V。即 A,B 只要有一个 1,则结果为 1,实现逻辑或运算。逻辑或运算的电路符号见图 3-11。

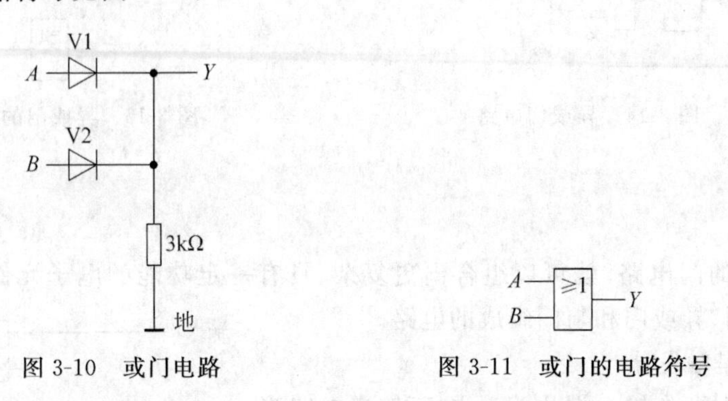

图 3-10 或门电路　　图 3-11 或门的电路符号

3. 非门

图 3-12 是三极管组成的一种非门电路。当 A 端为低电平时,三极管截止,$Y=V_{CC}$ 输出为高电平;当 A 端为高电平时,三极管导通,Y 输出低电平。即 A 为 0,输出 1,A 为 1,输出 0,实现逻辑非运算。逻辑非运算的电路符号见图 3-13。

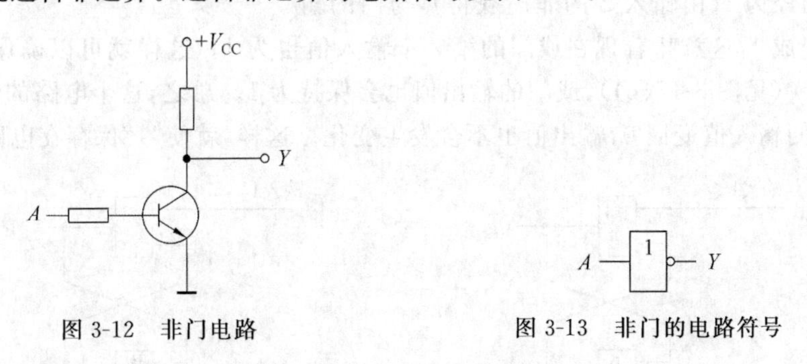

图 3-12 非门电路　　图 3-13 非门的电路符号

4. 异或门

异或门实现异或运算。异或运算的定义是

$$F = A \oplus B = AB' + A'B$$

所以,异或门可以由非门、与门和或门组合而成(见图 3-14),异或门的电路符号见图 3-15。

除了异或门之外,还可以将与门和非门组合称为**与非门**,或门和非门组合称为**或非门**,等等。凡是组合了非门的电路,其电路符号是在输出端加上一个小圆圈。另外,与门和或门的输入可能不止 2 个,多时可以达到 8 个。

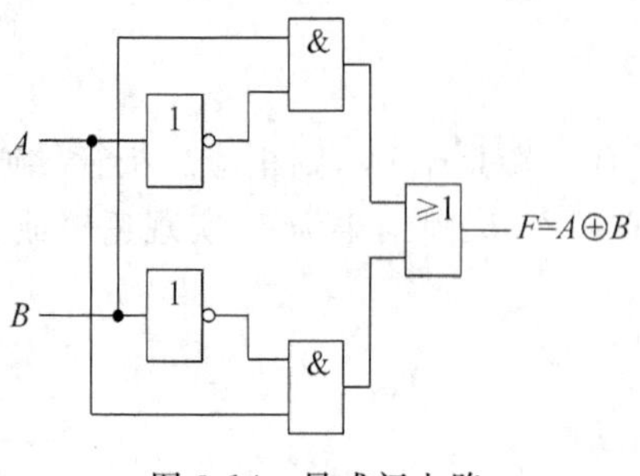

图 3-14　异或门电路

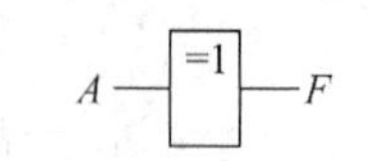

图 3-15　异或门的电路符号

5. 触发器

有了基本的门电路，就可以组合出更复杂、具有一定功能的电子元件，如图 3-16 所示，这是由或门、异或门和与门组成的电路。

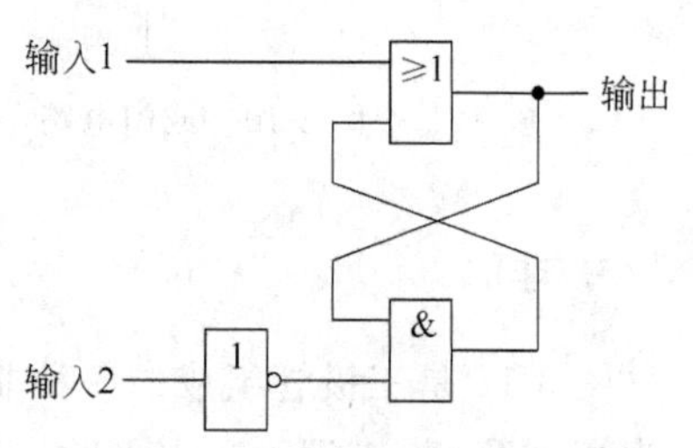

图 3-16　基本的触发器电路

(1) 什么是触发器

假设初始时两个输入端均为 0，在不知道电路当前输出值的情况下，假设输入 1 的值变为 1，而输入 2 的输入值仍为 0(见图 3-17(a))，那么不管这个门的另外一个输入值是什么，或门的输出值都将为 1。这时，与门的两个输入值都为 1，因为这个门的另外一个输入值已经为 1(由输入 2 的非门获得)，与门的输出值于是变成 1，这意味着现在或门的第 2 个输入值也为 1。这样就可以确保，即使输入 1 的值变回 0(见图 3-17(b))，或门的输出值也会保持为 1。总之，这个电路的输出值已经为 1 时，即便输入值变回 0，输出值也不会发生变化。这样，就使“1”保存在电路中。

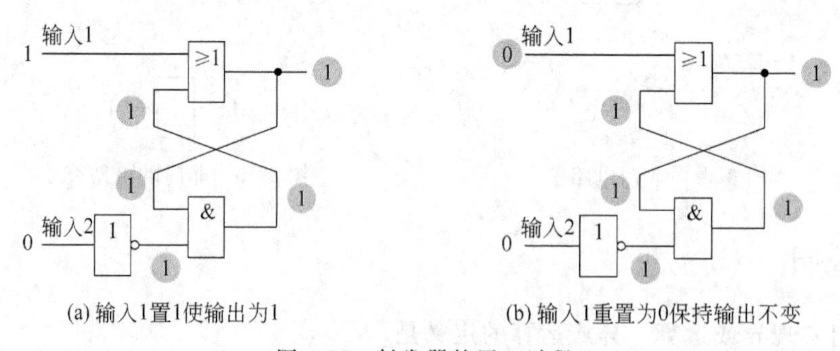

(a) 输入1置1使输出为1　　(b) 输入1重置为0保持输出不变

图 3-17　触发器的置 1 过程

同理，使输入 2 的值变为 1 会强制电路的输出值为 0，而且即便输入 2 的值变回 0，输出值也不会发生变化。这时，就使“0”保存在电路中。

像这样能保持输出不变，当输入端改变状态时，输出端才发生改变的器件称为**触发器**(trigger)。图 3-16 的电路是一个触发器电路，输入 1 能使输出变为 1，称为**置 1 端**；输入 2 能使输出变为 0，称为**置 0 端**。触发器能保持 0 或 1 状态，这就是最简单的可以存储一个二进制数位的存储器。

(2) 触发器的作用

触发器是构成计算机中更复杂部件的基本组件。在计算机工程中,触发器只是众多基本电路的一种,而且构建触发器的方法有很多,另一个可选的触发器电路如图 3-18 所示。分析一下这个电路就会发现,尽管与图 3-16 所使用的基本门电路以及构造方法有所不同,但其外部特征都是一样的。当设计完成后,就可以把此电路看成一个具有特定功能的完整部件,用一个图形符号来表示它,如图 3-19 所示,而不需要再画出内部的构造细节。这就引出“抽象”的作用:当设计一个触发器时,工程师考虑用哪些门作为构造触发器的基础构件。一旦触发器和其他基本电路设计完成后,工程师不再考虑触发器的内部组成,而是作为整体利用其能达到的功能构造更加复杂电路。这样,计算机硬件电路的设计就呈现出层次结构,每一层次都利用低一层的构件作为抽象工具。

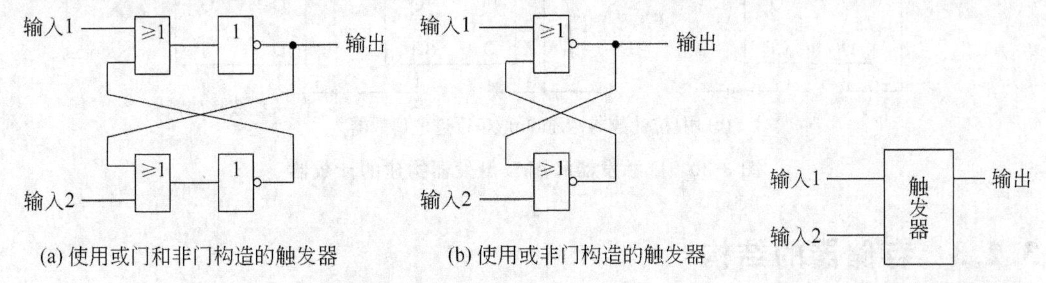

(a) 使用或门和非门构造的触发器　(b) 使用或非门构造的触发器

图 3-18 构造触发器的另外两种方案　　图 3-19 触发器的电路符号

触发器是计算机中存储二进制位的一种方法。事实上,一个完备的触发器(如 D 触发器、JK 触发器等)能够在控制信号的作用下将输入的值保存下来,而且没有控制信号时,保存的值不随输入的变化而发生改变。运用现代集成电路制造技术,可以在单一芯片上制造大量的触发器(可达上千万个),然后用在计算机中作为记录用 0 和 1 编码的信息的手段,这就是构成计算机内存储器的存储芯片。

(3) D 触发器

图 3-20(a)是一种触发器,它有一个输入端和一个触发脉冲端(脉冲是一定幅值的短时间的电压或电流)。当触发脉冲端由低电平变为高电平(即从 0 变成 1)时,输出端的值就等于输入端的值。当触发脉冲端由高电平重新变为低电平(即从 1 变成 0)后,输出端的值就不再随输入端的变化而变化。简而言之,当触发脉冲端有一个正脉冲时,输入端的值就被保存到触发器中,直到下一个触发脉冲到来为止。$\overline{Q}$ 表示 Q 的非,即 Q'。

具有一个输入端和一个触发脉冲端的触发器称为“**D 触发器**”,它不像前面介绍的那种触发器有两个数据输入端,D 触发器只有一个数据输入端。D 触发器的应用很广,可用作数据暂存、移位寄存器、分频和波形发生等。图 3-20(a)是 D 触发器的逻辑符号。图 3-20(b)是用 D 触发器构成的 1 位计数器。每输入一个计数脉冲,D 触发器的状态就发生翻转(由 0 变为 1 或由 1 变为 0)。图 3-20(c)是由 n 个 1 位计数器构成的 n 位串行进位计数器。

【课堂提问 3-10】 请分析图 3-20(c)的输出值是如何随着计数脉冲变化的,其中计数脉冲理解为每隔某个 Δt 的时间,就有一个“1”信号(高电平)到来。

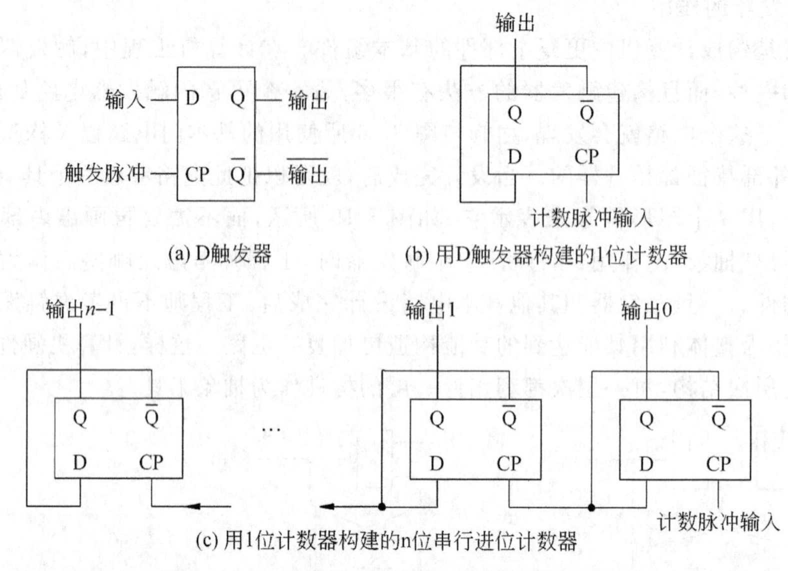

图 3-20　D 触发器和用 D 触发器构建的计数器

3.2.3　存储器的结构

为了存储数据，计算机使用了大量的电子元件（如触发器）来构造存储器，每一个元件能够存储单独的一个二进制位。主存（内存）就是这样存储数据的。

一个触发器可以存储 1 位的二进制数，这是存储器的最小单位，称为 bit（位）。通常每 8 位组成一个基本存储单元，称为一个**字节**（byte）。若干存储单元集成到一起组成**内存芯片**。若干内存芯片集成到一个小的板子上做成**内存条**，内存条插到主机板中，构成**计算机的内存**，如图 3-21 是一个内存条，其中的小方块就是**内存芯片**，底部的竖线是与内存插槽的连接线。

图 3-21　内存条的实物图

为了容易理解，通常假设每个存储单元中的位是排成一行的。该行的最左边的一位称为**最高有效位**（most significant bit），最右边的一位称为**最低有效位**（least significant bit）。于是，每个存储单元就可以看成具有 8 个格子的长条盒，每个格子可以存放一位二进制数，如图 3-22 所示。在微波炉、电视机、电冰箱等家用电器中使用的单片计算机的主存仅仅包含几百个存储单元，但是桌面微型计算机的主存可能有几十亿个存储单元（现在桌面微机主存的典型配置是 4GB，即 40 多亿个存储单元），政府、银行、大型研究机构、互联网公司使用的大型计算机的主存甚至可能有几千亿、几万亿个存储单元。

为了区分存储器中的各存储单元，计算机科学家为每一个存储单元都编了号，这些编

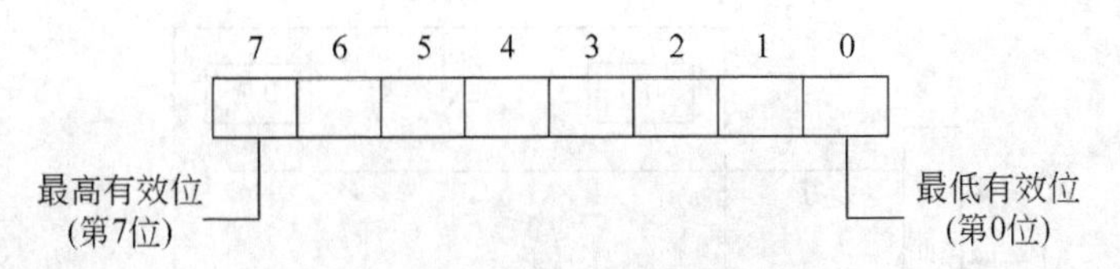

图 3-22　存储单元的逻辑结构

号就称为**地址**(address)。为了容易理解，将存储单元看成是从上到下以字节为单位排列的，地址从 0 开始，顺序编排，一直到最大的编号 2^n-1(n 是地址的位数)。这样的编址方法不仅提供了唯一标识每个存储单元的方法，而且也给存储单元赋予了顺序的概念(见图 3-23)，这样就有了"当前单元"、"下一个单元"、"前一个单元"的说法。如果以字节为单位，计算机当前访问的存储单元的地址为 100，那么下一单元的地址是 101，前一单元地址就是 99，如果地址的表示用 n 个二进制位表示，它能表示的空间大小是 2^nB($0\sim2^{n-1}$)。

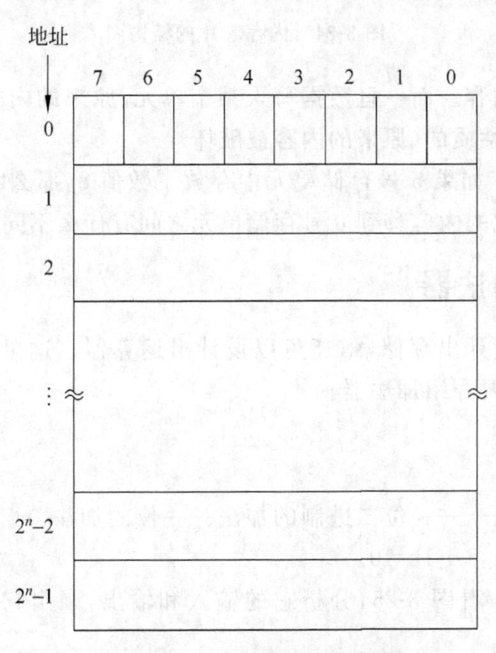

图 3-23　主存储器的逻辑视图

【课堂提问 3-11】　实际上，计算机存储数据的时候不一定以字节为单位。例如，存储整数时，可能以 4 个字节为一个存储单位，若 A 是一个大小为 100 的整型数组，它的第 1 个存储单元的首地址为 1000，那么第 i 个整数的地址是多少呢？

提示：一段存储单元的第 1 个字节的地址称为**首地址**。存储一个整数的 4 个字节的首地址称为这个**整数的地址**。

图 3-24 是内存芯片的一种结构图，具有 32 个字节的存储单元。地址信号由 CPU 产生，A0～A4 为地址线，通过地址译码器，产生 0～31 的字线，即确定读写哪个存储单元。片选用于确定读写哪块芯片，读/写控制发送读信号或写信号，这样数据就可以通过读写控制电路读出或写入。D0～D7 是读出或写入数据的数据线。

与实物的存取不同，数据可以多次读取，即读取后，原来的内容不会丢失，以后需要还

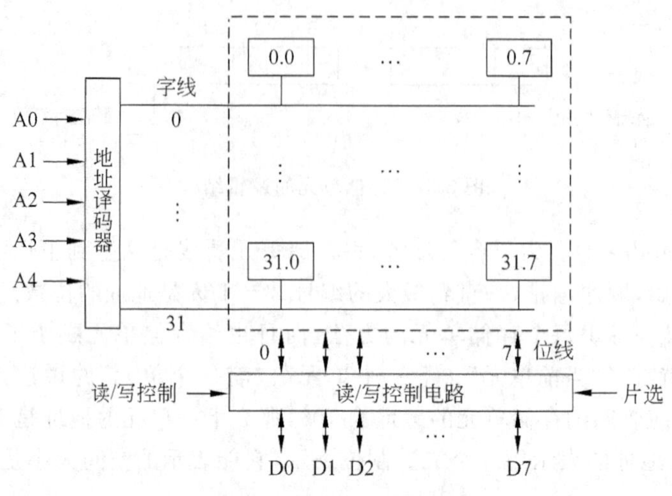

图 3-24　内存芯片的结构图

可以再次读取相同的内容。而一旦数据写入某个单元，原来的内容就会丢失。所以写是覆盖性质的，也是破坏性质的(原来的内容被破坏)。

【课堂提问 3-12】　如果 5 号存储单元中存放了数值 8，那么将数值 5 写入 6 号存储单元和将 5 号存储单元的内容移到 6 号存储单元之间有什么不同？

3.2.4　简单的加法器

门电路不仅可以设计出存储器，还可以设计出运算器。这里作为原理性的内容，简要介绍加法器。

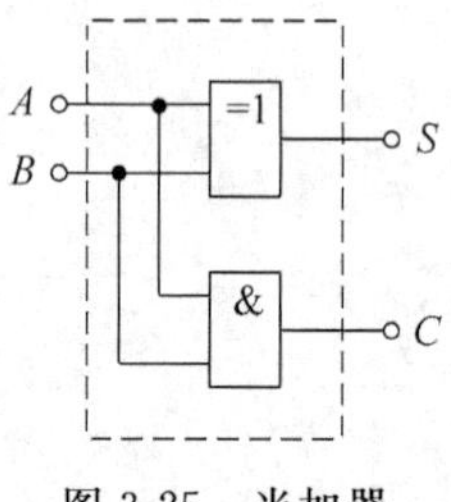

图 3-25　半加器

1. 半加器

先看最简单的加法——一位二进制的加法。一位的加法 0+0=0，0+1=1，1+0=1，1+1=10。

【课堂提问 3-13】　看图 3-25，分析它的输入和输出，画出它的真值表，完成表 3-11。

表 3-11　图 3-24 电路的真值表

A	*B*	*C*	*S*
0	0		
0	1		
1	0		
1	1		

观察图 3-25 电路的输入和输出的关系，是不是和一位的二进制的加法运算的结果是一致的？*C* 就是一位加法的进位。这就是一种加法器。

这个加法器考虑了向高位的进位，但没有考虑低位给本位的进位，称为**半加器**。

2. 全加器

考虑进位的两个数的加法，就相当于是3个数的加法。

$0+0+0=0$　$0+0+1=1$　$0+1+0=1$　$0+1+1=10$

$1+0+0=1$　$1+0+1=10$　$1+1+0=10$　$1+1+1=11$

式中的第3个加数看作低位的进位。

【课堂提问 3-14】　填写图3-26所示电路的真值表(见表3-12)。

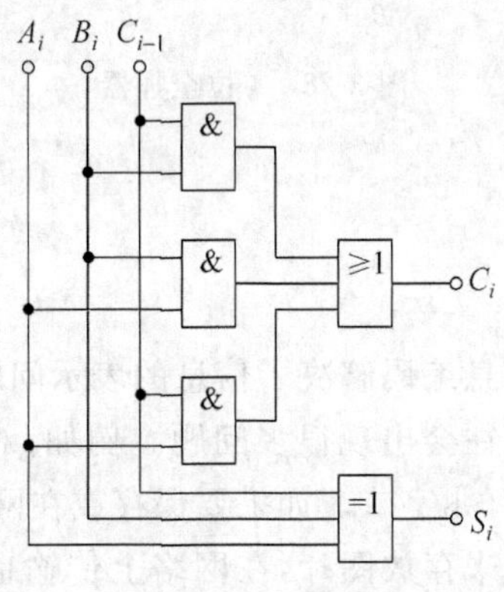

图3-26　全加器

表3-12　图3-25全加器电路的真值表

A_i	B_i	C_{i-1}	C_i	S_i
0	0	0		
0	0	1		
0	1	0		
0	1	1		
1	0	0		
1	0	1		
1	1	0		
1	1	1		

考虑低位进位的加法器叫**全加器**，全加器使用如图3-27所示的符号表示。多个一位全加器级联，就构成了多位的加法器(见图3-28)。大家分析一下，看1011B+1110B的结果是不是11001B。

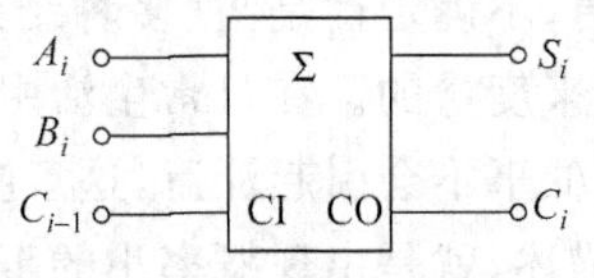

图3-27　全加器的电路符号

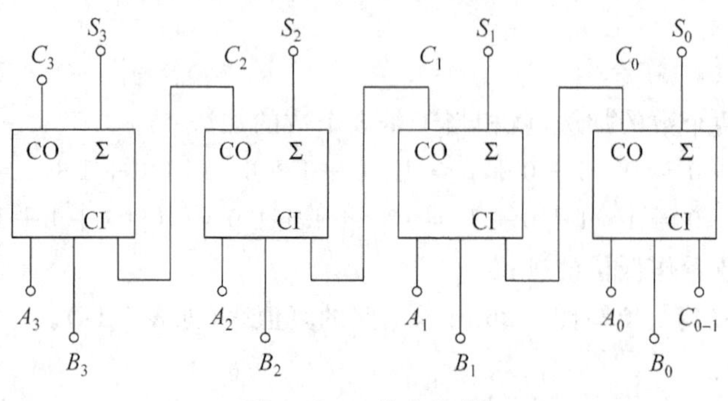

图 3-28 4 位全加器

3.3 数据压缩

在本章第 1 节中介绍的信息编码解决了信息的表示问题，但在实际应用中，直接对原始信息编码进行存储或传输往往会出现很多问题。例如，对一幅高分辨率图像进行编码需要用到几兆、几十兆甚至上百兆字节。如果要保存或在网络中传输这幅图片，不仅需要购买更多的内存和更大的硬盘来存放图片，在网络上传输也会浪费太多时间而让人不可忍受。好在人们已经发明了许多不同的方法和技术来减少信息编码占用的空间，这些方法和技术称为**数据压缩**(data compression)。在小型设备(如手机、MP3/4)上，数据压缩尤其重要。

本节将首先介绍为什么数据可以被压缩，然后介绍几种基本的数据压缩方法。

3.3.1 信息量和信息熵

前面介绍了什么是信息。当听说“西安的 7 月份不下雪”，你会认为这句话毫无价值，因为北半球的 7 月是盛夏，“地球人都知道”西安不会下雪。如果听说“2015 年的冬天，西安没有下雪”，那就不一样了，可能是天不冷，也可能是干旱，这对疾病防控、农作物生长会有影响，就让人操心了，这就是信息的价值，用信息量表示。那信息的量如何衡量呢？

1. 信息量

一条信息的信息量大小和它所消除的不确定性有直接的关系。比如说，要搞清楚一件非常不确定的事，或是一无所知的事情，就需要了解大量的信息。相反，如果对某件事已经有了较多的了解，则不需要太多的信息就能把它搞清楚。所以，在这个意义上，可以认为信息量的大小就等于它所消除的不确定性的程度。

对概率有所了解的人都知道，不确定性是与“多种结果的可能性”相联系的。而在数学上，这些“可能性”正是以概率来度量的。在日常生活中，极少发生的事件一旦发生是容易引起人们关注的，而司空见惯的事不会引起注意，这意味着罕见事件所带来的信息量比较多。如果用统计学的术语来描述，就是出现概率小的事件信息量大。比如，海啸事件所带来的信息量要比下雨事件的信息量大得多，因为下雨现象早已司空见惯，而海啸很少见，容易形成新闻热点。

由于小概率事件的发生比大概率事件的发生更使人感到惊奇，所以计算机科学家常用一段消息的"惊奇度"来衡量该消息中所含有的信息量。例如，你的朋友问你"猜猜我今天怎么来学校的"，而他正好是走路来上学的，你很可能第一次就猜中了。如果要猜中乘私家车来的话，大概就需要多猜几次了，如果是乘坐直升机来的话，大概会更难猜（当然你也会感到更加惊奇）。由此可知，"走路上学""乘私家车上学"和"坐直升机上学"这3条消息所含信息量是依次增大的，也就是说你要猜测的次数会依次增加。

信息的表示、存储和传输中，关心的是表示信息使用的二进制位数，即数据量。毫无价值的信息用成千上万的字节表示，再搭上不可忍受的等待时间，那太不值了。所以，通信中，用表示信息所需的二进制位数表示信息量。

有8支足球队（编号0～7）参加比赛，实力相当，问谁得了冠军？小明说："你猜，我只回答'是'或'不是'。"可以这样问：

问：队号大于等于4吗？
回答：是。
问：队号大于等于6吗？
回答：不是。
问：队号大于等于5吗？
答：不是

猜出来是哪支球队了吧？4号队。每次提问都会排除一半的球队，这样最多提问3次，就能确定哪个队获得冠军。图3-29是不同队获得冠军的提问和回答的过程，它像一棵倒置的树，称为**决策树**，每一个问题处称为一个**结点**，最上面的问题处称为**根结点**，最下面的结果处（$x=0$ 等）称为**叶子结点**，那么一个结点沿箭头路线到另一个结点的路线称为**路径**。如果yes用1表示，no用0表示，从根到 $x=0$ 对应000，从根到 $x=1$ 对应001，…，或者说冠军是0号可以用000表示，冠军是1号可以用001表示，…，冠军是7号可以用111表示。每种表示方法占用3个二进制位，3就是获得信息"***是冠军"的代价、价值和信息量。

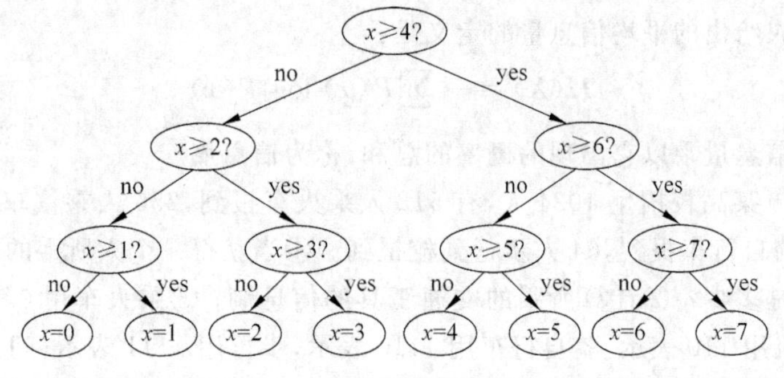

图3-29 8支球队猜谁是冠军的决策时

【课堂提问3-15】 8支球队，"谁是冠军？"的信息量是3（猜三次），那16支球队呢？32支球队呢？64支球队呢？请完成下表：

球队数量	8	16	32	64	128
“谁是冠军?”的信息量	3				

信息量和球队数量之间是什么关系呢？设球队数量 $X=2^N$，那么信息量 $I=\log_2 X$。1948年，美国数学家、信息论的创始人香农(Claude Elwood Shannon)给出了信息量的定义：

$$I(x)=-\log_2 P(x)$$

其中，x表示一条信息，$P(x)$表示这条信息发生的概率(可能性)，$I(x)$表示获得这条信息获得的**信息量**，也叫**自信息量**。对数的底为2，信息量的单位为bit。例如，8支球队实力相当，那么每支球队获得冠军的可能性都是1/8，不管哪队获得冠军，获得的信息量都是$-\log_2(1/8)=3$。

这个公式说明了，**随机事件的不确定度在数量上等于它所包含的信息量**。从另一个角度来看，获得的信息量等于不确定性的减少量，因此度量所获得的信息量就是度量不确定性的减少量。

从上式还可以看出：

① 对小概率事件，一旦出现，必然使人感到意外，因此包含的信息量就大。几乎不可能的事件一旦出现，将是一条爆炸性的新闻，一鸣惊人。即：

$P(x)$越小，$I(x)$越大。$P(x)=0$时，$I(x)=\infty$。

② 对大概率事件，是预料中的，即使发生，也没有多大的信息量。特别是当必然事件发生了，它不会给人以任何信息量。即：

$P(x)$越大，$I(x)$越小。$P(x)=1$时，$I(x)=0$。

信息量的大小对于信息压缩具有指导性的意义，在研究如何提高信息存储和传输的效率时是一个很重要的概念。

2. 信息熵

当参赛球队的实力不等时，得知某队获得冠军所得到的信息量就不等了，这时关心平均信息量。香农给出的平均信息量的定义是：

$$H(X)\equiv-\sum_x P(x)\log_2 P(x)$$

即每个事件的信息量乘以它出现的概率的总和，称为**信息熵**。

【例3-15】 某高校招生1024人，有512人乘火车报到，256人乘汽车报到，128乘飞机报到，64人骑自行车报到，64人步行到校报到。①当获得一个人所乘的交通工具信息，获得的信息量是多少？②计算所乘的交通工具的信息熵；③乘火车用0表示，乘汽车用10表示，乘飞机用110表示，骑自行车用1110表示，步行用1111表示，问传输1024人的交通信息需要多少二进制位，平均每条信息使用几个二进制位？④你发现了什么？

解：乘火车的概率是1/2，汽车的概率是1/4，飞机的概率是1/8，自行车和步行的概率是1/16。

① 依所获信息的不同，获得的信息量分别为

$$I(\text{火车}) = -\log_2(1/2) = 1$$
$$I(\text{汽车}) = -\log_2(1/4) = 2$$
$$I(\text{飞机}) = -\log_2(1/8) = 3$$
$$I(\text{自行车}) = -\log_2(1/16) = 4$$
$$I(\text{步行}) = -\log_2(1/16) = 4$$

② 所乘的交通工具的信息熵是

$$\begin{aligned} I &= -[(1/2)\times\log_2(1/2)+(1/4)\times\log_2(1/4)+(1/8)\times\log_2(1/8) \\ &\quad +(1/16)\times\log_2(1/16)+(1/16)\times\log_2(1/16)] \\ &= -[-1\times(1/2)-2\times(1/4)-3\times(1/8)-4\times(1/16)-4\times(1/16)] \\ &= 1.875 \end{aligned}$$

③ 表示乘火车、汽车、飞机、自行车、步行使用的二进制位数分别为1,2,3,4位,根据所乘交通工具的人数,表示1024个人的交通信息,需要

$$512\times1+256\times2+128\times3+(64+64)\times4=1920(\text{bit})$$

每条信息需要 $1920/1024 = 1.875(\text{bit})$

实际表示每条信息所需要的平均位数称为**平均编码长度**。

$$\text{平均编码长度} = \sum_x P(x)\times b(x)$$

其中,$P(x)$是x出现的概率,$b(x)$是x的实际编码长度,x是信息或待编码的符号。

学生所乘的交通工具有5种情况,按照一般的编码方法,需要3个二进制位,分别用000,001,010,011,100表示,这种编码方法称为**等长编码**,即每种待表示的信息所占的二进制位数是相同的。如果是这样,1024条信息需要1024×3=3072个位,当然平均是3位。而用题中编码方案,总共只需要1920位,平均每条信息占1.875位,省了不少。表示每条信息所用的二进制位是不同的,称为**不等长编码**,而且,信息熵等于所给编码方案的平均编码长度。事实上,信息熵给出了平均编码长度的理论最小值。据此可以设计编码方案,使得表示同样的信息使用的存储空间更小,这就是数据压缩。

3.3.2 基本压缩方法

数据压缩就是采用某种编码方法减少表示或存储信息所占用的空间。数据压缩的本质就是编码的不同,所以数据压缩和编码被认为是同义词。从压缩的数据还原原来的数据或信息称为**解压缩**,简称**解压**。数据压缩通过一系列的计算和变换得到,计算和变换的方法称为**压缩算法**。

数据压缩有两大类,一类称为**无损压缩**(lossless compress),另一类称为**有损压缩**(lossy compress)。**无损压缩**在压缩过程中不丢失信息,能够从压缩数据完全还原原来的信息。**有损压缩**在压缩过程中会丢失信息,一般无法从压缩数据完全恢复原来的信息。通常有损压缩能够比无损压缩提供更大的压缩率,因此在允许忽略少量错误的数据压缩中应用很广,如在图像和音视频压缩中。

1. 霍夫曼编码

等长编码是普通、朴素的一种编码方法,每个符号的编码长度是一样的。数据压缩希

望平均编码长度更短。从平均编码长度的公式看，在 $P(x)$ 的分布一定的情况下，如果 $P(x_i)$ 较大，若再给一个 $b(x_i)$ 较大的编码，那么平均码长就会更大；反之，如果给 $P(x)$ 大的符号一个短的编码，就会使平均码长减小，这就是霍夫曼编码的思想。

霍夫曼编码是 1952 年美国计算机科学家 David Albert Huffman(1925－1999)给出的一种数据压缩编码方法。编码的思想是出现频率高的符号使用较短的编码，出现频率低的符号使用较长的编码，并且保持编码的唯一可解码性，显然这是一种变长编码(即不等长编码)。霍夫曼编码需要知道待编码的每种符号出现的概率，所以，是一种**统计编码**。

(1) 霍夫曼编码的方法

霍夫曼编码的过程如下：

① 统计每种符号出现的概率。

② 将待编码符号按概率从到大到小的顺序排列，将概率写到符号旁边。将每个符号看作一棵单独的树，这时这个结点也是根，概率称为根的**权值**。

③ 找两个根的权值最小树，在它们的上方添加一个结点，结点的权值是这两棵树的根的权值之和，用线段连接新结点和原来两棵树的根，线段称为**分支**。这样刚才的两棵树就成了一棵树，新结点是根结点。

④ 重复步骤③，直到形成一棵树，这棵树叫**霍夫曼树**。

⑤ 在每个结点的左分支上标记 0，右分支上标记 1。

⑥ 将从根结点到叶子结点(即待编码符号)路径上的 0,1 序列作为叶子结点符号的编码。这就是霍夫曼编码。

【例 3-16】 对大量英文文献进行统计得到的 26 个字母(不分大小写)出现的频率按从大到小的顺序排列(见表 3-13)，请给出每个字母的霍夫曼编码，并计算其平均编码长度和信息熵。

表 3-13 英文文献中英文字母的出现概率

字母	概率	字母	概率	字母	概率	字母	概率
e	0.1304	s	0.0607	m	0.0249	k	0.0042
t	0.1045	h	0.0528	g	0.0199	x	0.0017
a	0.0856	d	0.0378	p	0.0199	j	0.0013
o	0.0797	l	0.0339	y	0.0199	q	0.0012
n	0.0707	f	0.0289	w	0.0149	z	0.0008
r	0.0677	c	0.0279	b	0.0139		
i	0.0627	u	0.0249	v	0.0092		

解：①按照霍夫曼编码的过程，画出霍夫曼树，见图 3-30。注意，最先合并的两个“小”树是 Q 和 Z，然后是 X 和 J，然后是 0.002 和 0.003 为根的树，等等。将从根 1.000 到叶子(某个字母)的路径上的 0,1 序列写出就是这个字母的霍夫曼编码，见表 3-14。

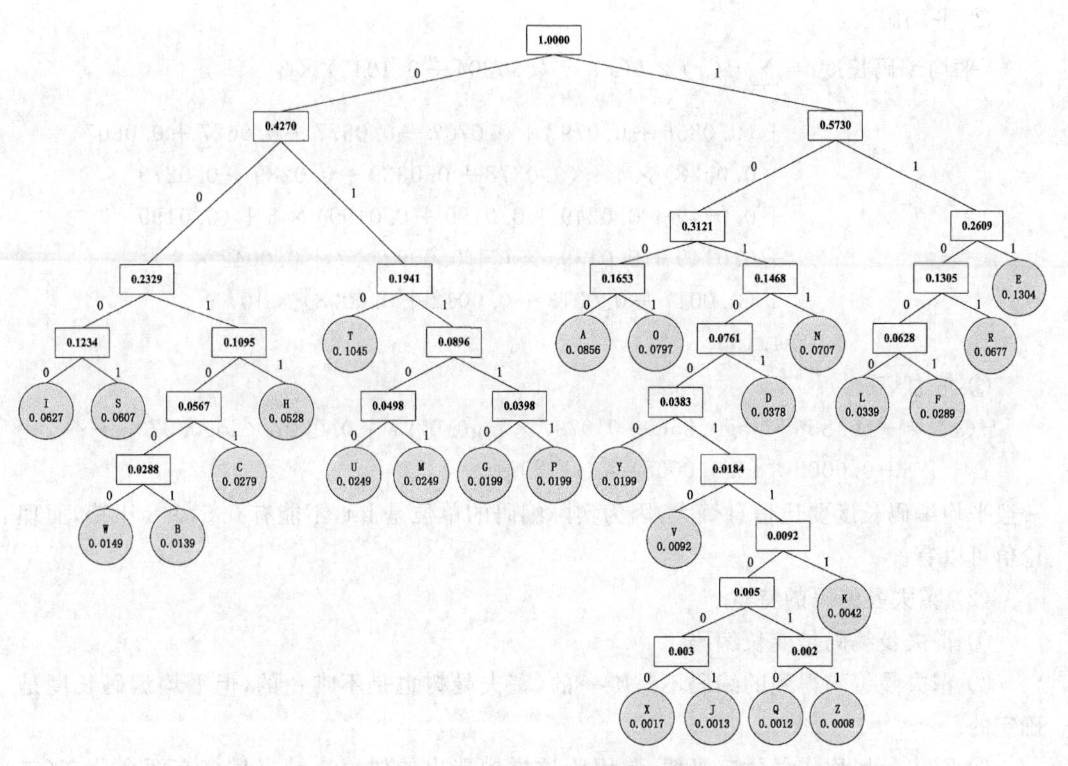

图 3-30　26 个英文字母的霍夫曼树

表 3-14　英文字母的 Huffman 编码和码长

字母	概率	编码	码长	字母	概率	编码	码长
e	0.1304	111	3	u	0.0249	01100	5
t	0.1045	010	3	m	0.0249	01101	5
a	0.0856	1000	4	g	0.0199	01110	5
o	0.0797	1001	4	p	0.0199	01111	5
n	0.0707	1011	4	y	0.0199	101000	6
r	0.0677	1101	4	w	0.0149	001000	6
i	0.0627	0000	4	b	0.0139	001001	6
s	0.0607	0001	4	v	0.0092	1010010	7
h	0.0528	0011	4	k	0.0042	10100111	8
d	0.0378	10101	5	x	0.0017	1010011000	10
l	0.0339	11000	5	j	0.0013	1010011001	10
f	0.0289	11001	5	q	0.0012	1010011010	10
c	0.0279	00101	5	z	0.0008	1010011011	10

② 平均码长：

$$\begin{aligned}\text{平均编码长度} &= \sum_x P(x)\times b(x) = (0.1304+0.1045)\times 3\\ &\quad +(0.0856+0.0797+0.0707+0.0677+0.0627+0.0607\\ &\quad +0.0528)\times 4+(0.0378+0.0339+0.0289+0.0279\\ &\quad +0.0249+0.0249+0.0199+0.0199)\times 5+(0.0199\\ &\quad +0.0149+0.0139)\times 6+0.0092\times 7+0.0042\times 8\\ &\quad +(0.0017+0.0013+0.0012+0.0008)\times 10\\ &=4.155\end{aligned}$$

③ 信息熵：

$$\begin{aligned}H(x) &= -(0.856\times\log 0.856+0.0797\times\log 0.0797+0.0707\times\log 0.0707+\cdots\\ &\quad +0.0008\times\log 0.0008)\approx 4.129\end{aligned}$$

一般平均编码长度要比信息熵大，因为实际编码的单位是 bit，不能有 0.5，0.8 比特，而理论值可以有。

(2) 霍夫曼编码的特点

① 霍夫曼编码是变长编码。

② 霍夫曼编码得到的编码不是唯一的，霍夫曼树也是不唯一的，但平均编码长度是确定的。

③ 霍夫曼树称作**最优二叉树**，是因为这样构造出的树每个结点最多有两个分支(二叉)，而且带权路径长度最小。

$$\text{带权路径长度}=\sum_{i=1}^{n}\text{叶子 } i \text{ 的权值}\times\text{从根到该叶子的路径长度}$$

其中，n 是叶子的个数，到叶子的路径长度就是根到叶子的分支个数。注意这个路径长度，就是对应符号编码的二进制位数。如果带权路径长度最小，就意味着依据这样的树给出的编码是最优的。

④ 霍夫曼编码是无损压缩编码。

⑤ 霍夫曼编码需要事先知道编码符号的概率，而且应与压缩后的数据一起保存或传输。

2. 行程编码

(1) **行程**也叫**游程**(run-length，RL)，是数据序列中连续重复出现的数据(或字符)的次数，也叫**行程长度**。例如一串文字 aaabbc，a 的行程是 3，b 的行程是 2，c 的行程是 1。若数据是 X，行程是 n，行程编码(run-length coding，RLC)不直接记录 n 个 X，而是记录 n 和 X。简言之，行程编码记录字符(字节)和字符的重复次数。

(2) 行程编码的实现方法 1

对每个数据的游程，使用 3 个字节表示(见图 3-31)，第 1 个字节 X 表示数据或字符；第 2 个字节 Sc 是一个不在数据序列中的字符，起标志作用；第 3 字节是行程长度 RL。

例如，数据序列 AAAAAAAAAABCCBCCCCAAAAAAAA，设 Sc='#'按照该方

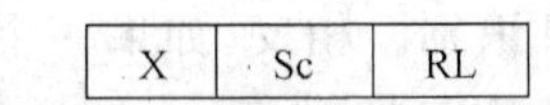

图 3-31 基本游程编码的结构

法压缩后数据序列为 A ＃ 11 B ＃ 1 C ＃ 2 B ＃ 1 C ＃ 4 A ＃ 8。压缩前占 27 个字节，压缩后占 18 个字节(整数占一个字节)。但注意，原来的两个 B，本来占 2 个字节，压缩后要占 6 个字节，反而增加了，所以这种方法当行程大于 3 时才能起到压缩效果。改进的方法就是当行程小于等于 3 时，直接保存原来的字符，上述数据序列记记录为 A ＃ 11 B C C B C ＃ 4 A ＃ 8，解压时，读取一个字符，如果下一个字符是"＃"号，就将该字符重复后面的整数次，如果下一个字符不是"＃"，就直接输出该字符，下一个字符被认为是字符数据。

【课堂提问 3-16】 请解压下列数据 B ＃ 11 C ＃ 5 D D E ＃ 5 C C 5 ＃ 11。

(3) 行程编码的实现方法 2

行程编码的第 2 种实现方法是不使用标志字节，直接写出字符和字符的重复次数，AAAAAAAAAAABCCBCCCCAAAAAAAA 压缩为 A 11 B 1 C 2 B 1 C 4 A 8，压缩后为 12 个字节。这种方法字符的行程长度大于 2 才有效，如果行程均为 1，经过行程编码后数据量反而增加。

还有一个问题，方法 1 和方法 2 都用一个字节表示行程长度，而一个字节能表示的最大整数是 255，也就是行程超过 255 时，不能直接将行程长度保存到一个字节中，采用的方法是分段，即将字符的行程分成长度小于等于 255 的几段，例如，有连续的 512 个字符 A，RLC 方法 2 编码为 A 255 A 255 A 2。

3. 字典编码

前面介绍的文字的编码，是给英文字母和单个汉字编码。应用中，文章的基本组成单位是词。如果给单词或词组编码，那么每个编码就可以代表若干个字母或汉字，会大大节省存储空间，这就是字典编码的基本思想。

(1) LZ77

【课堂提问 3-17】 图 3-32 所示是一首缺词少字的歌词，试着恢复它的原貌(提示：从头开始依照空白处箭头的指示，复制所指示的内容来补齐缺少的字词)。

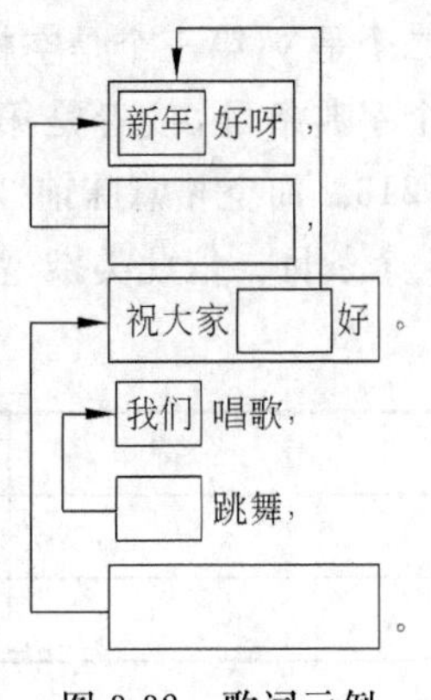

图 3-32 歌词示例

上面这个练习中使用的压缩技术称为**字典编码**(dictionary encoding)。这里的术语**字典**指的是一组构造块，压缩信息通过构造块来生成。字典编码的一个实例就是字处理系统。在字处理系统中。为了拼写检查，已经包含了经过精心设计的字典。这样一来，一个完整的单词(可能有很多字母)可以编码成字典的一个索引号，而不是像 ASCII 和 Unicode 系统那样用多个编码来表示。假定字处理系统中的字典包括了 50000 个条目，那么一个条目就可以用 0～49999 的一个整数来标识。也就是说，字典中的一个条目只用 15 个二进制位就可识别。相反，如果一个单词包括 6 个字母，使用 8 位 ASCII 则需要 48 位，使用 Unicode 则需要 96 位。

在计算机中，所画的指示箭头和需要参照的字符串在计算机是用从当前位置返回到参照字符串的距离、复制字符数来表示的。例如，计算机将 Pitter patter 压缩后会生成类似 Pitter pa(7,4)这样的结果。其中，7 代表从当前位置倒数 7 个字符（包括空格字符）——即箭头指向的位置，4 表示把从该处开始的 4 个字符(tter)复制到当前位置。

1977 年，两位以色列教授 Jacob Ziv 和 Abraham Lempel 发表了论文《顺序数据压缩的一个通用算法》。1978 年，他们发表了该论文的续篇《通过可变比率编码的独立序列的压缩》。这两篇论文提出的两个压缩技术被称为 LZ77 和 LZ78 算法。上面介绍的压缩方法就是 LZ77 算法的基本思想。

【例 3-17】 对儿歌"新年好"按 LZ77 进行压缩。

解："新年好"的儿歌书写为"新年好呀，新年好呀，祝福大家新年好。我们唱歌，我们跳舞，祝福大家新年好。"压缩结果如下：

新年好呀，(5,5)祝福大家(9,3)。我们唱歌，(5,2)跳舞，(18,7)。

【课堂提问 3-18】 请解压上面的数据。

(2) LZW

1984 年，T. A. Welch 发表了名为"高性能数据压缩技术"的论文，他描述的压缩算法称为 LZW 算法。

在 LZW 压缩过程中，开始使用的字典仅包含基础构造块（即基础单词），随着压缩过程的进展，信息中包含的更大构造块会逐渐被加入字典。新加入的构造块又可用在其后的编码过程中。例如，当压缩英文文本时，首先用字典中的单独字符、数字符号和标点符号。当识别出文本中的单词后，它们被加入到字典中，使字典逐步扩充，而随着字典的扩展，文本中又有更多的单词（或者单词重复的模式）被收录到字典中。结果是，文本用一部相当大的、完全针对本文本的字典进行压缩。但是解压缩这段文本并不一定需要这个大字典，而只需要原始的小字典即可。下面是一个实际例子。

考虑文本 xyx xyx xyx xyx。首先用一个具有 3 个条目的字典：第一个条目是 x，第二个是 y，第三个是空格（见表 3-15）。先将 xyx 编码为 121，意思是文本中首先包含第一个字典条目，接着是第二个，然后又是第一个。下一个字符是空格，所以编码扩展为 1213。而空格意味前 3 个字符形成了一个单词，于是可以将 xyx 添加到字典中作为第 4 个条目。依此类推，整段文本就被编码为 121343434。

表 3-15 编码词典举例

字　符	编　码	字　符	编　码
x	1	空格	3
y	2	xyx	4

解码这条信息时，仍用原始的 3 条目字典，首先将起始的 1213 解码为 xyx 和一个空格。与编码类似，因为 xyx 形成了一个单词，就将其添加到字典中作为第 4 个条目。接着

解码后面的信息，发现4是指字典中的第4个条目，于是将其解码为单词xyx，由此得到12134表示的是xyx xyx。按这种方法，最终将121343434解码为原始文本：xyx xyx xyx xyx。

计算机中常见的**RAR**压缩包和**ZIP**压缩包就是用这种方法生成的。有些图片文件，如GIF和PNG格式的图片在压缩时也使用了这种压缩方法。

3.4 本章小结

本章的主题是信息的表示和存储，其实都是信息的表示。编码表示是逻辑形式，存储是物理形式，传输是电信号形式。生活中的信息传输和记录形式更多。

第1节的信息表示中，有数的表示和非数值信息的表示。数的表示主要是进位记数制，数的二进制表示和数的十进制表示代表的数量是相同的。而数的BCD表示只是"代号"，不代表数量。数的二进制表示有原码、反码和补码。不仅整数有，实数也有原码、反码和补码。其实，在计算机中整数一般用补码表示，实数用浮点形式表示，分为单精度和双精度。大家还应注意思想、方法和标准的关系。思想是策略，方法是思想的一种实现方式或形式，标准是大家都遵守的方法或形式。所以，标准并不神秘，人人都可以制订"标准"，关键是制订的"标准"得到大家的认可才真正成为标准。

非数值信息的表示的要点就是编码。其实编码就是给定代号。生活中的命名就是编码，只不过在计算机中，所有编码都变为二进制的形式。不管什么信息，都唯一对应一个二进制代号，在一定范围内不与其他事物的代号冲突。

第2节的信息存储是信息在物理上的表示形式。在内存中，数据用电荷表示，有电无电，高电平低电平。在外存中，使用磁性介质，用磁极表示0,1；使用光盘，依据光道的凸凹表示0,1。布尔运算是存储和运算的基础。布尔运算用在存储电路、运算电路中，用在数据的处理中，如图像的增强、识别等。

第2节还给大家介绍了加法器，想让大家知道计算机是如何计算的，复杂的计算机系统是由众多的基本部件组成的。每个基本部件都不复杂，但可以组合出很复杂的系统。

第3节是数据压缩。压缩其实就是编码，一种存储量更少的编码。其中，熵是一个比较有趣有用的概念，来源于热力学，在信息论、社会学、生命科学、管理学和气象学等众多学科有广泛应用。在数据压缩中，熵为我们指明了方向。

本节仅介绍了基本的无损压缩方法，其他无损压缩方法还有算术编码等。有损压缩有差分、预测编码，离散余弦变换、小波变换等变换编码等。在实际应用中，常常是多种编码方法综合应用，如JPEG图像中就应用了离散余弦变换、行程编码等压缩方法。

习 题 3

1. 请大家思考下列哪些描述包含信息：路、高速公路、泥泞的路、火车、飞驰的火车、路很好、车很快。

2. 写出下列数对应的十进制数。

$(1101\ 0110)_2$ $(11010110)_3$ $(1101)_8$ $(1101)_{12}$ $(110)_{16}$

3. 写出下列数的二进制、八进制、十六进制和七进制形式。

(1) 36　(2) 202　(3) 117　(4) 192

4. 试将十六进制数 0xBFA09E1 写成等值的二进制数。

5. 请将下列十进制数据转换为二进制数。

(1) $6\frac{1}{2}$　(2) 9　(3) $\frac{13}{16}$　(4) $\frac{17}{32}$　(5) $\frac{15}{16}$

提示:考虑利用位权的意义。

6. 试将二进制数 011011011100.011 写成等值的十六进制数。

7. 用 3 种不同的方法将 262144_{10} 写成十六进制数。

8. 将每个二进制补码表示转换转换成相应的十进制表示。

(1) 01111　(2) 10011　(3) 01101　(4) 10000　(5) 10111

9. 将下面的每个十进制表示转换为相应的二进制补码表示(8 位)。

(1) 12　(2) −12　(3) −1　(4) 0　(5) 8

10. 对 8 位、16 位和 32 位二进制数,位模式 100…00 作为无符号数、原码、反码和补码分别表示的十进制真值是多少?推广到一般情况,对 n 位二进制数,回答此问题。

11. 计算下列无符号二进制数的运算结果(二进制形式)。

(1) 1101B+1011B　(2) 1101B−1011B　(3) 1101B * 1011B

12. 假定下面这些位串都表示用二进制补码记数法表示的值,执行下面的加法运算,辨别哪个由于溢出而使结果不正确?

(1) 00101+01000　(2) 11111+00001　(3) 01111+00001　(4) 10111+11010
(5) 00111+00111　(6) 00111+01100　(7) 11111+11111　(8) 01010+00011
(9) 01000+01000　(10) 01010+10101

13. 写出英文单词 COMPUTER 的 ASCII 编码序列(十六进制)。

14. 查 ASCII 字符表,0,A,Z,a,z 的十进制和十六进制 ASCII 的分别是多少?其他数字、其他大写字母和其他小写字母分别与 0,A,a 的 ASCII 有什么关系?大写字母和小写字母的 ASCII 码有什么关系?

15. 汉字的不同编码会给计算机的应用带来什么影响?

16. 计算声音文件的大小:采样频率 44.1kHz,样本位数 16 位,双声道,4 分钟。

17. 假如用 44.1kHz 的采样频率对 1 小时 20 分钟的立体声音乐进行编码,这段音乐能否存储在容量为 700MB 的 CD 光盘中?

18. 计算图像文件的大小:分辨率 1280 * 720,灰度级 256。

19. 显示器上每个像素的颜色有 16777216 种,如果用二进制编码来表示,至少需要几位?若每个像素的灰度又有 256 种,则表示不同的颜色和灰度需要多少位?

20. 位运算。

(1) 计算表达式 0x13 & 0x17 值。

(2) 计算表达式 0x13 ^ 0x17 的值。

(3) 设 x=10100011B,若要通过 x^y 使 x 的高 4 位取反,低 4 位不变,则 y 的二进制

形式是多少？

21. 门电路分析题。

(1) 下列电路的输出 F 是什么？

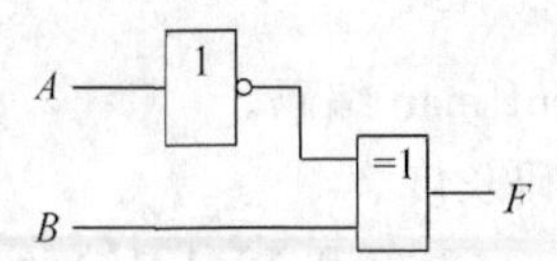

(2) 下列电路中的问号表示相同的门，请根据输入输出，判断是什么门。

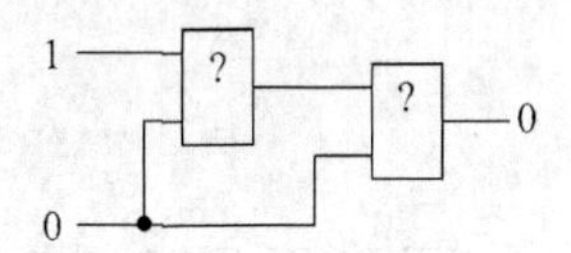

(3) 画出下列逻辑图的真值表。

①

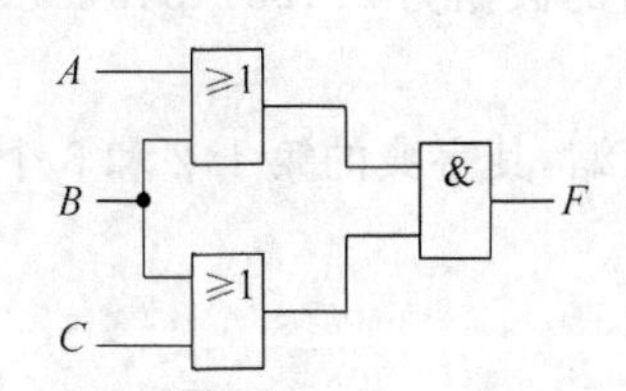

②

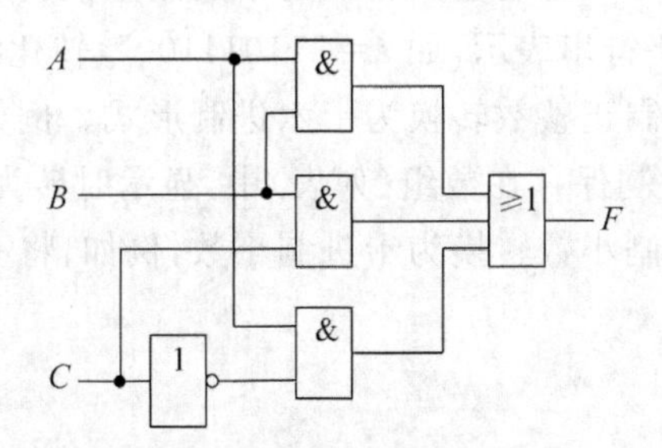

22. 假设要交换 2 号存储单元和 3 号存储单元的内容，那么下面的步骤错在哪里？

步骤 1：把 2 号存储单元的内容移到 3 号存储单元；

步骤 2：把 3 号存储单元的内容移到 2 号存储单元。

请设计能够正确交换这两个存储单元内容的步骤。

23. 构造一个猜测 0～31 中任意一个数字的决策树。

24. 假定一段文本中包括的字符集为{A,D,R,S,P,L}，每个元素出现的概率分别为 0.4、0.22、0.18、0.1、0.06 和 0.04。这段文本的信息熵是多少？

25. 画出上题中字符集的最优二叉树，并对各字符进行霍夫曼编码。

26. 有 7 个字符 A,B,C,D,E,F,G 的使用概率分别为：0.21，0.20，0.17，0.15，0.14，0.11，0.02。

(1) 计算它们的信息熵。

(2) 给出它们 Huffman 编码。

(3) 计算 Huffman 编码的平均编码长度。

27. 设有字符表 S={A,B,C,D,E,F,G,H}，在通信中它们出现的概率分别为 0.25，0.2，0.2，0.18，0.09，0.05，0.02，0.01。

(1) 请构造 Huffman 树。

(2) 请给出各个字符串的 Huffman 编码。

(3) 请计算该编码的平均编码长度。

28. LZ77 压缩后的信息为 ban(2,3)和 10(1,10)，解压缩后的结果分别是什么？

29. 使用 LZW 压缩，字典最初为 x,y 和一个空格，那么以下文本

```
xyx yxxxy xyx yxxxy yxxxy
```

的编码是什么？

30. 如果信息 xxy yyx xxy xxyy 用 LZW 压缩，最初字典的第 1,2 和 3 个条目分别是 x,y 和空格，请写出压缩编码和最后的字典条目。

31. 已知使用 LZW 压缩后的数据为 22123113431213536，解压缩这条信息。假定初始字典是 x,y 和一个空格。

32. 下面信息使用 LZW 压缩，其字典的第 1,2 和 3 个条目分别为 x,y 和空格。解压下列信息：

```
11223221343435
```

33. 编写算法，将无符号二进制整数转换为十进制整数。

提示：二进制数可用字符串表示，如 a="11011100"，转化结果为 220。

34. 编写算法，将十进制正整数转换为十六进制形式。例如，将 220 转换为 DC。

提示，转换后的十六进制保存在数组(列表)中，显示时转为 0～9，A～F。

35. 编写算法，将二进制小数转换为十进制小数，例如，将 0.1101B 转换为 0.8125。

第4章 数据的组织

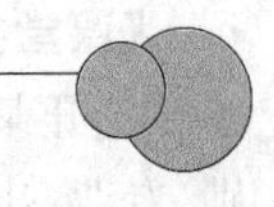

随着计算机应用的深入普及，在计算机的数据处理领域，计算机处理的对象也由简单的数值数据发展到各种不同类型的非数值数据，同时，处理的数据量也越来越庞大，这样，如何合理地组织与管理数据，会对数据处理的结果、处理的效率产生非常大的影响。

这里的处理效率包括3个方面，一是提高处理的速度，二是提高数据存取速度，三是减少数据处理时占用的存储空间。

数据结构主要研究计算机中的操作对象、对象之间的关系和对象的具体操作。本章介绍数据结构中的主要内容，包括数据结构的基本概念、线性表的存储方式和常用操作、栈和队列的应用、树型结构和二叉树的使用、图结构的应用等。

4.1 数据结构概述

数据结构描述了数据之间的关系，具有不同数据结构的数据在计算机内的表示方式、可以进行的基本运算以及应用都不相同。在使用具体的数据结构之前，先要弄清一些与数据结构相关的重要术语。

4.1.1 数据、数据元素和数据项

数据(data)是能够被计算机存储、加工的对象，是信息的表达形式，最早计算机主要应用于科学计算，处理的数据主要是数值信息，随着应用领域的扩大，处理的数据也扩展到字符、声音、图像等等非数值信息。

【课堂提问 4-1】 观察学生档案管理的方法，每个学生有学号、姓名、性别、出生日期等各种基本信息，这些信息是如何进行组织的。

在档案室里，将每个学生的所有信息放在一个资料袋中，每个学生的所有信息作为一个整体存放在档案室中，对学生资料进行整理、摆放、查找等都是以某个学生的所有信息(资料袋)为基本数据单位进行的。

组成数据的基本单位称为**数据元素**(data element)。

同样，在图书信息表中可以将每一本书的基本信息作为一个基本数据单位，这样，每一本书的信息也称为一个数据元素。打扑克时的每一张牌也称为一个数据元素。

数据元素是作为一个整体进行组织和管理的，它也是进行运算的基本单位，在不同的

场合，根据需要，可将数据元素称为**元素**(element)、**结点**(node)或**记录**(record)。

【课堂提问 4-2】 一个学生的档案表中包含的信息由哪些部分组成？

打开某个学生的资料袋，可以看到该学生的所有信息，即数据元素包括学号、姓名、性别、专业、出生年月和照片等信息。

组成数据元素的每一项称为**数据项**(data item)，例如一个学生的信息可以由学号、姓名、性别、专业、出生年月、照片等数据项组成，有时也可以将数据项称为**字段或域**(field)，数据项是数据的最小标识单位。

在一些特殊情况下，一个数据元素可以只由一个数据项组成，例如，1000 以内的所有素数组成的数据就是这样。

每个数据项在计算机中可以使用不同的数据类型来表示，例如姓名、专业可以使用文本型(也称为字符型或字符串)，年龄、借书期限、图书定价可以使用数值型，出生日期可以采用日期型，等等。

【课堂提问 4-3】 分析学生信息、图书信息、某个电子产品(例如 MP4 或手机)，指出这些不同信息的数据元素分别是由哪些数据项构成的。

不同类型的信息，组成数据元素的数据项也不完全相同，在处理时通常要分别进行。

数据、数据元素和数据项反映了数据组织的 3 个层次，数据由若干个数据元素构成，每个数据元素又由若干个数据项构成。

【课堂提问 4-4】 对于学生档案的管理，同学和同学之间的信息是如何区分的？

对于每个学生，其各个数据项都有具体的值，例如某个学生的学号是 21700110001、姓名是“张强”、性别是“男”、出生日期是 1999 年 3 月 2 日等，另一个学生的学号是 21700110002、姓名是“李东”、性别是“男”、出生日期是 1998 年 5 月 1 日，显然，每个学生的各个数据项的值是不完全相同的，数据项的不同值用来区分不同的数据元素。

4.1.2 数据元素之间的联系

计算机所处理的信息是由若干个数据元素组成的，在处理具有相同特征的数据元素时，这些元素之间通常不是孤立的，往往具有一定的联系，就像日常生活中等车、购物时的排队，人和人之间就有一个先后的关系。

数据元素之间的联系可以用前趋和后继来描述，紧临某个元素(E)之前的元素称为元素 E 的**前趋**，也称为**直接前趋**或**前件**，而紧临某个元素(E)之后的元素称为元素 E 的**后继**，也称为**直接后继**或**后件**。

某个元素可以只有前趋没有后继，也可以只有后继而没有前趋。

某个元素的前趋元素也有前趋元素，某个元素的后继元素也有后继元素，因此，前趋和后继是相对的。

例如，一个星期 7 天的名称组成了一个字符串(或称为文本)的集合，按正常的顺序，这 7 个数据元素之间构成了一个先后的关系，该数据可以表示为{星期一、星期二、星期三、星期四、星期五、星期六、星期日}。

在上面的关系中，“星期四”这个元素是“星期三”的后继，同时也是“星期五”的前趋，而“星期一”这个元素有一个后继但没有前趋，“星期日”这个元素有一个前趋但没有后继。

对于按辈分关系描述某个三口之家的3个成员之间关系，如果不考虑平辈之间的关系，显然，这个关系中，作为数据元素"父亲"和"母亲"都没有前趋，但只有一个后继，而数据元素"孩子"则有两个前趋但是没有后继。

某个数据元素可以没有前趋，也可以只有一个前趋，还可以有多个前趋，对于后继元素也是这样。

数据元素之间前趋和后继的数量决定了数据元素之间不同的联系类型，这就是数据的逻辑结构。

【课堂提问4-5】 根据图4-1所示的扑克牌图形的信息正确区分数据项、数据元素、前趋和后继的概念。

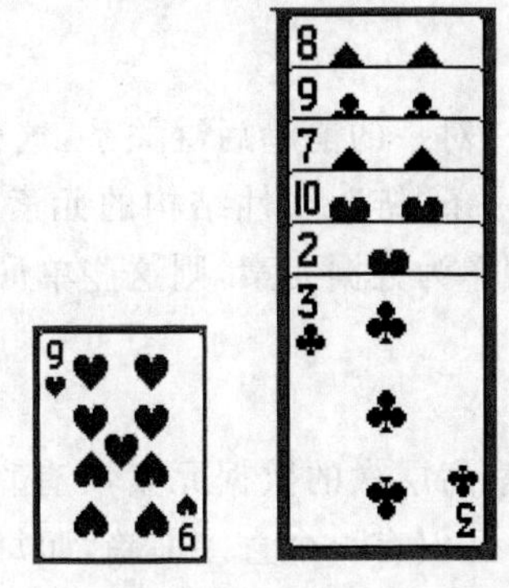

图4-1　通过扑克牌理解数据元素的基本概念

4.1.3　数据的逻辑结构

数据的逻辑结构是数据的组织形式，用来表示数据元素之间的逻辑关系，即数据元素之间的关联方式或相邻关系。

1. 逻辑结构的表示

一个数据的逻辑结构应包含两个部分，一是数据元素的集合，另一个是元素之间的前趋后继关系的集合，对于前者可以用D表示，后者用R表示，则数据结构可以表示为

DS=(D,R)

其中，R可以用一个二元组的形式表示，例如(E1,E2)表示元素E1和E2之间存在相邻的先后关系。

例如，对于某个三口之家的3个成员之间关系的逻辑结构，可以描述如下：

DS=(D,R)
D={父亲，母亲，孩子}
R={(父亲，孩子)，(母亲，孩子)}

上面的描述只是表示方法之一，在后面介绍的具体的数据结构中，还有其他表示方法。

2. 逻辑结构的分类

按照数据元素前趋和后继之间的数量对应关系，数据的逻辑结构通常有线性结构和非线性结构，而非线性结构又可以分为树型结构和图结构，如图4-2所示，图中的小圆圈表示数据元素，称为结点，结点之间的连线表示数据元素之间的关系。

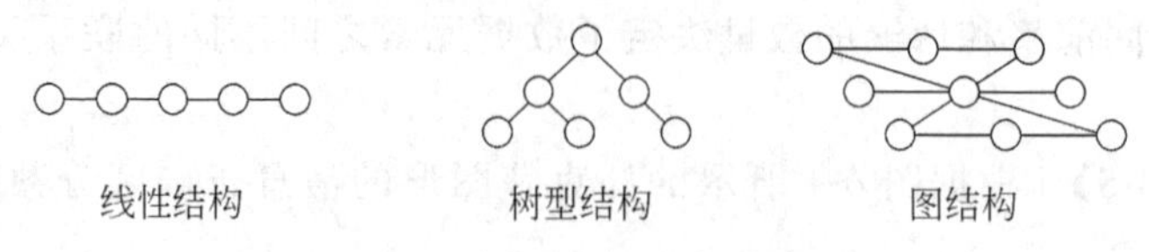

图4-2　3种基本逻辑结构示意图

(1) 线性结构

如果数据元素之间存在着一对一的前趋后继关系，这种结构称为**线性结构**。显然，各结点按之间的逻辑关系形成了一条"链"，线性结构的元素之间存在明确的先后顺序。例如，如果将一本字典的每个单词作为数据元素，则这些单词之间的顺序关系就是一个线性结构。

(2) 树型结构

树型结构中只有一个处在最高层次的数据元素没有直接前趋，这个数据元素称为**根结点**，其他每个数据元素都有并且仅有一个直接前趋，而每个数据元素的直接后继则没有个数的限制，相邻两层结点之间在数量上是一对多的联系，这种结构称为**树型结构**。一个单位的各部门的行政关系、一个磁盘上的目录结构都是树型结构。

(3) 图结构

图结构中每一个数据元素都可以有任意多个前趋和后继，这种结构称为**图结构**，任意两个结点之间都可能邻接。例如，考虑城市之间直接通航的情况，如果将每个城市作为数据元素，则城市之间是否通航的关系可以用图结构来描述(见图4-3)。

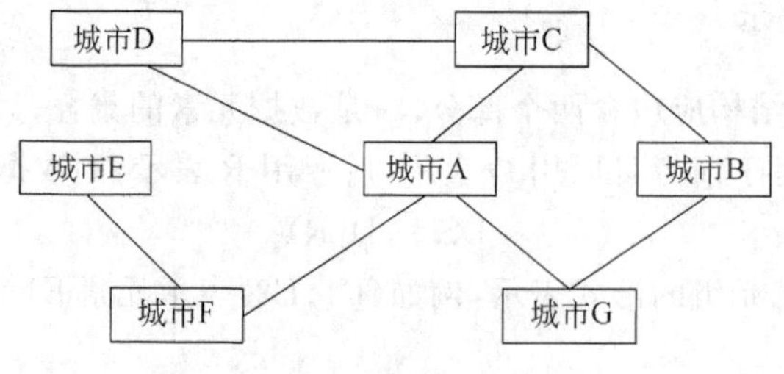

图4-3　图结构示例图

图结构的元素之间不一定存在明确的先后顺序。

数据的逻辑结构是根据现实问题抽象出来的数据组织形式，在不引起混淆的情况下简称为**数据结构**(data structure，DS)。

【课堂提问4-6】 分析学生档案信息、一本书的目录、Internet中的各个网页各自所属的逻辑数据结构。

对于学生的档案信息，如果将每个学生的档案袋按学号的顺序摆放在一排，则整个学生档案就是若干数据元素(档案袋)的有限序列,这种结构就是线性数据结构。

对于一本书的目录,如果将书名作为最上层的根结点,每一章作为根结点的下一层结点,而每一节则作为章的下一层结点,这时书的目录结构就是树型数据结构。

Internet上的各个网页,通过超链接方式,可以从一个网页链接到另一个网页,而且这种链接在数量上和链接目标上没有任何的限制,如果将每一个网页作为一个结点,则Internet上各网页之间的链接关系可以看成图结构。

4.1.4　数据的存储结构

数据的逻辑结构是对数据元素之间关系的抽象,体现了数据的组织形式,是独立于计算机的。当使用计算机进行数据处理时就要考虑数据在存储器中的存放方式了。

1. 什么是存储结构

【课堂提问4-7】 某个系有10个班,编号计算机01～计算机10,按编号的顺序显然各班之间构成了线性结构。某栋教学楼上有50个教室,编号从1～50,现在要为每个班分配教室,以下是几种分配方案,请分析每一种安排方案有什么特点。

(1) 按班编号的顺序分别安排到1～10号教室;

(2) 按班编号的顺序分别安排到11～20号教室;

(3) 随意安排,班级的编号和教室编号之间没有任何的规律。

前两种方案中,班级的编号和教室编号都是连续的,即连续的班级安排在编号连续的教室,也就是安排的教室也保持了班级的连续关系,这样,只要知道第一个班的教室编号,就可以方便地知道其他班级的编号,但分配教室时要求有10个连续的空教室。

第3个方案在安排教室时不要求编号连续,只要有空教室就可以安排,但是要找到每个班所在的教室就不像前两种方案那样方便了。有一种方法就是使用一张表,表中列出班的编号和教室编号之间的对应表,这是索引存储的方法。

显然,对于编号连续的班级可以分配编号连续的教室,也可以分配不编号连续的教室。

计算机的内存是由一个个存储单元组成的,从0开始给每一个单元编号,这个编号就是内存的地址。每个单元都有一个内存地址。将数据保存在内存中,就要确定放在哪些存储单元中,这就是内存的分配问题。一个数据元素可能占用多个存储单元,一般把占用的第一个存储单元的地址作为该数据元素的地址。

数据元素及其关系在计算机存储器中的存放形式称为数据的**存储结构**,也称为**物理结构**,是数据元素本身及元素之间的逻辑关系在存储空间中的**映像**。

2. 基本的存储结构

通常,数据在存储器中的存储有4种基本的映像方法。

(1) 顺序存储结构

在顺序存储结构中,数据元素按某种顺序存储在一组连续的存储单元中。元素存储位置间的关系反映了元素间的逻辑关系。在多数顺序存储结构中,逻辑上相邻的元素存放在物理位置相邻存储单元中。

使用 Python 语言编程时，顺序存储结构通常可以借助列表(list)来实现。

顺序存储结构的优点是存储密度大、存储空间的利用率高，主要缺点是在数据中插入或删除数据元素时，将引起该元素之后的大量元素的移动操作，具体操作见 4.2 节。

(2) 链式存储结构

在链式存储结构中，数据元素存放在若干不一定连续的存储单元中。通过在元素中附加信息来表示与其相关的一个或多个其他元素的物理地址来建立元素间逻辑关系。链式存储中，一个数据元素所占的空间用图 4-4 描述，称为结点的结构，其中，数据元素部分存放数据元素各数据项的值，指针部分存放的是和它有联系的结点的地址，比如后继元素的地址。

数据元素	指针

图 4-4　链式存储结点的结构

和顺序存储结构相比，链式存储结构的存储密度低，空间利用率低，但由于它对逻辑上相邻的结点不要求物理上一定邻接，在对数据元素进行插入、删除操作时，不必移动其他元素。

(3) 索引存储结构

索引存储结构中，数据元素存放在不一定连续的存储单元中，另需建立一个**索引表**，索引表中的每一项称为一个**索引项**，每个索引项由两部分组成，一是代表数据元素的唯一标识(称为关键字)，二是该数据元素的存放地址(称为地址域)。索引表的顺序体现数据的逻辑关系，通过地址域找到数据元素的内容。

(4) 散列存储结构

这种存储方式中，数据元素的地址是通过一个函数的计算得到的。一般选定数据元素的某个特征作为关键字，依此为自变量进行函数计算，得到的数值作为该元素的存放地址，即地址$=f$(关键字)。散列存储的关键是地址计算函数 f 的选取，这个函数称为哈希(Hash)函数。

一种逻辑结构可以采用以上 4 种存储结构中的任何一种来实现，但不同的物理结构会影响数据的操作效率或方便性，所以要根据具体应用需求选择合适的存储结构。

4.1.5　数据的运算

数据的运算是对数据元素进行的某种操作，例如改变元素的个数(增加或删除元素)、改变元素的顺序、改变元素之间的关系、浏览每个元素(遍历)以及检索符合某个条件的数据元素(查询)等。

不同的数据结构完成的运算不尽相同，所以，每一种数据结构都对应着一个运算的集合。

综上所述，在对数据进行处理时，要分别解决下面几个问题：

(1) 采用什么样的结构来描述数据，这是数据的逻辑结构；

(2) 对特定逻辑结构的数据，确定如何在计算机中进行存放，这是数据的物理结构；

(3) 在以上两个基础上完成相应的运算。

【课堂提问 4-8】 学校的教材科负责教材的采购和销售，如果教材信息用计算机管理，应采用什么样的逻辑结构？采用什么样的物理结构？在购销业务中有哪些操作？

4.2 线性表

线性表(linear list)是由有限个相同类型的数据元素组成的有序序列，一般记作(a_1，a_2，…，a_n)。除了 a_1 和 a_n 之外，任意元素 a_i 都有一个直接前趋 a_{i-1} 和一个直接后继 a_{i+1}。a_1 无前趋，a_n 无后继，表中的每个元素也称为一个**结点**。线性表是最基本、最常用的线性数据结构。

线性表中数据元素的个数称为**表的长度**，元素个数为 0 时称为**空表**。

日常生活中关于线性表的示例有很多，例如：

(1) 26 个大写英文字母构成长度为 26 的线性表；

(2) ASCII 表中的字符构成了长度为 128 的线性表；

(3) 一年中 12 个月的名称按顺序构成了长度为 12 的线性表；

(4) 摆放在一层书架上的书籍，由于可以随时将书放上去或取走，这些书籍构成了长度可变的线性表。

【课堂提问 4-9】 对于摆放在一层书架上的若干本书籍，常常进行一些什么样的操作？

每一本书是一个数据元素，显然，可以将一本书或一些书添加到这一层中的某个位置，这是插入元素的操作；可以从书架上取走某本书，这是删除元素的操作；也可以将所有的书都取走，这是将这个线性表清空的操作；还可以数一下这一层有几本书，这是计算元素个数也就是计算线性表的长度的操作，将这一层的书按外语类和计算机类重新分别放在两层，这是将一个线性表拆分成两个线性表的操作。

归纳起来，对于一个线性表，经常进行的操作有：

- 创建一个线性表(为存放数据准备好空间)；
- 判断线性表是否为空；
- 将一个线性表置空(清除其中的数据)；
- 计算线性表的长度(元素个数)；
- 查找某个元素；
- 删除某个元素；
- 在指定位置插入新元素；
- 将多个线性表合并成一个；
- 将一个线性表拆分成多个。

线性表的存储结构主要采用顺序存储结构和链式存储结构，采用顺序存储结构的称为**顺序表**，采用链式存储结构的称为**线性链表**。

4.2.1 顺序表

1. 顺序表的存储结构

顺序表中的数据元素按照逻辑顺序依次存放在一组连续的存储单元中。顺序表的存储结构如图 4-5 所示。

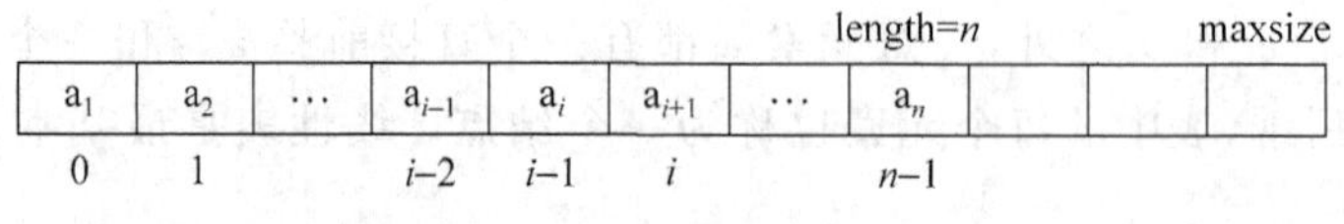

图 4-5 顺序表存储结构示意

图 4-4 中下面的数字是连续存储单元的序号，一般从 0 开始，称为**索引值**或**下标**。假定元素 a_1 的物理地址是 $Loc(a_1)$，每个元素占用 d 个存储单元，则第 i 个元素的存储位置可以使用下列的公式进行计算：

$$Loc(a_i)=Loc(a_1)+(i-1)\times d$$

也就是说，顺序表中每个元素 a_i 的存储地址是该元素在表中位置 i 的线性函数，只要知道起始地址和每个元素的大小，就可以方便地求出任意一个元素的存储地址，因此，顺序表是一种随机存取结构。

顺序表中，逻辑上相邻的数据元素，其存储位置也彼此相邻。在实际应用中，一般利用高级程序语言中的一维数组来构造顺序表。数组是相同类型的数据元素的序列。设 L 表示一个数组，则 L[0]表示其中的第 1 个元素，L[i]表示其中的第 $i+1$ 个元素，$i=0,1,\cdots,n-1$，i 称为**下标**。由于线性表经常执行插入和删除元素的操作，因此表的长度经常改变。而数组的长度一般是固定的，所以为了容纳顺序表，一维数组的长度应当足够大。

2. 顺序表的操作

【课堂提问 4-10】 若干个同学坐在一排座位上，中间没有空座位。现在另外有一个同学要坐到这一排同学的中间，该如何操作？如果某个同学要离开座位还要保证离开后中间没有空座位，又该如何操作。

下面介绍顺序表的几种常用操作的实现方法，包括插入元素、删除元素和查找元素。

(1) 在顺序表中第 i 个位置插入新元素 x

在顺序表中第 i 个位置插入新元素 x 的运算是指将下面长度为 n 的线性表：

$$(a_1,a_2,\cdots,a_{i-1},a_i,\cdots,a_n)$$

变成下面长度为 $n+1$ 的线性表：

$$(a_1,a_2,\cdots,a_{i-1},x,a_i,\cdots,a_n)$$

【算法 4-1】 在顺序表中插入新元素 x。

设 n 个数据元素存放在数组 L 中，插入位置为 i，待插入的元素为 x，数组的容量为 MAXSIZE。

① 判断插入的位置是否合理以及该表是否已满，不合理或已满时结束：若 n=MAXSIZE 或 i>n+1 或 i<1，转⑤。

② 从最后一个元素开始依次向前,将每个元素向后移动一个位置,一直到第 i 个元素为止:
循环,k=n,n-1,…,i
　　L[k]=L[k-1]
③ 向空出的第 i 个位置存入新元素 x: L[i-1]=x。
④ 将线性表长度加 1:n=n+1;
⑤ 结束。

(2) 在顺序表中删除第 i 个元素

在顺序表中删除第 i 个位置的元素,是指将长度为 n 的线性表:

$$(a_1, a_2, \cdots, a_{i-1}, a_i, a_{i+1}, \cdots, a_n)$$

变成长度为 $n-1$ 的线性表:

$$(a_1, a_2, \cdots, a_{i-1}, a_{i+1}, \cdots, a_n)$$

【算法 4-2】 从顺序表中删除第 i 个元素。

设 n 个数据元素存放在数组 L 中。
① 判断要删除元素的位置的合理性,不合理时结束:若 i>n 或 i<1,转④。
② 从第 i+1 个元素开始,依次向后将每个元素向前移动一个位置,直到最后一个元素为止:
　循环,k=i,…,n-1
　　L[k-1]=L[k]
　这时第 i 个元素(下标为 i-1)已经被覆盖(即删除)。
③ 将线性表长度减 1:n=n-1。
④ 结束。

(3) 在顺序表中查找某个元素

查找元素的操作是指在线性表中查询数据项满足某个条件的数据元素,例如将学生信息记录作为数据元素,学生信息表就是一个线性表。在此表中查询某个学生信息时,一般是根据学号或姓名进行查询,而学号或姓名仅仅是学生信息的一部分。

【算法 4-3】 在顺序表中查找元素 x。

设 n 个元素存放在数组 L 中,查找 x,找到时返回下标(0,…,n-1),找不到时返回-1。
① 设置查找的起始位置:k=0。
② 若 k=n 或 L[k]=x,转④。
③ k=k+1,转②。
④ 若 k=n,即到了末尾,返回-1;
　否则,返回 k。
⑤ 结束。

3. 顺序表在 Python 中的实现

在 Python 语言中,顺序表可以用列表实现。

(1) 创建线性表

```
Mylist=[]                        #创建空线性表
num=[1,2,3,4,5,6,7,8,9,10]       #创建具有 1,2,…,10 共 10 个元素的线性表
```

这样创建的 Mylist 和 num 在 Python 中称为列表，它的元素通过下标来使用，如 num[i]，表示第 $i+1$ 个元素，$i=0,1,\cdots,n-1$，n 是元素的个数。与其他语言不同的是，Python 的列表可以动态地增加和缩小空间，所以创建列表时并不需要设定元素个数的最大值。

(2) 向线性表中插入新的元素

按照算法 4-1，将插入元素的功能写成一个函数为

```
def ListInsert(L,i,x):                  #定义在列表中插入元素的函数,在 i 位置插入 x
    n=len(L)                            #求线性表长度,即元素个数
    if i>n+1 or i<1:                    #判断插入位置的合理性
        print("插入位置错误")             #
    else:                               #插入位置合理
        L.append(0)                     #在末尾增加一个空位置
        k=n                             #从最末一个开始
        while k>=i:                     #到 i 位置为止
            L[k]=L[k-1]                 #后移一个位置
            k=k-1                       #位置号减一
        L[i-1]=x                        #将 x 放入第 i 个位置
#主程序
L=[11,12,13,14]                         #创建线性表
ListInsert(L,2,3)                       #在位置 2 插入元素 2
print(L)                                #显示结果
```

程序的运行结果为

```
[11, 3, 12, 13, 14]
```

事实上，Python 中已有插入元素的函数，使用方法是

列表名.insert(插入位置的下标,插入的元素)

例如，实现上述程序相同功能的 Python 系统函数调用时：

```
L.insert(2-1,3)                         #插入位置是 2,其下标是 1,代替 ListInsert(L,2,3)
```

(3) 删除线性表中的元素

按照算法 4-2，将删除元素的功能写成一个函数为

```
def ListDel(L,i):                       #删除线性表 L 中第 i 位置的元素
    n=len(L)                            #计算 L 的长度
    if i>n or i<1:                      #判断位置合理性
        print("删除位置错误")             #
    else:                               #合理
        k=i                             #从第 i 个元素开始
        while k<=n-1:                   #到第 n-1 个元素位置
            L[k-1]=L[k]                 #后面的前移
            k=k+1                       #位置号加 1
```

```
        del L[n-1]                               #删除末尾元素及空间,这是 Python 才有的
#主程序
L=[11,12,13,14]                                  #创建线性表
ListDel(L,2)                                     #删除位置 2 的元素
print(L)                                         #显示结果
```

程序的运行结果为

```
[11, 13, 14]
```

Python 中也有删除列表元素的语句,使用方法是

del 列表名[待删除元素的下标]

例如,delL[1]可以代替 ListDel(L,2)实现上述删除的相同功能。

(4) 统计列表的长度

Python 中使用函数 len()可以统计列表 L 的长度,即元素的个数,如 len(L)的结果是列表 L 的长度。

Python 中,与某类对象相关联的函数称为方法,如上面的 insert(),是与列表相关联的,使用格式是: 对象.方法(参数),列表的常用方法见表 4-1。

表 4-1 列表的常用方法

方 法	功 能
insert(i,x)	在下标 i 的位置插入元素 x。i=0,1,2,…,n
append(x)	在列表末尾添加元素 x
index(x)	在列表中查找第一个值为 x 的元素的位置,x 不存在时出错
remove(x)	从列表中删除第一个值为 x 的元素
sort()	对列表的元素进行排序
reverse()	对列表中的元素进行倒序
count(x)	统计 x 在列表中出现的次数
pop()	返回列表中的最后一个元素,然后从列表中删除该元素

【例 4-1】 编写程序,管理学生基本信息。学生信息包括班级、学号、姓名和性别。程序可以显示学生信息、插入学生信息、删除学生信息。

分析:每个学生的信息包括四项内容,Python 中可以使用列表表示,而多个学生的信息仍可以使用列表,这个列表的每个元素是一个学生信息的列表。

解:Python 程序如下:

```
#显示学生信息列表的内容
def display(L):
    n=len(L)
    if n==0:
        print("没有学生信息")
```

```
    else:
        for i in range(n):
            print(L[i][0],end=' ')
            print(L[i][1],end=' ')
            print(L[i][2],end=' ')
            print(L[i][3])
#插入
def ListInsert(L,i,x):                    #定义在列表中插入元素的函数,在 i 位置插入 x
    n=len(L)                              #求线性表长度,即元素个数
    if i>n+1 or i<1:                      #判断插入位置的合理性
        print("插入位置错误")              #
    else:                                 #插入位置合理
        L.append(0)                       #在末尾增加一个空位置
        k=n                               #从最末一个开始
        while k>=i:                       #到 i 位置为止
            L[k]=L[k-1]                   #后移一个位置
            k=k-1                         #位置号减一
        L[i-1]=x                          #将 x 放入第 i 个位置
#删除
def ListDel(L,i):                         #删除线性表 L 中第 i 位置的元素
    n=len(L)                              #计算 L 的长度
    if i>n or i<1:                        #判断位置合理性
        print("删除位置错误")              #
    else:                                 #合理
        k=i                               #从第 i 个元素开始
        while k<=n-1:                     #到第 n-1 个元素位置
            L[k-1]=L[k]                   #后面的前移
            k=k+1                         #位置号加 1
        del L[n-1]                        #删除末尾元素及空间,这是 Python 才有的
#主程序
print("####################")
print("----学生信息管理----")
print(" 1.显示学生信息")
print(" 2.插入学生信息")
print(" 3.删除学生信息")
print(" 0.退出程序")
print("####################")
L=[]                                      #保存学生信息的列表

k=int(input("请输入功能序号:"))
while(k!=0):
    if k==1:
        display(L)
    elif k==2:
```

```
        student=[]                     #保存一个学生信息的列表,初始为空
        sclass=input("输入班级:")
        numb=input("输入学号:")
        name=input("输入姓名:")
        gender=input("输入性别:")

        i=int(input("输入插入位置:"))
        ListInsert(student,1,sclass)
        ListInsert(student,2,numb)
        ListInsert(student,3,name)
        ListInsert(student,4,gender)
        ListInsert(L,i,student)        #将一个学生的信息插入总列表
    elif k==3:
        i=int(input("请输入删除元素的位置:"))
        ListDel(L,i)

    print("####################")
    print("----学生信息管理----")
    print(" 1.显示学生信息")
    print(" 2.插入学生信息")
    print(" 3.删除学生信息")
    print(" 0.退出程序")
    print("####################")
    k=int(input("请输入功能序号:"))  #再输入功能号
```

程序的运行结果如下(为节省篇幅,列为两列):

```
>>>
####################
----学生信息管理----
 1.显示学生信息
 2.插入学生信息
 3.删除学生信息
 0.退出程序
####################
请输入功能序号:1
没有学生信息
####################
----学生信息管理----
 1.显示学生信息
 2.插入学生信息
 3.删除学生信息
 0.退出程序
####################
请输入功能序号:2
输入班级:huagong61
输入学号:216001001
输入姓名:zhang
输入性别:female
输入插入位置:1
####################
----学生信息管理----
 1.显示学生信息
 2.插入学生信息
 3.删除学生信息
 0.退出程序
####################
请输入功能序号:2
输入班级:huagong62
输入学号:216001031
输入姓名:wang
输入性别:female
输入插入位置:2
```

```
####################
----学生信息管理----
 1.显示学生信息
 2.插入学生信息
 3.删除学生信息
 0.退出程序
####################
请输入功能序号:1
huagong61 216001001 zhang female
huagong62 216001031 wang female
####################
----学生信息管理----
 1.显示学生信息
 2.插入学生信息
 3.删除学生信息
 0.退出程序
####################
请输入功能序号:3
请输入删除元素的位置:1
####################
----学生信息管理----
 1.显示学生信息
 2.插入学生信息
 3.删除学生信息
 0.退出程序
####################
请输入功能序号:1
huagong62 216001031 wang female
####################
----学生信息管理----
 1.显示学生信息
 2.插入学生信息
 3.删除学生信息
 0.退出程序
####################
请输入功能序号:0
>>>>
```

4. 顺序表的主要优缺点

主要优点是：

(1) 由于存储的先后顺序已经表示了元素之间的线性关系，因此不需要为元素间的逻辑关系再增加额外的存储空间。

(2) 每个节点的存储地址可以用第一个元素的地址和每个元素的存储长度方便地计算出来，因此，可以方便地随机存取顺序表中的任意一个元素。

主要缺点是：

(1) 除了处在表尾的元素以外，其他位置上的元素进行插入和删除时都要移动大量元素，因此，操作的效率较低。

(2) 顺序表占用连续的存储空间，存储空间的大小即表的最大长度一般在初始化时就必须确定，这样，如果表的长度经常变化，难以确定合适的存储规模，最大长度设定得太大，会造成一部分空间闲置而无法充分利用，如果长度确定得太小，则可能造成空间不够用而产生溢出。

针对顺序存储的缺点，可以采用链式结构来存储线性表。

4.2.2 线性链表

采用链式存储的线性表称为**线性链表**，链表结构中使用一组地址任意的存储单元存放线性表中的数据元素，这组存储单元可以是不连续的。

由于逻辑上相邻的元素其物理位置不一定相邻，为了保存元素之间的逻辑关系，对于线性表中的每个元素都需要存储两部分内容，一部分是元素的值，称为**数据域**，另一部分是直接前趋或直接后继元素的地址信息，这种地址信息称为**指针**，这部分称为**指针域**，所以每个结点都包含数据域和指针域两部分，如图 4-6 所示，其中 data 为数据域，next 为指针域。

1. 单链表结构

在链表中，如果指针域部分仅仅存放了直接后继（或直接前趋）结点的地址，这种链表称为单向链表，简称**单链表**，如图 4-7 所示。

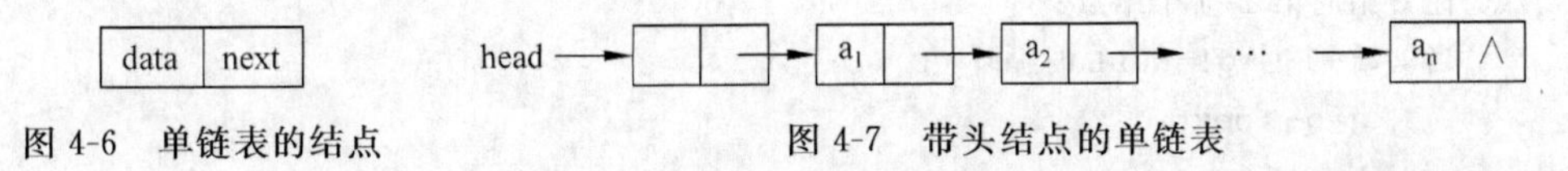

图 4-6　单链表的结点　　　　图 4-7　带头结点的单链表

图 4-7 中，数据元素是 a_1，a_2，…，a_n，相应地有 n 个结点，其中的第一个 a_1 和最后一个 a_n 分别称为**首结点**和**尾结点**，其他结点则称为**表结点**，为了能顺次访问每个结点，需要保存单链表第一个结点的存储地址。这个地址称为链表的**头指针**，如图 4-7 中的 head。

结点内指向后一结点的箭头表示当前结点指针域存储的是箭头所指结点的地址，也就是直接后继结点的地址。由于最后一个元素无后继结点，因而其指针域为空，在示意图中用 ∧ 或 NULL 表示。

这种结构就像幼儿园里的小朋友手拉手出来，每个小朋友作为一个结点，手拉手就是指针（前一个拉着后一个），老师领着第一个小朋友（头指针），而最后一个小朋友手里拿着一个小旗（结束标志）。

为了操作上的方便，在头指针 head 和首结点 a_1 之间多增加了一个结点，增加的这个特殊结点称为**头结点**。头结点的类型与其他结点一样，只是头结点的数据域为空，指针域指向首结点，增加头结点的目的是避免对第一个位置的元素进行删除或插入时进行特殊的处理。

链表中的头指针 head 存放的是整个链表所占空间的起始地址。由于结点中各部分数据的相对位置不变，所以通过起始地址就可以知道各个结点数据域的值。

单链表在存储区的物理状态如图 4-8 所示，其中 head 中存放的是头结点的地址 40H，头结点（40H 处）的指针域存放第一个结点即首结点的地址 90H，根据每个结点的指针域即后继结点的指针就可以顺次访问所有结点中的数据。

链表结构不需要事先为所有结点分配空间，而是在插入每个结点时动态地为该结点申请空间。反之，在单链表中删除结点时，结点所占空间可以立刻释放出来。因此，单链表所占空间的大小是随链表长度变化而动态变化的。

head: 40H

存储地址	数据域	指针域
20H	a_2	80H
	…	…
40H		90H
	⋮	⋮
80H	a_3	NULL
90H	a_1	20H

图 4-8　单链表存储结构示意图

2. 单链表的基本操作

【课堂提问 4-11】　老师领着手拉手的小朋友的队伍中，如果有一个同学要加入到队伍中(插入新结点),该如何操作,如果队伍中有一个同学要离开(删除结点),又该如何操作?

【算法 4-4】 从单链表中删除第 *i* 个结点。

设单链表的头指针为 head,有头结点。变量 p 和 q 是存放地址的变量,称为指针变量,简称指针。用 p->data,p->next 表示 p 所指结点的数据域和指针域。

① 如果 i<1,转⑦,结束。
② q=head,k=0。
③ 让 q 指向第 i-1 个结点:
当 k<i-1 且 q!=NULL 时循环
　　q=q->next
　　k=k+1。
④ 如果第 i 个结点存在,q 指向第 i-1 个结点,让 p 指向第 i 个结点:
如果 q==NULL 或 q->next==NULL
　转⑦结束
否则
　　p=q->next　　　　　　　　#p 指向第 i 个结点。
⑤ 将第 i+1 个结点的指针保存到第 i-1 个结点的指针域中: q->next=p->next。
⑥ 释放第 i 个结点所占的空间:delete p。
⑦ 结束。

图 4-9 显示了删除结点前后链表中指针的变化。

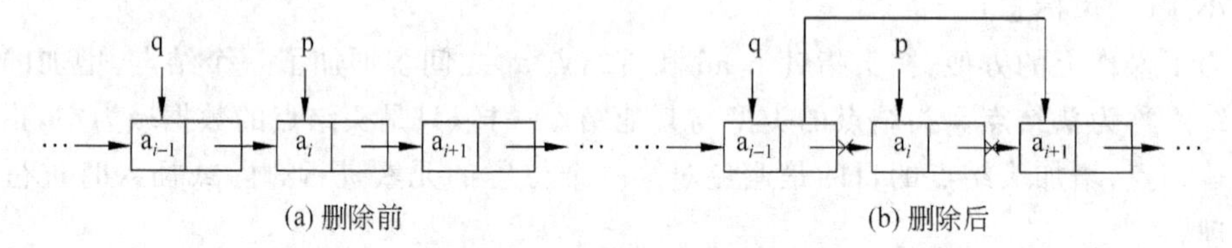

图 4-9　在单链表中删除结点 a_i

【算法 4-5】 在链表的第 *i* 个位置插入一个新的结点 x。

设单链表的头指针为 head,有头结点。变量 p 和 s 是存放地址的变量。

① 如果 i<1,转⑦,结束。
② p=head,k=0。
③ 让 p 指向第 i-1 个结点:
当 k<i-1 且 p!=NULL 时循环
　　p=p->next
　　k=k+1。
④ 如果 p==NULL,转⑦结束。
⑤ 建立新结点,指针为 s,新结点的数据域存放 x,指针域保存第 i 个结点的地址:
s=new node
s->next=p->next。
⑥ 在第 i-1 个结点的指针域中保存新结点的地址:
p->next=s。
⑦ 结束。

图 4-10 显示了新结点插入前后链表指针的变化。

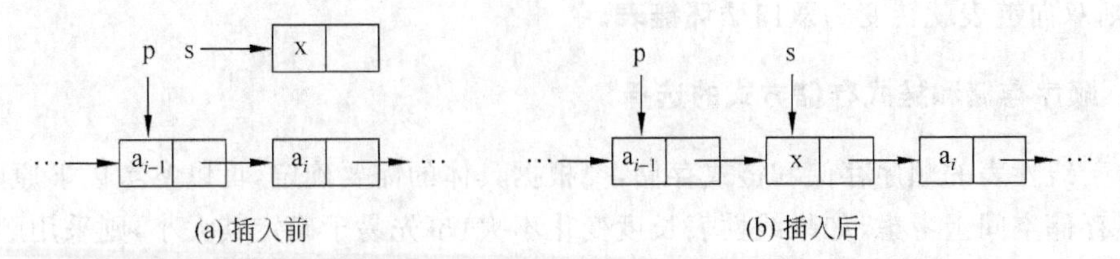

图 4-10　在单链表中插入结点 x

3. 其他形式的链表

对于线性结构的链表，除了上面介绍的单链表，还有单循环链表、双向链表和双向循环链表。

将单链表尾结点的指针由 NULL 改为指向头结点，这时，整个单链表首尾连接形成一个环形，这个单链表就变成了单向循环链表，简称为**单循环链表**，如图 4-11 所示。单循环链表的各种算法与单链表基本上是相同的。

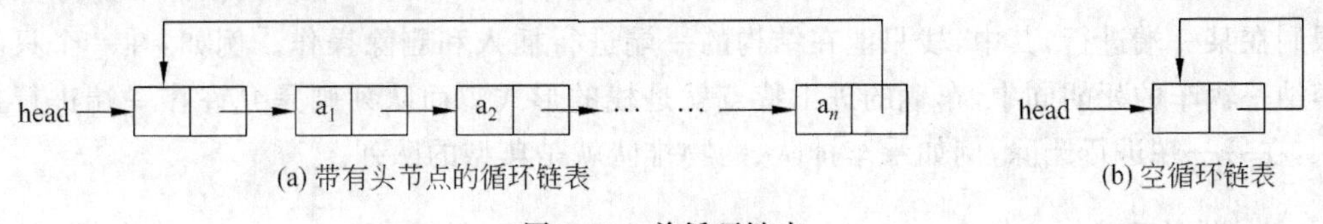

图 4-11　单循环链表

使用单循环链表可以从链表的任意一个结点出发访问链表中所有的结点，而单链表从某个结点出发，只能访问其后的所有后继结点直到尾结点为止。

在单链表中，每个结点的指针指向其后继结点，所以从某个结点出发查找其后继结点很方便，但要找其前趋结点就不方便了。

如果在每个结点中再增加一个指针域，使其指向该结点的直接前趋结点，结点的结构如图 4-12 所示。

prior	data	next

图 4-12　双向链表的结点结构

图中的 data 仍然表示数据域，prior 表示指向直接前趋结点的指针，next 是指向直接后继结点的指针。这样构成的链表中有两个不同方向的链，称为**双向链表**，带头结点的双向链表结构如图 4-13 所示。

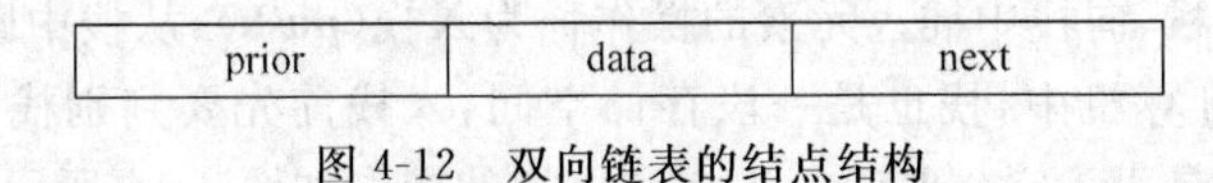

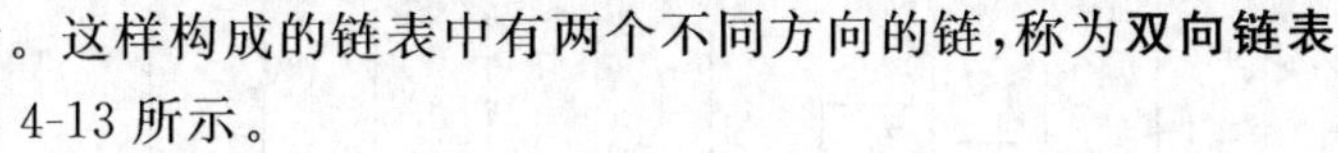

图 4-13　带头结点的双向链表

在经常需要查找某个结点的直接前趋和直接后继的场合使用双向链表比较合适，但是，双向链表的插入、删除操作要比单链表复杂。

如果将双向链表的头结点的前趋指针指向尾结点，同时，将尾结点的后继指针指向头结点，则双向链表就转变为**双向循环链表**。

4. 顺序存储和链式存储方式的选择

对于线性表的顺序存储和链式存储，要根据具体的需要确定，可以参考以下原则。

从存储空间上考虑，如果线性表长度变化不大，事先易于确定其大小，则采用顺序表；如果长度变化大，难以估计其存储规模，则使用链表。

从执行速度或时间角度考虑，如果线性表的操作主要是查找，宜采用顺序表；如果是以任何位置进行的插入和删除为主的操作，则采用链表存储结构；如果插入和删除主要发生在表的首尾两端，则宜采用单循环链表。

4.2.3 栈

线性表是最基本的线性结构，还有两种特殊的线性结构，这就是栈和队列。这 3 种结构的主要区别在于它们对数据元素操作方式的不同。线性表可以在结构的任何位置进行插入和删除操作，例如字典中各个单词构成的线性结构。后两种结构的插入和删除操作限制在某一端进行，其中，栈只能在结构的一端进行插入和删除操作。例如，在一个只能容纳一辆车的死胡同中，车辆的进出特点就是栈的形式。而队列则是允许在一端进行插入，在另一端进行删除，例如乘车排队、购物排队就是典型的队列。

1. 栈的概念

栈(**stack**)是只能在表的一端进行插入和删除操作的特殊线性表。允许插入和删除操作的一端称为**栈顶**(**top**)，另一端称为**栈底**(**bottom**)。栈中没有元素时称为**空栈**。在栈中，后面进入的元素，在出栈时会先出，所以栈又叫做**后进先出表**(last in first out, LIFO)。

2. 栈的主要操作和存储方式

首先需要**建立栈**，向栈中插入元素的操作称为**入栈**(**push**)，从栈中删除元素的操作称为**出栈**(**pop**)。在计算机中，栈也是一段存储空间，入栈前先要判别栈是否已满(**栈满**)；出栈前需要判断栈是否为空(**判空**)。入栈和出栈的操作如图 4-14 所示，其中入栈序列为 A，B，C，D，出栈顺序为 C，B，D，A。

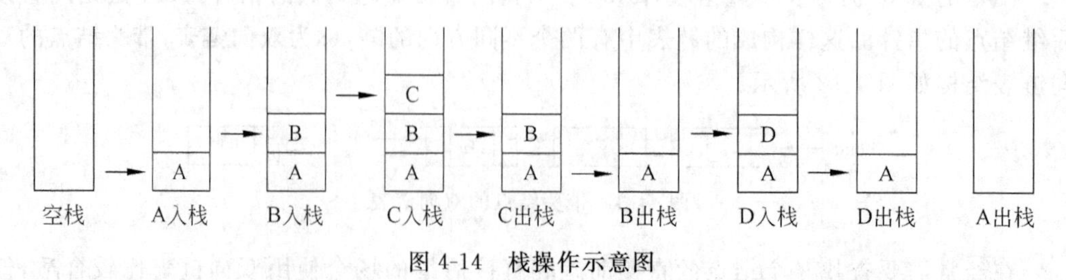

图 4-14　栈操作示意图

图中，A 元素所在的位置是栈底元素，箭头指向栈顶位置，称为**栈顶指针**，常用 top 表示。从图 4-14 可以看出，如果多个元素依次入栈，则后入栈的元素一定先出栈。

因为栈也是线性结构，线性表的存储方式对栈结构也同样适用，因此，在存储一个栈时，既可以采用顺序存储方式，也可以采用链式存储方式，分别称为**顺序栈**和**链式栈**（简称链栈）。

3. 栈的应用

栈操作的典型实例是 Hanoi 塔问题。传说在古代印度贝拿勒斯的圣庙里，安放了一块黄铜板，板上插了 3 根宝石针，其中一根宝石针上自上而下由小到大串有 64 张金盘，一个僧人不断地搬动这些金盘。每次只能搬一张，只能放在 3 根宝石针中的一根上，放的次序也只能是大的在下，小的在上。如果有一天僧人将所有金盘从一根宝石针上移动到了另一根宝石针上，那么“世界将在那时灰飞烟灭”，如图 4-15 所示。

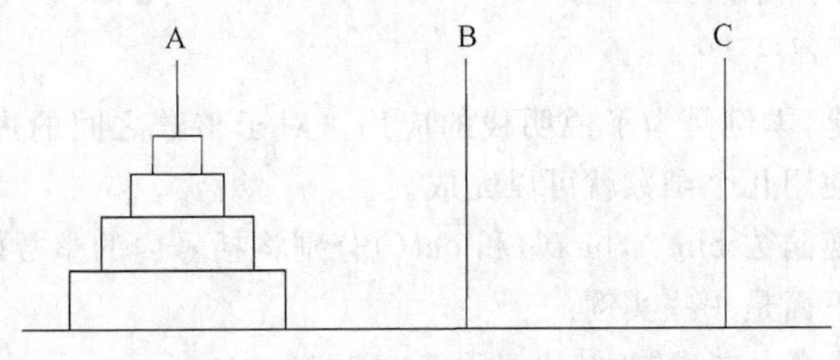

图 4-15　Hanoi 塔问题示意图

由于每次只能搬动一张金盘，搬走的只能是最顶上的，而放在另一个柱子上时也只能放在顶端，这 3 根柱子就是 3 个栈，整个操作就是不断地出栈、入栈的操作。

栈的应用非常广泛，只要问题需要按“先进后出”的规则操作，就可以用栈作为其数据结构，这些应用包括进制转换、括号匹配检查、引号匹配检查、表达式求解、函数调用、递归计算等。

4. Python 中栈的实现

Python 中，也可以用列表实现栈的操作。

- stack=[]　　　　　　　　#置空栈
- stack.append(x)　　　　#元素 x 入栈
- y=stack.pop()　　　　　#元素出栈保存在变量 y 中
- len(stack)　　　　　　　#获得元素个数
- len(stack)==0　　　　　#判空（Python 中空间自动增加，一般不需判满）

【例 4-2】　编写 Python 程序，将输入的十进制正整数转换为二进制整数。

问题分析：将十进制整数转换为二进制数，采用“除 2 取余数”的方法，直到商为 0。而最先得到的余数并不能马上显示，而最后得到的余数是要先显示出来的，刚好用栈保存余数。

源程序：

```
a=int(input("请输入要转换的十进制数:"))
```

```
stack=[]                                #创建空栈
stack.append(a%2)                       #除 2 取余
a=a//2                                  #商
while a>0:                              #商不为 0 时循环
    stack.append(a%2)                   #除 2 取余
    a=a//2                              #商
print("转换后的二进制数为:",end="")
while(len(stack)!=0):                   #栈不空时循环
    y=stack.pop()                       #出栈
    print(y,end="")                     #显示出栈的元素
```

运行结果：

```
请输入要转换的十进制数:12
转换后的二进制数为:1100
```

要特别说明的是，本例是为了说明栈的应用。对于整数之间的进制转换，在 Python 语言中可以简单地使用几个函数就可以完成。

常用的进制转换函数 bin()，hex()和 oct()分别将括号内的整数转换为二进制、十六进制和八进制数。下面是一些实例：

bin(65)将 65 转换为二进制，结果显示为'0b1000001'；

hex(65)将 65 转换为十六进制，结果显示为'0x41'；

oct(65)将 65 转换为八进制，结果显示为'0o101'；

bin(0x41)将十六进制的 41 转换为二进制，结果显示为'0b1000001'；

bin(0o10)将八进制的 10 转换为二进制，结果显示为'0b1000'；

hex(0b1000001)将二进制的 1000001 转换为十六进制，结果显示为'0x41'。

4.2.4 队列

1. 队列的概念和操作

【课堂提问 4-12】 日常生活中，排队的规则是什么样的？

购物、交款时，总会遇到排队的问题，一般的排队规则是：后来的人排在队伍的后面，排在前面的人办完事就离开。先进来的先出去。排成的一队是一个线性结构，这个结构中增加元素在结构的一端进行，而删除元素则是在结构的另一端进行，这也是一种特殊的线性结构——队列。

队列(queue)是只能在表的一端进行插入操作，而在另一端进行删除操作的特殊线性表。允许删除元素的一端称为**队头**，允许插入元素的一端称为**队尾**。队列的示意图见图 4-16。新元素总是加到队尾，每次删除的元素总是在队头，显然不论元素按何种顺序进入队列，也必然按这种顺序出队列，所以队列又称为**先进先出**(first in first out，FIFO)**表**或后进后出(last in last out，LILO)表。

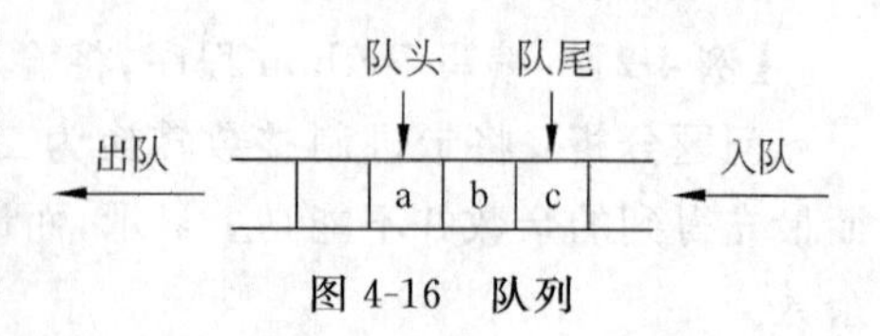

图 4-16 队列

和栈不同的是，队头和队尾的位置都是可以发生变化的，为了表示队头和队尾两个位置，通常使用队头指针 front 和队尾指针 rear。

队列的主要操作如下：

- 判断队列是否满。
- 判断队列是否为空。
- 入队：在队尾插入元素。
- 出队：在队头删除元素。
- 取队头元素。

队列也是经常使用的结构，例如，上面提到的日常生活中排队购物的例子，总是先到的先接受服务；又如许多软件中都有一个打印文档的菜单命令，如果一个打印任务还没有完成，同时又有几个程序也要执行打印操作，则操作系统会将这些打印请求按先后次序放入队列中，前面的打印完成，从队头取出一个请求执行打印任务。

【课堂提问 4-13】 除了前面举的例子，生活中还有哪些场合可以看到栈或队列的结构？

2. Python 语言中队列的应用

Python 语言，队列也可以用列表实现。入队操作使用列表的 append 方法，出队操作使用列表的 pop(0)方法，使用 pop(0)方法出队操作时要带参数 0。

- queue=[]　　　　　　　　　　#定义空队列
- queue.append(x)　　　　　　#x 入队
- y=queue.pop(0)　　　　　　#出队，出队元素放入 y 中
- len(queue)　　　　　　　　#求队列长度
- y=queue[0]　　　　　　　　#查看队头元素(不出队)
- len(queue)==0　　　　　　#判断队列是否为空
- queue.clear()　　　　　　#清空队列

【例 4-3】 编写 Python 程序，利用队列，将十进制小数转换为二进制小数。

问题分析：小数转换为二进制，采用的方法是“乘 2 取整，直到小数部分为 0”。但会遇到无限循环小数的情况，要限定位数。先得到的整数是二进制的高位数字，后得到的整数是二进制的低位数字，刚好用队列保存。

源程序：

```
a=float(input("请输入十进制小数"))        #输入小数
queue=[]                                  #置空队列

a=a*2                                     #乘 2
queue.append(int(a))                      #取整,整数入队列
a=a-int(a)                                #取小数
n=1                                       #位数计数 1
#循环转换
while a!=0 and n<16:                      #小数部分不为 0 且位数不够 16 位,循环
```

```
        a=a*2                          #乘 2
        queue.append(int(a))           #取整,整数入队列
        a=a-int(a)                     #取小数
        n=n+1                          #位数加 1
    #构造结果字符串
    s="0."                             #整数部分为 0
    for i in range(len(queue)):        #循环出队
        s=s+str(queue.pop(0)) #出队,元素连接到字符串 s 的后面。str()是将数转换为字符的
    print(s)                           #显示结果字符串
```

运行结果 1：

```
请输入十进制小数 0.625
0.101
```

运行结果 2：

```
请输入十进制小数 0.1
0001100110011001
```

4.3 树型结构

树型结构是一类重要的非线性数据结构，用来表达分支关系的层次结构。客观世界中广泛存在着这样的逻辑关系，如族谱、企事业单位的组织机构、磁盘上的文件结构等都是树型结构。

4.3.1 树

1. 树的定义

树(tree)是由一个或多个结点组成的有限集合，这些结点中：①有且仅有一个特殊的称之为**根(root)结点**的数据元素，这个结点无直接前趋结点，可以有零个或多个直接后继结点；②设结点的数量为 n，当 $n>1$ 时，除根结点以外的其余结点可分为 m 个($m>0$)互不相交的有限子集 $T_1, T_2, \cdots, T_m$，其中每一个子集合本身也构成一棵树，这些子集合构成的树称为根结点的**子树**。

树的一般形式如图 4-17 所示，其中圆圈表示结点，其中的字母表示结点的名字，连线表示结点之间的联系，也称为**分支**，上面的是前驱，下面的是后继，最上面没有前驱的结点是根结点，简称**根**。

2. 树的基本术语

下面结合图 4-17 介绍与树相关的一些术语。

- 结点的度：结点拥有的非空子树的个数，图中结点 A 的度为 3，结点 B 的度为 2，结点 M 的度为 0。

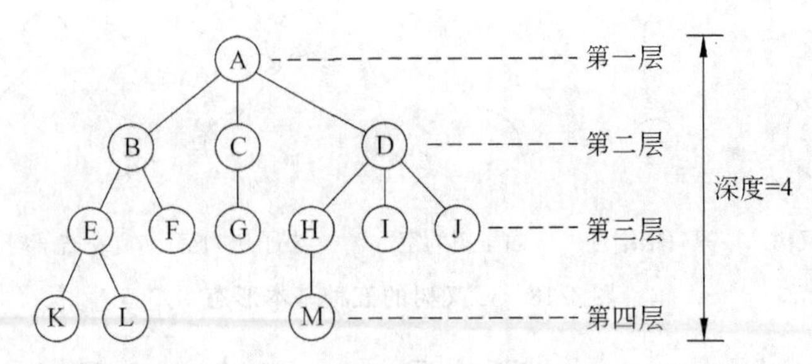

图 4-17　树的一般形式

- 树的度：树中所有结点的度中的最大值，图中结点 A 和结点 D 的度最大，都是 3，所以该树的度为 3。
- 叶子结点：度为 0 的结点称为叶子结点，也称为叶结点，图中的结点 K，L，F，G，M，I 和 J 都是叶结点。
- 分支结点：度不为 0 的结点。
- 孩子结点和父结点：某结点所有子树的根结点都称为该结点的孩子结点（子结点或子女结点），同时该结点也称为其孩子结点的父结点或双亲结点，图中的 K 和 L 是 E 的子结点，E 则是 K 和 L 的父结点。
- 兄弟结点：具有相同父结点的结点互为兄弟结点，如图中的 K 和 L 互为兄弟结点。
- 结点的层次：根结点的层次为 1，其子结点的层次为 2。依此类推，子结点的层次总比父结点多一层。例如，图 4-29 中 E，F，G 三个结点层次为 3。
- 树的深度：树中结点所在的最大层次，图中树的深度为 4。
- 有序树和无序树：将树中各结点的子树看成自左向右有序的，则称该树为有序树，否则称为无序树。

4.3.2　二叉树

由树的逻辑结构可以看出，由于树的度的不确定性，会导致树的存储结构变得非常复杂，因此，需要一种较为一致的树的形态，以便于基本操作的实现，引入二叉树就是一种解决方法，这样可以将树转化为二叉树表示，然后再进行处理。

1. 二叉树的定义及性质

二叉树（binary tree）是 $n(n\geqslant 0)$ 个结点的有限集合，它可以是空树（$n=0$），当二叉树非空时，其中有一个根结点，余下的结点组成两个互不相交二叉树，分别称为根的**左子树**和**右子树**。二叉树是有序树，也就是说任意结点的左、右子树不可以交换，按此定义，二叉树可以有 5 种基本的形态，如图 4-18 所示。

由于二叉树中每个结点具有其左右子树的次序不能任意颠倒这一特性，这样，由 3 个结点构成的二叉树会具有 5 种不同的基本形态，如图 4-19 所示。

二叉树有下列一些重要的性质：

① 在二叉树的第 k 层上最多有 2^{k-1} 个结点（$k\geqslant 1$）。

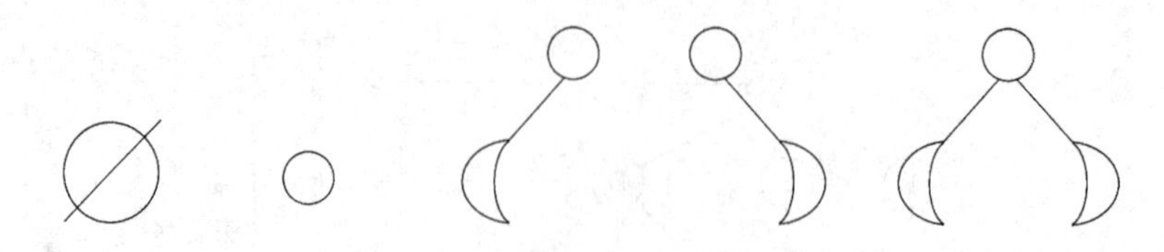

图 4-18　二叉树的五种基本形态

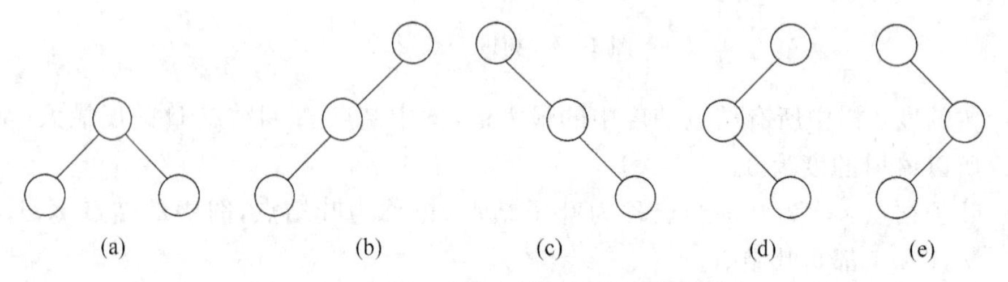

图 4-19　含有 3 个结点的二叉树的各种形态

② 深度为 h 的二叉树上至多含 2^h-1 个结点($h\geqslant 1$)。

2. 满二叉树和完全二叉树

当二叉树每个分支结点的度都是 2,并且所有叶子结点都在同一层上,则称其为**满二叉树**,也就是说,满二叉树中每一层结点都达到了该层的最大结点数,图 4-20 是一个深度为 3 的满二叉树。

从满二叉树的叶子结点所在的层次中,如果自右向左连续缺少若干叶子结点,这样得到的二叉树被称为**完全二叉树**,图 4-21 就是一棵完全二叉树。满二叉树可以看成完全二叉树的一个特例。

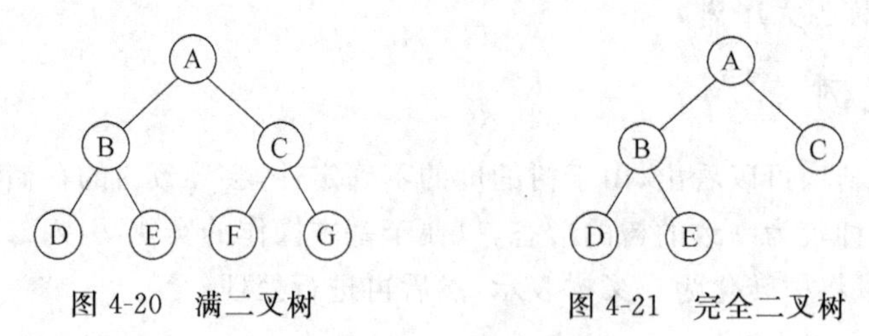

图 4-20　满二叉树　　图 4-21　完全二叉树

3. 二叉树的顺序存储

二叉树也可以采用顺序存储或链式存储的方法。

先分析一个完全二叉树的顺序存储,如果将图 4-21 的完全二叉树的每个结点从上到下、每一层从左至右进行 $1\sim n$ 的编号,如表 4-2 所示。

表 4-2　完全二叉树的顺序编号

结点	A	B	C	D	E
编号	1	2	3	4	5

从表中可以看出，完全二叉树中编号为 i 的结点，其编号有如下的特点：

① 若 $i=1$，则该结点是二叉树的根，否则，编号为 $[i/2]$ 的结点为其父结点，这里的 $[i/2]$ 表示 对 $i/2$ 下取整；

② 若 $2\times i>n$，则该结点无左孩子；否则，编号为 $2\times i$ 的结点为其左孩子结点；

③ 若 $2\times i+1>n$，则该结点无右孩子；否则，编号为 $2\times i+1$ 的结点为其右孩子结点。

完全二叉树的这个特点为二叉树顺序存储提供了依据，可以按编号的顺序依次将每个结点的数据保存到一个一维数组中，就可以得到完全二叉树的顺序存储。例如，图 4-21 所示的完全二叉树在 Python 中可以用列表表示为 Tree＝["","A","B","C","D","E"]，下标就是表 4-2 中的结点编号。由于没有标号为 0 的结点，所以 Tree[0]是空字符。

根据二叉树中结点编号之间的关系，对于任何一个结点，都可以方便地找出其父结点和子结点，从而可以方便地实现各种基本的运算。

但是，对于一个非完全二叉树，如果也按同样的方法对结点进行编号，显然，这个编号不再满足完全二叉树中结点编号的规律，也就不能直接进行顺序存储。

要按顺序存储一个非完全二叉树，先要将其转化为完全二叉树，转换方法是在非完全二叉树中增设一些"虚"的结点，在编号时，这些虚结点也同样进行编号，在使用数组保存时，虚结点对应的位置可以表示为 NULL 或 ∧，这样，就可以采用顺序存储的方法保存任意一个二叉树，图 4-22 就是对一个非完全二叉树进行的"完全化"过程。

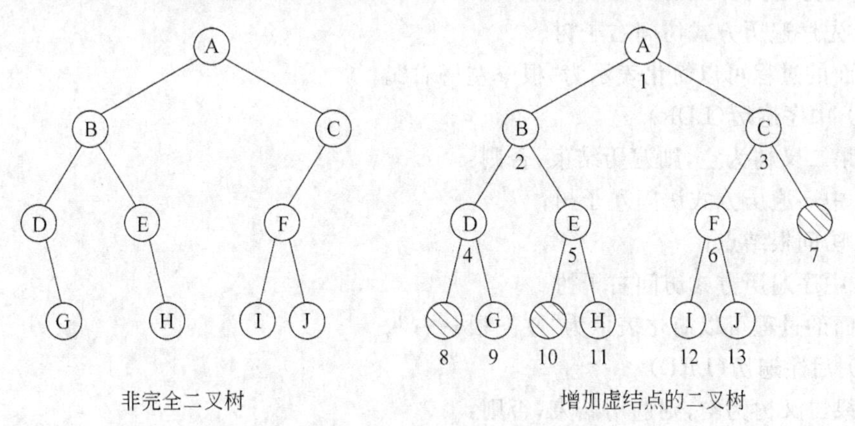

图 4-22 非完全二叉树的"完全化"

在 Python 中，图 4-22 的二叉树用列表表示为

Tree2＝["","A","B","C","D","E","F","＃","＃","G","＃","H","I","J"]

其中，"＃"表示空结点。

4. 二叉树的链式存储

二叉树采用链式存储，每个结点都包含一个数据域和两个指针域，数据域存放数据元素的信息，一个指针域(lchild)指向该结点的左子结点，另一个(rchild)指向该节点的右子结点。没有左子或右子结点时，该值为空（用 NULL 或 ∧ 表示）。

对图 4-21 所示的二叉树采用链表存储时的结构如图 4-23 所示，采用这种结点形式存储的二叉树称为**二叉链表**。

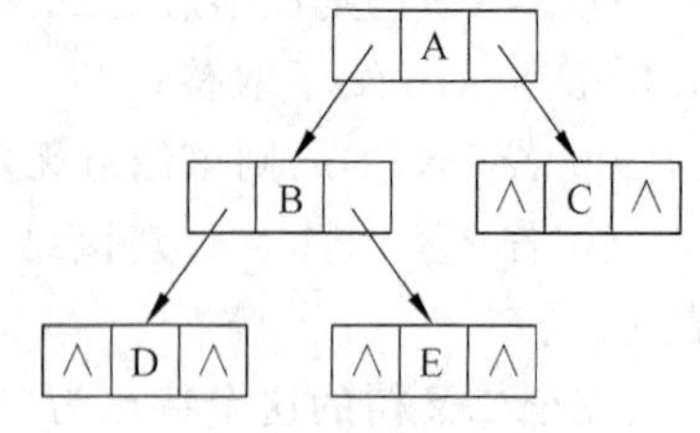

图 4-23　二叉树的链式存储

5. 二叉树的遍历

二叉树的基本操作有：建立二叉树、在二叉树中查找、返回某结点的父节点、左子结点、右子结点等，其中遍历是二叉树的一个常用操作。**二叉树的遍历**指按照某种顺序访问二叉树中的所有结点，使得每个结点只被访问一次。

对于一个非空的二叉树，它由 3 个部分组成，即根结点、左子树、右子树，如果分别用 D,L,R 表示根结点、左子树、右子树，要依次遍历这 3 部分，按其不同的遍历顺序可以有 6 种不同的方案：DLR，LDR，LRD，DRL，RDL，RLD。如果限定先左后右的顺序，则遍历方案缩减为前 3 种。按照访问根结点的先后，分别称之为先序遍历、中序遍历和后序遍历。

(1) 先序遍历(DLR)

如果二叉树为空，则遍历结束，否则：

① 访问根结点；

② 先序遍历方式访问左子树；

③ 先序遍历方式访问右子树。

上面的过程可以简化表示为"根→左→右"。

(2) 中序遍历(LDR)

如果二叉树为空，则遍历结束，否则：

① 中序遍历方式访问左子树；

② 访问根结点；

③ 中序遍历方式访问右子树。

上面的过程可以简化表示为"左→根→右"。

(3) 后序遍历(LRD)

如果二叉树为空，则遍历结束，否则：

① 后序遍历方式访问左子树；

② 后序遍历方式访问右子树；

③ 访问根结点。

上面的过程可以简化表示为"左→右→根"。

显然，3 种遍历算法不同之处仅在于访问根结点和遍历左、右子树的先后顺序。

【例 4-4】 针对图 4-21 所示的二叉树，写出 3 种遍历的遍历序列。

解：先看先序遍历，按"根→左→右"的顺序。

① 先访问根结点 A；

② 先序方法遍历左子树，这时又要：

先根 B,再左 D,再右 E

③ 先序方式遍历右子树。由于右子树只有一个结点,访问 C。

这样整个先序遍历得到的序列是 ABDEC。

按类似的方法,中序遍历得到的序列是 DBEAC,后序遍历的顺序为 DEBCA。

【课堂提问 4-14】 ①总结先序、中序、后序遍历得到的序列有什么特点?②先序、中序、后序遍历得到的序列唯一吗?③由先序、中序或后序遍历序列能得到唯一的二叉树吗?④由先序和中序遍历序列能得到唯一的二叉树吗?

4.3.3 树转化为二叉树

由于一棵树中各个结点的子树个数不尽相同,在对树结构进行存储和处理时会增加编程的复杂性。如果将一棵树转换为二叉树,则树的存储和操作就会变得简便。

树转换为二叉树的基本原则是:一棵树对应的二叉树中,一个结点的左子结点是它的第一个子结点,即最左边的子结点;一个结点的右子结点是它的下一个兄弟结点。

将树转换为二叉树的步骤如下:

① 加线:在所有兄弟结点之间加一连线;

② 抹线:对每个结点,只保留它与第一个子结点(最左结点)之间的连线,与其他子结点的连线取消;

③ 旋转:以根结点为轴心,顺时针旋转 45°。

这一转换过程如图 4-24 所示。

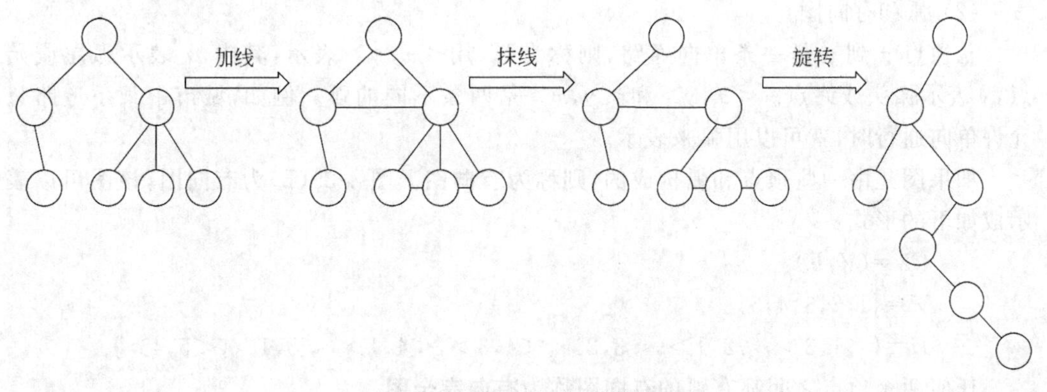

图 4-24 树转换为二叉树的过程

树转换的二叉树中,仍具有树的信息,如父、子结点,兄弟结点等。二叉树也可以转换为树,本书不再介绍。

4.4 图结构

图是一种比树更复杂的非线性数据结构。在图结构中,结点之间的联系是任意的,每个结点都可以与其他结点相联系。图结构来源于现实生活中诸如通信网、交通网、电力网之类的事物,它表现了数据元素之间多对多的联系。

4.4.1 图的定义和基本术语

在图结构中,数据元素一般称为**顶点**。

1. 图的定义

图可以定义为由顶点集合及顶点间的关系集合组成的一种数据结构。一般记作 Graph=(V, E),其中,V 是顶点的有限非空集合,E 是顶点之间关系的有限集合。

2. 图的基本术语

以下是与图有关的术语。

(1) 边和无向图

若顶点 x 到 y 是一条双向通路,则称为**边**,用(x,y)表示,显然(x,y)和(y,x)表示同一条边。

如果图是由一些顶点和边构成的,则称为**无向图**。图 4-25(a)为无向图,该图可以表示成如下的形式:

$$G1=(V,E)$$
$$V=\{1,2,3,4,5\}$$
$$E=\{(1,2),(1,4),(1,5),(2,3),(3,4),(4,5)\}$$

任何两个顶点之间都有边的无向图称为**无向完全图**。

(2) 弧和有向图

若顶点 x 到 y 是一条单向通路,则称为**弧**,用$<x,y>$表示,其中,x 表示弧尾或始点,y 表示弧头或终点。$<x,y>$和$<y,x>$是两条不同的弧。例如,城市中某条道路只允许单向通行时,就可以用弧来表示。

如果图是由一些顶点和弧构成的,则称为**有向图**。图 4-25(b)为有向图,该图可以表示成如下的形式:

$$G2=(V,E)$$
$$V=\{1,2,3,4,5\}$$
$$E=\{<1,3>,<2,1>,<3,2>,<4,3>,<4,1>,<5,1>,<5,4>\}$$

任何两个顶点之间都有弧的有向图称为**有向完全图**。

(3) 邻接点

如果(x,y)是无向图中的一条边,则称 **x 与 y 互为邻接点**;如果$<x,y>$是有向图中的一条弧,则称 **y 为 x 的邻接点**。

(4) 顶点的度

在无向图中,一个**顶点 V 的度**是与它相关联的边的条数。在有向图中,顶点的度分为入度和出度,**顶点 V 的入度**是以 V 为终点的弧的条数,**顶点 V 的出度**是以 V 为起点的弧的条数。在有向图中,**顶点的度**等于该顶点的入度与出度之和。

(5) 权和带权图

某些图的边或弧附带有与它相关的数,称为**权**或**权重**,可以表示从一个顶点到另一个顶点之间的距离、费用、流量、时间等。带有权的图称为**带权图或网络**，图 4-25(c)为网络。

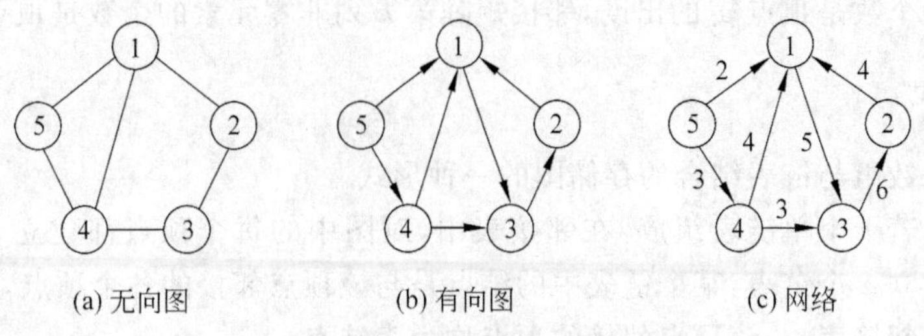

(a) 无向图　　(b) 有向图　　(c) 网络

图 4-25　3 种类型的图结构

4.4.2　图的存储

图的存储形式有邻接矩阵、邻接表、十字链表和邻接多重表等，无论哪种存储形式都需要存储顶点信息及顶点间的关系信息，这里仅介绍邻接矩阵和邻接表存储方式。

1. 邻接矩阵

邻接矩阵的存储方式是利用数组实现的。它使用两个数组，使用一个一维数组存储顶点的信息，使用一个二维数组存储顶点之间边或弧的信息，这个二维数组称为**邻接矩阵**。

假设图 $G=(V,E)$是一个有 n 个顶点的图，则图的邻接矩阵 $\boldsymbol{A}$ 是 n 阶方阵，其内容为

$$\boldsymbol{A}[i][j]=\begin{cases}1 & \text{当} < v_i, v_j > \in E \text{ 或 } (v_i, v_j) \in E \\ 0 & \text{其他}\end{cases}$$

邻接矩阵存储方式可用于无向图或有向图。无向图的邻接矩阵是对称的，有向图的邻接矩阵可能是不对称的。

对于含权的网络而言，其邻接矩阵定义为

$$\boldsymbol{A}[i][j]=\begin{cases}W(i,j) & \text{当} < v_i, v_j > \in E \text{ 或 } (v_i, v_j) \in E \\ \infty & \text{其他}\end{cases}$$

其中，$W(i,j)$是与边或弧相关的权。

【例 4-5】　写出图 4-25 所示图的邻接矩阵。

解：设图 4-25 的邻接矩阵分别为 $\boldsymbol{A},\boldsymbol{B},\boldsymbol{C}$，按照定义，图 4-25 的 3 个不同的图邻接矩阵分别为(图 2-26)。

$$\boldsymbol{A}=\begin{bmatrix}0&1&0&1&1\\1&0&1&0&0\\0&1&0&1&0\\1&0&1&0&1\\1&0&0&1&0\end{bmatrix}\qquad \boldsymbol{B}=\begin{bmatrix}0&0&1&0&0\\1&0&0&0&0\\0&1&0&0&0\\1&0&1&0&0\\1&0&0&1&0\end{bmatrix}\qquad \boldsymbol{C}=\begin{bmatrix}\infty&\infty&5&\infty&\infty\\4&\infty&\infty&\infty&\infty\\\infty&6&\infty&\infty&\infty\\4&\infty&3&\infty&\infty\\2&\infty&\infty&3&\infty\end{bmatrix}$$

(a) 无向图邻接矩阵　　(b) 有向图邻接矩阵　　(c) 有向网络邻接矩阵

图 4-26　三种类型图结构对应的邻接矩阵

利用邻接矩阵可以方便地计算出顶点的度。对于无向图中，某个顶点 v_k 的度是邻接

矩阵中第 k 行或第 k 列元素之和，也就是非零元素的个数。对于有向图，邻接矩阵中第 k 行非零元素的个数是顶点 v_k 的出度，邻接矩阵第 k 列非零元素的个数是顶点 v_k 的入度。

2. 邻接表

邻接表是数组与链表结合的存储图的一种形式。

邻接表由若干个单链表组成，在邻接表中，对图中的每个顶点都建立一个单链表，n 个顶点就要建立 n 个链表，某个链表中的结点是与该顶点邻接的各个顶点，这个单链表就称为该顶点的**邻接表**，与该顶点邻接的顶点称为**表结点**。

另外使用一个一维数组存储每个顶点的详细信息，每个元素称为一个**头结点**。这样，邻接表存储形式中就有两种类型的结点，一种是头结点，另一种是表结点。

每个头结点由两部分构成，一部分是顶点的信息，另一部分是指向其邻接表首元结点的指针（见图 4-27(a)）。表结点存储与头结点邻接的顶点在一维数组的下标号和指向下一个表结点的指针（见图 4-27(b)）。如果是网络，表结点中还要存储头结点到该结点的边或弧的权值（见图 4-27(c)）。这样所有结点的邻接表和头结点数组构成整个图结构的邻接表存储形式。

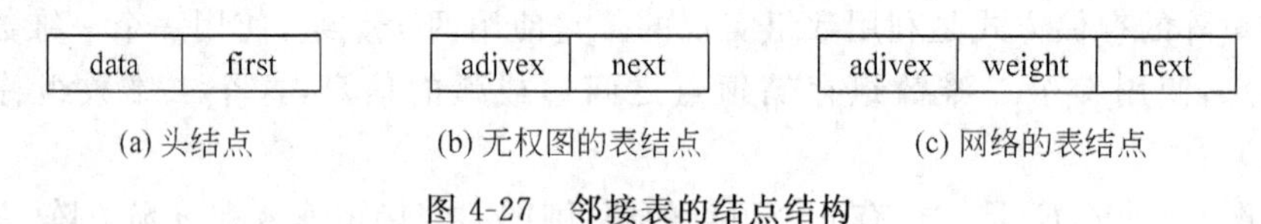

(a) 头结点　(b) 无权图的表结点　(c) 网络的表结点

图 4-27　邻接表的结点结构

【例 4-6】 画出图 4-25(a)中无向图的邻接表。

解：用连续的方格表示一维数组，带箭头的线表示指针所指结点，图 4-25(a)的邻接表见图 4-28。

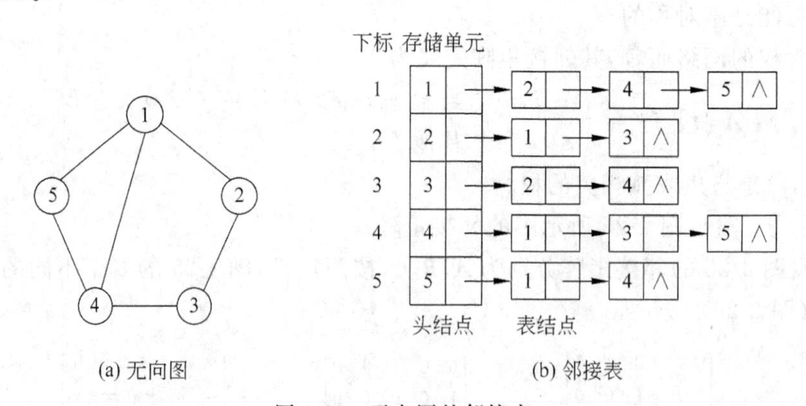

(a) 无向图　(b) 邻接表

图 4-28　无向图的邻接表

在无向图的邻接表中，顶点 v_i 的度恰好是第 i 个邻接表中结点的数目，在有向图的邻接表中，第 i 个邻接表中结点的数目是顶点 v_i 的出度，如果要求其入度，只能遍历整个邻接表了。

【课堂提问 4-15】 请画出图 4-25(b)、(c)的邻接表。

4.4.3　图的遍历

图的遍历是指从图的某个顶点出发沿边或弧访问图中其余所有顶点，并且使图中的每个顶点仅被访问一次的过程。图的许多操作都建立在图的遍历之上。图的遍历算法主要两种：深度优先搜索和广度优先搜索。

1. 深度优先搜索

深度优先搜索的基本思想是：首先访问图中某一起始顶点 v_0，由 v_0 出发，访问它的任一邻接点 v_i；再从 v_i 出发，访问与 v_i 邻接但还没有访问过的顶点 v_j；再从 v_j 出发访问它的没有被访问过的邻接点 v_k，如此进行下去，直至到达某一顶点 v_t 后，发现 v_t 所有的邻接顶点都被访问过。于是从 v_t 退到前一次刚访问过的顶点 v_s，看看 v_s 是否还有其他没有被访问的邻接顶点。如果有则访问此顶点，之后再从此顶点出发，进行与前述类似的“深度”访问；如果没有，就再退回一步进行搜索。重复上述过程，直到图中所有顶点都被访问过为止。

【例 4-7】 对图 4-25(a)中的无向图，写出从顶点 1 出发进行深度优先搜索的序列。

解：首先访问顶点 1，接下来访问 1 的邻接点，因为 1 有 3 个邻接点，并且都未被访问过，在这 3 个中任选一个(例如顶点 5)作为新的出发点，访问顶点 5；接下来找顶点 5 的未访问过的邻接点是顶点 4，访问顶点 4，然后是顶点 4 未访问过的邻接点 3，最后是顶点 3 未访问过的邻接点 2，这样，从顶点 1 出发，深度优先搜索的序列之一为

$$1 \to 5 \to 4 \to 3 \to 2$$

2. 广度优先搜索

广度优先遍历的方法是：选定初始顶点 v，访问顶点 v，然后访问 v 的没有被访问过的顶点 $w_1, w_2, \cdots, w_t$，然后再依次访问 $w_1, w_2, \cdots, w_t$ 的没有被访问过的邻接点。再从这些顶点出发，访问它们没有被访问过的邻接顶点，…，直到所有顶点都被访问过。

【例 4-8】 对图 4-25(a)中的无向图，写出从顶点 1 出发进行广度优先搜索的序列。

解：首先访问顶点 1，然后依次访问 1 的各个未被访问过的邻接顶点 5，4，2，再分别从 5，4，2 出发，访问它们的所有还未被访问过的邻接顶点。图中只有顶点 2 还有未访问过的顶点 3，这时访问顶点 3，这样，该图从顶点 1 出发的广度优先搜索序列为

$$1 \to 5 \to 4 \to 2 \to 3$$

【课堂提问 4-16】 图的遍历序列是不是唯一的？为什么？

习　题　4

1. 单选题

(1) 数据的逻辑结构分为两大类，它们是(　　)。

A. 索引结构和非索引结构　　B. 链式结构和顺序结构

C. 层次结构和网状结构　　D. 线性结构和非线性结构

(2) 下面关于线性表的叙述中，错误的是（　　）。

A. 线性表采用顺序存储，必顺占用一片连续的存储单元

B. 线性表采用顺序存储，便于进行插入和删除操作

C. 线性表采用链接存储，不必占用一片连续的存储单元

D. 线性表采用链接存储，便于插入和删除操作

(3) 线性表在采用链式存储时，其地址（　　）。

A. 必须是连续的　　B. 一定是不连续的

C. 连续不连续都可以　　D. 部分是连续的

(4) 数据的逻辑结构分为两大类，其中属于非线性结构的是（　　）。

A. 索引结构和非索引结构　　B. 链式结构和顺序结构

C. 树结构和图结构　　D. 栈和队列

(5) 在需要经常查找结点的前趋与后继的场合中，使用（　　）比较合适。

A. 单链表　　B. 双向链表　　C. 顺序表　　D. 单循环链表

(6) 下面关于线性表的叙述中，错误的为（　　）。

A. 顺序表使用一维数组实现的线性表

B. 顺序表必须占用一片连续的存储单元

C. 顺序表的空间利用率高于链表

D. 在链表中，每个结点只有一个链域

(7) 有 6 个元素 6,5,4,3,2,1 顺序进栈，下列哪一个不是合法的出栈序列（　　）。

A. 5,4,3,6,1,2　　B. 4,5,3,1,2,6

C. 3,4,6,5,2,1　　D. 2,3,4,1,5,6

(8) 下列哪个是队列的特点（　　）。

A. 先进后出　　B. 先进先出

C. 尾指针追上头指针　　D. 只能顺序存储

(9) 出栈运算（　　）。

A. 只能在栈顶进行　　B. 只能在栈底进行

C. 可以在栈顶或栈底进行　　D. 可以在栈中间的任意位置进行

(10) 入队运算（　　）。

A. 只能在队头进行　　B. 只能在队尾进行

C. 可以在队头或队尾进行　　D. 可以在队列中间的任意位置进行

(11) 以下数据结构中（　　）不是线性结构。

A. 队列　　B. 栈　　C. 单链表　　D. 二叉树

(12) 下述（　　）是顺序存储方式的优点。

A. 存储密度大

B. 插入运算方便

C. 删除运算方便

D. 可方便地用于各种逻辑结构的存储表示

(13) 下列各项中属于线性表的是(　　)。

A. 由n个实数组成的集合　　B. 由所有整数组成的序列

C. 由100个英文字符组成的序列　　D. 数组

(14) 深度为5的二叉树的结点最多有(　　)。

A. 10个　　B. 16个　　C. 31个　　D. 32个

(15) 队列经常采用的两种存储结构是(　　)。

A. 顺序存储结构和链表存储结构　　B. 散列方式和索引方式

C. 链表存储结构和邻接表　　D. 线性存储结构和非线性存储结构

(16) 在链式存储的线性表中,插入一个元素时(　　)。

A. 需要移动元素和修改指针　　B. 不需要移动元素和修改指针

C. 需要移动元素,但不需要修改指针　　D. 不需要移动元素,但需要修改指针

2. 填空题

(1) 顺序表中,逻辑上相邻的元素,其物理位置________相邻,单链表中,逻辑上相邻的元素其物理位置________相邻。

(2) 在图结构中,每个结点可以有________个前趋结点,每个结点可以有________个后继结点。

(3) 队列中可以添加元素的一端称为________,可以删除元素的一端称为________。

(4) 一个线性表如果经常进行的是查询操作,很少进行插入和删除操作,适合采用________结构,反之,经常进行插入和删除操作时,适合采用________存储结构。

(5) 某二叉树的先序遍历为ABDEC,中序遍历为DBEAC,则该二叉树的后序遍历为________。

(6) 某个有向图有5个顶点,其邻接矩阵如下,其中第3个顶点的度为________。

$$\mathbf{A}=\begin{bmatrix}0&0&1&0&0\\1&0&0&0&0\\0&1&0&0&0\\1&0&1&0&0\\1&0&0&1&0\end{bmatrix}$$

(7) 在顺序表中,第3个元素的起始存放地址为2000,每个元素占5个字节,则第6个元素的起始存放地址为________。

(8) 非空二叉排序树中,根结点左子树中所有结点的关键字________根结点的关键字。

(9) 深度为6的完全二叉树中第5层结点个数是________。

(10) 如果(x,y)是无向图中的一条边,则y和x互相为________。

(11) 设有n个结点的完全二叉树,如果按照从自上到下、从左到右从1开始顺序编号,则第i个结点的双亲结点编号为________。

(12) 在一个具有n个顶点的无向完全图中,包含有________条边。

(13) 一棵二叉树的顺序存储结构为

L=['#','A','B','C','D','E','F','G','#','#','H','I'](其中,'#'表示虚结点,A 为根结点),则结点 I 的父结点为________。

3. 判断题

(1) 线性表采用顺序存储方式时,必须占用一片连续的存储单元。 ( )

(2) 线性表在采用链式存贮时,其地址一定是不连续的。 ( )

(3) 顺序存储方式插入结点的操作比较方便。 ( )

(4) 200 以内所有偶数的集合构成了一个线性表。 ( )

(5) 在图结构中,每个结点可以有无数个前趋结点。 ( )

(6) 由一些顶点和弧构成的图称为有向图。 ( )

(7) 将非完全二叉树转化为完全二叉树的方法是在非完全二叉树中增设一些虚结点。 ( )

(8) 完全二叉树中每一层结点都达到了该层的最大结点数。 ( )

(9) 在 Python 中对队列 queue 进行出队操作,可以使用语句 queue. pop(0)完成。 ( )

(10) 单链表所占空间的大小随链表长度变化而动态的变化。 ( )

(11) 非空二叉排序树中,根结点左子树中所有结点的关键字大于根结点的关键字。 ( )

(12) 线性表采用链接存储时,便于插入和删除操作。 ( )

(13) 出栈操作在栈顶或栈底都可以进行。 ( )

(14) 顺序存储的线性表中,插入一个元素时需要移动元素。 ( )

(15) 双链表适合需要经常查找结点的前趋与后继的场合。 ( )

(16) 任何两个顶点之间都有边的无向图称为无向完全图。 ( )

(17) 对完全二叉树采用顺序存储时,对于任何一个结点,根据结点编号之间的关系,都可以方便地找出其父结点和子结点。 ( )

(18) 满二叉树的叶子结点所在的层次中,自右向左连续缺少了若干个叶子结点。 ( )

(19) 在 Python 中对队列 queue 进行元素"C"的入队操作,可以使用语句 queue. append ("C")完成。 ( )

(20) 链表结构事先需要为所有的结点分配存储空间。 ( )

4. 简答题

(1) 比较线性表中顺序存储和链式存储各自的优缺点和应用场合。

(2) 双向链表与单链表相比有什么不同?

(3) 对图 4-29 所示的树结构,回答下面的问题:

① 树的度是多少?

② 树的高度是多少?

③ 该树有多少个叶结点？

④ 结点 B 的度是多少？有几个兄弟结点？

(4) 有一棵二叉树如图 4-30 所示，写出该二叉树的先序遍历、中序遍历和后序遍历序列。

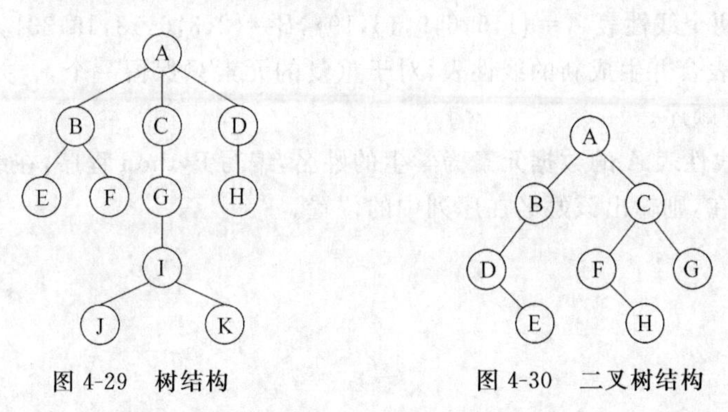

图 4-29 树结构　　图 4-30 二叉树结构

(5) 已知某二叉树的后序遍历为 BDECA，中序遍历为 BADCE，请画出该二叉树，并写出先序遍历。

(6) 已知有向图的邻接表存储结构如图 4-31 所示，写出从顶点 1 出发，深度优先遍历(DFS)的输出序列。

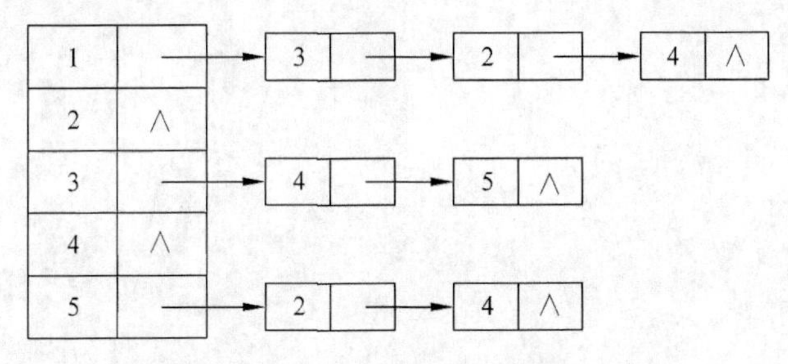

图 4-31 邻接表存储结构

(7) 请写出图 4-32 的邻接矩阵(从 1 开始，行、列对应的结点编号从上到下、从左到右递增)。

(8) 一个图的顶点为{a,b,c,d,e}，其邻接矩阵如下(图 4-33)：

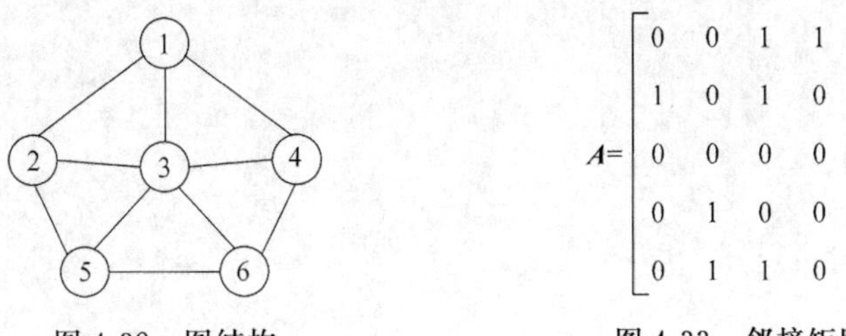

$$\boldsymbol{A}=\begin{bmatrix}0&0&1&1&0\\1&0&1&0&0\\0&0&0&0&0\\0&1&0&0&1\\0&1&1&0&0\end{bmatrix}$$

图 4-32 图结构　　图 4-33 邻接矩阵

① 画出该图的逻辑结构。

② 画出图的邻接表表示。

③ 写出从顶点 a 出发的深度优先搜索序列和广度优先搜索序列。

(9) 编写 Python 程序，判断输入的字符串是否是回文字符串。

(10) 已知两个线性表 $A=\{1,5,6,9,15,19\}$，$B=\{2,3,8,13,17,33\}$，编写 Python 程序，将两个线性表合并生成新的线性表，合并后的表中元素仍按从小到大的顺序。

(11) 已知两个线性表 $A=\{1,5,6,9,15,19\}$，$B=\{2,3,6,13,15,33\}$，编写 Python 程序，将两个线性表合并生成新的线性表，对于重复的元素只保留一个，合并后的表中元素仍按从小到大的顺序。

(12) 已知线性表 A 的数据元素为学生的姓名，编写 Python 程序，在线性表中查找某个姓名，如果存在，则输出该姓名在序列中的位置。

第5章 查找、排序和算法策略

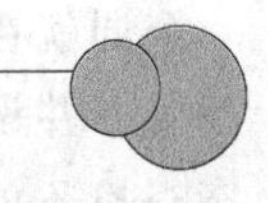

查找和排序是实际工作中常见的数据处理操作。同样，在编写程序时，查找和排序算法也有着十分广泛的应用。由于数据量的规模不同，数据组织形式不同，所使用的查找和排序算法也应有所不同。虽然 Python 语言的一些对象（比如列表），本身就具有查找和排序的方法，但对于初学者而言，学习并实现常见的查找和排序算法，对于培养计算思维大有裨益。本章将首先研究查找和排序的问题。

另一方面，从本质上看，程序所能解决的问题都是在一个数字化的范围内找出答案。换言之，就是在可能包含问题解的数字空间中寻求答案。算法策略就是在问题的解空间中搜索答案的方法。需要强调的是，算法策略是一些宏观的、概括性的方法描述，是宏观战略而不是具体战术。本章后半部分将介绍一些常见的算法策略。

5.1 查找算法

查找的方法种类繁多，有的适合于线性存储结构，有的适合于非线性存储结构。而且，不同方法的效率也差异巨大。这里介绍几种在实际应用中经常使用的查找算法。

5.1.1 查找的基本概念

对于计算机软件而言，查找肯定是在存储器中的一些数据中进行的，而且这些数据一般是同一类的，比如一个学院所有学生的高等数学成绩、一个小区所有住户的信息、某一年的某一类图书的信息等。这些由同一类数据构成的用于查找的集合称为查找表。**查找表**是具有一定结构的数据集合，可能是线性结构、树型结构或图结构等。查找表中的数据元素可以是基本数据类型，如整数类型、字符串等；也可以是复杂数据类型，如学生个人信息、一本图书的信息等。如果是在复杂数据类型中进行查找，那么查找往往是根据数据元素的某个属性进行的，例如，根据学号查找一个学生的信息，根据作者查找某一本图书的信息等，这种被用于查找的数据元素的属性一般称为**关键字**。

查找表是为了进行查找而建立起来的数据集合。有时候查找表一旦建立，在以后的查找过程中就不会改变，这样的查找表称为**静态查找表**，所对应的查找算法属于静态查找技术。而有些时候查找表建立后，在后来的查找过程中仍会改变查找表的内容，这样的查找表称为**动态查找表**，所对应的查找算法属于动态查找技术。例如，要统计一篇文章中使用了多少词以及每个词的使用次数。常用的方法是先建立一个空的查找表，以后每读到一个词就在查找表中进行查询，如果该词存在，则其使用次数加一，否则将新词插入到查找表中并设使用次数为1。显然，这个查找表是不断扩充的，这就是动态查找。也有些动态查找还可能会逐渐缩小查找表。

衡量查找算法效率的指标是平均查找长度（average search length）。**平均查找长度**是为了确定数据元素在查找表中的位置，需要将被查找的值和表中的数据元素的关键字进行比较的次数的期望值。平均查找长度ASL的计算方法为

$$\mathrm{ASL} = \sum_{i=1}^{n} P_i C_i$$

其中，n 为**表长**（即查找表元素个数）；P_i为查找第 i 个元素的概率，且 $\sum_{i=1}^{n} P_i = 1$；C_i为找到该记录时，曾和给定值比较过的数据元素的个数。在很多情况下，人们比较关心等概率条件下算法的平均查找长度，这时 $P_i = 1/n$，所以平均查找长度计算公式变为

$$\mathrm{ASL} = \frac{1}{n} \sum_{i=1}^{n} C_i$$

也就是找到表中某个元素所需的平均比较次数。有时精确计算平均查找长度并不容易，这时可退而考察平均查找长度相对于问题规模（即表长 n）的数量级，如$O(n/2)$等。

5.1.2 顺序查找

在一组没有规律的数据元素中进行查找时，最普通的方法就是按自然顺序从头向后逐个查找，这就是顺序查找。设表中有 n 个数据元素，**顺序查找**从表的最前端开始，顺序将元素的关键字的值与给定的值进行比较，遇到相等则查找成功，得到该元素的信息或位置；如果比较到末尾都不等于给定值，则查找失败，给出失败信息或失败标志。

顺序查找一般用于线性结构，又称线性查找。设线性表采用顺序存储结构，待查找元素为 x，则顺序查找的算法可描述如下。

1. 算法和程序

【算法 5-1】 顺序查找算法。

设待查找表存放在数组 L 中，表长为 n，L[i]（i=0，1，…，n－1）表示第 i+1 个元素，待查找元素为 key。

① i=0
② 当 i<n 且 L[i]!=key 时循环
    i=i+1
③ 如果 i==n，返回-1，表示没有找到
   否则，返回 i，表示找到的元素的下标
④ 结束

【例 5-1】 编写顺序查找的 Python 程序。

源程序：

```
def seqSearch(L,key):                      #定义查找函数,在 L 中找 key
i=0                                        #初始化循环变量,表示要比较的元素的下标
while i<len(L)and key!=L[i]:               #没有找到且没有结束时循环
    i=i+1                                  #循环变量加 1,指下一元素
if i>len(L)-1:                             #没有找到
    return -1                              #返回-1
else:                                      #找到
    return i                               #返回下标
#主程序
L1=[21,61,72,30,9,98]                      #定义一个列表
key=int(input("待查找的数是:"))              #输入待查找元素
n=seqSearch(L1,key)                        #调用函数进行查找
if n==-1:                                  #没有找到
    print("未找到")                         #
else:                                      #找到了
    print(key,"是下标为",n,"的元素")          #
```

运行结果:

```
>>>
待查找的数是:98
98 是下标为 5 的元素
>>>
```

上述算法的主要工作是比较 L[i]和 key,为了避免操作超出数组的下标上界(称为**越界或超界**),同时需作 i 是否小于 len(L)的判断,也就是每次循环要比较两个条件,这使得算法的比较次数几乎增加一倍。

为提高效率,可将待查找元素放在数组的末尾,这样查找时就一定能找到,不需再做越界的判断,只是,如果是在中间找到,说明是真的找到了;如果是在末尾找到,说明原数据中是没有这样的元素的,是“假找到”。

【算法 5-2】 改进的顺序查找算法。

设待查找表存放在数组 L 中,表长为 n,L[i](i=0,1,…,n-1)表示第 i+1 个元素,待查找元素为 key。

① i=0,L[n]=key

② 当 L[i]!=key 时循环

　　i=i+1

③ 如果 i==n,返回-1,表示没有找到

　否则,返回 i,表示找到的元素的下标

④ 结束

【课堂提问 5-1】 能写出改进的顺序查找的 Python 程序吗?①L[n]=key 在 Python 中如何表示?②第③步的 i==n 如何表示?③关键是 n 怎么表示,在哪儿出现?

2. 时间复杂度

下面分析一下改进的顺序查找算法的时间度。对于改进的顺序查找而言，找到第 i 个元素需要 $C_i=i$ 次比较，所以在等概率查找的情况下，顺序表查找的平均查找长度为

$$\text{ASL}=\frac{1}{n}\sum_{i=1}^{n}i=\frac{n+1}{2}$$

上面的结果说明，在查找概率相等的情况下，找到某一个元素的平均比较次数等于序列长度的一半。这和我们的常识相符合。

5.1.3 二分查找

顺序查找算法简单，但平均查找长度较大。有更好的查找方法吗？

【课堂提问 5-2】 生活中也经常需要查找，大家想想，在英汉词典中找某个单词的词义，是如何查找的呢？

如果查找表的元素按关键字的值有序(假定从小到大)存放，那么可采用二分的方法查找。

1. 算法的思想

二分查找也叫**折半查找**，基本思想是：设列表 L 的元素按关键字从小到大排列，待查找元素的关键字为 key，则：比较 key 和 L 中任意一个元素 L[i]，若 key＝L[i]，则 key 在 L 中的位置就是 i；如果 key＜L[i]，由于 L 是递增排序的，因此假如 key 在 L 中的话，必然排在 L[i]的前面，所以只要在 L[i]的前面查找即可；如果 key＞L[i]，同理只要在 L[i]的后面查找即可。无论是在 L[i]的前面还是后面查找，其方法都和在 L 中查找时一样，只不过是序列的规模缩小了。不断重复这一过程，直到查找成功，或者直到查找区间缩小为一个元素时仍未找到目标，则查找失败。事实上，在上面的过程中，如果每次选取的 L[i]都是序列或子序列中间位置的元素，那么效率是最高的，这就是二分查找。

2. 算法描述

【算法 5-3】 二分查找算法。

设查找表为 L，表长为 n，元素 L[i]，i=0,1,…,n-1，元素从小到大有序；

① 设置查找区间初值，设下界 low=0，设上界 high=len(L)-1；

② 若 low≤high 则计算中间位置 mid=(low+high)/2(mid 为整数，结果不为整数时下取整)，继续执行③；否则转④。

③ 若 key<L[mid]，则设 high=mid-1 转②；
若 key>L[mid]，则设 low=mid+1 转②；
若 key=L[mid]，则查找成功，返回目标元素位置 mid。

④ 当 low>high 时，查找失败，返回-1。

【例 5-2】 给定有序数列{5,6,11,17,21,23,28,30,32,40}，写出查找 30 的二分查找的过程。

解：设查找表为 L，下标从 0 开始，查找关键字值为 30 的数据元素，low 为下界位置，high 为上界位置，mid 表示中间位置，则查找过程如下：

第 1 次：{ 5,6,11,17,21,23,28,30,32,40 }

↑　　　↑　　　↑

low=0　mid=(0+9)/2=4　high=9

30>L[4]=21，low=mid+1=5

第 2 次：{ 5,6,11,17,21,23,28,30,32,40 }

↑　　↑　　↑

low=5　mid=7　high=9

key=30=L[7]，查找成功。

3. 二分查找搜索树和时间复杂度

如果数组 L={1,2,3,4,5,6,7,8,9,10,11,12,13,14,15,16,17,18,19}，则二分查找过程相当于在图 5-1 所示的树结构中搜索了一条由树根到树叶的路线，这棵树称为**二分查找搜索树**。若元素数目为 n，则对应的这种树的深度大约是 $O(\log_2 n)$，所以总体而言二分查找的时间复杂度(最大)为 $O(\log_2 n)$。

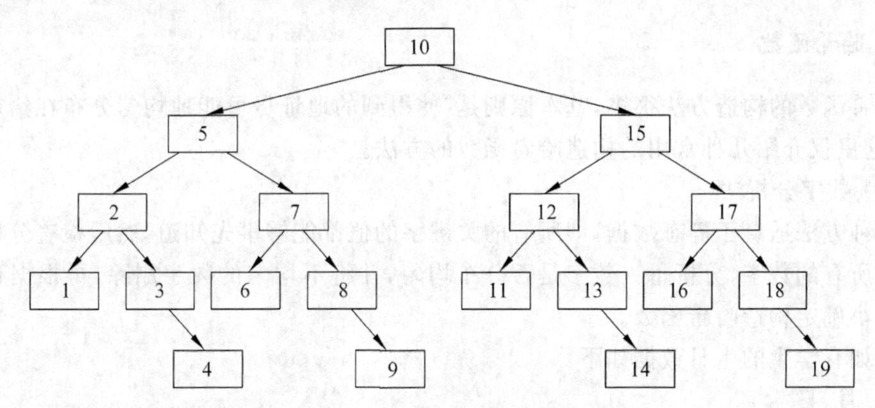

图 5-1　二分查找的搜索树

二分查找的程序将作为课后练习，请读者自己完成。

5.1.4　哈希表及哈希查找

前边讨论的查找算法有一个共同特点，就是在搜索过程中，需要通过对给定值与查找表中相应元素的关键字进行比较来实现，且都采用平均查找长度作为衡量算法好坏的指标。一个算法的平均查找长度与关键字的比较次数有着密切的关系，换句话说，就是算法的优劣将取决于关键字的比较次数。那么，是否可以寻求一种不必进行关键字比较而达到查找目的的方法呢？这就是哈希查找。

1. 哈希表

查找时，之所以要进行元素的比较，是因为不确定元素的位置。而哈希存储可以根据关键字的值确定存储位置。如果这样，就不需要或基本不需要比较。

在元素的关键字与它的存储位置之间建立一个函数关系：

$$address = H(key)$$

存放时，根据元素的关键字计算出存放位置并按此位置存放；查找时，根据查找的关键字计算出存储位置，按此位置找到数据元素，若关键字值相等则查找成功。根据关键字确定存储位置的函数称为**哈希（Hash）函数**，产生的地址称为**哈希地址**，数据的这种存储方式就是**哈希存储**（即散列存储）。由此方式产生的反映数据元素和存储位置的表格或结构称为**哈希表**。

注意，哈希和散列基本是同一个概念，所以哈希表也称散列表，哈希函数也称散列函数。

一般来说，数据元素的关键字的取值范围可能是很大的（例如学生的学号），而哈希表的可用存储空间可能远远无法容纳所有关键字的取值。换言之，函数的值域远小于定义域。所以说哈希函数是一种"压缩映像"。这样就有可能将不同的关键字值映射到同一个地址上，这种现象称为**冲突**。当然不能将两个数据元素存储到同一块存储单元中。产生冲突要进行解决，想办法找到另一个合适的存储单元。有冲突时会降低哈希查找的效率，所以哈希函数要尽量避免或减少冲突。

哈希查找的前提是构造哈希表，构造哈希表的关键是设计哈希函数。

2. 哈希函数

哈希函数的构造方法很多，基本原则是"使得到的地址尽可能地均匀分布在给定空间中"。这里仅介绍几种常用的构造哈希函数的方法。

(1) 数字分析法

这种方法适合于静态数据，即所有的关键字的值都能够事先知道，然后检查分析关键字值中所有的数字，分析每一数字是否分布均匀，并将不均匀的数字删除，再根据存储空间的大小确定构造哈希函数。

例如有学生的生日数据如下：

年.月.日

75.10.03

75.11.23

76.03.02

76.07.12

⋮

经分析，构成日期的6位数字（不包括分隔符）中第1位、第2位、第3位重复的可能性很大，取这3位造成冲突的机会增加，所以尽量不取前3位，取后3位比较好。即取出生日期的后3位作为哈希地址，如 H(76.03.02)=302。

(2) 分段叠加法

这种方法是按哈希表地址位数将关键字从左向右分成位数相等的几部分（最后一部分可以较短），然后将这几部分相加，舍弃最高进位后的结果就是该关键字的哈希地址。具体方法有折叠法与移位法。**移位法**是将分割后的每部分低位对齐相加。**折叠法**是从一端向另一端沿分割界来回折叠(奇数段为正序,偶数段为倒序),然后将各段相加。

【例 5-3】 有一批数据的某关键字是一个 17 位的数字,这批数据不超过 1000 个,分别使用移位法和折叠法设计哈希函数,计算 key=12360324711202065 时的哈希地址。

解:关键字 17 位,如 key=12360324711202065,数据不超过 1000,可以设计哈希表长为 1000(地址号为 000～999,3 位),则应把关键字分成 3 位一段,分别进行移位叠加和折叠叠加。

移位叠加:

123+603+247+112+020+65=1170

address=$H1$(12360324711202065)=170

折叠叠加:

123+306+247+211+020+56=963

address=$H2$(12360324711202065)=963

算式见图 5-2。

```
      1  2  3            1  2  3
      6  0  3            3  0  6
      2  4  7            2  4  7
      1  1  2            2  1  1
      0  2  0            0  2  0
+)       6  5      +)       5  6
-------------      -------------
   1  1  7  0            9  6  3
```

(a) 移位叠加　　(b) 折叠叠加

图 5-2　叠加法求哈希地址

通过例题可以看到,移位法分段后,每个加数的数字都是从左向右排列的,而折叠法的奇数号加数的数字是从左向右排列,而偶数号的加数的数字是从右向左排列的。

【课堂提问 5-3】 说说折叠法中"折叠"的意思。

(3) 除留余数法

假设哈希表长为 m,p 为小于等于 m 的整数(p 经常取接近或等于 m 的素数),则哈希函数为

H(key)=key % p,其中,%为模 p 取余运算。

【例 5-4】 已知待散列元素为(18,75,60,43,54,90,46),哈希表表长 $m=10$,合适的 p 值是多少,计算哈希地址。

解:表长 $m=10$,合适的 p 为 7,小于 10,素数。各元素的哈希地址为

$H(18)=18 \% 7=4$　$H(75)=75 \% 7=5$　$H(60)=60 \% 7=4$

$H(43)=43 \% 7=1$　$H(54)=54 \% 7=5$　$H(90)=90 \% 7=6$

$H(46)=46 \% 7=4$

可以看出,此时冲突较多。为减少冲突需要采用下面的冲突解决方法。

3. 解决冲突的方法

在实际应用中,无论如何构造哈希函数,冲突是无法完全避免的。为了解决冲突,就

需要为不同关键字得到相同地址中的某一个或某几个数据元素寻找另外的存储地址，下面介绍两种解决冲突的办法。

(1) 开放地址法

这个方法的基本思想是：当发生地址冲突时，按照某种方法继续探测哈希表中的其他存储单元，直到找到空位置为止。这个过程可用下式描述：

$$H_i(\text{key})=(H(\text{key})+d_i) \bmod m(i=1,2,\cdots,k(k\leqslant m-1))$$

其中，$H(\text{key})$为关键字 key 的直接哈希地址，m 为哈希表的长度，d_i为每次再探测时的地址增量。采用这种方法时，首先计算出元素的直接哈希地址 $H(\text{key})$，如果该存储单元已被其他元素占用，则继续查看地址为 $H(\text{key})+d_1$的存储单元，如此重复直至找到某个存储单元为空时，将关键字为 key 的数据元素存放到该单元。增量 d_i可以有不同的取法，并根据其取法有不同的称呼：

若 $d_i=1,2,3,\cdots$，则称为**线性探测再散列**。

若 $d_i=1^2,-1^2,2^2,-2^2,\cdots$，则称为**二次探测再散列**。

【例 5-5】 设有哈希函数 $H(\text{key})=\text{key} \bmod 7$，哈希表的地址空间为 0～6，对关键字序列(32,13,49,55,22,38,21)按线性探测再散列解决冲突的方法构造哈希表。

解：地址空间 0～6，也就是 $m=7$(哈希表长)。

由于 32%7=4，故 32 的存储位置为 4；

由于 13%7=6，故 13 的存储位置为 6；

由于 49%7=0，故 49 的存储位置为 0；

由于 55%7=6 发生冲突，按线性探测再散列计算，下一个存储地址(6+1)%7=0，仍然发生冲突，再下一个存储地址(6+2)%7=1 未发生冲突，存入数据；

由于 22%7=1 发生冲突，下一个存储地址是(1+1)%7=2 未发生冲突，存入数据；

由于 38%7=3，故 38 的存储位置为 3；

由于 21%7=0 发生冲突，按照上面方法继续探测直至空间 5，不发生冲突，存入数据。

最后所得到的哈希表如表 5-1 所示。

表 5-1 哈希表存储情况

存储单元的下标	0	1	2	3	4	5	6
存储的内容	49	55	22	38	32	21	13

在这个例子中，哈希表的存储空间长度和数据元素个数相等。实际上哈希表的空间长度不一定和数据元素个数相等，前者往往大于后者，这样虽然会造成一些空间的浪费，但也可以适当减少冲突发生。

注意：如果一个哈希表是利用开放地址法处理冲突所产生的，在哈希表中删除一个元素时要谨慎，不能直接删除，因为这样将会截断其他具有相同哈希地址的元素的查找过程，所以通常采用设定一个特殊的标志以示该元素已被删除。

(2) 链地址法

这种方法的基本思想是将所有哈希地址为 i 的元素构成一个称为**同义词链**的单链

表,并将单链表的头指针存在哈希表的第 i 个单元中,因而查找、插入和删除主要在同义词链中进行。链地址法适用于经常进行插入和删除的情况。

【例 5-6】 已知一组关键字(32,40,36,53,16,46,71,27,42,24,49,64),哈希表长度为 13,采用链地址法解决冲突,构造哈希表。

解: 哈希表表长为 13,可以取 $p=13$,哈希函数为 $H(\text{key})=\text{key}\%13$,采用链地址法解决冲突,哈希地址相同的元素在同一个链表中,构造的哈希表如图 5-3 所示。

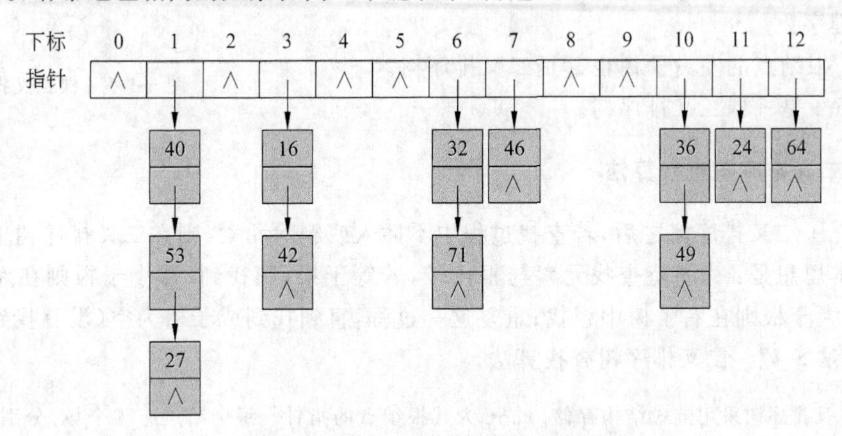

图 5-3　链地址法解决哈希表冲突

4. 哈希查找

哈希查找,顾名思义就是基于哈希表结构的查找算法,其基本思想是:按照建立哈希表时的哈希函数,根据给定关键字值,直接求出其哈希地址,若该地址中数据元素为空,则查找失败;如果该地址中数据元素不为空,且其关键字值与给定关键字值相等,则查找成功;如果该地址中数据元素不为空,但其关键字值不等于给定关键字值,则需按照建立哈希表时解决冲突的办法,继续在"下一个哈希地址"中查找,如此深入,直至找到或者某一哈希地址中的元素为空时结束。

哈希查找的方法是一种直接计算存储地址的方法,在查找过程中,如果构造哈希表所选择的哈希函数使得地址分布均匀的话,几乎无须进行比较,就可以得出"找到"或者"找不到"的结论的。但由于在构造哈希函数时难以避免发生冲突,因此,在考察哈希查找的效率时,不但要考虑查找时所需比较的次数,还需考虑求取哈希地址所需的时间,显然,此时仍然可以用平均查找长度作为评价哈希查找效率的标准。关于哈希查找的算法效率分析,是一个比较复杂的问题,在这里就不作讨论了。

【课堂提问 5-4】 哈希查找中,"若该地址中数据元素为空,则查找失败",请想想如何确定或标记一个存储单元为空。

5.1.5　二叉排序树查找

动态查找技术所依赖的查找表以树状结构居多,例如二叉排序树、B+树、B-树等。它们的共同特点是结构灵活,易于实现插入、删除等操作。这里主要介绍二叉排序树。

1. 什么是二叉排序树

二叉排序树可能为一棵空的二叉树，若非空则必须满足以下特征：

(1) 根结点左子树中所有结点的关键字小于根结点的关键字。

(2) 根结点右子树中所有结点的关键字大于或等于根结点的关键字。

(3) 根结点的左右子树也都是二叉排序树。

图 5-4 是一棵二叉排序树。

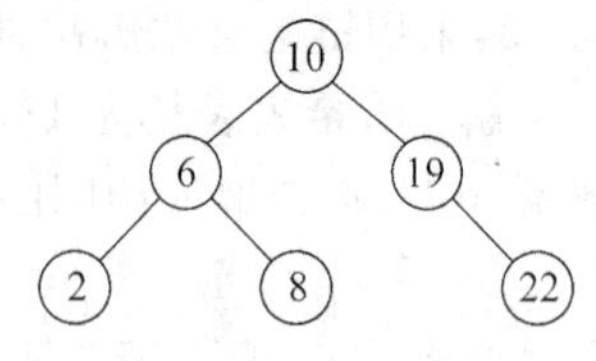

图 5-4　一棵二叉排序树

2. 二叉排序树查找算法

建立了二叉排序树之后，若查找过程中不插入或删除元素，则在二叉排序树中查找元素的基本思想是：先将待查找元素与根比较，若等于根，则找到；若小于根则在左子树中查找；若大于根则在右子树中查找；重复这一过程，直到找到或子树为空(没有找到)。

【算法 5-4】　二叉排序树查找算法。

设二叉排序树采用链式结构存储，root 为其根结点的指针。每个结点有 4 个域，分别是 left, right, key 和 data，分别表示左子树的根结点指针，右子树的根结点指针，关键字和数据元素信息，用"指针->数据域名"表示，如 root->left、root->right 分别表示根的左子树的根和右子树的根。

① 待查找元素的关键字值为 x，p 为指针，p=root。

② 若 p=NULL，查找失败，转④；
　若 p->key=x 则查找成功，转④。

③ 若 p->key<x，则 p=root->left；
　若 p->key>x，则 p=root->right；
　转②。

④ 若 p=NULL，查找失败；
　否则，查找成功，p 为找到的元素的指针(地址)。

以上描述的是一种静态查找方法。

显然，查找过程实际上是沿着一条从根到叶子的路径逐一进行比较。在所有结点被查找的概率相等的条件下，二叉排序树形态越接近满二叉树，其平均查找长度也越小；反之，二叉排序树左右子树深度差越大，则平均查找长度越大。若二叉排序树的形态左右均衡，则在等概率查找的情况下，其平均查找长度的数量级为 $O(\log_2 n)$，这一点与二分查找相同。

实际上，二叉排序树既可以作为静态查找表使用，也可作为动态查找表使用。作为动态查找表使用时，查找过程还涉及插入新结点。其算法如下。

【算法 5-5】　二叉排序树中的查找与二叉排序树的生成。

① 在二叉排序树中查找数据 x，若查找成功则程序中止；若查找失败则转入步骤②，执行插入过程；

② 以数据 x 作为关键字建立新结点，假定查找过程最后到达的某叶子结点的指针为 p，比较 x 与

结点 p 的关键字 key,若 x<p->key,则将新结点插入为结点 p 的左孩子;若 x>p->key,则新结点插入为结点 p 的右孩子。

事实上,上述方法既是查找过程,也是生成二叉排序树的过程。当查找成功时,该算法返回目标结点的指针;若查找失败,则插入新结点。

【例 5-7】 描述将二叉树动态查找方法作用于整数序列{10,6,10,19,6,22,19,8,2}的过程。

解:假定初始时二叉排序树为空。

首先将 10 作为根结点插入;

然后查找 6,由于查找不到,故插入 6。通过比较知 6<10,所以将 6 作为 10 的左孩子插入;

查找 10,找到后返回该结点位置指针;

查找 19,由于在 10 的右侧无法找到,故将 19 作为 10 的右孩子插入;

查找 6,由于 6<10,故在 10 的左子树查找,找到后返回该结点位置指针;

查找 22,整数 22 通过和 10,19 比较后,作为 19 的右孩子插入;

查找 8,由于 8<10,8>6,故将 8 作为 6 的右孩子插入;

查找 2,由于 2<10,2<6,故将 2 作为 6 的左孩子插入。

生成二叉排序树的过程如图 5-5 所示。

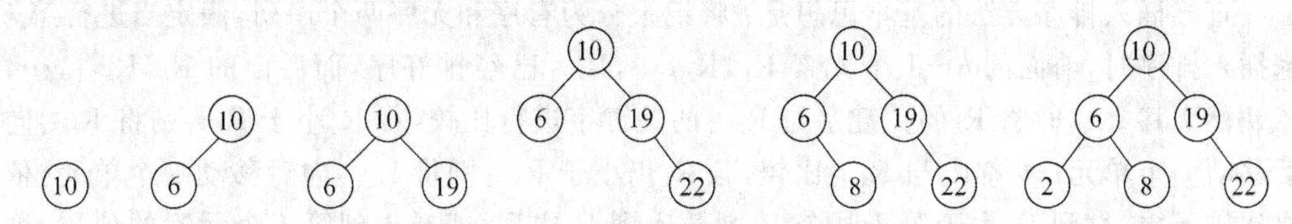

图 5-5　二叉排序树的生成过程

在最差的情况下,当插入的元素序列按关键字有序时,则生成的二叉排序树将退化成所有结点只有左孩子或者只有右孩子的单支树。这与线性结构类似,因而其平均查找长度为$(n+1)/2$,查找效率大为降低。在最好的情况下,二叉排序树的形态将十分接近于完全二叉树,树的深度大约是 $\log_2 n$,因此这时的平均查找长度为 $O(\log_2 n)$。

5.2　排序算法

排序是经常进行的一种操作,其目的是将一组同类型的记录序列调整为按照元素关键字有序的记录序列。例如将学生记录按学号排序,将课程记录按课程编码排序。这些关键字相互之间一定是可以进行比较的。

排序的形式化定义为:假设含 n 个记录的序列为{R_1, R_2,…,R_n},其相应的关键字序列为{K_1, K_2,…,K_n}。这些关键字之间可以进行比较,即在它们之间存在着这样一个关系 $Kp_1 \leqslant Kp_2 \leqslant \cdots \leqslant Kp_n$,按此固有关系将最初的记录序列重新排列为{$Rp_1$, Rp_2, …, Rp_n}的操作称作**排序**。

排序分为内部排序和外部排序。若整个排序过程不需要访问外存便能完成,则称此类排序问题为**内部排序**；反之，若参加排序的记录数量很大，整个序列的排序过程不可能在内存中完成，则称此类排序问题为**外部排序**。本节只讨论内部排序的若干方法。

待排序元素一般都是同类型的，设它们按顺序方式存储。排序过程主要涉及两种操作：比较和交换。

内部排序方法有很多类型，按方法实现特点可分为插入排序、选择排序、交换排序、归并排序等；按方法效率可分为简单的排序法、先进的排序法等。简单的排序法包括插入排序、选择排序、冒泡排序等，它们的时间复杂度为 $O(n^2)$。而先进的排序法包括快速排序、归并排序等，它们的时间复杂度大约为 $O(n\log_2 n)$。简单的排序法一般将记录分为有序和无序两个序列，通过不断将无序序列的记录转换为有序序列的记录实现排序。而先进的排序法往往将记录划分为更多的子序列，先使子序列有序或使得子序列之间整体上有序，最终使得整个序列有序。在实际应用中，应根据序列的结构和初始状态选择合适的排序方法。

为了简化算法描述，本节假设待排序元素 $R_1, R_2, \cdots, R_n$ 为整数，存放于 Python 语言的列表 L 中，要从小到大排序，排序关键字就是数据本身。

这里先介绍 3 种简单的排序方法——直接插入排序、选择排序和冒泡排序。

5.2.1 直接插入排序

直接插入排序方法的基本思想是：将记录分为有序和无序两个序列，假定当进行第 k 趟插入排序时，前面的 $k-1$ 个元素 $R_1, R_2, \cdots, R_{k-1}$ 已经排好序，而后面的 $R_k, R_{k+1}, \cdots, R_n$ 仍然无序。这时将 R_k 的关键字与 R_{k-1} 的关键字进行比较，若 R_k 小于 R_{k-1} 则将 R_{k-1} 向后移动一个单元；再将 R_k 与 R_{k-2} 比较，若 R_k 仍小于 R_{k-2} 则将 R_{k-2} 向后移动一个单元，依次比较下去，直到 R_k 大于等于某个 R_i 则插入到 R_i 之后，或插入到第 1 个元素的位置，这样就实现了前 k 个元素的排序。然后使 $k=k+1$，重复这一过程，直到所有元素都有序。初始时可以认为有序序列为 $\{R_1\}$，通过 $n-1$ 趟插入过程完成排序。

【例 5-8】 对序列{35,22,16,19,$\underline{22}$}应用插入排序，画出排序的过程。为了对序列中相同记录加以区别，使用了下画线。

解：使用插入排序方法对序列{35,22,16,19,$\underline{22}$}排序的过程如下（见图 5-6）：

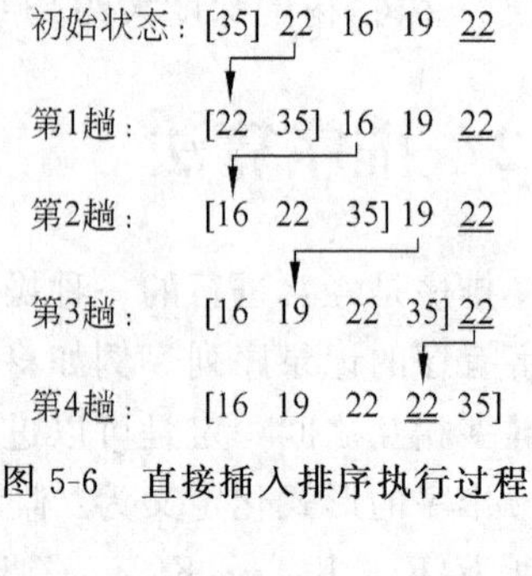

初始状态：[35] 22 16 19 $\underline{22}$

第1趟：[22 35] 16 19 $\underline{22}$

第2趟：[16 22 35] 19 $\underline{22}$

第3趟：[16 19 22 35] $\underline{22}$

第4趟：[16 19 22 $\underline{22}$ 35]

图 5-6 直接插入排序执行过程

第 1 趟：假定 35 为有序子列，将 22 与 35 比较，因 22<35，所以 35 后移一个位置，将 22 插入首个位置。

第 2 趟：[22,35]为有序子列，将 16 与 35 比较，因 16<35，所以 35 后移一个位置；再将 16 与 22 比较，因 16<22，将 22 后移一个位置。最终将 16 插入首个位置。

第 3 趟：[16,22,35]为有序子列，将 19 与 35 比较，因 19<35，所以 35 后移一个位置；再将 19 与 22 比较，因 19<22，将 22 后移一个位置；将 19 与 16 比较，因为 19>16，故 16 不再移动，最终将 19 放在 16 之后。

第 4 趟：[16,19,22,35]为有序子列，将$\underline{22}$与 35 比较，因$\underline{22}$<35，所以 35 后移一个位

置;再将$\underline{22}$与22比较,因$\underline{22}$不小于22,故22不再移动,最终将$\underline{22}$放在倒数第二个位置。

【例5-9】 编写直接插入排序的Python函数。

问题分析:设L为列表,后移元素用L[j+1]=L[j]实现,每趟排序,需要比较和后移若干次,使用循环;而整个排序需要n−1趟,再使用一个循环。每趟需要多次比较和移动,所以控制趟的是外循环,控制比较和移动的作内循环。

源程序:

```
def insertSort(L):                          #定义排序函数,待排序序列为参数
    for i in range(1,len(L),1):             #控制 len(L)-1 趟排序
        temp=L[i]                           #避免前面元素后移覆盖 L[i]
        j=i-1                               #每趟比较的起始下标
        while j>=0 and temp<L[j]:           #循环比较,寻找插入位置
            L[j+1]=L[j]                     #后移
            j=j-1
        L[j+1]=temp                         #插入 L[i],j 最终是插入位置的前一位
#主程序
L1=[1,4,13,19,-6,8,-10,9]
print("排序前:",L1)
insertSort(L1)                              #调用排序函数进行排序
print("排序后:",L1)
```

运行结果:

```
>>>
排序前: [1, 4, 13, 19, -6, 8, -10, 9]
排序后: [-10, -6, 1, 4, 8, 9, 13, 19]
>>>
```

如果排序前序列已经有序,则内层的while循环每次只比较一次就结束,这时整个算法的时间复杂度仅由外层的for循环决定,其复杂度为n数量级,也可写作$O(n)$。可见,当整个序列基本有序时,插入排序的效率是比较高的。但是在一般情况下,内层while循环的时间复杂度也是$O(n)$。因此,本算法中记录比较次数和移动次数约为n^2数量级,或者说直接插入排序的时间复杂度约为$O(n^2)$。

5.2.2 简单选择排序

简单选择排序的基本思想是:将记录分为有序和无序两个序列,假定第k趟排序时,前面的$R_1,R_2,\cdots,R_{k-1}$已经排好序,而后面的$R_k,R_{k+1},\cdots,R_n$仍然无序。则选择R_k到R_n中的关键字最小的记录与R_k交换,交换后有序序列增加了一个元素(即第k个记录),而后面的无序序列则减少一个元素。当无序部分只有一个元素时,就不用再排了。初始时有序部分为空,而后每一趟选择排序有序部分都增加一个元素,这个过程需要$n-1$趟。

【例5-10】 对序列{35,22,16,19,$\underline{22}$}采用简单选择排序方法排序,画出排序过程。

解:序列{35,22,16,19,$\underline{22}$}的简单选择排序过程如下(见图5-7):

第1趟:在全序列中选择最小元素16,将16与第1个元素35交换,于是16成为有

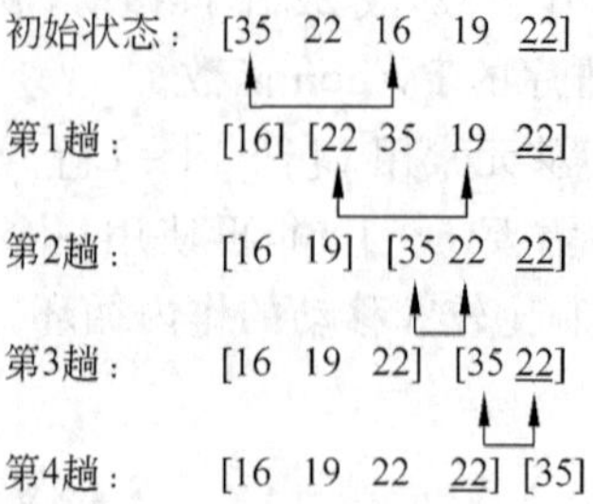

```
初始状态：  [35  22  16  19  22]
第1趟：    [16] [22  35  19  22]
第2趟：    [16  19] [35 22  22]
第3趟：    [16  19  22] [35 22]
第4趟：    [16  19  22  22] [35]
```

图 5-7　简单选择排序执行过程

序序列的首个元素。

第 2 趟：在子序列{22,35,19,22}中选择最小元素 19，将 19 与子序列第 1 个元素 22 交换，于是 19 成为有序序列的第 2 个元素。

第 3 趟：在子序列{35,22,22}中选择最小元素 22，将 22 与子序列第 1 个元素 35 交换，于是 22 成为有序序列的第 3 个元素。

第 4 趟：在子序列{35,22}中选择最小元素22，将22 与子序列第 1 个元素 35 交换，于是22 成为有序序列的第 4 个元素。

【例 5-11】 编写简单选择排序的 Python 函数。

源程序：

```
def selectSort(L):                             #定义排序函数,参数时待排序的列表 L
    for i in range(0,len(L)-1,1):              #外循环,控制趟
        k=i                                    #记下 i,是当前遇到的最小元素的下标
        for j in range(i+1,len(L),1):          #控制内层循环,进行选择过程
            if L[j]<L[k]:                      #当前元素比无序部分最小个元素小
                k=j                            #记下下标
        if k!=i:                               #最小元素不是第 1 个元素
            temp=L[i]                          #交换
            L[i]=L[k]
            L[k]=temp
#主程序
L1=[1,9,65,23,4,10]
print("排序前:",L1)
selectSort(L1)                                 #调用函数排序
print("排序后:",L1)
```

运行结果：

```
>>>
排序前：[1, 9, 65, 23, 4, 10]
排序后：[1, 4, 9, 10, 23, 65]
>>>
```

简单选择排序的时间复杂度为 $O(n^2)$。

5.2.3　冒泡排序

冒泡排序的基本思路是：第一趟排序对全部记录 $R_1, R_2, \cdots, R_n$ 自左向右顺次两两比较，若 R_k 大于 R_{k+1}(其中 $k=1,2,\cdots,n-1$)，则交换两者，第一趟排序完成后 R_n 成为序列中最大元素。第二趟排序对序列前 $n-1$ 个记录采用同样的比较和交换方法，第二趟排序完成后 R_{n-1} 成为序列中仅比 R_n 小的次大的记录。第三趟排序对序列前 $n-2$ 个记录采用同样处理方法。如此做下去，最多做 $n-1$ 趟排序，整个序列成为有序序列。

【例 5-12】　对序列{35,22,16,19,22}应用冒泡排序，画出排序过程。

解：对序列{35,22,16,19,22}应用冒泡排序，过程如下(见图 5-8)：

第 1 趟：比较 35 和 22，因 35＞22，所以交换两者；继续比较 35 和 16，因 35＞16，所以交换两者；继续比较 35 和 19，因 35＞19，所以交换两者；继续比较 35 和22，因 35＞22，所以交换两者；于是 35 成为有序序列的最后一个元素。

初始状态：	35	22	16	19	22
第1趟：	22	16	19	22	[35]
第2趟：	16	19	22	[22	35]
第3趟：	16	19	[22	22	35]
第4趟：	16	[19	22	22	35]

图 5-8　冒泡排序的执行过程

第 2 趟：在子序列{22,16,19,22}中，比较 22 和 16，因 22＞16，所以交换两者；继续比较 22 和 19，因 22＞19，所以交换两者；再比较 22 和 22，因前者不大于后者，所以不需要交换；于是22 成为有序序列的倒数第二个元素。

第 3 趟：在子序列{16,19,22}中，比较 16 和 19，因 16 不大于 19，两者不交换；将 19 与 22 比较，因 19 不大于 22，两者不交换；于是 22 成为有序序列的第 3 个元素。

第 4 趟：在子序列{16,19}中，比较 16 和 19，因 16 不大于 19，两者不交换。元素 19 位置被确定，排序结束。

【例 5-13】　编写冒泡排序的 Python 函数。

源程序：

```
def bubleSort(L):                           #定义函数
    for i in range(0,len(L)-1):             #控制 n-1 趟
        for j in range(0,len(L)-1-i):       #内层循环,控制两两比较
            if L[j]>L[j+1]:                 #两两比较
                temp=L[j]                   #交换
                L[j]=L[j+1]
                L[j+1]=temp
#主程序
L1=[2,-4,-27,8,9,17,93]
print("排序前:",L1)
bubleSort(L1)                               #调用函数排序
print("排序后:",L1)
```

运行结果：

```
>>>
排序前: [2, -4, -27, 8, 9, 17, 93]
排序后: [-27, -4, 2, 8, 9, 17, 93]
>>>
```

冒泡排序的两重嵌套循环都与元素数 n 有关，一般情况下时间复杂度也是 $O(n^2)$。

5.3 算法策略

算法策略是人们在长期的软件开发实践中总结出来的解决问题的思想方法。常见的有枚举法、递归法、分治法、回溯法、贪心法等。

5.3.1 枚举法

1. 枚举法的基本思想

很多问题根据其描述和相关的知识，能为该问题确定一个解的空间范围，这个范围可能是一系列整数、空间的一系列点、一个树状组织形式的字符串集合等。枚举法就是在这个解空间范围内的众多可能解中按某种顺序进行逐一枚举和检验，直到找到一个或全部符合条件的解为止。

枚举法适合于解空间有限的问题，其关键首先是确定一个合理的解空间范围（范围太大则枚举法可能失效），其次是确定合理的搜索顺序，保证搜索过程不重复、不遗漏。枚举法一般使用循环结构来实现，其总体框架如下：

【算法 5-6】 枚举法的框架。

```
设解的个数为 n，初始时 n=0；
循环（枚举每一可能解）：
        若（该解法满足约束）：
            输出这个解；
            解的数量 n 加 1；
```

当然，循环的形式可能各式各样，比如使用嵌套式循环、while 形式的循环等。应用枚举法通常有以下几个步骤：

① 建立问题的数学模型；

② 确定问题的解空间（可能解的集合）；

③ 确定合理的筛选条件，用来选出问题的解；

④ 确定搜索策略，逐一枚举解空间中的元素，验证是否是问题的解。

2. 枚举法应用举例

【例 5-14】 0-1 背包问题。给定 n 件物品和一个背包，物品 i 的重量是 w_i，其价值为 $v_i(i=0,\cdots,n-1)$，背包的承重量为 c。问如何选择装入背包的物品使装入的物品总价值最大，写出算法，物品不能分割。

【问题分析】 每件物品，要么装入背包，要么不装。考虑一个 n 元组 $x(x_0,x_1,\cdots,x_{n-1})$，其中，每个元素可取 0 或 1，$x_i=0$ 表示不选第 i 件物品，而 $x_i=1$ 则表示选取第 i 件物品。显然每个 n 元组的取值等价于一个选择方案。假设 n 件物品的重量和价值分别存储于列表 w 和 v 中，而可能的解的 n 元组存放于列表 x 中，则 0-1 背包问题描述为

$$\max \sum_{i=0}^{n-1} v_i x_i$$

$$\text{s. t.} \sum_{i=0}^{n-1} w_i x_i \leqslant c,$$

$$x_i \in \{0,1\}, \quad 0 \leqslant i \leqslant n-1$$

其中，s. t. 代表 subject to，意思是“受约束于”，表示“下面”是约束条件。枚举所有可能的 n 元组 x，找到使得满足约束条件且使重量最大的就是问题的解。

显然，每个分量取值为 0 或 1 的 n 元组的个数共有 2^n 个。而每个 n 元组其实对应了一个长度为 n 的二进制数，且这些二进制数的取值范围为 $0 \sim 2^n-1$。因此，如果把十进制整数 $0 \sim 2^n-1$ 分别转化为相应的二进制数，则可以得到所需要的 2^n 个 n 元组。枚举所有 n 元组合对应的方案，即可得到答案。

【算法 5-7】 0-1 背包问题的枚举法。

```
MAXVALUE=0                                #MAXVALUE 存储最大价值，初值为 0
y=(0,0,…,0)                               #最优方案，也初始化为全 0(n 个)
循环，令 i 从 0 到 2^n-1:
    把 i 转化为二进制数，逐位存储于 x 中
    计算重量之和 tmpw = Σ(i=0..n-1) w_i * x_i
    计算价值之和 tmpv = Σ(i=0..n-1) v_i * x_i
    若 tmpw≤c 且 tmpv>MAXVALUE:
            MAXVALUE=tempv, y=x
输出 MAXVALUE 和方案 y
```

【例 5-15】 八皇后问题。在 8×8 的国际象棋棋盘上放置 8 个皇后，任意两个皇后都不在同一行，也不在同一列，也不在同一对角线上。求满足条件的摆放方法有多少。

解题思路：图 5-9 所示是八皇后问题的一个正确摆法(即一个解)。

若考虑 8 个棋子在棋盘上所有不同情况的摆法，则 8 个棋子中第 1 个棋子有 64 个摆放位置，第 2 个有 63 个摆放位置，…，第 8 个有 57 个摆放位置，则可能的方案就有 64×63×62×…×57 种。可以列举每一种摆法，而后考察每种方案是否符合条件。这个计算量非常大，以至于用普通计算机在可以忍受的时间内无法解决问题。

图 5-9 八皇后问题的一个解

事实上，若 8 个棋子位于 8 行 8 列的棋盘中，要求任意两个不同行、不同列，则任一解必然是各行、各列只包含一个棋子，其他情况必然不是解。于是可以定义一个列表 y，在 y[0]～y[7]中存放第 0～7 行的棋子所在的列号，每行一个棋子，这样就保证了所有棋子至少都不在一行。每一行中，y[i]的取值可以是 0～7。将 8 行棋子可能的列都测试一遍，就可以得到全部答案。这样做需要枚举的情况为 8^8 种(包含同列的情形)。

若两行棋子在同一列上，则有 y[i]＝y[j]（其中 i,j 是这两行的行号）；若两行棋子在同一对角线上，则会有|i－j|＝|y[i]－y[j]|，所以，若一种摆法为问题的解，则任意第 i 行和第 j 行，必须满足：

$$y[i] \neq y[j] \text{且} |i-j| \neq |y[i]-y[j]| \quad (0 \leqslant i, j, y[i], y[j] \leqslant 7)$$

【算法 5-8】 八皇后求解算法。

```
r=0;                                          #存放解的数量
循环(令 y[0]从 0 到 7):                        #试探第 1 行棋子可能的位置
  循环(令 y[1]从 0 到 7):                      #试探第 2 行棋子可能的位置
    循环(令 y[2]从 0 到 7):                    #试探第 3 行棋子可能的位置
      循环(令 y[3]从 0 到 7):                  #试探第 4 行棋子可能的位置
        循环(令 y[4]从 0 到 7):                #试探第 5 行棋子可能的位置
          循环(令 y[5]从 0 到 7):              #试探第 6 行棋子可能的位置
            循环(令 y[6]从 0 到 7):            #试探第 7 行棋子可能的位置
              循环(令 y[7]从 0 到 7):          #试探第 8 行棋子可能的位置
                #判断是否有两个棋子在同一列或同一条对角线上
                flag←1;                        #先假设本方案是解
                循环(令 i 从 0 到 7):
                    循环(令 j 从 i+1 到 7):
                        若(y[i]==y[j]或|i-j|==|y[i]-y[j]|):
                            flag=0;            #不满足条件,表示不是方案
                若(flag==1)则:
                    r=r+1;                     #解的数量加 1,y[0]～y[7]的取值就是一组解
输出解的数量 r;
```

实际上，八皇后问题解的数目为 92 个。

枚举法易于理解，容易实现，很多情况下使用优化可以大大提高枚举法的效率。但枚举法也有显著的缺点。比如上面的 8 皇后问题，如果将棋盘变成 n 行 n 列（n 为可变数字），同时将棋子数目也变成 n 个，则上面的枚举法就无法适应。

5.3.2 递归法

1. 什么是递归

直接或间接地调用自己的算法称为递归算法。用函数自身给出定义的函数称为递归函数。简单来说，递归就是自己用自己。

例如，$n!$，数学上这样定义：

$$n! = \begin{cases} 1 & n = 0 \\ n \times (n-1)! & n > 0 \end{cases}$$

这就是一个递归的函数定义，在定义阶乘（$n!$）时，又用到了阶乘（$n-1$）!。如果将 $n!$ 记作 $f(n)$，则上式变为

$$f(n) = \begin{cases} 1 & n = 0 \\ n \times f(n-1) & n > 0 \end{cases}$$

下面写成算法的形式。

【算法5-9】 n!的递归算法。函数名为factorial,参数为n。

```
factorial(n):
    若 n=0:
        y=1
    否则
        y=n * factorial(n-1)
    返回 y
```

源程序:递归实现的求n!的Python程序如下:

```
def fac(n):
    if n==0:
        y=1
    else:
        y=n * fac(n-1)
    return y
#主程序
n=int(input("输入整数 n:"))
y=fac(n)
print(n,"!=",y)
```

运行结果:

```
>>>
输入整数 n:5
5!=120
>>>
```

这个程序是如何计算出n!的呢?比如要计算3!,首先调用函数fac(2),在fac(2)中会再调用fac(1),进一步调用fac(0)。在fac(0)中,由于n==0成立,结果返回1,这实际是返回到了fac(1)中,计算出fac(1)再返回到fa(2)中,计算机fac(2)再返回到fac(3)中,计算出fac(3)再返回到主程序中。阶乘函数执行过程如图5-10所示。

2. 递归求解的条件

什么样的问题能用递归的方法求解呢?一般来讲,能用递归法来解决的问题必须满足两个条件:

(1) 原问题能通过求解更小规模的类似问题求解。更小规模的类似问题的求解可以调用函数自身。

(2) 必须有一个明确的递归结束条件(又称递归出口)。即当问题规模小到一定程度时,问题的解可以直接得到,不再调用函数自身。

在计算n!的问题中,$n=0$的情形就是递归结束条件,n!可以通过计算$(n-1)$!后再乘以n得到,这是条件(1),而$(n-1)$!就可调用函数自身。

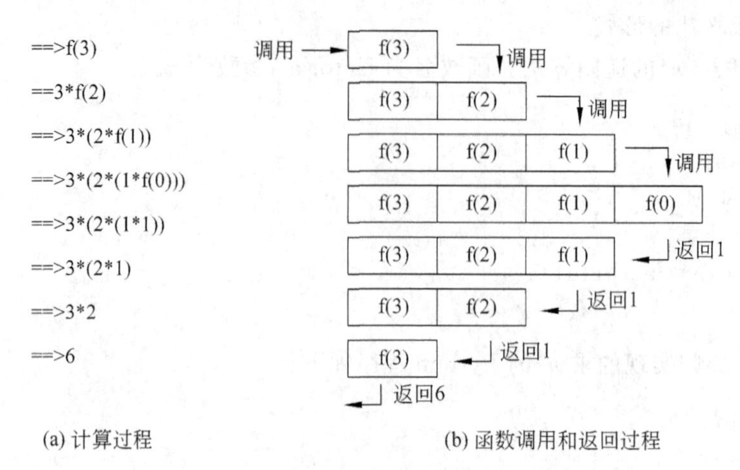

图 5-10　求阶乘的递归函数执行过程

【例 5-16】 编写递归计算斐波那契数列的第 n 项(n 从 0 开始)的算法。

解：斐波那契数列的递归定义形式如下：

$$f(n)=\begin{cases}1 & n=0\text{ 或 }1\\ f(n-1)+f(n-2) & n>1\end{cases}$$

这个递归函数可直接转化为下面的算法。

算法描述：递归计算斐波那契数列的第 n 项(n 从 0 开始)的算法。

```
fib(n):
    若 n=0 或 n=1:
        return 1
    否则:
        return fib(n-1)+fib(n-2)
```

如果要计算 f(5)，其函数调用过程如图 5-11 所示。一共进行了 14 次调用，其中，f(0)计算了 3 次，f(1)计算了 5 次，f(2)计算了 3 次，f(3)计算了 2 次。另外，从图中容易看出 n 每增加 1，其递归调用的总数几乎增长一倍，所以计算量的增加十分迅速。

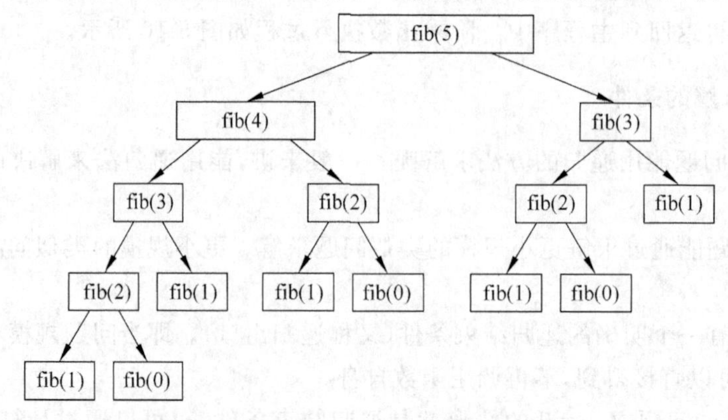

图 5-11　计算 fib(5)的函数递归调用过程

事实上，一般递归并不是最好的方法。除了会做许多重复计算外，递归调用是借助于系统中的栈结构来实现的。每次调用递归函数时，系统会为调用者（当前这层函数）构造一个由局部变量和返回地址组成的活动记录，并将其压入到由系统提供的一个栈的栈顶，然后将程序的控制权转移到被调用函数。被调函数执行完毕时，系统将栈顶的记录出栈，并根据出栈的记录中所保存的返回地址将程序的控制权转移给上一级调用者继续执行。因为它要进行多层函数调用，所以会消耗很多栈空间和函数调用时间。阶乘和斐波那契数列计算都可以用非递归的方法实现。

递归法虽然有一些缺点，但这种方法在分析和解决问题时仍然较为实用，主要是它的算法简洁优美，并且在解决适当规模的问题时仍然很有效。递归法也是其他很多算法中经常使用的解题方式，例如在回溯法、分治法等算法中，常常使用递归的思路。

3. 递归法的应用

【例 5-17】 汉诺（Hanoi）塔问题的求解。

在第 4 章介绍栈时，已经介绍过汉诺塔问题。现在希望写出计算机程序，显示求解 n 张金盘的问题时金盘的移动过程。

问题分析：这个问题在盘子比较多的情况下，很难直接写出移动步骤。可以先分析盘子比较少的情况。设初始时金盘在 A 柱子上，目标是 C 柱子。

假定 A 柱上的盘子从大到小（即从下到上）依次为：盘 1，盘 2，…，盘 n。如果只有一个盘子，则不需要利用 B 座，直接将盘子从 A 移动到 C 上。如果有 2 个盘子，可以先将盘 2 移动到 B；将盘子 1 移动到 C；再将盘子 2 移动到 C。这说明了：可以借助 B 将 2 个盘子从 A 移动到 C，当然，也可以借助 C 将 2 个盘子从 A 移动到 B。如果有 3 个盘子，那么根据 2 个盘子的结论，可以借助 C 将盘 2 和盘 3 从 A 移动到 B；将盘 1 从 A 移动到 C，A 变成空座；借助 A 座，将 B 上的两个盘子移动到 C，3 个盘子的问题就解决了。

设 $n-1$ 个盘子问题已解决。对 n 个盘子的问题，可以借助 C 将盘 1 上的 $n-1$ 个盘子从 A 移动到 B；将盘 1 移动到 C，A 变成空座；借助空座 A，将 B 座上的 $n-1$ 个盘移动到 C，n 个盘子的问题就解决了。

根据以上的分析，可以写出汉诺塔问题的递归方法。

$$\begin{array}{l}\text{借助 B 将 } n \text{ 个盘从 A 移到 C} \\ \text{(借助 B)}\end{array} = \begin{cases} \text{将一个盘从 A 移到 C} & n=1 \\ \text{借助 C 将 } n-1 \text{ 个盘从 A 移到 B(借助 C)} & \\ \text{将一个盘从 A 移到 C} & n>1 \\ \text{借助 A 将 } n-1 \text{ 个盘从 B 移到 C(借助 A)} & \end{cases}$$

为了编写一个递归函数实现“借助 B 将 n 个盘从 A 移到 C”，比较上述等号左右两边相似操作，会发现：

（1）盘子的数量从 n 变化到 $n-1$，问题规模缩小了，显然 n 是一个可变的参数；

（2）等号两侧盘子的初始位置是不同的，等号左侧是 A，右侧是 A 或 B；

（3）等号两侧盘子的最终位置是不同的，等号左侧是 C，右侧是 B 或 C；

（4）同样等式两侧被借助的位置也是变化的，等号左侧是 B，右侧是 C 或 A。

以上观察说明，递归函数的参数有盘数、初始位置、借助位置和最终位置 4 个变量。

算法描述：

```
#n-盘数、chA-初始位置、chB-借助位置、chC-最终位置
Hanoi(n, chA, chB, chC):
    若 n==1:                                    #盘子数量为 1,终止情况
        输出 chA,"->",chC;                       #移动一个盘从 chA 到 chC
    否则:                                        #盘子数量大于 1,继续进行递归过程
        Hanoi(n-1,chA,chC,chB);                 #借助 chC 将 n-1 个盘子从 chA 移到 chB
        输出 chA,"->",chC;                       #移动一个盘子从 chA 到 chC
        Hanoi(n-1,chB,chA,chC);                 #借助 chA 将 n-1 个盘子从 chB 移到 chC
```

源程序：求解汉诺塔问题的 Python 程序为

```
def hanoi(n,chA,chB,chC):
    if n==1:
        print(chA,"->",chC)
    else:
        hanoi(n-1,chA,chC,chB)
        print(chA,"->",chC)
        hanoi(n-1,chB,chA,chC)
#主程序
n=int(input("输入盘子数量 n:"))
if n<1:n=1
y=hanoi(n,'A','B','C')
```

运行结果：

```
>>>
输入盘子数量 n:3
A ->C
A ->B
C ->B
A ->C
B ->A
B ->C
A ->C
>>>
```

若有 3 个盘子，则调用函数方式为 Hanoi(3,'A','B','C')，函数执行过程如图 5-12 所示。图 5-12 中的序号表示程序执行顺序，有箭头的线表示调用函数或从函数返回，无箭头的线表示上面的函数所执行的语句。

顺便提一句，要用上面的递归算法真的实现 64 个盘子的移动是不太可能的，因为计算量太大。不妨仅仅考虑输出语句的数量，假如要移动 1 个盘子，则仅仅输出 1 句；若移动 2 个盘子，则输出 3 句；如果移动 3 个盘子，则需要输出 7 句……要移动 64 个盘子，则需要输出 $2^{64}-1$ 条语句。而每一条语句代表移动一个盘子，假定计算机每秒能移动 1000 万个盘子（即输出 1 千万条记录），则 64 个盘子大概需要 5 万多年才能完成。

5.3.3 分治法

任何可以用计算机求解的问题所需的计算时间都与其规模有关。问题的规模越小，

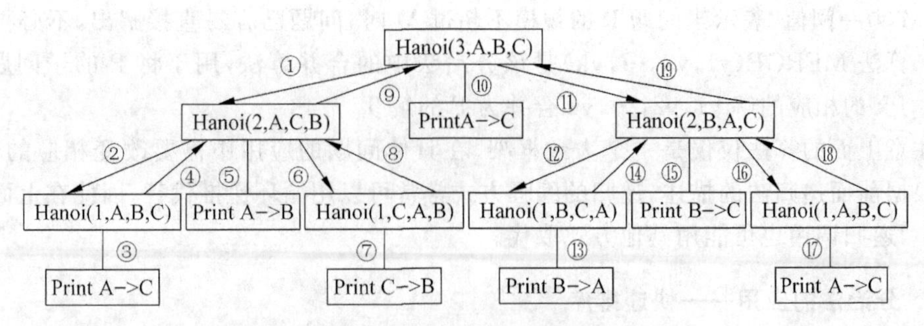

图 5-12　有 3 个盘子时函数执行过程

越容易直接求解，解题所需的计算时间也越少。而当问题规模较大时，问题就不那么容易处理了。要想直接解决一个规模较大的问题，有时是相当困难的。

1. 分治法的基本思想

分治算法的基本思想是将一个规模较大的问题分解为若干个规模较小的子问题，这些子问题相互独立且与原问题性质相同。求出子问题的解，就可得到原问题的解。

分治法解题的一般步骤如下：

(1) 分解：将要解决的问题划分成若干规模较小、彼此独立的同类问题。

(2) 求解：递归地求解各个子问题。

(3) 合并：按原问题的要求，将子问题的解逐层合并构成原问题的解。

根据分治法的分割原则，原问题应该分为多少个子问题才较适宜？各个子问题的规模应该怎样才为适当？这些问题很难予以确定的回答。但人们从大量实践中发现，在用分治法设计算法时，最好使子问题的规模大致相同。换句话说，将一个问题分成大小相等的若干个子问题的处理方法是行之有效的(在实践中，将问题一分为二是常用策略)。这种使子问题规模大致相等的做法是出自一种平衡子问题的思想，它几乎总是比子问题规模不等的做法要好。

分治法的合并步骤是算法的关键所在。有些问题的合并方法比较明显，有些问题的合并方法比较复杂，或者是有多种合并方案，或者是合并方案不明显。究竟应该怎样合并，没有统一的模式，需要具体问题具体分析。

一般分治算法设计模式如下：

【算法 5-10】 分治法的总体框架。

```
Divide-and-Conquer(P):
    若(问题 P 的规模≤M):
        直接解问题 P,并返回计算结果;
    否则
        将 P 分解为较小的子问题 P1,P2,…,Pk;
        循环(i 从 1 到 k):
            yi ←Divide-and-Conquer(Pi);          #递归解决 Pi,结果放到 yi
        T ←MERGE(y1,y2,…,yk);                   #合并子问题,得到整个问题的解 T
        return (T);
```

其中，M 为一阈值，表示当问题 P 的规模不超过 M 时，问题已容易直接解出，不必再继续分解。算法 MERGE(y1，y2，…，yk)是该分治法中的合并算法，用于将 P 的子问题 P1，P2，…，Pk 的相应的解 y1，y2，…，yk 合并为 P 的解 T。

注意上面的算法仅仅是一个大致框架，在具体问题的应用中需要改变相应的部分。另外根据前面递归法的描述，递归的编程方式常常可以用循环递推代替，因此在上面算法框架中，递归调用也可能用其他方式取代。

2. 分治法的应用——快速排序

快速排序是基于分治策略的。假定需要排序的数据存储在列表 L 中，考虑其子序列 L[p..r]的排序问题。这里 L[p..r]表示列表中的元素 L[p]，L[p+1]，…，L[r]，p 和 r 为下标。该问题可分三步解决：

(1) 分解：选择序列中某一元素 pivot(称为支点元素)，经过一系列比较和交换，将序列 L[p..r]划分成 L[p..q−1]、L[q]和 L[q+1..r]三部分。其中 L[q]＝pivot，并且 L[p..q−1]中任一元素的值不大于 pivot，L[q+1..r]中任一元素的值都不小于 pivot。这样就把原问题转化为对子序列 L[p..q−1]和 L[q+1..r]分别排序的问题。

(2) 递归求解：通过递归调用快速排序算法分别对 L[p..q−1]和 L[q+1..r]进行排序。

(3) 合并：由于对分解出来的两个子序列的排序是在子序列内进行的，所以在 L[p..q−1]和 L[q+1..r]都排好序后不需要执行任何计算，L[p..r]就已排好序。即合并是自然完成的。

由于 p 和 r 是任意下标，上述方法当然可以对整个 L 进行排序，这时 p＝0，r＝len(L)−1。

这个流程符合分治法的基本步骤，快速排序法是分治法的经典应用之一。

【算法 5-11】 对子序列 L[p..r]进行快速排序的算法。

```
QuickSort(L, p, r):                #L是存放数据的列表,p是起始位置下标,r是终止位置下标
    if 左边界 p<右边界 r:                           #至少有两个元素
        将 L[p..r]分解为三部分,返回分割位置 q
        QuickSort(L,p,q-1);                          #对 L[p..q-1]排序(递归)
        QuickSort(L,q+1,r);                          #对 L[q+1..r]排序(递归)
```

若要对整个 L 序列进行排序，只要调用 QuickSort(L，0，len(L)−1)就可以了。快速排序法效率高的关键在于它能将序列迅速分割为较短的序列，从而大大减少了比较和交换的次数。

在算法 QuickSort 中，首先要对 L[p..r]进行划分。这里可以编写一个函数 Partition(L，p，r)实现划分过程。该函数首先选择支点，然后对子序列分解，最后返回分割位置。

Partition 的基本思想是：先要选择支点元素，然后才进行比较和交换。选择支点元素的方法有多种，这里取左端点(即 p 位置)为支点。当函数对 L[p..r]进行划分时，以支点元素 pivot 作为划分基准，分别从左右两端开始，逐步向序列中间扩展两个子区域

L[p..i－1]和 L[j＋1..r]，使得左侧区域 L[p..i－1]中的元素小于或等于 pivot，而右侧区域 L[j＋1..r]中的元素大于或等于 pivot。在初始时刻设置 i＝p 且 j＝r，从而这两个区域是空的。随着 i 增大和 j 减小，当两个区域 L[p..i－1]和 L[j＋1..r]最终在序列中的某处相遇时，一次划分过程结束。

【算法 5-12】 快速排序划分算法(Partition)。

```
#对 L[p..r]进行划分
Partition(L, p, r):
    pivot=L[p]                          #选择左端点 L[p]为支点元素 pivot
    i=p,j=r                             #设定左右位置变量 i 和 j 为 p 和 r
    当 i<j :
        当 L[i]≤ pivot 且 i<j:          #不断比较并且向右移动位置 i
            i=i+1                       #结束时,L[i]>pivot 在左边找到大于 pivot 的,或 i=j
        当 L[j]≥pivot 且 j>=i:          #不断比较并且向左移动位置 j
            j=j-1                       #结束时,L[j]<pivot 在右边找到小于 pivot 的,j<i
        若 i<j:                         #找到需要交换的 L[i]和 L[j]
            交换 L[i]和 L[j]            #左边大的换到右边,右边小的换到左边
    交换 L[p]和 L[j]                    #将支点元素换到分割位置
    return  j                           #返回位置 j(即分割点)
```

【例 5-18】 若 L[p..r]＝{5,4,6,8,2,7,5,3}，请画出快速排序划分算法 Partition 执行过程中元素的变化。

解：开始时，p 指向第 1 个元素 5，r 指最后一个元素 3，支点元素 pivot＝L[p]＝5。算法的执行过程如下(见图 5-13)：

第 1 步，设位置变量 i＝p，j＝r，分别位于序列两端。

第 2 步，从左侧开始，由于元素 5≤pivot、4≤pivot，所以 i 向右移动，直到发现 6＞pivot 停止；然后从右侧开始，由于 3＜pivot，所以 j 不向左移动。

第 3 步，由于 i 小于 j，所以交换 L[i]和 L[j]，即交换 6 和 3。

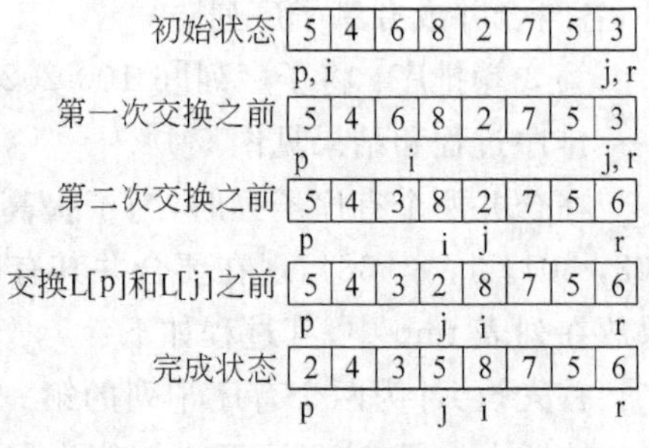

图 5-13 Partition 算法的一次执行

第 4 步，重复类似第 2 步的操作后，i 继续向右移动并停在 8 所在位置；而 j 则不断向左移动(因为 6≥pivot、5≥pivot、7≥pivot)，最后 j 停在 2 所在位置。

第 5 步，重复第 3 步操作，交换 L[i]和 L[j]，即交换 2 和 8。

第 6 步，重复第 2 步的操作，i 继续向右移动，在 8 所在位置停止；j 向左移动，在 2 所在位置停止；这时由于 i＞j，所以不再继续比较。

第 7 步，交换 L[p]和 L[j]元素，即交换 5 和 2，使得 pivot 就位。算法结束。

快速排序是一种十分巧妙的算法，在实际应用中，快速排序的平均时间复杂度为 $O(n\log n)$。本算法程序实现将作为课后练习，请读者自己完成。

3. 分治法的应用——归并排序

归并(Merge)排序法是这样的一种方法，它将两个(或两个以上)有序表合并成一个新的有序表，即把待排序序列分为若干个子序列，首先使得每个子序列有序，然后再把有序子序列合并为整体有序序列。该算法也是采用分治法的一个典型应用。

若每次都是将两个有序表合并成一个更大的有序表，称为**2-路归并**排序。下面的例子说明了2-路归并排序的过程。

【例5-19】 若有数列{6，202，100，301，38，8，1}，请利用2-路归并排序对其进行排序。

解：归并排序过程如下：

初始状态：将每个元素看成是一个元素的子序列，从而可以认为每个子序列都有序。

第1趟排序：将相邻两个子序列合并，即[6]和[202]合并，[100]和[301]合并，[8]和[38]合并，[1]不处理。在合并过程中将各个子序列有序排列(图5-14)。

		比较次数
初始状态：	[6][202][100][301][38][8][1]	
第1趟：	[6 202][100 301][8 38][1]	3
第2趟：	[6 100 202 301][1 8 38]	4
第3趟：	[1 6 8 38 100 202 301]	4
		总计：11次

图5-14　二路归并排序过程

第2趟排序：再将相邻两个子序列合并，即[6 202]和[100 301]合并，[8 38]和[1]合并，各自合并成有序子序列。

第3趟排序：将子序列[6 100 202 301]和[1 8 38]合并，同时做排序处理。

排序过程和结果见图5-14。

在合并两个有序子列时，为了提高效率采用了下面的方法。假定列表A={6，100，202，301，1，8，38}，现在要合并其有序子列{6，100，202，301}和{1，8，38}，设其合并结果放在列表tmp中，其过程如下：

首先设i，j为两个有序子列的第一个元素下标，即i=0，j=4，另设位置变量k表示tmp的插入位置，这里可假设初值为k=0；

比较A[i]和A[j]，由于A[i]>A[j](即6>1)，故将较小的A[j]放到tmp[k]中，然后k和j分别加1；

再比较A[i]和A[j]，由于A[i]<A[j](即6<8)，故将较小的A[i]放到tmp[k]中，然后k和i分别加1；

如此下去，比较100和8后将8放入tmp，比较100和38后将38放入tmp，因此经过4次比较(这就是图5-14中比较次数的来历)，子序列{1，8，38}处理完毕。

最后，当一个序列处理完毕后，就将另一个序列剩余部分(这里是100、202、301)依次复制到tmp中，则tmp中就是合并后的序列。一般为了下一次合并着想，需要将tmp的内容复制回列表A中。

图5-15显示了这两个子列的合并过程。

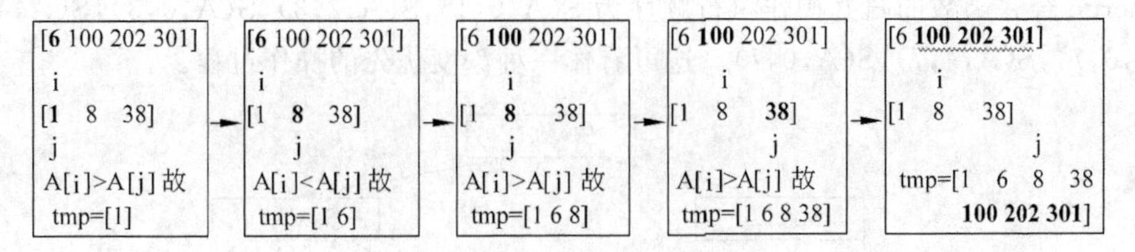

图 5-15　两个子序列的合并过程

下面的合并函数 merge 中，假定 list1 和 list2 为有序列表，将它们合并后放入列表 temp 中，且 temp 中元素也是有序的。

【算法 5-13】　两个有序序列的合并算法(Merge)。

```
def merge(list1, list2, temp):    #合并有序列表 list1 和 list2,结果在 temp 中
    i=0                           #在 list1 中的起始下标位置(源 1)
    j=0                           #在 list2 中的起始下标位置(源 2)
    k=0                           #在 temp 中的起始下标位置(结果)
    #若 list1, list2 都没处理完,则做下面 while 语句
    当  i<len(list1)and j<len(list2)时循环:
        若 list1[i]<list2[j]:
            temp[k]=list1[i]
            i=i+1
            k=k+1
        否则:
            temp[k]=list2[j]
            j=j+1
            k=k+1
    #若 list1 有剩余,则全部放入 temp
    当 i<len(list1):              #list1 有剩余
        temp[k]=list1[i]
        i=i+1
        k=k+1
    #若 list2 有剩余,则全部放入 temp
    当 j<len(list2):              #list2 有剩余
        temp[k]=list2[j]
        j=j+1
        k=k+1
```

有了合并子序列的 merge 函数，下面再来考虑归并排序。

若有序列 A[0..7]需要排序，假设归并排序函数 S(A, first, end)实现对序列 A 的子序列 A[first]，A[first+1]，…，A[end]的排序。若采用递归形式的归并排序，其函数调用关系将如图 5-16 所示。为了实现 A[0..7]的排序，需要先实现 A[0..3]和 A[4..7]的排序，然后利用 merge 函数合并 A[0..3]和 A[4..7]；而要实现 A[0..3]的排序，需要先实现 A[0..1]和 A[2..3]的排序，然后合并两者；依此类推。最下面一行的 S(A,0,0)，S(A,1,1)，…，S(A,7,7)实际上什么也没有做，因为对一个数据元素无须排序。真正调

用 merge 合并函数的归并操作执行顺序为 S(A,0,1),S(A,2,3),S(A,0,3),S(A,4,5),S(A,6,7),S(A,4,7),S(A,0,7)。这可看作一种深度优先的操作过程。

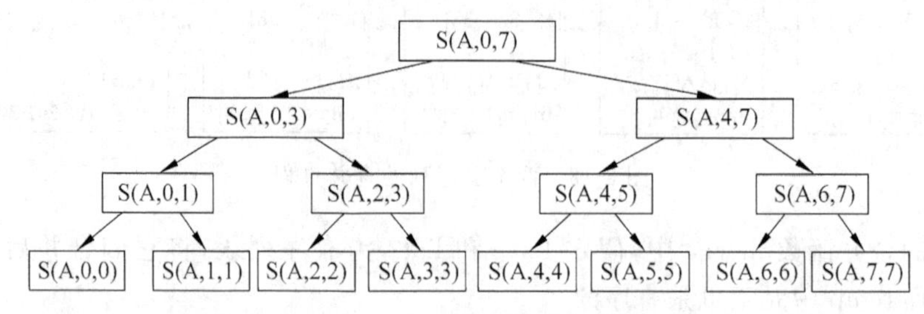

图 5-16　S(A,0,7)的函数递归调用过程

【算法 5-14】 归并排序的递归算法。

```
#对列表 A 执行归并排序
mergeSort(A,first,end):            #对列表 A 中下标 first 到 end 的部分进行排序(含 end)
    若 end-first>0:                #列表 A 的长度>1:
        mid=(first+end)/2           #mid 为下取整的整数
        mergeSort(A,first,mid)      #对前一半归并排序(递归)
        mergeSort(A,mid+1,end)      #对后一半归并排序(递归)
        left=A[first:mid+1]         #前一半存取 Left
        right=A[mid+1:end+1]        #后一半存入 Right
        tmp=[0]*(end-first+1)       #存放局部排序结果的空间
        merge(first, second, tmp)   #利用算法 5-12Merge 合并两个子列存入 tmp
        A[first:end+1]=tmp          #局部排序结果放回 A 中,这是 Python 的表达
```

归并排序和快速排序都属于比较先进的排序法,它们的时间复杂度都是 $O(n\log n)$。

5.3.4　回溯法

1. 回溯法的基本思想

回溯法是一种选优搜索法,每一步按选优条件作出一种可行的选择。但当探索到某一步时,发现原先选择并不优或达不到目标,就退回一步重新选择。这种走不通就退回再做另一决策的技术称为回溯法,而满足回溯条件的某个状态的点称为"回溯点"。

一般而言,可用回溯法求解的问题,它的解应能表达为一个 n 元组($x_1,x_2,\cdots,x_n$)的形式,n 元组的每个分量 x_i 取自一个有限集合 S_i(即 $x_i\in S_i,i=1,2,\cdots,n$)。如果某个 n 元组的值满足特定的约束条件 D,则该 n 元组为原问题的一个解。

这种问题最朴素的解决方法就是枚举法,即对所有 n 元组逐一地检测其是否满足 D,若满足则为问题的一个解。但是枚举法的计算量往往是相当大的。不用枚举法,有没有别的方法可以解决问题呢?

2. 解空间树

可以将各种可能的解用一个树表示出来,这个树称为解空间树。

若 x_1 的取值有 k1 种可能，分别是 $x_1^{(1)}, x_1^{(2)}, \cdots, x_1^{(k1)}$，就从树的根结点向下扩展 k1 条边代表 x_1 的所有可能选择，每条边都赋予 x_1 的一种可能值，称为**权重**。在这 k1 条边中选择一条就是第 1 次决策(见图 5-17)。

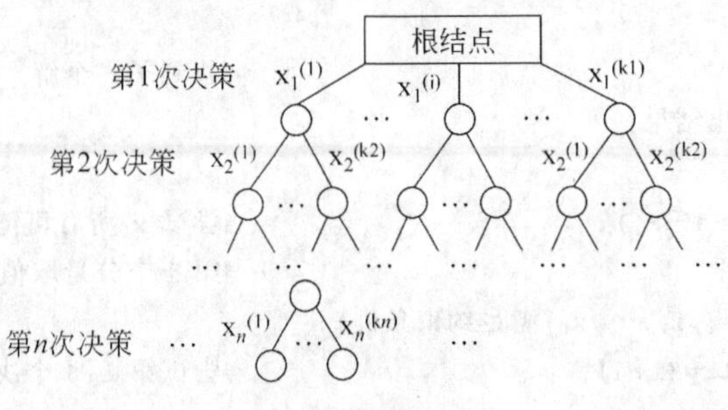

图 5-17 解空间树

若 x_2 有 k2 种可能的值，分别是 $x_2^{(1)}, x_2^{(2)}, \cdots, x_2^{(k2)}$，就从刚才新产生的 k1 个结点的每一个向下扩展 k2 条边代表 x_2 的所有可能选择，每条边都赋予 x_2 的一种可能值。这一层的 k1×k2 条边就是第 2 次决策的所有可能情形。

如此下去，扩展 n 次就可得到如图 5-17 所示的树结构，这棵树称为**解空间树**。

可以将任意一个 n 元组表述为：解空间树中一条由根到树叶的路线经过的权值。因而，寻找问题的一个解等价于在这棵树中搜索到一个叶子结点，要求从根到该叶子结点的路径上的 n 条边所带的权 $x_1, x_2, \cdots, x_n$ 满足约束条件 D。

在解空间树中穷举并测试每一条由根到树叶的路径就是枚举法，但是人们发现在很多时候不必穷举每一条路径。人们发现对于许多问题，在解空间树中自上而下做决策时，如果前 j 个分量($1 \leqslant j \leqslant n$)使得$(x_1, x_2, \cdots, x_j)$违反了约束条件中的部分约束，则以$(x_1, x_2, \cdots, x_j)$为前缀的任何 n 元组$(x_1, x_2, \cdots, x_j, *, *, \cdots)$也一定违反约束条件中的部分约束。因此，一旦断定某个 j 元组$(x_1, x_2, \cdots, x_j)$违反了一个约束，就可以肯定以$(x_1, x_2, \cdots, x_j)$为前缀的任何 n 元组都不是问题的解。反映到解空间树上，就是沿着 $x_1, x_2, \cdots, x_j$ 搜索时，不用继续向下搜索，该策略称为**剪枝**。回溯法正是针对这类问题，基于上述性质提出的比枚举法效率更高的算法。

3. 回溯法的算法框架

应用回溯法解问题时，首先应明确定义问题的解空间，问题的解空间应至少包含问题的一个(最优)解。

确定了解空间树之后，回溯法就从开始结点(根结点)出发，以深度优先的方式搜索整个解空间。首先从当前结点出发，向纵深方向搜索至一个新结点。然后判断这时确定的部分变量(即从根至当前点的路径权值)是否满足约束，如果此时约束条件就已经无法满足，则不必再向纵深方向搜索，而应向上返回(回溯)到最近的父结点处，并从该处向其他分支结点搜索。若某结点的向下的分支全部搜索完毕但不满足约束(或需要求出全部解)，则也需要回退至上层结点，再搜索其他分支。

在回溯法中，搜索每一个结点的过程都是相似的，因而沿着深度方向向下搜索和回退的过程正是递归调用的工作方式。一般情况下可用递归函数来实现回溯法，其框架如下。

【算法 5-15】 回溯法总体框架。

```
#尝试第 i 次决策，即决定 xᵢ 的值
try(i):
    若(i>n):                                    #找到了一个解
        处理和输出结果；
    否则：
        循环(每个 a∈Sᵢ):                         #尝试 xᵢ 所有可能取值
            xᵢ=a;                               #第 i 个分量取值尝试
            若((x₁,x₂,…,xᵢ)满足约束条件):
                try(i+1)                        #尝试第 i+1 个决策分量的取值
```

其中，i 是递归深度；n 是深度控制，即解空间树的高度。

一般运用回溯法解题通常包含以下 3 个步骤：

(1) 针对所给问题，定义问题的解空间。

(2) 确定易于搜索的解空间结构。

(3) 以深度优先的方式搜索解空间，并在搜索过程中用剪枝函数避免无效搜索。

4. 回溯法应用举例

【例 5-20】 用回溯法解答八皇后问题。写出算法和 Python 程序。

问题分析：若 8 个棋子位于 8 行 8 列的棋盘中，要求任意两个不同行、不同列、不同一斜线，则任一解必然是各行、各列只包含一个棋子，其他情况必然不是解。于是可以考察从上至下逐行放置棋子的过程。

假定列表 L 中 L[0]～L[7]表示在棋盘第 1 行至第 8 行中棋子的列号，列号的取值范围是 0～7(对应 1～8 列)。任一组合(L[0],L[1],…,L[7])都代表一种摆法，这恰好符合回溯法的要求。在回溯法中，逐步确定 L[0],L[1],…,L[7]的数值。在确定 L[i]的值时，依次测试 L[i]为 0～7 的情形，若当前 L[i]的值与已确定的 L[0]～L[i−1]有冲突(有同列或同一对角线情形)，则舍弃当前值，换下一个数值再次尝试。若 0～7 全部取遍仍无法得到合法位置，则说明前面的变量 L[i−1]的当前取法不当，应退回 i−1 行，测试 L[i−1]的下一个可能取值。这个递归过程可以描述为下面的算法。

【算法 5-16】 解八皇后问题的回溯法 1。

```
Try(i):                                         #测试 L[i]的取值
    若 i>7:                                     #
            输出 L[i],i=0,…,7   或解的数量加 1
    否则：
        循环(L[i]依次取值 0～7):
                如果 L[i]当前值与前 i-1 行有冲突：
                    则继续试下一个值
                否则：
                    Try(i+1)                    #测试 L[i+1]的取值
```

源程序：八皇后问题回溯法 Python 程序。

```
L=[0,0,0,0,0,0,0,0]                          #每行皇后的放置位置,初始为0,
#逐一判定棋子i与前面的棋子冲突否
def IsValid(i):                               #判断第i行棋子的位置与前i-1行是否冲突
    for k in range(i):                        #循环判断与0,…,i-1是否冲突
        #若第k行与当前行同列或位于一斜线,则有冲突
        if(L[k]==L[i] or abs(k-i)==abs(L[k]-L[i])):
            return  False
    return True

r=0                                           #解的数量,初始为0
def Try(i):                                   #尝试在第i行放棋子(算法5-15)
    if i>7:                                   #一组新的解产生了
        global r                              #使用全局变量r
        r=r+1
    else:
        for j in range(8):                    #第i行放棋子,j为列号
            L[i]=j
            if IsValid(i):
                Try(i+1)                      #尝试放置下一行的皇后
#主程序
Try(0)                                        #从第一行开始尝试
print('解的数量=',r)
```

运行结果：

```
>>>
解的数量 =  92
>>>
```

以上算法的好处是可以很方便地适应问题规模的变化。比如要解决四皇后、十皇后等相似问题,只须简单修改即可。

【课堂提问 5-5】 ①算法5-15中,“回溯”体现在哪儿？②八皇后回溯法的 Python 中如何把解显示出来。

【例 5-21】 迷宫求解问题。有一个 5×6 的长方形迷宫,如图 5-18 所示,其中深色区域是墙壁。若每次移动只能横向或纵向移动一格,且移动过程不可超出边界或碰墙,也不能有重复位置。请写出 Python 程序找到一条从 A 至 B 的通路。

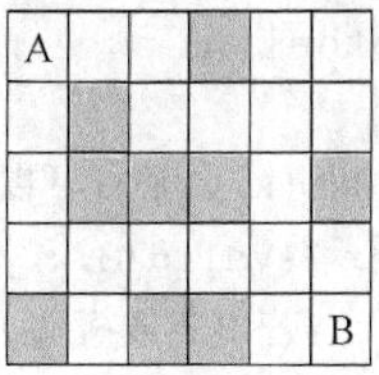

图 5-18 迷宫问题原型图

问题分析：可以用二维矩阵的形式表示迷宫地图。这里 A 坐标为(0,0),B 为(4,5),该问题就是要找到一系列白色方格连通 A 和 B,不难发现这个问题有以下特点：

① 从任意一个白色方格(x,y)出发,下一步有右$(x,y+1)$、下$(x+1,y)$、左$(x,y-1)$、上

$(x-1,y)$4 个位置可走，如图 5-19 所示。

② 从 A 到 B 的通路可以分为若干次决策，第一次决定 A 的下一步位置 P1，第二次决定 P1 的下一步位置 P2，依此类推，直至走到 B。并且每次决策至多有 4 个选择。

③ 由于前进过程不能超出边界、不能碰墙、不能走重复位置（即无环路），因此可以画出其解空间，如图 5-20 所示。因为路径无环路，解空间树的高度不可能超过 5×6＝30 层。事实上，由于路径有其他约束条件，其解空间树的高度远远小于 30 层。

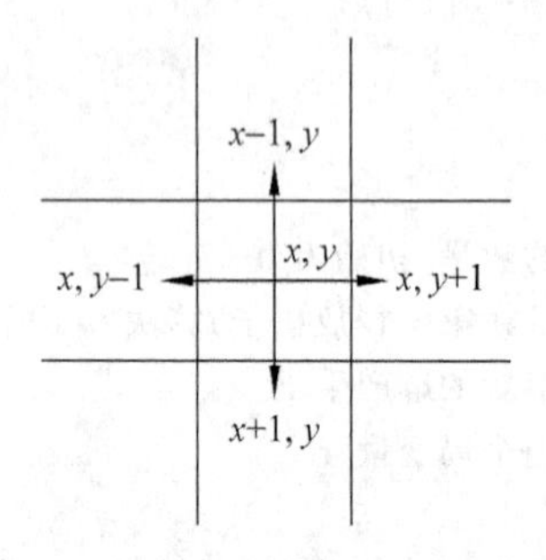

图 5-19 从 (x,y) 出发的四种决策图

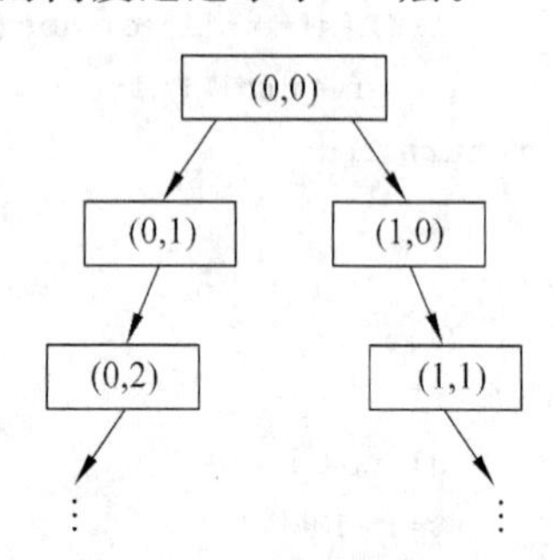

图 5-20 迷宫的解空间

上面的特点③也可以理解成：在前进过程中，遇到墙壁、边界，或发生路径重叠时，回溯到上一个位置，然后继续搜索其他方向。以上特点完全符合回溯法的解题要求，不同的是这里每次确定的不是一个数字，而是一个平面坐标。

在下面的 Python 程序中，首先将迷宫用二维列表存储（即列表的嵌套）。以 0，1 分别代表迷宫中的通路和障碍。然后以递归回溯的方式，从 A 位置出发，搜索一条到达 B 的通路。每次进入一个新位置，就将其添加在 path 列表尾部（path 存储已走过的路线）；而每次回退一步时，则将其从 path 尾部删除（栈的应用），这也说明该位置不是解的一部分。

源程序：迷宫求解的回溯法 Python 程序。

```
#用 M 存储迷宫,0 为路、1 为墙
M0=[0,0,0,1,0,0]
M1=[0,1,0,0,0,0]
M2=[0,1,1,1,0,1]
M3=[0,0,0,0,0,0]
M4=[1,0,1,1,0,0]
M=[M0,M1,M2,M3,M4]                          #用 M 存储迷宫
path=[]                                     #path 存储已走过的路线

#判断[x,y]是否可以进入
def IsValid(M,x,y,path):
    #若出界或碰墙,则返回 False
    if x<0 or x>4 or y<0 or y>5 or M[x][y]==1:
        return False
    #若有重复位置,则返回 False
    if [x,y] in path:
        return False
```

```
        return True                          #位置可行

#试探位置[x,y]
def search(x, y, path):
    path.append([x,y])                       #[x,y]加到路径中
    if x==4 and y==5:                        #目标已到达
        print(path)
    else:
        if  IsValid(M,x,y+1,path):           #右边可行
             search(x,y+1,path)              #向右搜索
        if  IsValid(M,x+1,y,path):           #下边可行
             search(x+1,y,path)              #向下搜索
        if  IsValid(M,x,y-1,path):           #左边可行
             search(x,y-1,path)              #向左搜索
        if  IsValid(M,x-1,y,path):           #上边可行
             search(x-1,y,path)              #向上搜索
    path.pop()                               #经(x,y)找不到通路,删除该点
#主程序
search(0, 0, path)
```

运行结果：

```
>>>
[[0, 0], [0, 1], [0, 2], [1, 2], [1, 3], [1, 4], [2, 4], [3, 4], [3, 5], [4, 5]]
[[0, 0], [0, 1], [0, 2], [1, 2], [1, 3], [1, 4], [2, 4], [3, 4], [4, 4], [4, 5]]
[[0, 0], [1, 0], [2, 0], [3, 0], [3, 1], [3, 2], [3, 3], [3, 4], [3, 5], [4, 5]]
[[0, 0], [1, 0], [2, 0], [3, 0], [3, 1], [3, 2], [3, 3], [3, 4], [4, 4], [4, 5]]
>>>
```

【课堂提问 5-6】 本程序求解 A 到 B 的全部路径，容易看出这里仅有 4 条通路。但是，当地图很大、阻碍很少的时候，解的数量可能呈几何倍数增加，这时求解全部通路可能会耗费很长时间，甚至是难以完成的任务。所以有些时候，仅需要找到一个解即可。请读者尝试修改程序，使其找到一个解就停止。

5.3.5 贪心算法

1. 贪心法的基本思想

贪心算法（又称贪婪算法）是指，在对问题求解时，可以将求解过程分为若干步骤（或若干子问题），每一步总是做出在当前看来是最好的选择。也就是说，每一步都不是从整体最优上加以考虑，因此它每一步所做出的仅是在某种意义上的局部最优解。贪心算法不是对所有问题都能得到整体最优解，但对相当多的问题，它能产生整体最优解的近似解。

在现实生活中，贪心算法也经常应用。例如在买东西时，售货员就常常计算最少需要找多少张零钱，以便简化工作流程。比如买东西需要 48.5 元，交给售货员 100 元整，按照

现在的货币体系，则售货员最少需要找 3 张零钞：50 元一张、1 元一张、5 角一张。这就是贪心算法的应用。

贪心算法的基本思路是：将问题的解决过程分解为若干步骤，根据某个评测标准，每一步都能获得局部最优解，最终将所有局部最优解合成原问题的一个解。

2. 贪心算法应用举例

【例 5-22】 最优装载问题。有 n 个集装箱希望能装上一艘载重量为 C 的轮船，已知这 n 个集装箱的重量依次为 $W_1, W_2, \cdots, W_n$。由于载重量的限制，这些集装箱不能全部装船。在装载体积不受限制的情况下，问最多能装载多少个集装箱。请写出算法。

问题分析：注意，本问题要求最大化的参数不是集装箱总重量，而是集装箱的个数。本问题可用贪心算法求最优解，其贪心策略是：重量轻者优先装载。因为重量轻的先装载，就可以留下更多的剩余载重量以便装载更多的集装箱。

【算法 5-17】 最优装载问题的贪心算法。

```
#下面算法以列表 w 存储每个集装箱的重量,C 为总载重量,n 为集装箱个数。
Loading(w, C, n):
    对 w 按由小到大排序
    residual=C                          #residual 存储剩余载重量,初始为 C
    循环 i 从 0 到 n-1:
        若 w[i]≤residual:               #该箱能被装下
            residual=residual-w[i];     #每装一次,剩余载重量减少一次
        否则:
            跳出循环;
    输出答案 i;
```

以上算法输出的数据 i 就是问题的解。

【例 5-23】 活动安排问题。设有 n 个活动的集合 $S=\{1,2,\cdots,n\}$，其中每个活动都要求使用同一资源，如演讲会场等，而在同一时间内只有一个活动能使用这一资源。每个活动都有使用的起始时间 b_i 和结束时间 e_i（显然应有 $b_i \leqslant e_i$）。对于活动 i 和 j，若 $b_i \geqslant e_j$ 或 $b_j \geqslant e_i$（即一个活动结束后另一个才开始），则称活动 i 与活动 j 是**相容的**，求相容的最大活动集合。

假如现有表 5-2 所列的 9 个活动，请找出其中的最大的相容活动集合。

表 5-2 活动开始和结束时间列表

活动号 i	1	2	3	4	5	6	7	8	9
起始时间 b[i]	1	2	0	5	4	5	7	9	11
结束时间 e[i]	3	5	5	7	9	9	10	12	15

问题分析：为了更好地考察问题，可以将所有活动的时间分布图画出来，如图 5-21 所示。图中以时间作为横坐标，将所有活动的时间范围依次且不重叠的画在横坐标上方。

通过直观的观察，容易得到下面的贪心策略：优先选取结束时间早且与已选择的活

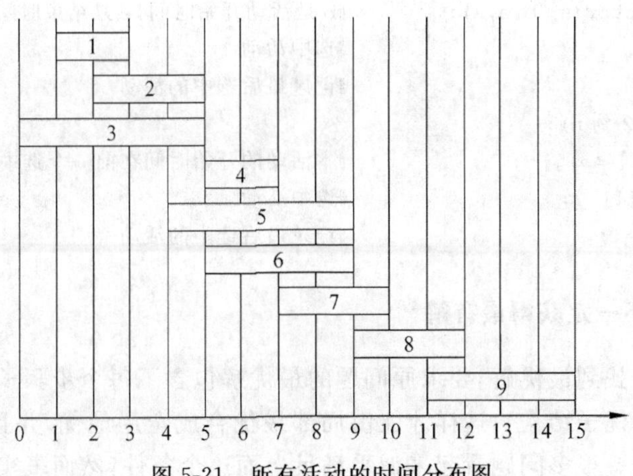

图 5-21 所有活动的时间分布图

动相容的活动作为相容集合中的元素，以便为未安排的活动留下尽可能多的时间。也就是说，该算法的贪心选择的意义是使剩余的可安排时间段极大化，以便安排尽可能多的相容活动。

利用这一策略，可以对图 5-21 中的活动作如下选择：

解：首先选取活动 1 放入相容集合 A，因为其结束时间最早；

而后在与活动 1 相容的集合{4,5,6,7,8,9}中，选择结束时间最早的活动 4 放入相容集合 A；

再次在与活动 1 和 4 都相容的集合{7,8,9}中，选择结束时间最早的活动 7 放入相容集合 A；

最后，在选择与活动 1,4,7 都相容的集合{9}中，选择活动 9 放入相容集合 A。

上述选择过程并未要求活动 1～9 的结束时间按递增顺序排列。如果这些活动是按结束时间递增顺序排列的（如表 5-2 所示），那么选择过程还可以简化。比如当活动 1,4 被选入 A 之后，下一次选择活动时，只须找出与活动 4 相容的第一个后续活动即可，也就是选择活动 7 即可。因为活动 7 后面的活动即使与活动 4 相容，其结束时间也大于或等于活动 7，故活动 7 应优先选择。同时，活动 7 只要与活动 4 相容，就必然与前面选中的活动 1 相容，因为先前的活动结束时间更早。

用数学归纳法可以证明，上述贪心算法可以求得活动安排问题的一个整体最优解。并且此算法效率极高，当输入的活动已按结束时间递增排列时，算法只需 $O(n)$的时间就可安排 n 个活动，使最多的活动能相容地使用公共资源。

【算法 5-18】 活动安排的贪心算法。

在下列算法描述中，n 为活动个数，列表 b 为活动开始时间，列表 e 为活动结束时间，列表 b 和 e 均从下标为 1 的位置开始使用。假设输入的活动按结束时间递增排列：e[1]≤e[2]≤…≤e[n]。列表 A 记录所选择的集合，A[i]＝1 表示活动 i 被选中，A[i]＝0 表示活动 i 未被选中。

算法描述：

```
ActivitySelector(n, b,e,A):          #b是活动开始时间,e是结束时间
    A[1]=1;                          #选中活动 1
    j=1;                             #记录最后选中的活动
    循环(i 从 2 到 n):
        若 b[i]≥e[j]:                #本活动的开始时间在前一个选中活动结束之后,相容
            A[i]=1;                  #选中活动 i
            j=i;                     #记录最后选中的活动
```

3. 贪心算法不一定获得最有解

贪心算法要想找到最优解,要求原问题的最优解包含了每个步骤子问题的最优解(也称为原问题具有最优子结构),这样才能由局部最优合成全局最优,并且局部最优解一旦获得就不需要改变。很多问题看起来似乎满足上面这个条件,然而事实上并非如此,通过下面的例子可见一斑。

石子合并问题:在一个圆形操场的四周摆放着 N 堆石子,现要将石子有次序地合并成一堆。规定每次只能选相邻的两堆合并成新的一堆,并将新的一堆的石子数记为该次合并的得分。已知每堆石子的数量,请选择一种合并石子的方案,使得进行 $N-1$ 次合并得分的总和最小。

首先看图 5-22 所示的样例,有 4 堆石子,各堆石子数从最上面的一堆开始顺时针依次为 4,5,9,4。那么如何合并使得总得分最小呢?

对于这个问题,很多人都会选择贪心算法求解——即每次选相邻之和最小的两堆石子合并。对于图 5-22 的样例,利用此贪心策略的确可以找到最优解,其过程如图 5-23 所示。

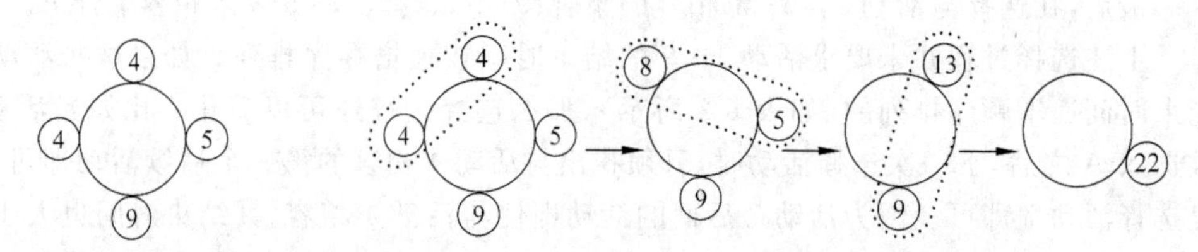

图 5-22 石子初始状态　　　　图 5-23 贪心法合并过程

然而图 5-22 所示样例数据实际上是一个“陷阱”,造成了用贪心法即可解决的假象。当一个贪心算法不能确定其正确性时,在使用之前,应该努力去证明它的不正确性。而要证明不正确性,一种最简单的形式就是举一个反例。本例的反例见图 5-24。

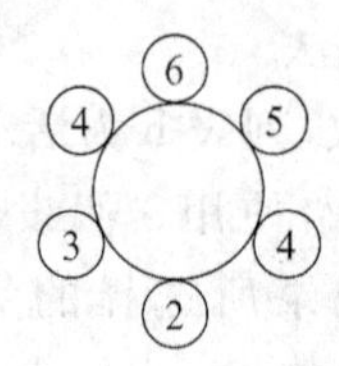

图 5-24 贪心法无法得到最优的例子

贪心算法的最小值为

2＋3＝5，4＋5＝9，4＋5＝9，9＋6＝15，15＋9＝24 于是总分为 5＋9＋9＋15＋24＝62

另一种方法得到的最小值为

2＋4＝6，3＋4＝7，5＋6＝11，7＋6＝13，11＋13＝24 于是总分为 6＋7＋11＋13＋24＝61

显然，上面的贪心算法不一定能得到最优解。

对于不同的问题，采用的贪心策略可能大不相同，因此贪心算法没有统一的算法框架。另外，贪心策略的正确性证明往往比较困难。但从另一方面讲，正是由于贪心算法以一种近乎直觉的、简洁的方法解决问题，它的速度往往很快。

习　题　5

1. 判断题

(1) 平均查找长度(ASL)用于衡量算法的空间效率。（　　）

(2) 假设在一个序列中进行查找，查找时仅仅从前至后搜索偶数下标的元素，这种查找也是顺序查找。（　　）

(3) 可以认为回溯法是一种优化的枚举法。（　　）

(4) 当序列已知的时候，一趟快速排序结果是唯一不变的。（　　）

(5) 二叉排序树中序遍历的结果序列从小到大有序。（　　）

(6) 递归函数调用其自身，但调用多少次事先并不能确定。（　　）

(7) 分治算法一定要使用递归函数实现。（　　）

(8) 总体而言，归并排序和快速排序的时间复杂度相同。（　　）

2. 单选题

(1) 若有18个元素的有序表存放在序列A中(从0号位置开始存放)，现进行二分查找，则查找A[10]的比较序列的下标依次为（　　）。

A. 8,12,10　　B. 9,11,10　　C. 9,13,10　　D. 8,13,10

(2) 二分查找相当于在一颗二叉排序树中进行查找，该二叉排序树的特点包括（　　）。

A. 是完全二叉树　　B. 是满二叉树

C. 是哈夫曼树　　D. 是左右深度差不超过1的树

(3) 在长度为 n 的序列中，二分查找的平均查找长度度是（　　）。

A. $O((n+1)/2)$　　B. $O(\log_2 n)$

C. $O(n^2)$　　D. $O(n*\log_2 n)$

(4) 下列哪种查找方法的初衷是希望通过一次计算就得到所查数据的位置（　　）。

A. 顺序法　　B. 哈希法

C. 二分法　　　　　　　　　　　　　　D. 二叉树查找法

(5) 关于哈希函数的描述正确的是(　　)。

A. 哈希函数应杜绝冲突发生

B. 哈希函数的构造方法是人为设计的，没有一定之规

C. 目标储存区域的大小与冲突发生概率大小无关

D. 线性探测再散列是冲突处理的唯一方式

(6) 利用除留余数法建立哈希表，同时用链地址法解决冲突，(　　)描述不正确。

A. 所有链的平均长度越小，则查找效率越高

B. 若查找的元素不存在，则一次比较即可知道

C. 哈希表中某些数值对应的链可能不存在

D. 查询任何元素的比较次数都不超过最长链表的长度

(7) 在排序方法中，每一次都对相邻两个元素进行比较的是(　　)。

A. 插入法　　B. 选择法　　C. 冒泡法　　D. 快速排序法

(8) 对于数据序列{35,22,16,19,22}使用选择法排序时，第一轮之后的结果是(　　)。

A. {35,22,16,19,22}　　　　B. {16,22,35,19,22}

C. {16,35,22,19,22}　　　　D. {16,19,35,22,22}

(9) 序列{8,9,10,5,2,1,16,11}是利用某种排序法进行两趟循环处理后的形式，则所采用的方法一定是(　　)。

A. 插入排序　　B. 快速排列　　C. 选择排序　　D. 冒泡排序

(10) 下列程序段用枚举法计算方程 $x+y+z=7$ 的所有正整数解，有错误的行是(　　)。

```
for i in range(1,6):                    Ⓐ
  for j in range(1,7):                  Ⓑ
    for k in range(1,7):
      if k+i+j=7:                       Ⓒ
        print(i," ",j," ",k)            Ⓓ
```

A. 语句Ⓐ　　B. 语句Ⓑ　　C. 语句Ⓒ　　D. 语句Ⓓ

(11) 用快速排序法对 n 个元素排序，在排序效果最差的情形下时间复杂度为(　　)。

A. $O(n)$　　B. $O(n^2)$　　C. $O(n\log_2 n)$　　D. $O(\log_2 n)$

(12) 归并排序使用的算法策略是(　　)。

A. 枚举法　　B. 分治法　　C. 递归法　　D. 回溯法

(13) 下列哪组算法策略都适合八皇后问题？(　　)

A. 枚举、回溯　　B. 枚举、贪心　　C. 贪心、回溯　　D. 递归、分治

(14) 哈夫曼树的构造过程采用的算法策略是(　　)。

A. 枚举　　B. 分治　　C. 回溯　　D. 贪心

3. 填空题

(1) 先建立了查找结构,在后续查找过程中不改变查找数据的结构,这种结构称为________;如果在查找过程中可能会改变查找数据的结构,这种结构称为________。

(2) 对于关键字序列{32,13,49,55,22,38,21},哈希函数是 $H(\text{key})=\text{key} \bmod 9$,在计算散列地址时,第一个发生冲突的关键字是________。

(3) 设有整数数据序列 17,49,39,34,94,13,使用除留余数法,建立长度为 7 的哈希表,使用线性探测再散列处理冲突,则哈希表中存储的元素序列为________(注意:数据间以逗号隔开,使用整数 999 表示空单元)。

(4) 若有 11,13,14,17,18,20,22,24,25,27,50 等 11 个有序数据,如果使用二分查找法,则平均查找长度为________(注意:如果需要保留 3 位小数)。

(5) 请写出采用冒泡排序方法对序列 50,64,22,90,43,86,48 进行从小到大的排序第 2 趟从左向右进行比较的排序结果为________(注意:数据间以逗号隔开)。

(6) 完成下面二分查找的 Python 函数。

```
def dichotomy(L, key):
    low=0
    high=len(L)-1
    while(________):
        mid=(low+high)//2
        if L[mid]==key:
            return mid
        else:
            if key<L[mid]:
                high=mid-1
            if key>L[mid]:
                low=mid +1
    return -1
```

以上空白处应当填写(填空时字符间不要有空格)。

(7) 有下列程序:

```
L=[79,16,94,81,30,29,77,36]
n=len(L)
m=int(input('输入 m:'))
for i in range(m):
    a=L[i]
    k=i
for j in range(i+1,n):
if L[j]>a:
            k=j
            a=L[j]
if(k!=i):
```

```
            t=L[k];
            L[k]=L[i]
            L[i]=t
    s=str(L[0])
    for i in range(1,n):
        s=s+','+str(L[i])
    print(s)
```

当输入的 m 值为 3 时，输出结果为________。

(8) 下列程序段用枚举法输出{1,2,3}的所有排列，下面横线上应填入________。

```
for i in range(1,4):
    for j in range(1,4):
        if i==j:
            continue
        for k in range(1,4):
            if k==i _______ k==j:
                continue
            print(i,' ',j,' ',k)
```

4. 分析题

(1) 下面的程序是普通的顺序查找，打星号的一句有错误，请分析错误的原因。

```
def sequefind(L,key):
    k=0
    while k<len(L)and key!=L[k]:
        k=k+1
    if k>len(L):    ****
        return -1
    else:
        return k
```

(2) 下面是二叉排序树查找的 Python 程序。二叉排树采用顺序存储，"#"表示虚结点。但是输入是 20 的时候，结果为−1，表明是没有找到，可是，二叉排序树中明明是有这个结点的。请分析程序的错误之处。

```
def sortedTreeSearch(L,k,key):
    n=len(L)-1
    if k>n-1 or L[k]=="#":
        return -1
    elif L[k]==key:
        return k
    else:
        if key<L[k]:
            return sortedTreeSearch(L,2*k,key)
```

```
    else:
        return sortedTreeSearch(L,2*k+1,key)


L=["#",10,5,15,3,7,13,18,"#","#",6,8,11,14,"#",20]
while True:
    x=int(input("input:"))
    print(sortedTreeSearch(L,1,x))
```

5. 综合题和编程题

(1) 利用除留余数法将数列{12，39，18，24，33，21}分别存放到长度为9(模7)和长度为11(模11)的数组中，比较两者的差异并分析原因。

(2) 利用穷举法解决下列问题：将数字1～6填入连续的6个方格中，使得相邻的两个数字之和为素数。写出算法。

(3) 枚举法和回溯法有何异同。

(4) 马踏棋盘。将国际象棋中的马随机放在8*8棋盘的某个方格中，马按规则进行移动，要求每个方格进入一次，走遍全部64个方格。请写出求解算法。

提示：①马的走棋规则是：向一个方向走2格再向另一个方向走1格，如图5-25中马有8个可行位置。②可以使用回溯法。

(5) 编写改进的顺序查找的Python程序。

(6) 编程实现以下功能：输入整数n，再输入n个点的平面坐标，根据它们到原点的距离由小到大排序后输出。

(7) 已知若干学生信息包括“学号”、“姓名”、“班级”、“数学”、“物理”、“外语”的信息，写出程序实现学生信息按平均成绩排序(具体数据自定)。

(8) 用Python写出寻找列表中最大值的递归程序。

图5-25 国际象棋中马的走棋规则

(9) 根据5.3.3节的关于快速排序的讲述，完成快速排序的Python程序并验证其正确性。

(10) 根据5.3.3节关于归并排序的讲述，完成归并排序的Python程序并验证其正确性。

(11) 实现“5.3.5贪心算法”一节中最优装载问题的Python程序并验证其正确性。

(12) 实现“5.3.5贪心算法”一节中活动安排问题的Python程序并验证其正确性。

第6章 数据库技术基础

数据库技术是作为数据处理技术发展而来的，它已成为计算机应用领域颇为重要的一个方面。

6.1 数据库技术的概念

本节主要介绍数据管理技术的发展过程、数据模型和关系数据库的基本概念。

6.1.1 数据管理技术的发展

数据库技术的实现是以数据管理技术为基础的，数据管理是指对数据的组织、分类、编码、存储、检索和维护等环节的操作，是数据处理的核心，随着计算机硬件、软件技术的不断发展，数据管理也经历了由低级到高级的发展过程，这个过程大致经历了人工管理、文件系统和数据库系统 3 个阶段。

1. 人工管理阶段

这一阶段在 20 世纪 50 年代以前，当时计算机主要应用于数值计算。由于处理的数据量小，数据是由用户直接管理的。这一时期数据管理的主要特点是：

(1) 数据与程序不可分割。数据依赖于特定的应用程序，没有专门的软件进行数据管理，数据的存储结构、存取方法和输入输出方式完全由程序员自行完成。

(2) 数据不保存。应用程序在执行时输入数据，程序结束时输出结果，随着处理过程的完成，数据与程序所占空间也被释放。这样，一个应用程序的数据无法被其他程序重复使用，因此，不能实现数据的共享。

(3) 冗余大。各程序所用的数据彼此独立，数据缺乏逻辑组织，缺乏独立性，程序和程序之间存在大量的数据冗余。

2. 文件系统阶段

20 世纪 50 年代后期到 60 年代中期，硬件设备中出现了磁鼓、磁盘等直接存取数据的存储设备。软件技术也得到较大的发展，出现了操作系统和各种高级程序设计语言。操作系统中有了专门负责数据和文件管理的模块，该模块把计算机中的数据组织成相互独立的数据文件，系统可以对文件按名存取，并可以实现对文件的修改、复制和删除，如图6-1所示。

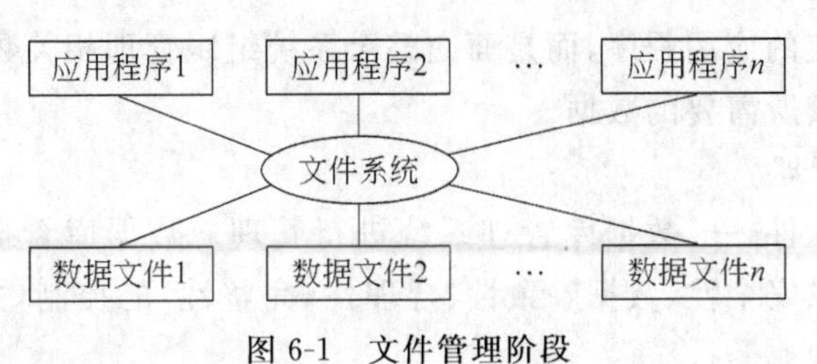

图6-1 文件管理阶段

(1) 文件管理的优点

① 程序和数据分开存储，数据以文件的形式长期保存在外存储器上，程序和数据之间有了一定的独立性。

② 一个应用程序可使用多个数据文件，而一个数据文件也可以被多个应用程序所使用，从而实现了数据的共享。

(2) 文件管理的缺点

但是，当数据管理的规模扩大后，要管理的数据量剧增，这时，文件系统的管理方法就暴露出如下缺陷。

① 数据冗余性。文件之间缺乏联系，造成每个应用程序都有对应数据文件，从而有可能造成同样的数据在多个文件中重复存储。

② 数据不一致。由于数据的冗余，在对数据进行更新时极有可能造成同样的数据在不同的文件中的更新不同步，造成数据不一致性。

因此，文件处理方式适合处理数据量较小的情况，不能适应大规模数据的管理。

3. 数据库系统阶段

20世纪60年代后期开始，计算机硬件、软件的快速发展，促进了数据管理技术的发展，先是将数据进行有组织、有结构地存放在计算机内形成数据库，然后又出现了对数据库进行统一管理和操作的软件系统，这就是数据库管理系统。

数据库系统阶段具有以下特点。

(1) 数据结构化

数据库中的数据按一定的数据模型进行组织，这样，数据库系统不仅可以表示事物内部数据项之间的关系，也可以表示事物与事物之间的联系，从而反映现实世界事物之间的联系。

(2) 数据冗余度小

数据以数据库文件的形式独立保存，数据结构中的每个数据元素在数据库中以记录的形式保存，在建立数据库时，以全局的观点组织相关数据，不专门面向哪个应用程序，相同的信息一般只有一份，这样，可以最大限度减少数据的冗余，避免不一致性。

(3) 数据独立性高

数据库文件和应用程序之间彼此独立，应用程序的修改不影响数据，数据、结构及存储位置的修改也不影响应用程序。

(4) 数据共享性好

数据不面向特定的应用程序，而是面向整个系统组织管理相关数据，任何应用程序都可以使用数据库中其所需要的数据。

(5) 数据统一管理

数据由专门的软件——数据库管理系统进行管理。数据库管理系统负责建立数据库，维护数据库，提供安全性、数据一致性、合理性(完整性)的控制，并提供多个用户同时使用的机制。

6.1.2 数据库系统

1. 数据和数据库

数据(data)是记录事物及事物变化的符号。**数据库**(database，DB)是长期存放在计算机中的、有组织的、可共享的数据的集合。

要描述一个事物，通常需要表达出它的一组特征，如人的姓名、性别、年龄、籍贯等，描述事物的一组特征的值构成的这组数据称为一个记录。数据库中的数据是以记录为基本单位的。

2. 数据库管理系统

数据库中的数据的管理一般是通过专门的软件进行管理的，这个专门的软件叫数据库管理系统(database management system，DBMS)。数据库管理系统以统一的方式管理和维护数据库，响应和完成用户提出的各种数据访问的请求。它是数据库系统中最重要的软件系统，是用户和数据库的接口。应用程序通过数据库管理系统和数据库打交道，在这一系统中，用户不必关心数据的结构，也不用关心数据结构的具体实现方法，只要发出各种命令来完成具体的操作。数据库管理系统具有如下功能。

(1) 数据定义

数据定义通过数据定义语言(data definition language，DDL)来实现，用户通过它可以方便地对数据库中的相关内容进行定义。例如，可以定义数据库、定义和修改数据数据库中表的结构、数据完整性约束规则等。

(2) 数据操纵

数据操纵是指对数据库中的数据进行增加、修改、删除和查询等基本操作。数据操纵通过数据操纵语言(data manipulation language，DML)实现。

(3) 数据库的建立和维护

数据库的建立功能包括数据库初始数据的输入、转换功能，数据库的维护包括数据库的转储、恢复、重新组织、性能监视和分析等功能。这些功能通常是由一些实用程序完成的。

(4) 运行控制

数据库的所有操作都要在控制程序的统一管理下进行，以保证数据的安全性、完整性以及多个用户对数据库的并发使用。

常用的数据库管理软件有 Visual FoxPro，Access，MySQL，Microsoft SQL Server，Oracle，DB2，SYBASE，INFORMIX 和 SQLite3 等。

3. 数据库系统

引入数据库技术的计算机系统称为**数据库系统**。一个完整的数据库系统不仅包括数据库，还包括支持数据库的硬件、数据库管理系统以及相关软件、数据库管理员（DBA）和用户。在不引起混淆的情况下，常常将数据库系统简称为数据库。

6.2 关系数据库

数据库中的数据是有一定结构的，这种结构称为数据模型。数据模型包括数据的描述、数据之间联系和组织方式的描述、数据的操作以及数据的合理性的限制（称为完整性约束）等。

6.2.1 数据模型

根据应用的层次的不同，数据模型有 3 个类别：概念数据模型、逻辑数据模型和物理数据模型，也叫概念模型、逻辑模型和物理模型。

1. 概念模型

概念模型用来描述现实世界的事物，与具体的计算机系统无关。在设计数据库时用概念模型来抽象、表示现实世界的各种事物及其联系。现实世界的事物称为**实体**（entity），如学生、课程、教师、竞赛等。实体具有属性（attribute），如学生的属性有班级、姓名、学号等。实体之间有联系（relationship），如一位学生可以选修多门课程，一门课程可以被多人选修。

（1）实体之间的联系

实体之间的联系也称实体集之间的联系，有 3 种类型：一对一、一对多和多对多。

① 一对一联系：实体集 A 中的一个实体最多与实体集 B 中的一个实体有联系，反之亦然。如一个学校只有一位校长，一个校长只能在一个学校任职。

② 一对多联系：实体集 A 中的一个实体与实体集 B 中的多个实体有联系，但实体集 B 中的一个实体至多和实体集 A 中的一个实体有联系。如一般班级有多名学生，而一名学生只属于一个班级。

③ 多对多联系：实体集 A 中的一个实体可以与实体集 B 中的多个实体有联系，而实体集 B 中的一个实体也可以和实体集 A 中的多个实体有联系，如前面提到的学生和课程之间就是多对多的联系。

（2）E-R 图

概念模型常用如图 6-2 所示的图形表达，称为**实体-关系模型**，也叫 **E-R 图**，其中**矩形**表示实体，**椭圆**表示属性，**菱形**表示联系，**连线**表示所属关系，字母 m，n 表示多对多的联系。

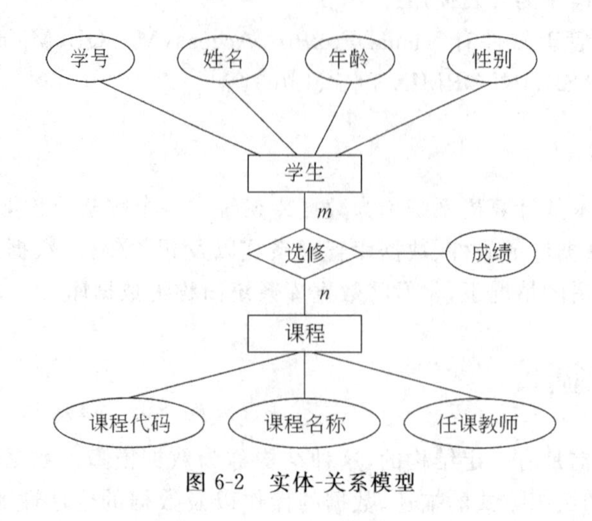

图 6-2　实体-关系模型

2. 逻辑模型

逻辑数据模型指在 DBMS 中数据的组织结构，主要有层次模型、网状模型和关系模型。

(1) 层次模型

将数据组织成树型结构，每个结点是一个记录集，只有一个最高结点，其余结点有而且仅有一个父结点，上级结点和下级结点之间表示了一对多的联系。

以层次模型为基础的数据库管理系统的典型代表是 IBM 公司的 IMS(Information Management System)。

层次模型难以表达实体之间复杂的联系。

(2) 网状模型

网状模型中将数据组织成图结构，允许结点有多于一个的父结点，也可以有一个以上的结点没有父结点。

网状数据模型的典型代表是 DBTG(DataBase Task Group)系统，它是 20 世纪 70 年代数据系统语言协会 CODAYSYL 下属的数据库任务组(即 DBTG)提出的一个系统方案，也称为 CODAYSYL 系统。

网状模型可以表示多对多的联系，但数据结构的实现比较复杂。

(3) 关系模型

美国 IBM 公司的研究员 E. F. Codd 于 1970 年发表了题为“大型共享系统的关系数据库的关系模型”的论文，首次提出了关系模型。

关系模型中，数据和数据之间的联系都可以用二维表格的形式表示。在实际的关系模型中，操作的对象和运算的结果都用二维表来表示，每一个二维表叫一个关系。

在不引起混淆的情况下，逻辑模型也常简称数据模型。

3. 物理模型

物理模型用于描述数据在存储介质上的结构，如数据的存放顺序、文件的位置、分布等。每一种逻辑模型在实现时都对应到物理模型。物理模型不但由数据库管理系统决定，还与操作系统、计算机硬件有关。

6.2.2 关系模型

在 3 种逻辑数据模型中，以关系模型为基础的数据库模型简单、使用方便，因此得到了最为广泛的应用。基于关系模型的数据库称为**关系数据库**。目前，常用的数据库管理系统软件几乎都是以关系模型为基础的，也称为关系型数据库管理系统。

1. 关系模型的基本概念

在关系模型中，使用二维表格描述数据和它们之间的联系，或者说现实中的实体的信息和实体之间的联系都是存储在表格中的，图 6-3 所示的是一个读者信息表，其中，每一行表示一个实体，每一列表示实体的一个属性。

读者信息表

编号	姓名	年龄	性别
0800001	黄青山	18	男
0800002	李化	17	女
0800003	周得鑫	19	女
0800004	宋青	18	男

←字段

←记录

图 6-3 关系模型的组成

在关系模型中，每个二维表都称为一个**关系**，表的名称称为**关系名**。表中每一行代表一个实体，称为一个**记录**，也叫**元组**。每一列代表一个**属性**，也叫**字段**。每个属性有一个名称，称为**属性名**或**字段名**。每个属性的取值范围称为一个**域**，如“性别”的域是{男，女}。属性的取值称为**属性值**或**字段值**。一个元组中的每一个属性值也称为一个**分量**。

一个表格的基本结构是由属性名确定的，将关系名、属性名写成下列形式，称为**关系模式**：

关系名(属性名 1,属性名 2,属性名 3,…,属性名 n)

图 6-2 的关系模式是

读者信息表(编号,姓名,年龄,性别)

在数据库管理系统中创建关系时，不仅要说明关系的名称和属性，还需要各个属性的数据类型、取值范围、长度、限定条件等，这些都称为字段的属性。

一个二维表中所有字段的名称和字段的属性的集合称为该**表的结构**，例如，表 6-1 描述的就是“读者信息表”的表结构。

表 6-1　读者信息表的表结构

字段名称	类　型	长度	说　明
编号	字符型	10	主键
姓名	字符型	10	不允许为空
性别	字符型	2	取值范围{男,女}
年龄	整型		取值区间[0,150]

2. 关系模型的特点

关系模型的结构简单,通常具有以下特点:

(1) 关系中的每一列不可再分。

这一特点要求关系中的每个字段都是不能再进行分割的单元,例如,图 6-4 画出的表格就不符合关系的要求。

学号	姓名	成绩		总评
		期中	期末	

图 6-4　不符合关系要求的表格

将图 6-4 中表格的“成绩”一栏分成了两栏,改成图 6-5 的形式就是满足关系的基本要求。

学号	姓名	期中成绩	期末成绩	总评

图 6-5　符合关系要求的表格

(2) 同一个关系中不能出现相同的字段名。

(3) 关系中不允许有完全相同的记录。

(4) 关系中任意交换两行位置不影响数据的实际含义。

(5) 关系中任意交换两列位置也不影响数据的实际含义。

3. 关系的完整性约束

为了尽量保证关系数据库中数据的正确性和合理性,可以对数据库中的数据进行限定,符合限定条件的数据允许进入数据库,不符合限定条件的数据不允许输入到数据库中,这些限定条件统称为**完整性约束**或**完整性约束条件**。

完整性约束主要有实体完整性、参照完整性和用户定义完整性 3 类。

(1) 实体完整性

关系的实体完整性要求一个关系(表)中的记录在主键上的值既不能为空,也不能相同。

一个关系中,能唯一标识一个元组的属性或属性集称为**候选键**(candidate key)或**候选码**。如"读者信息表"中,每个读者都有一个唯一的编号,则"编号"就可作为候选码。如果没有同名的同学,则"姓名"也可作为候选码。但是同名在生活中很常见,如果面对的是社会一般的人群,姓名就不能作为候选键。是否能作为候选键与字段的意义和取值有关。一个候选键可以由多个属性组成。例如关系模式:

选课表(学号,课程号,成绩)

如果一个学生可以选多门课,一门课也可以被多人选修,但一人选修的课程不能有两个成绩,那么"学号"不能作为候选键,"课程号"也不能作为候选键,但(学号,课程号)两个属性可以作为一个候选键。

一个关系可以有多个候选键,如一个学校的学生,学号和身份证号都是候选键。在关系中选定一个候选键作为关系中记录的唯一标识,这个被选定的候选键就称为**主键**(primary key)、**主关键字**或**主码**。一个关系应该有主键。

实体完整性就是保证关系中不能有重复的记录,也保证记录在唯一"身份"上的合理性。

(2) 参照完整性

要说明参照完整性,先介绍另一个概念——外键。

如果一个关系A中的某个字段不是本关系中的主键或候选键,而是另外一个表B的主关键字或候选键,该字段称为**外部关键字**,简称**外键**(foreign key),或**外码**。表A称为**参照关系**或**从表**,表B称为**被参照关系**或**主表**。

下面的两个关系模式(带下画线的属性是主键):

学生表(<u>学号</u>,班级,姓名,住址,籍贯,电话)
选课表(<u>学号,课程号</u>,成绩)

"选课表"中的"学号"并不是"选课表"的主键,但它是"学生表"的主键,则称"学号"为"选课表"的外键。"选课表"称为**参照关系**或**从表**,"学生表"称为**被参照关系**或**主表**。

一个表可以有多个外键。

参照完整性要求:在参照关系中,记录在外键上的值为空或者是外键属性在被参照关系中某个记录的值。例如,上面的"选课表"中一个学生的"学号"应该是"学生表"中有的一个学生的学号。

参照完整性保证具有联系的表之间的取值的合理性。如果"选课表"中有一个学号,但在"学生表"中没有这样的学号,说明这个"学号"是没有注册的,它不应该选课。

(3) 用户定义的完整性

用户定义的完整性是用户根据字段或记录的逻辑意义设定的限制条件,例如,可以设定性别的取值范围为{男,女},年龄的取值范围为0~150的整数,每科成绩的取值范围为0~200,"参加工作时间"应晚于"出生日期"。

关系的完整性可以在DBMS中创建表时设定,输入数据时系统检查完整性约束条件,如果数据违反了约束条件,就不允许数据插入数据表。

6.3 结构化查询语言 SQL

数据库使用DBMS进行管理。对于关系型数据库，不管哪种DBMS，也不管哪种使用方式，操作数据的基本方式都可以使用结构化查询语言（structured query language），简称SQL或SQL语言。

6.3.1 什么是结构化查询语言

结构化查询语言是一种专门用来与数据库通信的语言，最早于20世纪70年代由美国IBM公司开发，20世纪80年代成为国际标准，目前大多数数据库产品都支持SQL。

1. SQL的特点

SQL有以下特点：

- 非过程化。用户只须指出做什么，无须说明怎样去做。
- 集合操作。操作对象是集合，结果也是集合。
- 语言简洁，易学易用。SQL的语句由表示操作的命令关键词开始，后面是关于操作的描述而且关键词很少，常用的主要命令关键词只有9个。
- 功能强大而灵活。SQL语句既可以简单，也可以复杂，不同的功能、需求可以组合。
- 通用性。绝大多数关系数据库都支持SQL，不管是通过DBMS还是通过其他高级语言（如Python，C，C++和Java），都可以使用SQL操作数据库中的数据。

2. SQL的功能

SQL的主要功能包括数据定义、数据查询、数据操纵和数据控制4个方面，每个功能都由具体的命令（关键词）实现。

数据定义（data definition language，DDL）：对各种对象的创建、修改和删除，如数据表等。使用的关键词主要有CREATE，ALTER和DROP等。

数据操纵（data manipulation language，DML）：主要是数据的插入、修改、删除和查询。使用的关键词有INSERT、UPDATE、DELETE和SELECT等。

数据控制（data control language，DCL）：用于权限管理，可以限制不同用户拥有对不同对象的不同操作权限，主要的关键词是GRANT（授权）和REVOKE（回收授权）。

3. SQL的语言要素

虽然SQL有标准，但不同的DBMS都会对SQL作一些扩展，这就使得不同的DBMS中的SQL会不完全相同。但还是大同小异。这里只说明常用的内容。

（1）常量。写出的不带小数点的数是整数，如10；带小数点的是实数，如1.0；一对单引号或双引号引来表示字符串，如"abc"，'123'等。NULL表示空值，就是没有值。

（2）数据类型：在创建数据表时，需要说明每个字段的类型，有的还需要说明长度

(字节数或数据的位数)。

- INT 或 INTEGER,整型。
- DOUBLE,双精度实型。
- DECIMAL,定点数,基本格式是 DECIMAL(M,D),其中 M 表示数位的总数,D 表示小数的位数,小数点和正负号不在其中。如 DECIMAL(10,5)表示总共 10 位,有 5 位小数的实数。
- CHAR(M),定长字符串类型,其中,M 是设定长度。如 CHAR(10),则这种类型的数据是字符串,占 10 个字节。所谓定长是指实际数据不足 10 个字节时也占 10 个字节的空间。
- VARCHAR(M),变长字符串,M 的意义同上。所谓变长指实际内容不足 M 字节时,只占实际大小的空间。
- DATE,TIME,DATETIME,分别代表日期型、时间型、日期和时间型。

(3) 运算符。

算术运算符:+,-,*,/,%分别表示加、减、乘、除、求余运算。

关系运算符:=(等于)>,<,>=,<=,!=(不等于),<>(不等于)。

逻辑运算:AND(与)、OR(或)、NOT 或!(非)

(4) 表达式。运算符连接常量或表达式构成表达式,有的 SQL 扩展可以使用变量。可以使用小括号提高优先级。

(5) 基本规则。SQL 命令不区分大小写。一条命令可以写在一行,也可以分多行书写,有的 DBMS 需要在语句末尾加分号。

6.3.2 数据表的操作

数据表就是关系,也简称表,基本操作包括定义数据表、修改表结构和删除数据表。

1. 创建数据表

定义数据表,其实就是在 DBMS 中设定表的名称、字段的名称、字段的类型、字段的长度、默认值、约束条件等参数。定义数据表使用 CREATE TABLE 命令,基本格式是

```
CREATE TABLE <表名> (<列名 1><数据类型 1>[ <列级完整性约束条件>]
                    [,<列名 2><数据类型 2>[ <列级完整性约束条件>],…
                    [<表级完整性约束条件>]
                    )
```

其中,CREATE TABLE 是关键字;<>表示应按其中的文字写出具体的名称或内容;[]中的项是可选项,即可以没有;“...”表示可以有与前面相似的若干项;数据类型可以是 INTEGER,DOUBLE,CHAR,DATE 等;列级完整性约束条件是在该字段上的约束,可以是 NOT NULL(表示非空),UNIQUE(表示值唯一(不能重复)),PRIMARY KEY(主键)等;<表级完整性约束条件>中可以设定联合主键、外键以及对整个行中的数据作限定,具体见后面的实例。

【例 6-1】 写出建立“读者登记表”的 SQL 语句，该表包含 5 个字段，分别是借书证号、姓名、性别、年龄和专业，其中借书证号字段为主键，姓名字段不允许为空，年龄为整数，其他为字符串型。

解：

```
CREATE  TABLE 读者登记表(
        借书证号  CHAR(10)  PRIMARY  KEY,
        姓名 CHAR(20)  NOT NULL,
        性别 CHAR(2),
        年龄 INT,
        专业 CHAR(10))
```

尽管 SQL 不区分大小写，习惯上将关键词写成大写，字段名、表名等写成小写，每项内容写一行(为清晰易读)。

【例 6-2】 写出建立“借阅表”的 SQL 语句，其中的字段有借书证号、书号、借阅日期，其中，主键为(借阅证号，书号)，借阅证号是参照“读者登记表”的外键，借阅日期是日期和时间型。

解：

```
CREATE  TABLE 借阅表(
        借书证号  CHAR(10),
        书号 CHAR(10),
        借阅日期  DATETIME,
        PRIMARY KEY(借书证号,书号),
        FOREIGN KEY(借书证号)REFERENCES 读者登记表(借书证号))
```

设定外键就是实施了参照完整性；主键由多个字段构成，称为**联合主键**；外键字段和被参照关系中的相应字段不一定使用相同的名字，但应保持字段类型、长度和意义一致。

2. 删除表

删除表使用的关键字为 DROP TABLE，格式：

DROP TABLE <表名>

【例 6-3】 写出删除数据表“借阅表”的 SQL 语句。

解：

```
DROP TABLE   借阅表
```

由于修改表结构稍复杂，本书不做要求，如果要改变表结构，请删除然后重新建立。

6.3.3 数据更新

数据更新主要包括对表中的记录进行插入、修改和删除。

1. 插入数据

在 SQL 中，数据是以记录为单位插入数据表的，插入记录使用 INSERT 命令，格

式为

```
INSERT INTO  <表名>   [(<字段名 1>[, <字段名 2>[,…]])]
                           VALUES(<表达式 1>[, <表达式 2>[, …]])
```

该命令以指定的表达式的值向数据表的末尾追加一条新的记录，命令中的字段名与VALUES值的个数应相同，意义和类型一一对应。如果插入数据的字段包含了所有字段且顺序和创建表时字段顺序一致，则可以省略VALUES前的字段名列表。

【例 6-4】 将表 6-2 中的数据添加到“读者登记表”中。

表 6-2 读者数据

借书证号	姓名	性别	年龄	专业
20090101	王一平	男	19	计算机

解：

```
INSER INTO 读者登记表(借书证号,姓名,性别,年龄,专业)
       VALUES('20090101','王一平','男',19,'计算机')
```

其中，字符串用一对单引号引起来，年龄是整数，不要单引号。

例 6-4 中字段名列表包含了“读者登记表”的所有字段，且顺序和建表时一致，所以，插入数据的语句也可以写为

```
INSER INTO 读者登记表 VALUES('20090101','王一平','男',19,'计算机')
```

由于“借书证号”是主键，所以插入数据时，如果插入的读者的“借书证号”重复，则数据就不能插入到数据表中。

如果插入日期型数据，数据格式为'2017-06-01'，即将日期用单引号引起来，时间类型的常量写为'21:48:56'，分别表示时、分、秒；时间和日期类型的数据写为'2017-06-01 21:50:35'，日期和时间之间有一个空格。

2. 修改数据

修改已输入记录的字段的值，使用UPDATE命令，其格式如下：

```
UPDATE  <表名>  SET  <字段名 1>=<表达式 1>
                        [,<字段名 2>=<表达式 2>…]
                        [WHERE  <条件>]
```

该命令的功能是按给定的表达式的值，修改满足条件的各记录的指定字段的值，如果没有WHERE子句，表中所有的记录都会被修改。＜条件＞是关系表达式或逻辑表达式。

SQL语句常常可以由多个可选的部分组成，这些可选部分称为**字句**。每个可选部分以关键词开始，如WHERE。

【例 6-5】 将“读者登记表”表中借书证号为 20170101 的人的年龄改为 18，写出SQL命令。

解：

```
UPDATE  读者登记表  SET  年龄=18
        WHERE 借书证号="20170101"
```

如果修改的是计算机系男生的年龄，则条件写为“专业='计算机' AND 性别='男'”。

如果修改的是姓名和年龄，则修改语句写为

```
UPDATE  读者登记表  SET  姓名='张小明',年龄=18
        WHERE 借书证号='20170101'
```

3. 删除记录

删除记录使用 DELETE 命令，其格式如下：

```
DELETE  FROM  <表名>  [WHERE  <条件>]
```

该命令的功能是将满足条件的记录删除，省略 WHERE 子句时，表中所有记录都被删除。

【例 6-6】 将“读者登记表”表中年龄小于 20 的记录删除，写出 SQL 语句。

解：

```
DELETE  FROM 读者登记  WHERE 年龄<20
```

6.3.4 数据查询

查询是从数据库中找出满足要求的数据，是 SQL 中非常重要的操作，它能够完成多种查询任务，如查询满足条件的记录、查询时进行统计计算、可同时对多表查询、对记录排序等，当结合函数进行查询时，可完成更多的诸如计算的功能。

1. SELECT 命令格式

SQL 的所有查询都是利用 SELECT 命令实现的，其命令格式及主要子句如下：

```
SELECT [ALL | DISTINCT]
  [<别名>.]<检索项>[AS <列名称>][,[<别名>.]<检索项>[AS <列名称>] …]
  FROM <表名>[,<表名>…]
  [WHERE <查询条件>[AND <连接条件>…]
  [GROUP BY <分组列>[,<分组列>…]]
  [HAVING <条件表达式>]
  [ORDER BY <排序关键字>[ASC | DESC] [,<排序关键字>[ASC | DESC] …]]
```

以上的格式虽然看起来复杂，但其中 FROM 以后的子句都是可以省略的，最简单的查询语句是

```
SELECT  *   FROM <表名>
```

如,查询“读者登记表”的所有信息,SQL 语句为

```
SELECT  *   FROM  读者登记表
```

它将显示“读者登记表”的所有记录。

下面通过实例介绍 SELECT 的常见用法。

2. 简单查询

【例 6-7】 显示读者登记表中的读者的姓名和专业。

```
SELECT 姓名,专业 FROM 读者登记表
```

【例 6-8】 显示读者来自哪些专业。

```
SELECT  DISTINCT  专业  FROM  读者登记表
```

由于有多个读者来自同一专业,本例只显示专业这一列,DISTINCT 用于消除重复的行。

3. 条件查询

在 WHERE 子句中指定查询的条件,条件是一个逻辑表达式,例如“定价＞30”、“年龄＜18 AND 性别='女'”等。

【例 6-9】 显示“读者登记表”中所有“计算机”专业学生的借书证号、姓名和年龄。

```
SELECT  借书证号,姓名,年龄  FROM  读者登记表
        WHERE 专业='计算机'
```

如果想将“借书证号”显示为“学号”,可以使用别名,上述语句写为

```
SELECT  借书证号 AS 学号,姓名,年龄  FROM  读者登记表
        WHERE 专业='计算机'
```

【例 6-10】 查询“读者登记表”中年龄为 20 的女生的记录。

```
SELECT  *   FROM  读者登记表
        WHERE 年龄=20  AND  性别='女'
```

【例 6-11】 显示“读者登记表”中年龄在 19～21 之间的所有人的信息。

```
SELECT  *  FROM  读者登记表
        WHERE 年龄>=19  AND  年龄<=21
```

【例 6-12】 显示“读者登记表”中专业是“计算机”或“力学”的读者信息。

```
SELECT  *  FROM  读者登记表
        WHERE 专业='计算机' OR 专业='力学'
```

数据库中,把查询部分列的运算称为投影,如例 6-7 和例 6-8,把查询部分行的运算称为选择,如例 6-10～例 6-12,例 6-9 是这两种的混合运算。

WHERE字句中的条件，除使用6.3.1节中介绍的运算符之外，还可以使用BETWEEN AND，NOT BETWEEN AND表示区间，LIKE，NOT LIKE进行字符串的匹配，IN，NOT IN表示集合内容匹配。

如，例6-11中的查询可以用BETWEEN写为

```
SELECT  *  FROM  读者登记表  WHERE 年龄 BETWEEN  19  AND 20
```

例6-12中的查询可以用IN写为

```
SELECT  *  FROM  读者登记表  WHERE  专业 IN('计算机','力学')
```

【例6-13】 查询姓“张”的同学的借书证号、姓名、性别和专业。

```
SELECT  借书证号,姓名,性别,专业  FROM  读者登记表
        WHERE 姓名 LIKE '王%'
```

其中，“%”代表任意个任意字符。如果是找姓名中带“丽”字的同学，条件写为

```
姓名 LIKE '%丽%'
```

如果是找姓名是两个字，第2个是“丽”字的同学的信息，条件写为

```
姓名 LIKE '_丽'
```

下画线“_”匹配一个任意字符。

【课堂提问6-1】 如果前面加上NOT是什么意思呢？

4. 查询结果排序

使用ORDER子句可以将查询结果按指定的字段排序输出。

【例6-14】 按年龄降序显示“读者登记表”中的所有记录。

```
SELECT  *  FROM  读者登记表
        ORDER  BY 年龄 DESC
```

其中，DESC表示按年龄的降序输出，如果是升序写ASC。不写排序方式时表示升序。排序字段可以有多个，用逗号隔开，每个后面都要指定排序方式。如按专业、学号排序。

```
SELECT  专业,借书证号,姓名,性别  FROM  读者登记表
        ORDER  BY 专业 ASC,借书证号 ASC
```

其实，使用ORDER仍然可以使用WHERE。WHERE在前，对满足条件的记录排序。

5. 统计查询

使用SQL提供的汇总函数可以进行统计计算，这些函数有统计记录的个数COUNT(*)、求和SUM()、求最大值MAX()、求最小值MIN()、计算平均AVG()。

【例6-15】 统计“读者登记表”中的学生人数。

```
SELECT  COUNT(*)  FROM  读者登记
```

而统计常常是分类统计，如统计不同专业的人数，这时用 GROUP BY。

【例 6-16】 统计“读者登记表”中的不同专业的学生人数。

```
SELECT  专业,COUNT(*)  AS 人数
        FROM  读者登记表
        GROUP BY 专业
```

出现在 GROUP BY 后的字段名是分组的依据，可以是多个字段，用逗号隔开。出现在<字段列表>中的项只能是统计函数或分组依据的字段，如上面的“专业”。

【例 6-17】 统计“读者登记表”中的“计算机”专业的学生人数。

```
SELECT  专业,COUNT(*)  AS 人数
        FROM  读者登记表
        GROUP BY 专业  HAVING 专业='计算机'
```

或写为

```
SELECT  COUNT(*)  AS 人数 FROM  读者登记表  WHERE 专业='计算机'
```

但这两句的意义有所不同。前一句是分组统计完后显示“计算机”专业的人数(having 的作用就是分组统计后筛选)；后一句是对筛选出的“计算机”专业的记录统计人数。

【例 6-18】 统计“读者登记表”中各专业学生年龄的最大值、最小值和年龄总和。

```
SELECT  专业,MAX(年龄)  AS 最大年龄,MIN(年龄)  AS 最小,SUM(年龄)  AS 平均
        FROM  读者登记表
        GROUP BY 专业
```

6. 多表查询

数据库设计时，为了减少数据的冗余，常将不同类别的数据存放到不同的表中。如“读者信息表”只存放人的信息，“借阅表”存放的是“谁”借了什么书。为了减少冗余，“借阅表”中的“谁”只存放“借书证号”。要想知道到底是谁，需要查“读者登记表”，这就要用到多个数据表。

多表查询就是查询的结果需要使用多个表的信息才能得到，方法就是在 FROM 字句中列出多个表的名字(用逗号隔开)，然后通过多个表之间的共同字段(意义相同的字段)建立联系，称为**连接**。常用的是**等值连接**。

【例 6-19】 查询有哪些人借过书。显示借阅人的借书证号、姓名、年龄和专业等信息。

解：人的信息在“读者登记表”中，但借阅信息在“借阅表”中，需要两个表，而通过“借书证号”相等，就知道谁借了书。查询语句为

```
SELECT  读者登记表.借书证号,姓名,年龄,专业
        FROM 读者登记表,借阅表
        WHERE 读者登记表. 借书证号=借阅表. 借书证号
```

其中，“读者登记表. 借书证号”表示“读者登记表”中的“借书证号”字段。因为两个表中都

有这个字段，这样就区别开来了。

注意，使用多表查询一是在 FROM 后列出多个表的名字，用逗号隔开；二是在 WHERE 字句中给出连接条件，一般是等值连接，即两个表的相关字段值相等。也可以建立多个表的等值连接，如 3 个表 A,B,C，一般是 A,B 等值连接，B,C 等值连接。

【课堂提问 6-2】 大家想想或试试，如果例 6-19 去掉 WHERE 字句，结果会如何？

6.4 在 Python 中操作 SQLite 数据库

SQLite 是一款小型的关系型数据库管理系统，SQLite 能够支持 Windows，Linux 和 UNIX 等主流的操作系统，同时能够跟很多程序设计语言相结合，例如 C，C++，PHP，Perl，Java，C# 和 Python 等，同时处理速度也比较快。

6.4.1 SQLite 和 PySQLite 简介

SQLite 第一个 Alpha 版本诞生于 2000 年 5 月，2015 年发布了 SQLite3。SQLite3 模块提供了一个 SQL 接口，通过这个接口可以使用和操作数据库，在 Python 2.5 版以后，就自带了 SQLite3 模块，称为 PySQLite。

PySQLite 数据库是一款小巧的嵌入式开源数据库软件，该模块中提供了多个方法来访问和操作数据库及数据库中的表，它使用一个文件存储整个数据库，操作十分方便。

在 Python 中使用 SQLite3 模块的主要过程如下：

(1) 创建连接对象并且打开数据库。

(2) 创建游标对象。

(3) 对记录进行增加、删除、修改、查询等操作。

(4) 关闭连接。

6.4.2 打开和关闭数据库

1. 导入 PySQLite 模块

在 Python 中要使用 PySQLite 模块，先在程序开头使用 import 语句导入该模块：

```
import sqlite3
```

2. 创建连接对象及打开数据库

接下来创建一个表示数据库的连接(Connection)对象，语句格式如下：

连接对象名=sqlite3.connect("数据库名")

例如，下面的语句创建了一个和数据库"E:/test.db"连接的对象 conn：

```
conn=sqlite3.connect("E://test.db")
```

SQLite3 的每一个数据库库保存在一个扩展名为".db"的文件中。在创建连接对象时，如果指定的数据库存在就直接打开这个数据库，如果不存在就新创建一个然后再打开。

在打开一个数据库后，接下来对数据库进行的操作都直接使用这个连接对象，包括执行所有的 SQL 语句。

3. 关闭数据库

对数据库操作结束后要关闭数据库，同时也就断开了连接对象与数据库的连接，关闭数据库使用 close()方法，语句格式如下：

```
连接对象.close()
```

例如，conn.close()

6.4.3 执行 SQL 语句

一旦有了连接（Connection）对象，就可以创建游标（Cursor）对象并调用游标的 execute()方法来执行 SQL 语句。

1. 创建游标

使用 SQL 语句从表中查询出的多条记录称为**结果集**。**游标**是对数据库记录进行操作的一类对象，通常包含记录集合以及指示当前操作位置的指针，用来指向结果集中特定的记录。用游标从结果集中提取记录。因此，如果要对结果集进行处理时，必须声明一个指向该结果集的游标。事实上，所有 SQL 语句的执行都要在游标对象下进行。

定义游标的格式如下：

```
游标名=连接对象.cursor()
```

例如，语句 cur=conn.cursor()定义了一个名为 cur 的游标。

游标对象通过调用方法完成操作，常用的方法见表 6-3。

表 6-3 游标对象常用的方法

游标对象的方法	含 义
execute(sql)	执行 SQL 语句，SQL 要在引号中
fetchone()	从查询结果集中取一条记录，并将游标指向下一条记录
fetchmany([size=cursor.arraysize])	从查询结果集中取多条记录，返回一个列表
fetchall()	从查询结果集中取出所有记录返回一个列表，没有记录时返回空列表

2. 执行 SQL 语句

创建游标后，就可以进行表的定义和对记录进行添加、删除、修改和查询了，这些操作都使用 SQL 语句完成，操作方法是调用 execute()方法，格式如下：

游标名.execute(SQL语句)

也就是将SQL语句作为execute()中的参数，例如cur.execute("select * from books")。

下面通过一个例子说明操作数据库的完整过程。

【例6-20】 编写Python程序，说明数据库的完整操作过程，包括：

(1) 在d:盘根目录中创建数据库mycourse.db。

(2) 在数据库中创建表course，表中有3个字段，分别是编号、课程名称和学时。

(3) 向表中输入两条记录。

(4) 显示表中的记录。

解：源程序如下：

```
import sqlite3                                       #导入sqlite3模块
#创建连接对象,连接数据库。文件不存在时创建
conn=sqlite3.connect("d://mysourse.db")             #路径可以修改
cur=conn.cursor()                                    #创建游标对象
#创建数据表,  "\"为续行符,表示下一行和本行是一行(一条语句)
cur.execute('CREATE TABLE course(id char(6)PRIMARY KEY, \
            name VARCHAR(20), hour INTEGER)')
#插入数据
cur.execute('INSERT INTO course(id,name,hour)               \
            values("KC0001","大学计算机基础",56)')
cnumb="KC0002"
cname="C++程序设计"
chour=64
#"?"号为占位符,将用后面的cnumb,cname,chour替换
cur.execute('INSERT INTO course(id,name,hour)values(?,?,?)',   \
            (cnumb,cname,chour))
cur.execute("SELECT * FROM course")                 #查询
res=cur.fetchall()                                   #获取所有记录
for i in range(0,len(res)):
    print(res[i])                                    #显示每条记录
conn.close()                                         #关闭数据库连接
```

运行结果：

```
>>>
('KC0001', '大学计算机基础', 56)
('KC0002', 'C++程序设计', 64)
>>>
```

程序说明：

(1) 使用create table创建表时，通常要先判断一下要创建的表是否已经存在，如果不存在，再进行创建，方法是使用if not exists进行判断，因此，程序中创建表的语句通常写成下面的形式：

```
CREATE TABLE if not exists course(id char(6) PRIMARY KEY, name VARCHAR(20), hour
INTEGER)
```

(2) 程序中使用 INSERT 语句一次添加一条记录，也可以使用该语句一次添加多条记录，方法是先使用下面的语句将多条记录存放到一个列表中：

```
kc=[('KC0003','高等数学',96),('KC0004','大学物理',90),('KC0006','微型计算机原
理',56)]
```

然后，调用 executemany()方法将记录添加到表中：

```
cur.executemany('INSERT INTO course VALUES(?,?,?)', kc)
```

其中，?，?，? 为占位符，将用 kc 的每个元素的 3 个数据项替换。

3. 提交操作

事实上，例 6-20 的程序存在一个严重的问题，这就是当重新打开数据库 mycourse.db 并从表 course 中提取记录（即执行 SELECT 语句）时，发现记录并没有被保存到数据库文件中。产生这一问题的原因是，在 SQLite3 数据库中，当对表中的记录进行添加、修改和删除的改动操作之后，必须进行一次**提交**的操作，才能将对表的改动结果保存到数据文件中，否则所做的修改操作无效。

提交时使用连接对象的 commit()方法，可以保存自上一次调用 commit()以来所做的对表的任何修改，调用格式为：对象名.commit()。

所以，在例 6-20 的程序中，要在断开连接的语句 conn.close()之前加上一条提交语句：

```
conn.commit()
```

这样才能保证记录被保存到数据库中。也可以使用下面的语句进行设置，设置后每次修改都会自动地进行提交：

```
conn.isolation_level=None
```

习　题　6

1. 单选题

(1) 以下各项中不属于数据库特点的是(　　)。

A. 较小的冗余度　　B. 较高的数据独立性

C. 可为各种用户共享　　D. 较差的扩展性

(2) 关于数据库，下列说法中不正确的是(　　)。

A. 数据库避免了一切数据的重复

B. 若系统是完全可以控制的，则系统可确保更新时的一致性

C. 数据库中的数据可以共享

D. 数据库减少了数据冗余

(3) SQLite是一种支持(　　)的数据库管理系统。

A. 层次型　　B. 关系型　　C. 网状型　　D. 树型

(4) 在关系理论中称为“关系”的概念,在关系数据库中称为(　　)。

A. 文件　　B. 实体集　　C. 表　　D. 记录

(5) 关系数据模型是(　　)的集合。

A. 文件　　B. 记录

C. 数据　　D. 记录及其联系

(6) 在关系数据模型中,域是指(　　)。

A. 字段　　B. 记录

C. 属性　　D. 属性的取值范围

(7) 下列关于层次模型的说法中,不正确的是(　　)。

A. 用树形结构来表示实体以及实体间的联系

B. 有且仅有一个结点无上级结点

C. 其他结点有且仅有一个上级结点

D. 用二维表结构表示实体与实体之间的联系的模型

(8) 关系型数据库管理系统中的所谓关系是指(　　)。

A. 各条记录中的数据彼此有一定的关系

B. 一个数据库文件与另一个数据库文件之间有一定的关系

C. 数据模型符合满足一定条件的二维表格

D. 数据库中各字段之间彼此有一定的关系

(9) 在SQL查询中使用ORDER BY子句指出的是(　　)。

A. 查询目标　　B. 查询输出顺序　　C. 查询视图　　D. 查询条件

(10) 在SQL语句中,与表达式“工资 BETWEEN 1000 AND 2000”功能相同的表达式是(　　)。

A. 工资＞＝1000 AND 工资＜＝2000　　B. 工资＞1000 AND 工资＜2000

C. 工资＞1000 AND 工资＜＝2000　　D. 工资＞＝1000 AND 工资＜2000

(11) SQL语言功能有(　　)。

A. 数据定义　　B. 查询

C. 操纵和控制　　D. 选项A,B和C都是

(12) 在实际存储数据的基本表中,属于主键的属性其值不允许重复的是(　　)。

A. 实体完整性　　B. 参照完整性

C. 域完整性　　D. 用户自定义完整性

(13) 在SQL查询中使用WHERE子句指出的是(　　)。

A. 查询目标　　B. 查询结果　　C. 查询视图　　D. 查询条件

(14) SQL语言中的count()函数用于(　　)。

A. 统计表中记录数　　B. 统计表中某字段平均值

C. 统计表中数字字段的数量　　D. 统计表中字段总数

(15) 关系数据库中，表示学生信息的数据表，常用作主键属性的是(　　)。

A. 班级　　B. 学号　　C. 电话号码　　D. 身份证号

(16) 数据库中，一个表的描述如下：BOOK(书号，书名，作者，出版社，出版年代，定价，简介)这样的描述称为(　　)。

A. 关系　　B. 关系模式　　C. 表结构　　D. E-R图

(17) 已知3个关系及其包含的属性如下：

学生(学号，姓名，性别，年龄)
课程(课程代码，课程名称，任课教师)
选修(学号，课程代码，成绩)

要查找选修了"计算机"课程的学生的"姓名"，将涉及(　　)关系的操作。

A. 学生和课程　　B. 学生和选修
C. 课程和选修　　D. 学生、课程和选修

2. 填空题

(1) 如果关系中的某一字段组合的值能唯一地标识一个记录，则称该字段组合为________。

(2) 数据库管理系统中常用的数据模型有层次模型、________和________。

(3) 在关系数据库中，一个属性的取值范围称为________。

(4) 在SELECT语句中，要将查询结果按指定的字段降序输出需要使用________子句，并且在子句中使用________关键字。

(5) 一个二维表中所有字段的名称和属性的集合称为该表的________。

(6) 表示关系模型的二维表中，每一列称为一个________。

(7) 数据库管理系统的缩写是________。

(8) 表示关系模型的二维表中，每一行称为一条________。

(9) 设置关系中某个字段的取值范围属于关系的________完整性约束规则。

(10) 外键所在的表称为________。

3. 判断题

(1) 数据库技术中的关系模型与数据结构中的线性结构对应。(　　)

(2) 在同一个关系中不能出现相同的字段名。(　　)

(3) 在一个关系中列的次序无关紧要。(　　)

(4) 在数据库技术中，任意交换关系中两行的位置不影响数据的实际含义。(　　)

(5) 在数据库技术中，一个关系中可以有多个候选键。(　　)

(6) 一个关系中只能有一个主键。(　　)

(7) 学生信息中的"学号"字段在任何表中都可以作为主键。(　　)

(8) 在数据库技术中，候选键总是由单一字段构成。(　　)

4. 简答题

(1) 文件系统阶段的数据管理有什么特点？

(2) 数据库系统阶段的数据管理有什么特点？

(3) 简述数据库管理系统的主要功能。

(4) 关系模型具有哪些基本的性质？

(5) 简述实体完整性约束规则的含义和在数据库中的实现方法。

(6) 简述关系的3类完整性约束。

(7) 举例说明关系中的参照完整性约束规则的具体体现。

(8) 关系中常用的键有哪些，各有什么作用？

(9) SQL的查询表达式中可以使用哪些汇总函数？

(10) SQL中的游标有什么作用？

(11) 简述使用Python操作SQLite数据库的完整过程。

(12) 设有关系模式：

学生表(班级,学号,姓名,性别,年龄,学院)
选课表(学号,课程号,成绩)
课程表(课程号,课程名称,学时,学分)

其中，带下画线的字段是主键，“课程表.学号”是参照“学生表”的外键，“课程表.课程号”是参照“选课表”的外键，年龄、学时为整型，学分为实型，其他为字符串型，长度自己设计。写出满足下列要求的SQL语句。

① 创建3个表，设置主键和外键(如果需要)。

② 在“学生表”中插入数据：

```
物理 71,2017001001,张鹏,男,18,理学院
物理 71,2017001002,张娟,女,18,理学院
化工 71,2017002001,孙丽,女,18,理学院
```

③ 修改“化工**”班的“学院”为“化工学院”。

④ 查询“物理71”班的男生信息。

⑤ 统计各学院2017(学号开头4位)级学生的平均年龄。

⑥ 查询“大学计算机基础”课程成绩，显示班级、学号、姓名、课程名称和成绩。

提示：三表查询，要加两组连接条件，还要加课程名称的条件。

第7章 信息的传输

信息传输是信息科学技术的重要组成部分，本章将重点介绍网络结构、传输介质、网络设备和网络拓扑等相关概念，然后从网络分层的角度出发，介绍网络体系结构、网络协议以及编址方法；然后从应用模型入手，讲述几种典型的网络服务；再介绍在信息传输过程中与数据通信相关的技术，如编码与解码、检错与纠错；最后再简单讨论网络安全技术中的加密、用户认证、数字签名等内容。

7.1 计算机网络基础

人们对不同计算机之间共享信息和资源的需求产生了相互连接的计算机系统，它被称为网络(network)。计算机通过网络连接在一起，数据可以从一台计算机传输到另一台计算机。在网络中，计算机用户可以相互交换信息，并且可以共享分布在整个网络系统中的资源，如打印功能、软件包以及数据存储设备。

7.1.1 计算机网络的组成

计算机网络是把若干台地理位置不同且具有独立功能的计算机，通过通信设备和线路相互连接起来，以实现数据传输和资源共享的一种计算机系统。换言之，计算机网络是将分布在不同地理位置的计算机通过有线或无线通信线路连接起来，不仅能够使网络中的各个计算机(也可称作网络节点)之间相互通信，而且还可以共享某些节点(如服务器)上的系统资源。这里的系统资源主要包括3种类型：①硬件资源，如大容量磁盘、光盘以及打印机等；②软件资源，如程序语言编译器、文本编辑器、工具软件及应用程序等；③数据资源，如数据文件、数据库等。对于用户而言，计算机网络提供的是一种透明的传输通道，用户在访问网络共享资源时，无须考虑这些资源所在的物理位置。计算机网络通常是以网络服务的形式来提供网络功能和透明性访问的。

从概念上看，计算机网络系统就由通信子网和资源子网两层构成，见图7-1，**通信子网**也称为**数据传输系统**，其主要任务是实现不同数据终端设备之间的数据传输；资源子网也称为**数据处理系统**，它负责信息处理，最简单的资源子网是拥有资源的用户主机和请求资源的用户终端。

资源子网主要由主机、用户终端、终端控制器、联网外部设备、各种软件资源与信息资

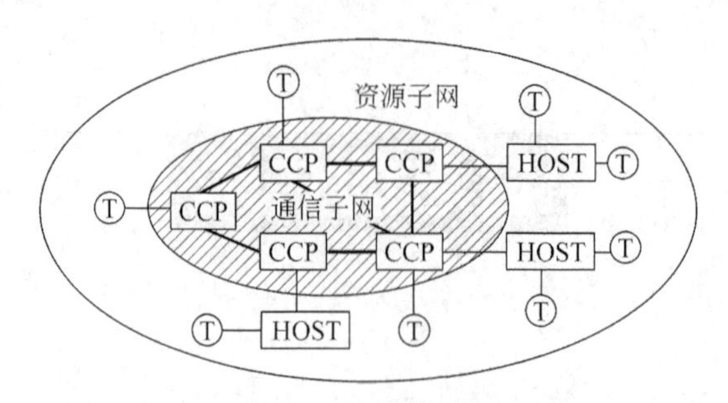

图 7-1 计算机互联网络逻辑结构图

源组成。主机和用户终端属于网络节点的**端节点**，作为通信的源节点或者目的节点。主机（HOST）具备数据收集、处理和通信能力，一般配有网络操作系统、网络协议、网络通信软件、网络管理、网络数据库等各种工具软件。用户终端（terminal）只具有发送和接收能力，是多数用户与网络之间的接口，用户可以通过终端获得网络服务。

通信子网由专用的通信控制处理机（Communication Control Processor，CCP）和通信链路组成。通信控制处理机属于网络节点的转接节点，在网络通信过程中具有控制和转发数据的能力，如网络适配器、中继器、集线器、集中器、复用器、网桥、路由器和网关等。通信链路是指传输信息的信道，由传输媒体构成，如同轴电缆、双绞线等。

7.1.2 网络拓扑

【课堂提问 7-1】 如何用圆圈和线描述一座城市中的建筑物和道路？

可以用圆圈作为节点，代表建筑物，用节点之间的线条代表道路。这种图在描述计算机网络时，就是网络拓扑，即使用拓扑系统方法来研究计算机网络的结构。拓扑（topology）是从图论演变而来的，是一种研究与大小形状无关的点、线、面的特点的方法。在计算机网络中抛开网络中的具体设备，把工作站、服务器、网络连接设备等网络单元抽象为“点”，把网络中的电缆等通信介质抽象为“线”，这样从拓扑学的观点来考察计算机网络系统，就形成了由点和线组成的几何图形，称这种采用拓扑学方法抽象的网络结构为**计算机网络的拓扑结构**。

按拓扑结构划分，计算机网络可分为 6 种，如图 7-2 所示，它对整个网络的设计、功能、可靠性、费用等方面有着重要的影响。

1. 星形

星形（star）结构由一个功能较强的中心节点以及一些通过点到点链路连到中心节点的叶子节点组成。各叶子节点间不能直接通信，叶子节点间的通信必须经过中间节点，如图 7-2(a)所示。例如，A 节点要向 B 节点发送，A 节点先发送给中心节点 S，再由 S 发送给 B 节点。星形结构的优点是建网容易，易于扩充，控制相对简单，其缺点是集中控制，对中心节点依赖性大，易形成单点故障，并且负载较大。

2. 层次

层次（hierarchical）结构的特点是联网的各计算机按树形或塔形组成。该结构中的顶

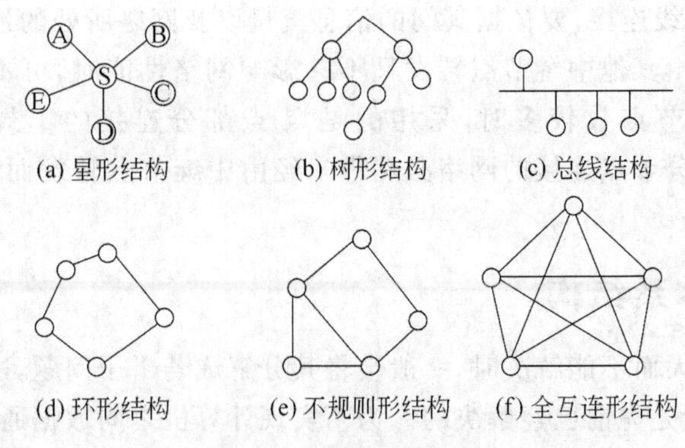

图 7-2　网络拓扑结构

部节点称为根结点(root node),如图 7-2(b)所示。一般说来,越靠近树根(或塔的顶部),节点的处理能力就越强。层次结构适用于相邻层通信较多的情况。典型的应用是：低层节点解决不了的问题,请求中层节点解决,中层节点解决不了的问题请求顶部节点来解决。

星形结构和层次结构在目前的楼宇布线中应用较多。

3. 总线

总线(bus)结构是由一条公用总线连接若干个节点所形成的网络,如图 7-2(c)所示。通常,每个节点都会接收到总线上的所有信号。总线结构网络成本低、安装使用方便。当某个工作站点出现故障时,并不会影响到其他节点。由于所有的工作站通信均通过一条共用的总线,所以会出现竞争现象,实时性较差,当节点通信量增加时,性能会急剧下降。

总线结构在早期同轴电缆组成的局域网中使用较多。

4. 环形

环形(ring)结构是由通信线路将各节点连接成一个闭合的环,如图 7-2(d)所示。每个设备通过接头连接到环中,通过收发驱动单元检查输入数据的地址,决定是否接收。无论如何,收发驱动单元还要将输入的数据转发到环上的下一个设备。环形拓扑的特点与总线结构类似,但网络的可靠性更加依赖于环的可靠性,环中任一节点的断开都会使所有节点的通信终止。为了克服环网的这个缺点,一般环网采用双环或多环结构,外环(数据通路)传输数据,内环(保护通路)作为备用环路。当外环发生故障时,网络连接自动从外环切换到内环,环网的这种功能称为"自愈"。

5. 网状

点-点全连接结构是每一节点和网上其他节点都有通信线路连接,这种网络的复杂性随处理机数目增加而迅速地增长,如图 7-2(f)所示。该类网络的优点是无须路由选择,通信方便。但这种网络连接复杂,适合于节点数少,距离很近(如一个房间)的环境中使用。

在广域网中,互连的计算机一般都分布在各个城市,各节点间距离很长,某些节点间是否用点-点线路专线连接，要依据其间的信息流量以及网络所处的地理位置而定。如果某节点间的通信可由其他中继节点转发且不甚影响网络性能时，可不必直接互连。因此在地域范围很大且节点数较多时，采用的是点-点部分连接的不规则形拓扑结构，如图 7-2(e)所示。部分节点连接的网络必然带来经由中继节点转发而相互通信的现象，这称为交换。

7.1.3 网络体系结构

当一个问题太大而不能解决时，一般会将其分解成若干子问题，这些子问题应该是比较容易解决的，或者是先前已经解决的。为了实现计算机之间数据通信自动化，通常需要设计一系列的规则。

1. 网络协议

协议是某一种活动或者行为所遵守的准则或规则。

网络协议是为计算机网络进行数据交换而建立的一系列规则、标准或约定。这些规则明确定义了所交换数据的格式、含义以及有关的同步问题。网络协议的目的在于确保计算机之间能够进行正常、可靠的数据通信。典型的网络协议包含 3 个方面的内容：

(1) 语法：用来规定由协议的控制信息和传送的数据所组成的传输信息应遵循的格式，即传输信息的数据结构形式，以便通信双方能正确地识别所传送的各种信息。

(2) 语义：对构成协议的各个协议元素的含义的解释。不同的协议元素规定了通信双方所要表达的不同含义，如帧的起始定界符、传输的源地址和目的地址、帧校验序列等。不同的协议元素还可以用来规定通信双方应该完成的操作，如在什么条件下信息必须应答或重发等。

(3) 同步：规定实体之间通信的操作执行的顺序，协调双方的操作，使两个实体之间有序地进行合作，共同完成数据传输任务。例如，在双方通信时，首先由源站发送一份数据报文，若目的站接收的报文无差错，就向源端发送一份应答报文，通知源端它已经正确地接收到源站发送的报文；若目的站发现了传输中有差错，就发出一个报文，要求源端重发原报文。这里的同步并不是指双方同时进行同样的操作。

2. 分层的思想

借鉴对复杂系统问题分析研究的思想，在设计复杂网络协议时，通常也采用分层的思想，所谓协议分层就是将完成计算机通信全过程的所有功能划分成若干层次，每一层次对应一些独立的功能。分层结构对于理解和设计网络协议有着重要的作用。

图 7-3 说明了一个具有 3 个层次的网络的通信过程。在这个网络中，每一层的具体功能都是由该层的实体完成的。网络体系结构定义的**实体**(entity)是指层中的活动元素，它可以是软件(如进程)，也可以是硬件(如网卡、智能输入输出芯片)。不同层次中的实体实现的功能互不相同。为表述方便，将网络层次中的第 n 层表示为(n)，相应地，处于第 n 层的实体表示为(n)实体。不同主机中位于同一层次的实体称作**对等实体**(peer entities)，正是对等实体利用协议进行通信。

在概念上可以认为数据是在同一层次中的对等实体之间进行的虚拟传输，或者是逻辑传输。之所以称作虚拟传输，是因为数据对等实体之间的数据传输实际上最终要经过底层的物理传输才能完成。因此，数据不是从一台主机的第 n 层直接传送到另一台主机的第 n 层，而是每一层都把它的数据和控制信息交给它的相邻下一层，直到第1层。第一层之下是物理媒介(physical medium)，它执行的是真正的物理通信，即信号传输。图7-3中的对等实体之间的通信都是虚拟通信。

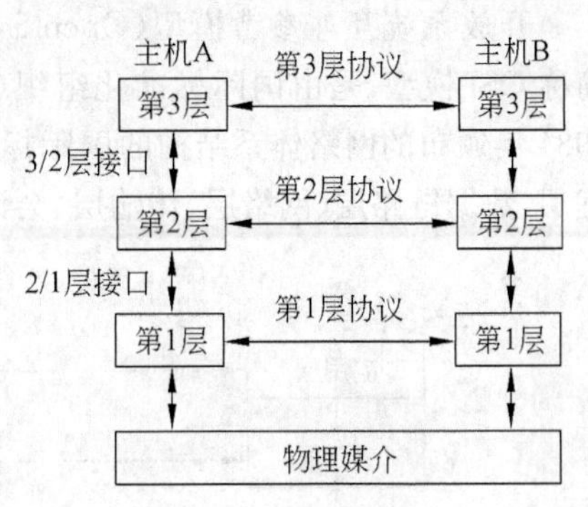

图7-3　层、协议和接口

网络体系结构中相邻层之间都有一个接口。**接口**定义了下层向上层提供的操作和服务。当网络设计者在决定一个网络应包括多少层，每一层应当做什么的时候，其中一个很重要的考虑就是要在相邻层之间定义一个清晰的接口。为达到这些目的，又要求每一层能完成一组特定的有明确含义的功能。除了尽可能地减少必须在相邻层之间传递的信息数量外，一个清晰的接口可以使同一层能轻易地用一种实现来替换一种完全不同的实现(如用卫星信道来代替所有的电话线)，只要新的实现能向上层提供旧的实现所提供的同一组服务就可以了。

在计算机网络分层结构中，每一层次的功能都是为它的上层提供服务的。(n)实体实现的服务为($n+1$)实体所利用，在这种情况下，(n)层被称为**服务提供者**(service provider)，($n+1$)层则被称为**服务用户**(service user)；与此同时，(n)层又利用($n-1$)层的服务来实现自己向($n+1$)层提供的服务，该服务可以包含多种类型，如快速昂贵通信服务或慢速低廉服务等。基于上述服务使用关系，可以对服务提供者和服务用户进行延伸。对于(n)层提供的服务，($n+1$)层及其之上的所有层次，如($n+2$)层、($n+3$)层等都是(n)服务用户，但($n+1$)层是直接用户，位于其上的各层则是间接用户；同样的道理，(n)层及其之下的所有层次，如($n-1$)层、($n-2$)层等都是(n)服务提供者，但(n)层是直接提供者，位于其下的各层则是间接提供者。

服务是通过服务访问点SAP(service access point)提供给上层使用的。(n)层SAP就是($n+1$)层可以访问(n)层服务的地方，每个SAP都有一个唯一标明自己身份的地址。例如，可以把电话系统中的SAP看成标准电话机的物理连接口，则SAP地址就是这些物理连接口的电话号码。用户要想和他人通电话，必须预先知道他的SAP地址(即电话号码)。

计算机网络的各层及其协议的集合称为**网络体系结构**(network architecture)。换言之，计算机网络的体系结构就是对该计算机网络及其部件所应完成的功能的精确定义。需要强调的是：它并未确切地描述用于各层的具体协议和服务，而仅仅是说明每一层应该做什么，至于这些功能究竟是用何种硬件或软件完成的，则是一个遵循这种体系结构的实现问题。也就是说，体系结构是抽象的，而实现才是具体的。

3. OSI模型

开放系统互连参考模型(Open Systems Interconnection Reference Model,OSI/RM),简称OSI模型,是由国际标准化组织(International Organization for Standardization,ISO)于1984年颁布的网络体系结构的国际标准。OSI分层模型如图7-4所示,由下向上分别是物理层、数据链路层、网络层、传输层、会话层、表示层和应用层共7层。

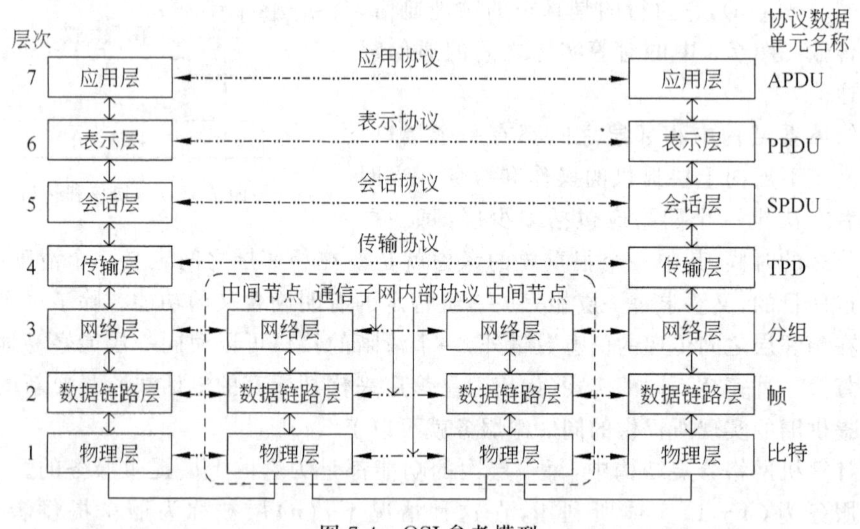

图7-4　OSI参考模型

OSI试图达到一种理想境界,即全世界的计算机网络都遵循这个统一标准,从而全世界的计算机都能够很方便地进行互联和交换数据。然而到了20世纪90年代初,虽然整套的符合OSI国际标准都已经制定出来了,但由于因特网已抢先在全世界覆盖了相当大的范围,几乎没有什么厂家愿意生产符合OSI标准的商用产品。如今规模最大、覆盖全世界的因特网并未使用OSI标准的协议,而是采用TCP/IP协议。

4. TCP/IP模型

因特网是基于TCP/IP技术的,TCP/IP参考模型分为4个层次,自下而上分别是网络接口层、网际层、传输层和应用层,其中,网络接口层包括OSI的物理层和数据链路层,网际层相当于OSI的网络层。图7-5给出了TCP/IP参考模型的层次结构以及与OSI/RM参考模型的对应关系。

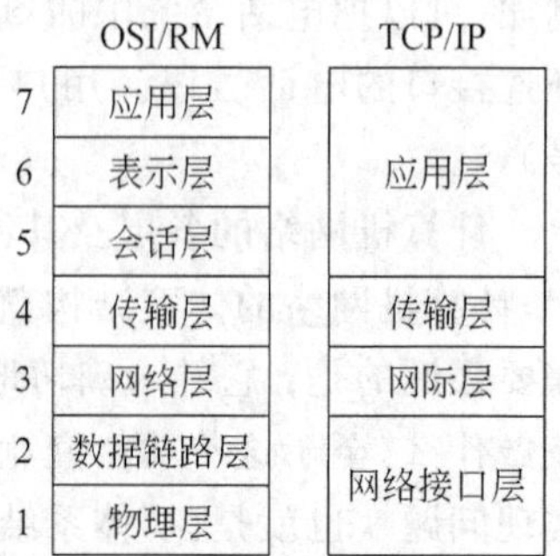

图7-5　TCP/IP参考模型

5. 各层功能简介

(1) 物理层

物理层处于OSI模型的最低层,其任务是透明地传送比特流。“透明地传送比特流”表示经实际电路传送后的比特流没有发生变化,电路并没有对比特流的传送产生影响,因此比特流就“看不见”这个电路,从而电路对比特流来说是透明的。物理层需要考虑的典型问题是用多少伏的电压表示“1”,多少伏的电压表示“0”;一个比特持续多少微秒;传输是否在两个方向上同时进行;最初的连接如何建立,完成通信后连接如何终止;网络接插件有多少引脚以及各引脚的用途等。这里的设计主要是处理机械的、电气的和过程的接口,以及物理层下的物理传输介质等问题。物理层对其上的各层隐藏了所有这些细节,将物理线路改造成了一个简单的数据链路。

(2) 数据链路层

链路是从一个节点到相邻节点的一段物理线路,中间没有其他交换节点。传送数据时,还需要通信协议来控制数据的传输。把实现这些协议的硬件和软件加到链路上,就构成了数据链路。

数据链路层使用物理层提供的服务,并通过添加错误处理机制将简单的数据链路改造成可靠的数据链路,再提供给网络层。数据链路层以帧为单位传输数据,每一帧包括数据和必要的控制信息。数据链路层要解决由于帧的破坏、丢失和重复所出现的问题;另一个问题是防止高速的发送方的数据把低速的接收方“淹没”,因而需要有某种流量调节机制。如果线路能用于双向传输数据,则数据链路层还要解决两个方向的数据帧对线路的竞争使用问题。

(3) 网络层

网络层使用数据链路层提供的服务,负责为互联网上的不同主机提供通信服务。网络层以分组或包(packet)为单位传送数据。相互通信的主机之间可能要经过许多个节点和链路,也可能还要经过多个路由器互连通信子网,因此网络层需要选择合适的路由,使发送端数据分组能够按照地址传送到目的主机。此外,如果在子网中同时出现过多的分组,它们将相互阻塞通路,形成瓶颈,因此拥塞控制也属于网络层的范围。

(4) 传输层

传输层也叫运输层,它只能存在于通信子网外面的主机之中,从运输层以上各层都是属于端到端的主机协议层。运输层是在优化网络服务的基础上,为源主机和目标机之间提供价格合理的、可靠的透明数据传输,使高层用户在相互通信时不必关心通信子网的实现细节,即屏蔽掉各类通信子网的差异,向用户提供一个能满足其要求的服务,且具有一个不变的通用接口。运输层具有复用和分用的功能,即运输层中的多个进程可复用下面网络层的传输功能,到了目的主机的网络后,再使用分用功能,将数据交付给相应的进程。运输层还具有分段和重组的功能,即发送端的数据单元可分为多个网络服务数据单元进行发送,到了接收端再重组为运输服务数据单元。

运输层的主要协议包括面向连接的**传输控制协议(TCP)**和无连接的**用户数据报协议(UDP)**。**TCP** 在传送数据之前要先建立连接,数据传送结束后要释放连接,像生活中打电话的过程。TCP 能提供可靠的交付。UDP 在传送数据之前不需要先建立连接,远地主机的运输层在收到 UDP 数据后也不需要给出确认信息,像生活中通过邮局寄平信。UDP 提供“尽最大努力”的交付。TCP 常用在软件、文字信息的传送中。UDP 常用在视频、音频等信息的传送中。

(5) 应用层

在 TCP/IP 参考模型中，将 OSI 的会话层、表示层和应用层合并为应用层。应用层的任务是通过应用进程间的交互来完成特定的网络应用。应用层的协议是应用进程间通信和交互的规则。如网页浏览的超文本传输协议（hypertext transfer protocol，HTTP）协议，用于发送邮件的 SMTP（simple mail transfer protocol）协议，用于邮件接收的 POP3（post office protocol）协议等。

6. 典型的数据链路层协议

信号是在信道（channel）上传输的，**信道**是信号传输的通道。局域网中，信道（或介质）是各站点的共享资源，所有站点都可以访问这个共享资源，这样的信道称为广播型信道。为了防止多个站点同时访问造成的冲突或信道被某一站点长期占用，必须制订一种规则，以便使它们安全、公平地使用信道，这类规则称为称**介质访问控制方法**。介质访问控制方法属于数据链路层的协议。

IEEE 802 标准规定了局域网络中最常用的几种介质访问控制方法，包括 IEEE 802.3 带冲突检测的载波侦听多路访问（CSMA/CD）和 IEEE 802.5 令牌环（Token Ring）。

(1) CSMA/CD

【课堂提问 7-2】 开会时，为了能够让大家听清每个人的发言，如何避免两人同时发言？

通常情况下，发言者在发言前首先要确认没人发言，如果出现同时发言的情况，每位发言者会相互再次确认后再确定发言次序，这种发言权的控制方法与 CSMA/CD 非常类似。

载波侦听多路访问 CSMA/CD（carry sense multiple access/collision detect）是一种采用随机访问技术的竞争型（有冲突的）介质访问控制方法，它主要解决两个问题：一是各站点如何访问共享介质；二是如何解决同时访问造成的冲突。

网络中的站点都具有判断信道忙（闲）的能力，每个站点的接收器都能够监听信道上传输的信号，如果信号有变化（即有载波），说明信道正在被其他站点使用（称为信道忙）；如果信道上没有信号变化，信道就处于空闲状态。

基本的 CSMA 介质访问方法的规则是：一个站要发送信息时，首先需监听总线，以确定介质上是否有其他站发送的信号。如果介质是空闲的（没有其他站点发送），则可以发送。如果介质是忙的（其他站点正在发送），则等待一定间隔时间后重试。

由于信道的传播延迟，当总线上两个采用 CSMA 算法的站点监听到总线上空闲而同时发送帧时，就会产生冲突。为了解决这个问题，又提出了带有冲突检测的载波监听多路访问方法 CSMA/CD，协议规定：如果介质空闲，则发送；如果介质忙，则继续监听，一旦发现介质空闲，则立即发送；站点在发送帧的同时需要继续监听是否发生冲突（碰撞），若在帧发送期间检测到冲突，就立即停止发送，并向介质发送一串阻塞信号以强化冲突（发阻塞信号的目的是保证让总线上的其他站点都知道已发生了碰撞）；发送了阻塞信号后，等待一段随机时间，返回第一步重试。从 CSMA/CD 协议可知，如果发送时产生冲突，所有发送站都将停止发送，然后再按竞争规则来竞争总线的使用权，这样就提高了介质的利用率，使得信道的带宽不致因白白传送已损坏的帧而浪费掉。

(2) 令牌环协议

【课堂提问 7-3】 在由多人围成的圈中，每人都可以传递写有信息的纸条，纸条上写有接收方姓名，纸条只能沿同一方向(顺时针或者逆时针)按顺序一个人接一个人的传递，在某一时刻，圈中只能由一张正在传递的纸条。如何能够保证每人都能公平传递纸条，既不存在有人总发送纸条的情况，又能避免多人同时传递纸条的情况？

游戏中传递纸条的方式与环状网络(见图 7-6)中计算机传输信息的方式非常类似。

令牌环网使用了一个沿着环循环传递的“令牌”，它能从一个站点传递到另一个站点，直到到达需要发送数据的站点。只有拥有令牌的站点才能发送数据帧。每个站点都会读取该数据帧中的目的地址，如果帧的目的地址和本站的地址相符合，就将数据帧写入它的接收缓冲器中，以便送给上层软件进行相应的处理；如地址不符合，就将数据帧直接发送出去，不对它进行任何处理。数据帧会经过网络上的每个站点，直到返回最初发送它的工作站为止。即使一个站点发现收到的数据帧是发给自己的，也要把该帧发到环中。数据帧在整个环中绕了一圈之后重新回到发送站点，发送站点会将回收到的数据与原先发出的数据进行比较，检查数据传输过程中是否出现了错误。如果出现了错误，就把错误提交给上层软件处理。如果没有出现错误，就从环中删除该数据帧，然后发出一个新的空令牌。为了保证任何一个站点不会独占令牌，每个站点中都具有一个令牌控制计时器，由它来控制站点持有令牌的最长时间(称为令牌保持时间)，通常令牌保持时间为 10ms。

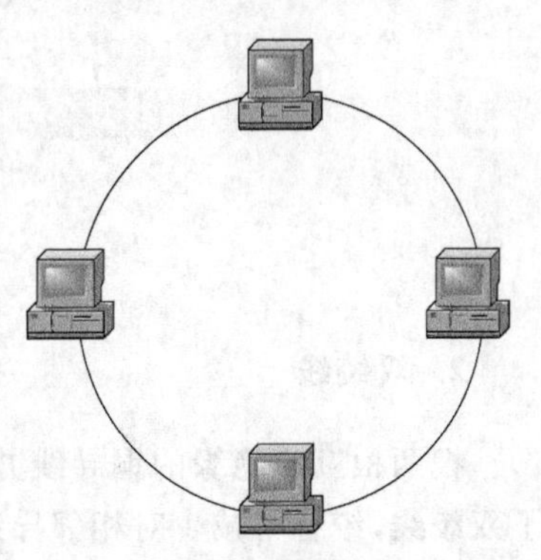

图 7-6　令牌环网的拓扑结构

由于 token ring 采用的是一种“轮流坐庄”的方法，从本质上就消除了发生冲突的所有可能性，完全不需要使用冲突检测机制，所以它能够以最大速度来运行。同时，令牌环网也是一个确定性的网络，即一个站点在发送数据前能够预计所要等待的最大时间，而在 CSMA/CD 中的时延只能用统计规律来计算。

7.1.4 传输介质

传输媒体又被称作传输介质或传输媒介，它是计算机网络中连接发送器和接收器的物理通道。传输介质一般可分为两大类，即**导向传输介质**(guided media)和**非导向传输介质**(unguided media)。在导向传输介质中，电磁波被导向沿着固体介质(铜线或光纤)传播，习惯上被称为**有线传输**；而非导向传输介质就是指自由空间，在非导向传输介质中电磁波的传输习惯上被称为**无线传输**。计算机网络常用的传输介质主要包括同轴电缆、双绞线、光纤、微波、红外线和卫星，其中，前 3 种属于导向传输介质，后 3 种属于非导向传输介质。

1. 同轴电缆

同轴电缆由内导体铜质芯线、隔离材料、网状编织的外导体屏蔽层(也可以是单股的)以及保护塑料外层所组成,如图 7-7 所示。由于外导体屏蔽层的作用,同轴电缆具有很好的抗干扰特性,被广泛用于较高速率的数据传输。

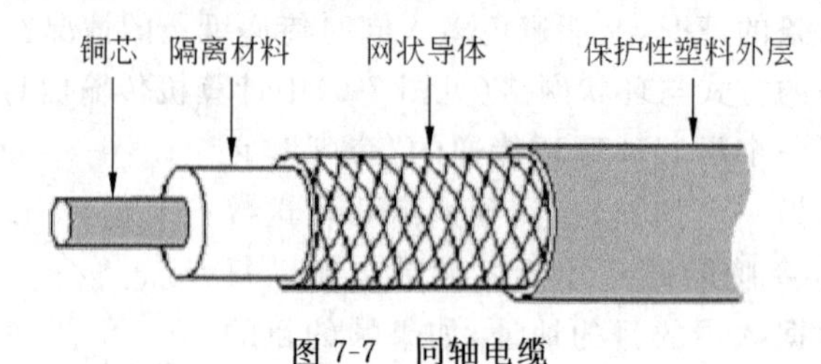

图 7-7 同轴电缆

2. 双绞线

把两根互相绝缘的铜导线并排放在一起,然后用规则的方法绞合(twist)起来就构成了**双绞线**,绞合可减少对相邻导线的电磁干扰。使用双绞线最多的地方就是电话系统中用户电话机到交换机之间的线路连接。通常将一定数量(2～1800 对)的双绞线捆成电缆,在外面包上硬的护套以提高它的机械拉伸力度。计算机网络中使用的双绞线电缆通常包含 2 对或 4 对双绞线。

按照抗电磁干扰能力不同,双绞线可以分为无屏蔽双绞线和屏蔽双绞线两种。**无屏蔽双绞线**又称为**非屏蔽双绞线**(unshielded twisted pair,UTP),电缆是由多对双绞线和一层塑料外皮构成,4 对无屏蔽双绞线电缆的结构如图 7-8(a)所示。局域网中常用的是 3 类、4 类和 5 类双绞线。5 类线与 3 类线的主要区别在于一方面增加了单位长度(英寸)的绞合个数,单位长度绞合次数越多,抗干扰能力越强。3 类线的传输带宽可达 16MHz,用于语音和数据时,其最高传输速率可达 10Mbit/s;5 类线的传输带宽最高可达 100MHz,用于语音和数据时,其最高传输速率为达 155Mbit/s。还有超 5 类双绞线的传输速率可达到 1000Mbit/s。为了提高双绞线的抗电磁干扰能力,在双绞线的外面再加上一个用金属丝编织成的屏蔽层,就构成了**屏蔽双绞线**(shielded twisted pair,STP),它的价格要比无屏蔽双绞线贵,安装要比无屏蔽双绞线电缆困难,必须配有支持屏蔽功能的特殊连接器和相应的安装技术。图 7-8(b)是屏蔽双绞线的示意图。

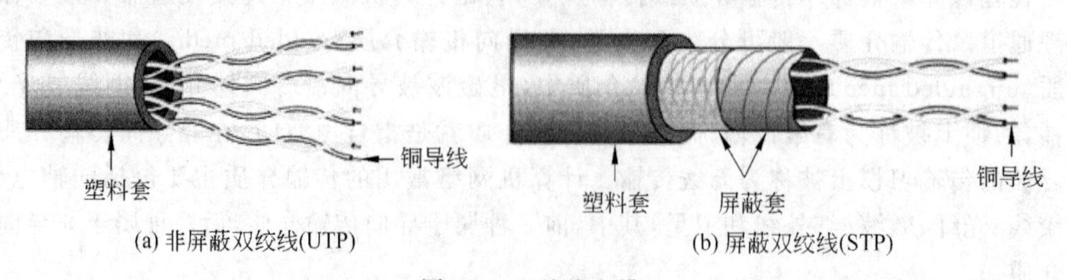

(a) 非屏蔽双绞线(UTP)　　(b) 屏蔽双绞线(STP)

图 7-8 双绞线电缆

3. 光纤

光纤通常由非常透明的石英玻璃拉成细丝，主要由纤芯和包层构成双层通信圆柱体，如图7-9所示。纤芯很细，其直径只有8～100μm，光波信号正是通过纤芯进行传导。包层由多层反射玻璃纤维构成，较纤芯具有较低的折射率，用来将光线反射到纤芯上。由于光纤非常细，连包层一起的直径也不到0.2mm，因此必须将光纤做成很结实的光缆才能够满足实际敷设的拉伸需求。光纤在任何时间都只能单向传输，因此，要进行双向通信，它必须成对出现，每个传输方向一根。一根光缆少则有一根光纤，多则包括数十至数百根光纤，光缆中往往还需要加上加强芯和填充物，必要时还可放入远供电源线，最外面是包带层和外护套。

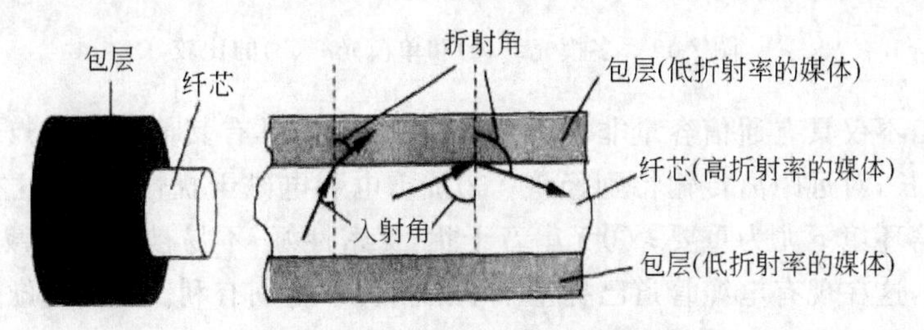

图7-9 光纤中的光线反射与折射

光纤的传输原理是光的折射和反射。根据光的传输特点，当光线从高折射率的媒体射向低折射率的媒体时，其折射角将大于入射角。如果入射角足够大，就会产生全反射，即光线碰到包层时就会完全反射回纤芯，这个过程不断重复，光也就沿着光纤一直传输下去，图7-10描述了光信号在纤芯中的完整传播过程。

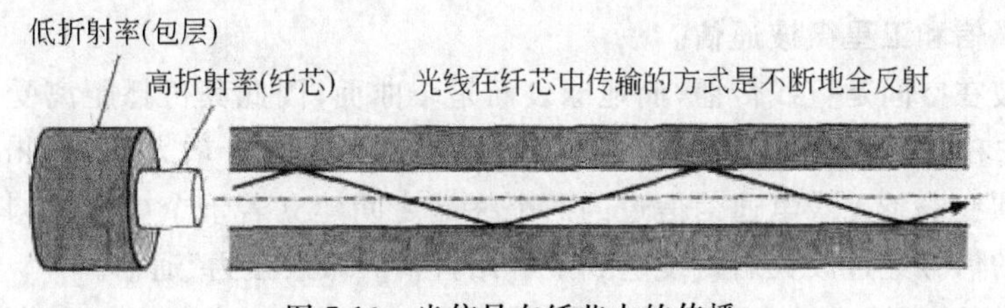

图7-10 光信号在纤芯中的传播

光纤通信在发送端可采用发光二极管或半导体激光器在电脉冲作用下产生光脉冲；在接收端，利用光电二极管做成光检测器还原成电脉冲。现代生产工艺可以制造出超低损耗的光纤，即做到光信号在纤芯中传输数十公里甚至上百公里而基本上没有什么衰耗。这一点是光纤通信得到飞速发展的关键因素。

按照光波在光纤中传播方式的不同，常见的光纤可以分为单模光纤和多模光纤两类。如果在一条光纤中允许多条不同角度入射的光线进行传输，这种光纤就称为**多模光纤**(见图7-11(a))。光脉冲在多模光纤中传输时会逐渐展宽，造成失真，因此多模光纤只适合于近距离传输。若纤芯的直径减小到只有单个光波的波长，则光纤就像一根波导那样，它可使光线一直向前传播，而不会产生反射，这样的光纤就称为**单模光纤**(见图7-11(b))。单模光纤的纤芯很细，其直径只有几微米，制造起来成本较高，但衰耗较小。

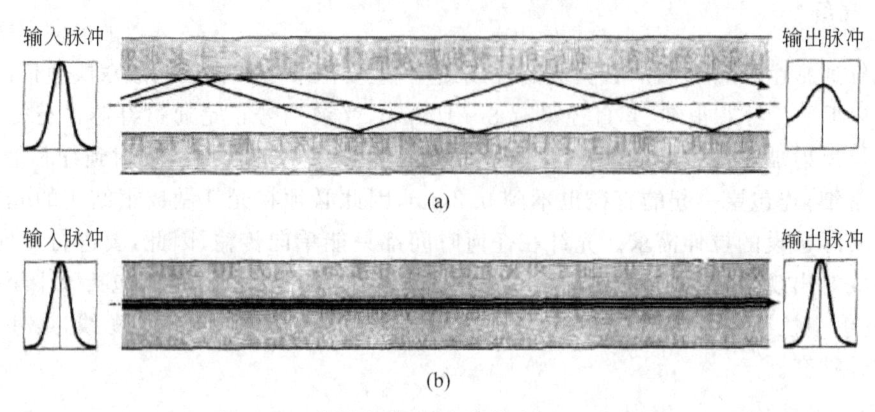

图 7-11　多模光纤(a)和单模光纤(b)的比较

光纤通信不仅具有通信容量非常大的优点，而且还具有其他一些特点：①传输损耗小，中继距离长，对远距离传输特别经济；②抗雷电和电磁干扰性能好，这在有大电流脉冲干扰的通信环境下尤为重要；③无串音干扰，保密性好，不易被窃听或截取数据；④体积小，重量轻，这在现有电缆管道已拥塞不堪的情况下特别有利。光纤的缺点就是安装成本和使用成本都较高。

4. 微波通信

微波的频率范围为 300MHz～300GHz，但主要是使用 2GHz～40GHz 的频率范围。微波在空间主要是直线传播，且能够穿透电离层而进入宇宙空间，因此它不像短波那样可以经电离层反射传播到地面上很远的地方。这样，微波通信就有两种主要的方式：即**地面微波接力通信和卫星微波通信**。

由于微波在空间是直线传播，而地球表面是个曲面，因此其传播距离受到限制，一般只有 50km 左右。但若采用 100m 高的天线塔，则传播距离可增大到 100km。为实现远距离通信必须在一条无线电通信信道的两个终端之间建立若干个中继站，其作用在于把前一站送来的信号经过放大后再发送到下一站，俗称**“微波接力”通信**。

微波接力通信可传输电话、电报、图像、数据等信息，其主要特点是：①微波波段频率很高，其频段范围也很宽，因此其通信信道的容量很大；②因为工业干扰和天电干扰的主要频谱成分比微波频率低得多，对微波通信的干扰比对短波和米波通信小得多，因而微波通信质量较高；③与相同容量和长度的电缆载波通信比较，微波接力通信建设投资少，见效快。

当然，微波接力通信也存在如下的一些缺点：①相邻站之间必须直视，不能有障碍物。有时发射天线发射出的信号会经过几条不同的路径到达接收天线，造成信号畸变；②微波的传播有时也会受到恶劣气候的影响；③对大量中继站的使用和维护要耗费一定的人力和物力。

卫星通信是指在地球站(或地面站)之间利用位于约 36000km 高空的人造同步地球卫星作为中继器的一种微波接力通信。同步卫星发射出的电磁波能辐射到地球上的通信覆盖区的跨度达 18000km，只要在地球赤道上空的同步轨道上，等距离地放置 3 颗相隔

120度的卫星，就能基本上实现全球的通信。卫星通信的最大特点是通信距离远，且通信费用与通信距离无关。但通信卫星本身和发射卫星的火箭造价都较高。从安全方面考虑，卫星通信与地面微波接力通信一样，保密性是较差的。

5. 其他无线传输方式

(1) 激光通信

在空间传播的激光束也可以调制成光脉冲以传输数据。和地面微波一样，可以在视野范围内安装两个彼此相对的激光发射器和接收器进行通信。由于激光的频率比微波更高，因而可获得更高的带宽。激光束的方向性比微波束要好，不受电磁干扰的影响，不怕偷听，但激光穿越大气时会衰减，特别当空气污染、下雨下雾、能见度很差的情况下，可能会使通信中断。一般来说，激光束的传播距离不能太远，因此只能在短距离通信中使用，当距离较长时，可以用光缆代替。

(2) 红外线通信

红外线通信近来也经常用于短距离的无线通信中，红外传输系统利用墙壁或屋顶反射红外线从而形成整个房间内的广播通信系统。这种系统所用的红外光发射器和接收器与光纤通信中使用的类似，也常见于家电(如电视机、空调等)的遥控装置中。红外通信的设备相对便宜，可获得高的带宽，这是红外线通信方式的优点。而其缺点是传输距离有限，而且易受室内空气状态(例如有烟雾等)的影响。红外线和微波之间的重要的差异是前者不能穿越墙壁，这样，微波通信所遭遇的安全和干扰问题在这里不再出现，此外，红外线也不存在频率分配问题。

(3) 短波通信

无线电短波通信早就被用于计算机网络通信，已经建成的无线通信局域网使用了甚高频 VHF(30MHz～300MHz)和超高频(300MHz～3000MHz)的电视广播频段，这个频段的电磁波是以直线方式在可视距范围内传播的，所以用作局部地区的通信是很适宜的。短波通信设备比较便宜，便于移动，没有像地面微波站那样的方向性，加上中继站可以传送很远的距离。不过，该种通信方式也容易受到电磁干扰和地形地貌的影响，而且通信带宽比更高频率的微波通信要小。

各种传输介质在电信领域中使用的电磁波频谱见图7-12，它们之间的比较见表7-1。

表7-1 各种传输介质比较

传输介质	速率/ 工作频带	传输距离	性能	价格	应用
双绞线	≤1Gb/s	模拟：10km 数字：500m	较好	低	模拟/数字信号传输
50Ω同轴电缆	10Mb/s	<3km	较好	较低	基带数字信号
75Ω同轴电缆	≤450MHz	100km	较好	较低	模拟电视、数据及音频
光纤	40Gb/s	20km以上	很好	较高	远距离高速传输
微波	4～6GHz	几百 km	好	中等	远程通信
卫星	1～10GHz	18000km	很好	高	远程通信

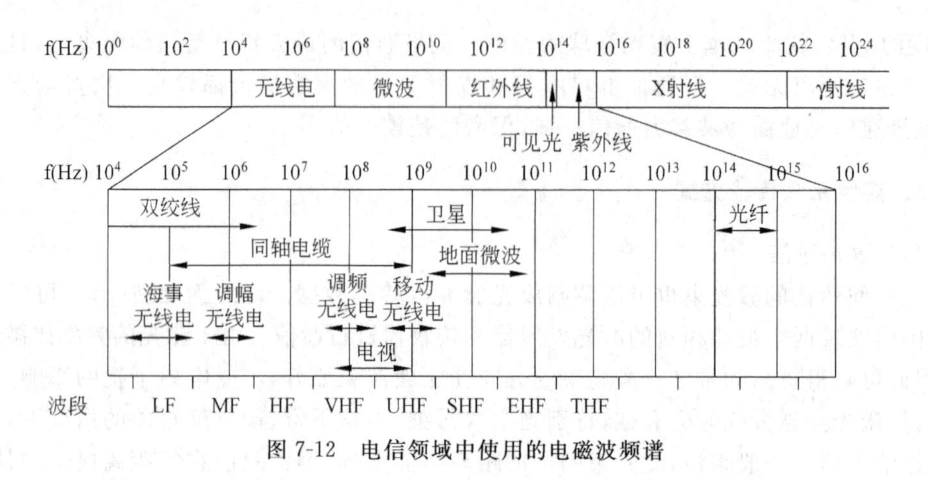

图 7-12　电信领域中使用的电磁波频谱

7.1.5　常见网络设备

网络连接设备的种类很多，不同类型的网络与不同规模范围的网络所使用的连接设备也有所不同，常见的网络连接设备包括网络接口卡、集线器、交换机和路由器等。

1. 网络接口卡

在网络中，任何连网的设备（计算机或具有网络连接功能的各种设备，如打印机、摄像头、存储设备、网络家电、手机等）都需要配置一个或多个网络接口卡（或称网络适配器），如图 7-13 所示。这些网络接口有些是以集成形式直接做到了设备的电路基板上，也有一些是以独立形式插接到设备的接口插槽上，但不论是集成的还是独立的，从网络的观点看，它们都是设备与网络之间的接口设备，它们与网络程序（网络操作系统等）配合工作，负责将要发送的数据转换为网络上其他设备能够识别的格式通过介质发送到网络上，或从网络介质接收信息，转换成网络程序能够识别的格式，提交给网络操作系统。

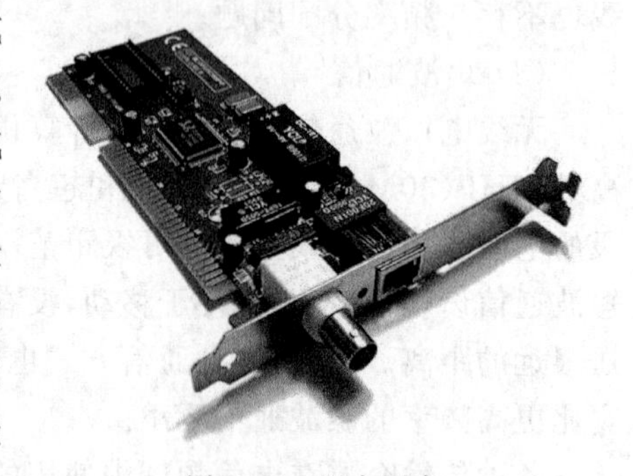

图 7-13　以太网卡

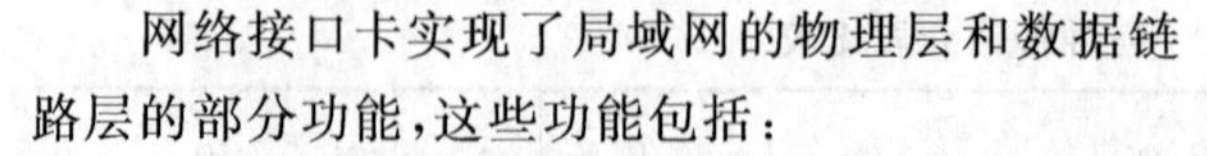

网络接口卡实现了局域网的物理层和数据链路层的部分功能，这些功能包括：

（1）数据缓存。发送时，网络层协议封装好的数据先暂存到网卡的缓冲区中，然后由网卡装配成帧发送出去。接收时，网卡把收到的帧先存入缓冲区，然后再进行后续处理。

（2）帧的封装和解封装。发送时，网卡从网络层实体接收已经被网络层协议封装好的数据，然后再将这些数据装配成一个帧。对接收到的帧，网卡首先要进行校验以确保收到的帧没有错误，然后把数据从帧中剥离出来提交给上层协议栈（即网络层）。

（3）介质访问控制。局域范围内，多台计算机共享传输介质，为防止共享介质的多台计算机同时发送数据而造成冲突，需要一种协调机制，这就是介质访问控制。不同类型的网络使用的介质访问控制方法不同，例如，有线以太网用的是 CSMA/CD，无线以太网用的是 CSMA/CA，令牌环网使用的是 Token Passing 等。

(4) 串/并转换。网卡向网络发送数据或从网络接收数据使用的是串行传输方式。因此，网卡在发送数据时必须把并行数据转换成适合网络介质传输的串行位流，在接收数据时必须把串行位流转换成并行数据。

(5) 数据编码/解码。计算机生成的二进制数据，必须按照适合网络介质传输的信号形式进行编码后才能进行传输。同样，在接收时必须进行物理信号到数据的解码过程。如果是铜线电缆，数据经过编码，变成某种形式的电脉冲；如果是光纤，那么数据经过编码后变成光脉冲。常见的有曼彻斯特编码(以太网)和差分曼彻斯特编码(令牌环网)。

(6) 数据发送/接收。把编码后的物理信号通过网络介质将数据发送出去或者把网络介质上的物理信号接收进来。

2. 中继器和集线器

由于介质存在电阻、电容和电感，当信号在电缆上传输时，信号的强度会逐渐减弱，信号的波形也会逐渐畸变，因此电缆的长度必须有所限制。如果网络延伸的距离超出了限制，就需要使用一种称为**中继器**的设备来对信号放大，使信号能够传输更远的距离而不会衰减到无法被读取的程度。

由于中继器在 OSI 参考模型的物理层上工作，因此不能把两种具有不同链路层协议的 LAN 连接起来，如以太网和令牌环网。由于中继器仅是对它所接收到的信号进行复制，不具备检查错误和纠正错误的功能，因此错误的数据会被中继器复制到另一电缆段。中继器不对信息进行存储或做其他处理，因此信号的延迟很小。中继器不对网络上传输的结构化信息(帧、分组)进行任何形式的过滤，因此用中继器连接起来的两个网段仍然是一个冲突域(同时发送会冲突)，也就是说，对于数据链路层以上的协议，用中继器互连起来的若干个电缆段与单根电缆之间并没有差别(除了增加了一些延迟外)。不能用中继器将计算机连接成环，这样数据就会在环路中循环传输，无法实现介质访问控制。

在双绞线介质和光纤介质的网络上，中继功能被内置于集线器或交换机中，因此在这种网络中很难再见到独立的中继器。**集线器**是对网络进行集中管理的最小单元，本质上是一个多端口的中继器，因此它的工作原理与中继器几乎完全相同。现在的网络中，每台计算机或服务器都用独立的双绞线连接到集线器的一个端口上，如图 7-14 所示。从形式上看，似乎这种结构的网络中每台计算机都采用独享的方式使用介质，但实际上这种结构的网络仍然属于共享介质的网络——连接到集线器的计算机共享集线器内部的总线。在这个意义上说，集线器就是一个将共享介质总线折叠到铁盒子中的集中连接设备(当然，它还具有信号的中继功能)。

3. 网桥和交换机

网桥用于连接两个局域网构成一个更大的局域网(见图 7-15)。每个局域网称为一个**网段**。网桥工作在 OSI 参考模型中数据链路层的 MAC 子层。网桥监听所有流经它所连接的网段的数据帧，并检查每个数据帧中的 MAC 地址，以此决定是否将该帧发往其他

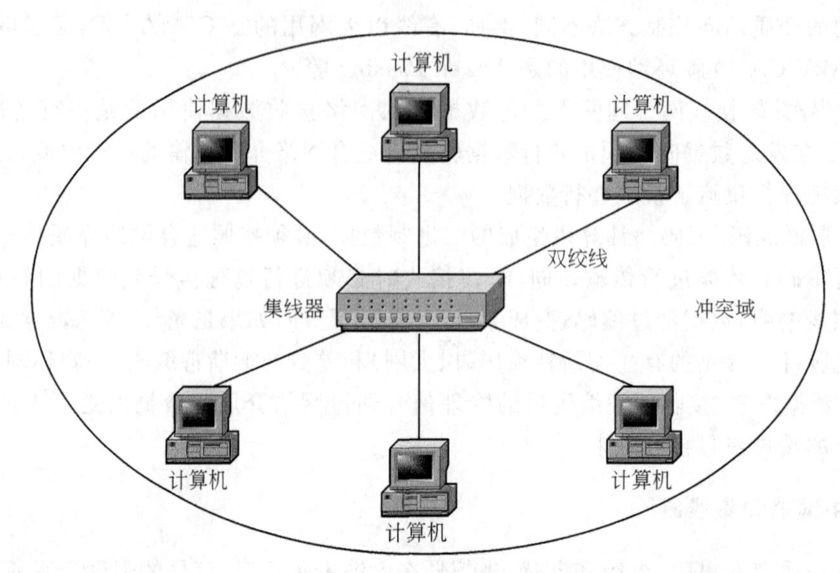

图 7-14　使用集线器组网

网段，也就是说**网桥**是一个根据 MAC 地址决定如何转发数据的网络连接设备。网桥还是一个存储转发设备，具有对数据帧进行缓冲的能力(见图 7-16)。

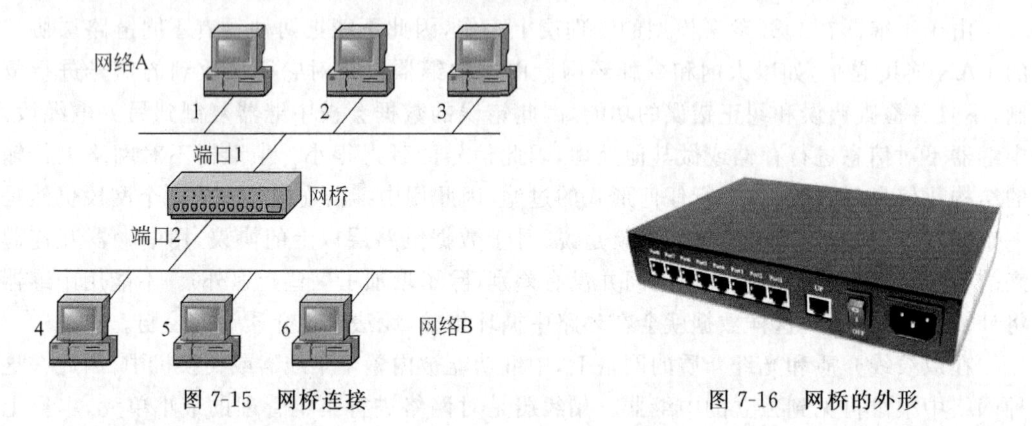

图 7-15　网桥连接　　　　图 7-16　网桥的外形

(1) 网桥的学习机制

网桥能够转发数据的基础是其所具有的学习能力。在网桥内部保存有一个记录了主机地址与对应端口的数据库，这个数据库称为**转发表**。当开启网桥的电源时，转发表是空的。为了填写转发表，网桥需要接收来自所有端口的数据帧。当网桥接收到一个完整的数据帧时，它将其源地址与转发表进行比较。如果源地址不在转发表中，网桥会将它加入，同时加入的还有接收到该数据帧的端口号。这个过程称为“**逆向学习**”。因为网桥具有这种自学习能力，新的站点可以自动添加到转发表中而不必用手工来配置网桥。

(2) 网桥的工作机制

一旦转发表中有记录，网桥就可以利用转发表进行数据帧的过滤和转发操作，计算过程如下：

① 如果从某个端口接收到一个完整的数据帧，则取出其目的地址与转发表进行

比较；

② 如果在转发表中找到与目标地址相同的主机地址，则转③，否则转④；

③ 判断目的地址对应的端口是否和收到该帧的端口相同（即判断源主机与目的主机是否在同一个网段上）。若相同，则丢弃该帧（过滤本网段帧），否则把数据帧通过目的地址对应的端口转发出去（转发异网段帧）；

④ 把数据帧发往除接收端口以外的所有端口（广播未知帧）。

(3) 网桥连接的优点

① 过滤通信量，增大吞吐量。在图7-15中，如果用集线器连接两个网络，所有主机中同时只能有一台发送数据。如果用网桥连接，则网络A中同时有一台可以发送到网络A，网络B中同时也可以有一台发送到网络B。也就是说，网桥连接的两边内部是可以同时通信的。

② 扩大物理范围。也起到集线器的所用。

③ 提高可靠性。网络故障可能只影响个别网段。

④ 可以连接不同数据链路层和不同物理层协议的局域网，当用网桥连接的网络仍属于一个局域网。

(4) 交换机

交换机的工作原理与网桥类似，它工作在OSI参考模型第二层，和网桥一样都属于存储转发设备，也是根据所接收的帧中的源MAC地址构造转发表，根据所接收帧中的目标MAC地址进行过滤转发操作，但其转发延迟要比网桥小得多，接近于端口标称的速度，并且交换机比网桥具有更高的端口密度，从这个意义上可以把交换机看成一种多端口的高速网桥。

与用网桥在外部把LAN分为多个网段不同，交换机通过其内部的交换矩阵将LAN分成多个独立网段，并以线速为这些网段提供互联。交换机还能够同时在多对端口间无冲突地交换帧。也就是说，交换机本身构成了一个无冲突域。从数据帧进入交换机的端口缓冲区直到帧被交换机从目的端口发出都不会再遇到冲突（无冲突域仅包含交换机本身，并不包含其外部连接的网段）。这个特性允许连接到交换机的多对用户能够同时进行数据传送（并行通信），例如，一个24端口交换机可支持12对用户同时通信，这实际上达到了增加网络带宽的目的。在图7-17中，站点A与站点F、站点B与站点E、站点C与站点H、站点D与站点G形成了4对连接，这4对站点能够以全速同时进行通信。对整个网络来说，网络总体带宽达到了40Mb/s。一般地，若交换机的端口个数为N，每个端口的速率为B，则该交换机的总容量在N×B/2～N×B之间。注意，与交换机端口相连接的不仅可以是单独的站点，还可以是一个网段（如一个共享型集线器连接若干个站点构成的网段）。

4. 路由器

【课堂提问7-4】 如果把网络想象成一个公路系统，信息看成车辆在繁忙的路上行驶，在岔路的交警会对信息如何处理？

路由器要接收每条信息，然后将它们从通往正确目的地址的“路口”送出，将信息从通

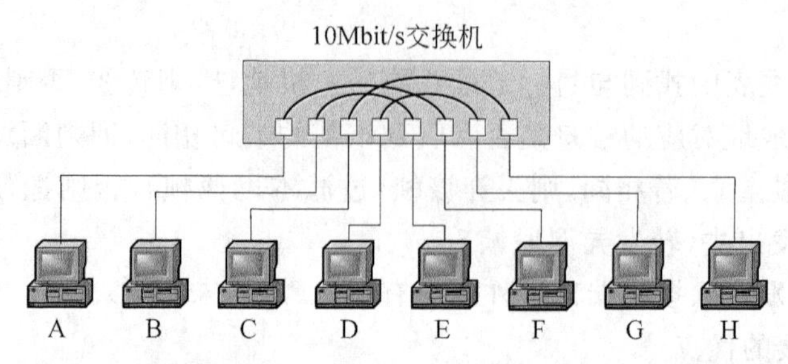

图 7-17　交换机能够同时在多对端口间无冲突地交换帧

往正确目的地的“路口”送出就是路由(routing)。它的主要功能就是为经过路由器的每个数据分组选择一条最佳传输路径。路由器工作在 OSI 模型的网络层(或 TCP/IP 模型的网际层),用于连接广域网,实物如图 7-18 所示。

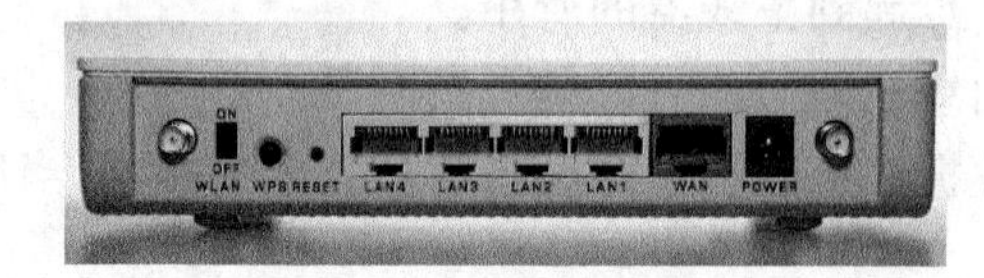

图 7-18　路由器

路由器中有一个保存路由信息的数据库——路由表(routing table),它包含了互连网络中各个子网(与路由器连接的每一个网络)的地址、到达各子网所经过路径的“路口”以及与路径相联系的传输开销等内容。一般来说,路由表中的传输路径都经过了优化,它是综合了网络负载、传输速率、延时、中间节点数、分组长度、分组头中规定的服务类型等因素来确定的。

互联网中各个网络和它们之间相互连接的情况经常会发生变化,因此路由表中的信息需要及时更新,建立和更新路由表的算法称为**路由算法**。网络中的每个路由器都会根据路由算法定时地或者在网络发生变化时来更新其路由表。路由表的维护需要通过路由器之间交换路由信息来完成。除了在运行过程中由路由器来动态建立和更新外(称为**动态路由**),路由表还可由网络管理员预先设置好(称为**静态路由**)。静态路由不会随网络拓扑结构的改变而改变(除非重新设置),其适应性不好但网络开销小;而动态路由则能够根据网络拓扑的变化而变化,适应性好,但网络开销大。

当一个 IP 数据报被路由器接收到时,路由器先从该 IP 数据报中取出目的主机的 IP 地址,再根据 IP 地址计算出目的主机所在网络的网络地址,然后用网络地址去查找路由表以决定通过哪一个接口转发该 IP 数据报。这种根据分组的目的网络地址查找路由表,最终决定分组转发路径的过程称为**路由选择**(routing)。

互联网是由多个路由器连接在一起的物理网络所组成,源主机发送的数据分组可能被直接递送到同一网络中的目的主机(称为直接路由选择),也可能要间接地经过多个路由器,穿越多个网络才能到达目的主机(称为间接路由选择)。间接路由选择中,目的主机与源主机不在同一个网络中,所以源主机必须指示要通过哪个路由器进行转发(这就是在 Windows 操作系统中要设置网关的原因),然后由该路由器根据分组中的地址信息将分组转发到下一个路由器,这样使分组逐渐向目的主机逼近,直到最后能直接递送为止。

7.1.6 编址方法

【课堂提问7-5】 我国采用什么方法区别每个公民?分别使用姓名、身份证号和住址来识别有什么区别?

当每个人具有唯一的姓名和住址时,采用姓名、身份证号和住址的方法都可以区别个体,但在现实中个体同名情况很普遍,住址会随着居住地的变化而发生改变,身份证号在人的一生中往往是不变的(或很少变化),因此还需要使用身份证号来区分个体。当个体的住址发生改变时,身份证号也是不变的,这种情况在实际的网络环境中也存在,只不过个体变成了网络设备,身份证号和住址分别相当于网络设备的MAC地址和IP地址。

1. MAC地址

MAC地址或**网络设备物理地址**(也简称为**物理地址**),是网络上用于识别一个网络硬件设备的标识符。如每块网卡都有全球唯一的MAC地址,就像一个人只有唯一的身份证号一样。IEEE 802.3标准规定MAC地址的长度为6个字节(48bit)。为了书写和记忆的方便,通常将每个字节用一个十六进制数来表示,字节之间用连字符分隔,如02-60-8C-F5-1D-A8。

【课堂提问7-6】 身份证号是由哪几部分组成的?

像身份证号中的数字具有特定含义一样,MAC地址中的各位也有特定含义,MAC地址字段的前3个字节(即高位24bit)称为**机构唯一标识符OUI**(organization unique identifier),用以标识设备生产厂商,如3Com公司生产的网卡的MAC地址的前3个字节是02-60-8C。地址字段中的后3个字节(即低位24bit)称为**扩展标识符EI**(extended identifier),用以标识生产出来的每个连网设备。扩展标识符由厂家自行指派,只要保证不重复即可。由于厂商在生产时通常已将MAC地址固化在网络设备的硬件中,因此MAC地址也常常称为**硬件地址**。

【课堂提问7-7】 MAC地址空间中一共有多少个地址?

由于MAC地址中有2位(I/G和G/L)有特殊用途,所以真正用于标识地址的位只有46位,故有2^{46}个,约70万亿个,这个数量完全可以使全世界所有局域网上的站点都具有不相同的地址。

2. IP地址

【课堂提问7-8】 寄信时为什么要在信封上注明收信者的住址?

MAC地址和IP地址不是一个层次的东西,不可以互相代替。如果用人的识别符做比喻,MAC地址就像身份证号,IP地址就是住址,不管走到哪里,身份证号是不会变的,但是只知道身份证号,是找不到个体的。Internet上的每台主机(Host)都有一个唯一的IP地址。IP地址由网络地址和主机地址两部分组成,其中**网络地址**用于唯一地标识一个网络,而**主机地址**说明机器在网络中的编号。如果要写信给对方,首先要知道对方的地址,这样邮递员才能把信送到。计算机发送信息是就好比是邮递员,它必须知道唯一的地址,才能不至于把信送错。MAC地址由于不包含网络信息,因此不能表示所在地址。

IP地址的分配由因特网网络信息中心InterNIC(Internet Network Information Center)负责管理。任何一个网络需要接入因特网,都必须向InterNIC申请一个合法的网络地址。InterNIC只分配IP地址中的网络地址,主机地址由各个网络的管理员负责分配。

IP地址是一个32比特的二进制数(4个字节),为了书写和记忆的方便,通常将每个字节用一个十进制数来表示,字节之间用句点分隔,如202.38.76.80。IP地址分为5类,如图7-19所示。每个地址的最高几位为类型标志,常用的有A,B,C 3类。

		地址范围
A类	0 | 网络地址(7位) | 主机地址(24位)	1.0.0.0~127.255.255.255
B类	1 | 0 | 网络地址(14位) | 主机地址(16位)	128.0.0.0~191.255.255.255
	21bits 8bits	
C类	1 | 1 | 0 | 网络地址(21位) | 主机地址(8位)	192.0.0.0~233.255.255.255
D类	1 | 1 | 1 | 0 | 组播地址(28位)	224.0.0.0~239.255.255.255
E类	1 | 1 | 1 | 1 | 0 | 保留给将来使用(27位)	240.0.0.0~247.255.255.255

图7-19 五类IP地址

- A类地址最高位为0,后面7位表示网络,再后面的24位表示某网络中的主机号。
- B类地址最高两位为10,后面14位表示网络,再后16位表示主机。
- C类地址最高3位为110,后面21位表示网络,最后8位表示网络中的主机号。

通常A类地址用于规模很大的地区网,B类地址用于大型单位和公司,C类地址用于较小的单位和公司。IP地址中前面的网络类别标识号和网络号合起来是网络地址号。NIC对IP地址规定:主机地址全"1"的地址用于指定网络的广播地址;主机地址全"0"的网络地址表示网络本身(即网络号);网络地址全"0"的网络地址表示本网络;32位IP地址全"1"的网络地址用于本网广播;A类网络地址127是一个用于网络软件测试以及本地机进程间通信的回送地址(loopback address),使用回送地址发送的数据不会在网络中传输,主要用于网络软件测试以及本地机进程间通信,例如,在命令行中输入命令"ping 127.0.0.1"后,如果反馈信息成功,说明网卡能够和IP协议栈正常通信,如图7-20所示。如果反馈信息失败,说明IP协议栈出错,必须重新安装TCP/IP协议。此外,A,B和C类网络还保留了部分私有地址用于企业内部网络,如10.0.0.0~10.255.255.255,172.16.0.0~172.31.255.255以及192.168.0.0~192.168.255.255。

【例7-1】 A,B和C类网络各有多少个网络地址和主机地址?

解:由于A类地址不使用网络地址为00000000和01111111的地址,因此最小的网络地址为00000001,最大的网络地址是01111110,所以,A类地址的网络地址范围应该是1~126,即A类地址有$2^7-2=126$个网段。由于A类地址的主机地址占24位,因此每个网络允许有$2^{24}=16777216$台主机,又由于全0和全1的主机地址具有特殊用途,因此

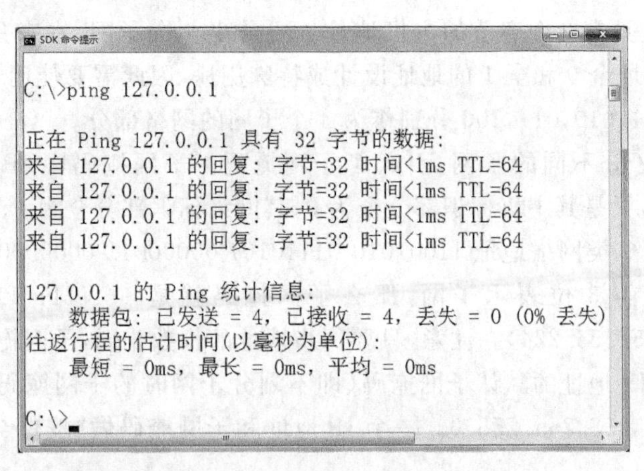

图 7-20　使用回送地址检测 IP 协议栈

可分配的主机地址数为 $2^{24}-2=16\ 777\ 214$。

由于 B 类地址不使用网络地址为 10000000 00000000 的地址，因此最小的网络地址为 10000000 00000001，最大的网络地址是 10111111 11111111，所以，B 类地址的网络地址范围应该是 128.1 和 191.255，即 B 类地址有 $2^{14}-1=16383$ 个网段。由于 B 类地址的主机地址占 16 位，因此每个网络允许有 $2^{16}=65636$ 台主机，又由于全 0 和全 1 的主机地址具有特殊用途，因此可分配的主机地址数为 $2^{16}-2$。

C 类地址不使用网络地址为 11000000 00000000 00000000 的地址，因此最小的网络地址为 11000000 00000000 00000001，最大的网络地址是 11011111 11111111 11111111，C 类地址的网络地址范围应该是 192.0.1 和 233.255.255，即 C 类地址有 $2^{21}-1=2097151$ 个网段。由于 C 类地址的主机地址占 8 位，因此每个网络允许有 $2^{8}=256$ 台主机，又由于全 0 和全 1 的主机地址具有特殊用途，因此可分配的主机地址数为 $2^{8}-2$。

根据上述分析，每类网络的网络数和每个网络能够提供 IP 地址的主机数见表 7-2。

表 7-2　按类计算的 IP 地址空间

类　别	网　络　数	可分配主机数
A	2^{7}(IP 第一位固定)－2	$2^{24}-2$(1 677 214)
B	2^{14}(IP 前两位固定)－1	$2^{16}-2$(65 634)
C	2^{21}(IP 前三位固定)－1	$2^{8}-2$(254)

为了节约地址空间，解决网络寻址和网络安全等问题，引入了子网的概念。将一个网络中的主机分成若干个组，每个组就是一个子网。区别子网的方法是用主机号部分的前若干位表示子网。一般使用主机部分的前 k 位可以划分出 $2^{k}-2$ 个子网(全 0 和全 1 的一般不用)。将一个网络划分成若干个既相对独立又相互联系的子网后，这个网络对外仍是一个单一的网络。网络外部并不需要知道这个网络内部子网划分的细节，但网络内部各个子网实行独立寻址和管理。

【例 7-2】　一个拥有 B 类地址的组织如果想再划分 4 个子网，该如何划分?

解：B类地址具有2个字节的主机地址。要分出4个子网，本来只须拿出两个位即可，但由于子网地址全0和全1的地址设计成特殊用途，因此需要使用主机地址的前3位作为子网地址，001，010，011，100分别作为4个子网的网络部分。

网络中为了区分不同的子网，引入了子网掩码。子网掩码同IP地址一样是一个32位的二进制数，只是其主机标识部分全为0，其网络标识部分全为1。

例如，有一个C类网络地址11001010 01110101 00000011 00000000(202.117.3.0)，如果主机部分的前3位表示子网，那么子网掩码就是1111111 11111111 11111111 11100000(255.255.255.224)。注意，只要网络地址的位数相同，子网掩码就相同。

A，B，C 3类IP地址的默认子网掩码（即不划分子网时的子网掩码）分别为：255.0.0.0、255.255.0.0、255.255.255.0。一个IP地址和子网掩码做“按位与”运算，就能得到它的网络地址。

【例7-3】 已知IP地址为202.117.1.207，子网掩码为255.255.255.224，则子网地址是什么？

解：

	11001010	01110101	00000001	11001111
∧	11111111	11111111	11111111	11100000
	11001010	01110101	00000001	11000000

即子网地址为202.117.1.192。

主机之间要能够直接通信，必须在同一子网内，否则需要使用路由器实现互联，因此判断两个IP地址是不是在同一个子网中，只要判断这两个IP地址与子网掩码做逻辑“与”运算的结果是否相同，相同则说明在同一个子网中。

【例7-4】 如果子网掩码是255.255.255.224，则202.117.1.74、202.117.1.174和202.117.1.93是否属于同一个子网？

解：由于202.117.1.74、202.117.1.174和202.117.1.93与255.255.255.224按位与的结果分别是202.117.1.64、202.117.1.160和202.117.1.64，因此202.117.1.74与202.117.1.93属于同一子网，202.117.1.174与其他两个IP地址属于不同子网。

从20世纪90年代中期开始，因特网的扩展达到了一个前所未有的程度，越来越多的有着不同需求的人们都开始使用它，尤其是上千万拥有无线便携机的人可以用它来与总部保持联系。其次，随着计算机、通信和娱乐业的不断交叉融合，可能不久的将来世界上的每一台电视机都会成为因特网的一个节点，从而导致上亿台机器用于视频点播。这些因素都导致了目前的IP地址空间严重不足，它已经成为制约因特网发展的主要瓶颈。

为了解决IP地址即将用尽的问题，互联网任务组IETF于1994年在RFC1752中批准了IPv6，其IP地址的长度为128位，它可以提供$2^{128}-1$个地址，有人形容它能够为地球上的每粒沙子都分配一个IP地址。另外，它还摒弃了IPv4（目前的IP地址协议版本）在IP地址设计、性能、安全性和自动配置等方面的缺点，可以兼容所有的TCP/IP协议，完全可以取代IPv4。一个IPv6的IP地址由8个地址节组成，每节包含16个地址位，以十六进制形式书写，节与节用冒号分隔，如3ffe:3201:1401:1:280:c8ff:fe4d:db39。

【课堂提问7-9】 如何查看本地计算机的MAC地址和IP地址？

在命令行中使用 ipconfig 命令可以查看本地计算机的 MAC 地址和 IP 地址，如图 7-21 所示。

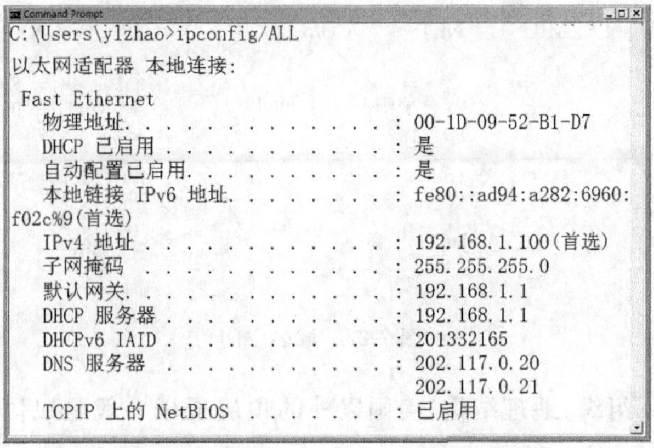

```
Command Prompt
C:\Users\ylzhao>ipconfig/ALL
以太网适配器 本地连接:

 Fast Ethernet
    物理地址. . . . . . . . . . . . . : 00-1D-09-52-B1-D7
    DHCP 已启用 . . . . . . . . . . . : 是
    自动配置已启用. . . . . . . . . . : 是
    本地链接 IPv6 地址. . . . . . . . : fe80::ad94:a282:6960:
f02c%9(首选)
    IPv4 地址 . . . . . . . . . . . . : 192.168.1.100(首选)
    子网掩码  . . . . . . . . . . . . : 255.255.255.0
    默认网关. . . . . . . . . . . . . : 192.168.1.1
    DHCP 服务器 . . . . . . . . . . . : 192.168.1.1
    DHCPv6 IAID . . . . . . . . . . . : 201332165
    DNS 服务器  . . . . . . . . . . . : 202.117.0.20
                                        202.117.0.21
    TCPIP 上的 NetBIOS  . . . . . . . : 已启用
```

图 7-21　使用 ipconfig 命令查看网络信息

7.1.7　网络服务

这里的网络服务指的是在网络上传送的应用信息的类别，就像高速公路是物理的交通网络，其上进行的客运、货运就是网络服务。在网络服务中，提供服务者称为服务器(server)，使用服务者称为客户(client)，这样一种使用方式称为**客户/服务器模型**或客户机/服务器模型，简称 **C/S** 模型。Internet 中的 WWW，FTP，Telnet，E-mail 等许多典型应用都是采用客户/服务器模型。随着 Web 技术的进步，许多应用通过浏览器(browser)提供服务，如网上商店，网上缴费等，这种利用 Web 提供服务的模式称为**浏览器/服务器模型**，简称 **B/S 模型**。

1. 域名服务

在网络中为了能够正确地定位到目的节点，需要知道对方的 IP 地址。但是 4 个字节的 IP 地址却很难记忆，为此在 Internet 上设计了域名(domain name)这样一种有联想意义、方便记忆的地址。

(1) 域名空间

Internet 中的**域名空间**(也称名字空间)被设计成树状层次结构，如图 7-22 所示，最高级的节点称为"根"(root)，根以下是顶层子域，再以下是第二层、第三层……"**域**"是名字空间中一个可被管理的范围。每个域对它下面的子域和主机进行管理。在这个树状图中的每一个节点都有一个标识(label)，标识可以包含英文大小写字母、数字和下画线。节点的**域名**是由该节点到根所经过的节点的标识顺序排列而成的，节点标识间由"."隔开，例如 www.xjtu.edu.cn。域名是大小写无关的，例如 edu 和 EDU 相同。域名最长 255 个字符，每部分最长 63 个字符。

Internet 的顶级域名分为组织结构和地理结构两种：组织结构有 com，edu，net，org，gov，mil 和 int 等，分别表示商业组织、大学等教育机构、网络组织、非商业组织、政府机

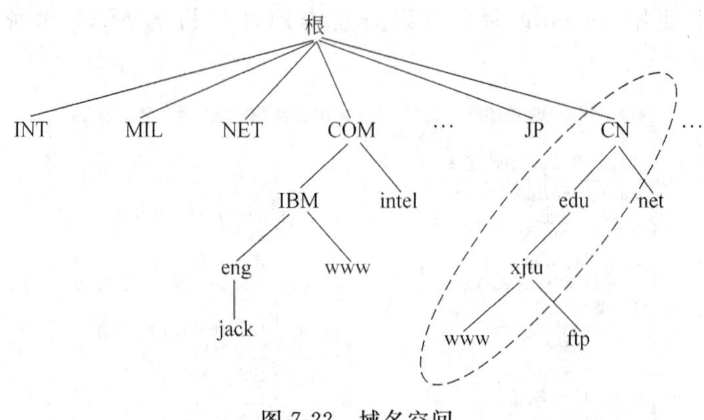

图 7-22　域名空间

构、军事单位和国际组织；地理结构，美国以外的顶层子域一般是以国家或地区名的两个字母缩写表示。

(2) 域名解析

域名系统采用客户/服务器模型实现，并使用了分布式数据库。DNS(domain name system)将域名空间划分为许多无重叠的区域(zone)，每个区域覆盖了域名空间的一部分并设有本地域名服务器(local name server)对这个区域的域名进行管理；区域的边界划分是人工设置的。比如：edu. cn，xjtu. edu. cn，ctec. xjtu. edu. cn 是 3 个不同的区域，分别有各自的域名服务器。在每个区域中，有一个主域名服务器(primary server)，用于管理域中的主文件数据；若干个备份域名服务器(secondary server)，为主域名服务器提供备份；若干缓存服务器(cache-only server)，缓存从其他名字服务器获得的信息，以加速查询操作。一个域名服务器还可以将自己管理的区域进行划分和委托授权，但是仍然管理着部分域名；在这种情况下，域名的管理就由它自己和授权域名服务器(authoritative name server)共同完成。

用户在某个应用程序(如浏览器)中输入如下地址：www. xjtu. edu. cn 后，域名系统的解析器(resolver)能够按照客户程序要求从域名服务器中查询指定的域名的 IP 地址。具体来说，域名的解析过程如图 7-23 所示。

① 应用程序首先向解析器传送要查询的域名 www. xjtu. edu. cn。如果解析器本身的缓存数据中包含了要查询的域名，则直接返回；否则继续执行下面的步骤，直到查询到指定域名的 IP 地址。

② 解析器向本地域名服务器传送要查询的域名，如果本地域名服务器的缓存数据中包含了要查询的域名，则返回；否则继续执行下一步。

③ 本地域名服务器向根域名服务器(root name server)传送要查询的域名，根域名服务器通过向下的层次查询得到对应的资源记录，返回给本地域名服务器。

④ 最后资源记录被返回给发起域名解析的机器，并在该区域的域名服务器中做缓存，超时后删除。

在这个例子中，根域名服务器依次查询管理. cn、. edu. cn 和. xjtu. edu. cn 的域名服务器，即可获得域名 www. xjtu. edu. cn 相应的 IP 地址。

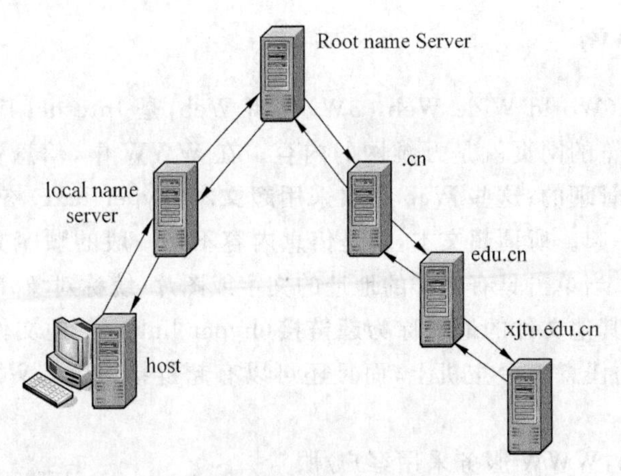

图 7-23 域名解析实例

根域名服务器通常情况并不存储关于域名的任何信息，只负责将顶级域名授权委派给其他的授权服务器，并记录对这些服务器的引用。目前，在全球范围内共有 13 个根域名服务器。其中，1 个主根服务器，位于美国；其余 12 个均为辅根服务器，分别位于美国(9 个)、欧洲(2 个，分别位于英国和瑞典)、亚洲(1 个，位于日本)。所有的根服务器均由 ICANN(Internet 名称与数字地址分配机构)统一管理。

【课堂提问 7-10】 Windows 下，如何为本地计算机设置 IP 地址和域名服务器？

在控制面板中，单击"网络和 Internet"→"网络和共享中心"→"本地连接"→"属性"→"网络"→"Internet 协议版本 4(TCP/IPv4)"→"属性"，设置界面如图 7-24 所示，图中还需要填写默认网关。默认网关是一个网络通向其他网络经过的第一个路由器的 IP 地址。如果发送数据包的主机发现数据包的目的地址不是本地网络，就会把数据包转发给自己的默认网关。

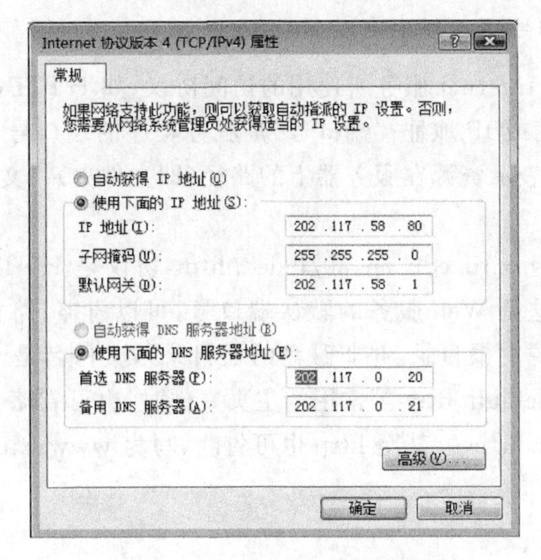

图 7-24 IP 地址和 DNS 等信息设置

2. 万维网 WWW

万维网 WWW(World Wide Web，3W)也叫 Web，是 Internet 应用最广泛的服务。每天通过浏览器浏览的网页就是万维网的内容。在 WWW 中，信息资源是以 **Web 对象**(网页)为基本单位管理的；这些 Web 对象采用**超文本**(hyper text)格式将文本、图像、视频、音频等组织在一起。所谓超文本，就是信息内容不是一般的顺序文件，其中可以有指向其他文件的地址，当单击具有这样的地址的文字或图片(统称对象)时，就可以看到目标文件的内容。指向其他文件的地址称为**超链接**(hyper link)，其他文件可以在本机上，也可以在加入 Web 的任意一台主机上，而且还可以有超链接，这样，WWW 构成了一个巨大的信息网络。

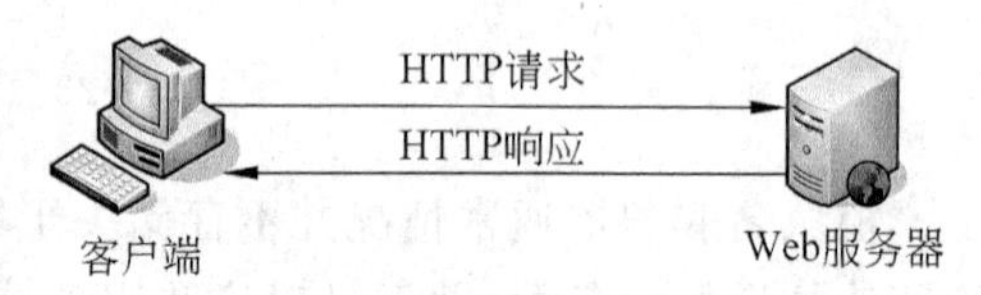

图 7-25　WWW 中信息的查询方式

如图 7-25 所示，WWW 服务采用客户/服务器模式。一台计算机上运行 Web 服务器软件就成为 **Web 服务器**。Web 服务器存储大量有组织的网页，等待用户的连接和请求(如要看哪个网页)，当有用户请求时将请的资源(如网页)发送给客户。**客户端**通常是利用资源的软件，如浏览器。用户在浏览器的地址栏中输入的网址就是请求的资源，这时浏览器会连接服务器，服务器找到这个资源发送给浏览器，浏览器将资源内容显示在窗口中。浏览器和 Web 服务器之间请求和传送资源的协议是 HTTP(hypertext transfer protocol，超文本传输协议)。

通过浏览器访问 Web 对象时，需要指定主机地址和资源的名称。为了给 Internet 上任一台主机的可用资源提供一个唯一的定位方法，规定了一种格式，称为**统一资源定位器 URL**(uniform resource locator)。一个 URL 的格式为

协议://主机名:端口号/路径/文件名

其中，“协议”表示使用 Internet 服务所使用的访问协议，如 HTTP，FTP 等。“主机名”表示资源所在机器的域名或 IP 地址；“端口号”是服务程序的端口号，如果使用的是默认端口号可以省略；“路径”表示资源在服务器上的路径(即文件夹)；“文件名”是资源在服务器上的文件名。

例如，http://www. xjtu. edu. cn:80/index. htm，协议是 HTTP；主机是 www. xjtu. edu. cn；端口号是 80，这是 Web 服务的默认端口号，可以省略；路径部分省略，表示根目录(注意这是 WEB 资源的根目录，并非磁盘的根目录)；文件名是 index. htm。如果是根目录下的 index. htm、default. htm 等常用的主页文件时，也可省略。所以上述 URL 可写为 http://www. xjtu. edu. cn。甚至 http 也可省略，写为 www. xjtu. edu. cn。

3. 电子邮件

【课堂提问 7-11】　传统的邮政系统是如何实现邮件传递的？

电子邮件系统类似与传统的邮政系统，用于将包含文本、视频以及图片等信息的报文

发送给一个或多个收信人。

(1) 邮件系统的组成

电子邮件系统主要由用户代理、邮件服务器和相关协议组成,如图7-26所示。

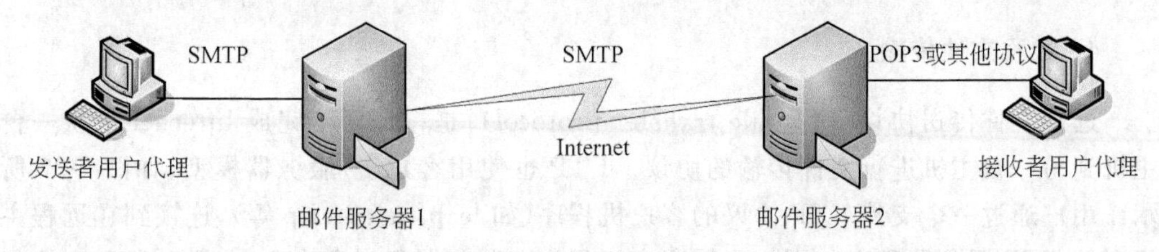

图7-26 电子邮件系统

用户代理(user agent,UA)是为用户提供创建、收发、阅读、转发等一系列邮件收发及邮箱管理功能的软件,例如Outlook Express,Foxmail等。用户代理存在于普通用户的计算机中。

邮件服务器是提供邮件接收和发送服务的计算机及相关软件。邮件服务器24小时工作,为众多用户提供收发和管理邮件的服务。邮件服务器也称邮件传输代理(mail transfer agent,MTA)。

电子邮件的相关协议主要有三个:SMTP,POP3和IMAP。SMTP(simple mail transfer protocol)称为简单邮件传输协议提供可靠的电子邮件传输的服务,是发送邮件时使用的协议。POP3(post office protocol)叫邮局协议,是接收邮件时使用的协议,它规定怎样将个人计算机连接到邮件服务器并下载电子邮件,同时删除保存在邮件服务器上的邮件。IMAP(Internet message access protocol)叫网际报文存取协议,跟POP3类似是通过Internet获取邮件信息的一种协议。与POP3不同的是,使用IMAP收取的邮件仍然可以保留在服务器上,同时在客户端上的操作都会反馈到服务器上,如:删除邮件,标记已读等。无论从浏览器登录邮箱或者客户端软件登录邮箱,看到的邮件以及状态都是一致的。

(2) 邮件的收发过程

要使用邮件系统,每个用户需要在某个邮件服务器上拥有一个账号和密码,邮件地址的格式是:用户名@主机地址,主机地址可以是域名或IP地址。

用户通过用户代理编写邮件,提供接收者的邮件地址、邮件标题和邮件的内容等。用户代理并不直接将邮件发送给接收者,而是发送给自己的邮件服务器(使用SMTP协议),邮件服务器将邮件发送给接收者的邮件服务器(使用SMTP协议),接收者通过用户代理到邮件服务器上收取邮件(使用POP3或IMAP)。接收者和发送者的邮件服务器可以是同一个服务器。

(3) WebMail

目前,WebMail(即使用浏览器通过HTTP协议访问、管理邮件)成为一种流行的电子邮件访问方式。这种方式的最大优点在于用户可以把自己的邮件都保留在邮件服务器上,这样,用户就可以不分时间地点,只要有一个浏览器就能从服务器上获得自己的邮件,即使更换了客户端也可以访问以前接收到的邮件。

在这种方式下，用户要想接收或者管理邮件，首先需要通过浏览器登录到邮件服务器的 Web 站点上；然后按照邮件服务器的要求输入用户名和口令；最后客户的邮件就以 HTML 的格式传送到客户的浏览器上。用户还可以通过浏览器发送邮件和管理邮件。

4. 远程文件传输

远程文件传送协议 FTP(file transfer protocol)，是一个用于完成 Internet 上从一台主机到另一台主机进行文件传输的协议。FTP 也使用客户机/服务器模型，如图 7-27 所示。用户通过一个支持 FTP 协议的客户机程序(如 leapftp，cuteftp 等)，连接到在远程主机上的 FTP 服务器程序。用户通过客户机程序向服务器程序发出命令，服务器程序执行用户所发出的命令，并将执行的结果返回到客户机。比如用户发出一条命令，要求服务器向用户传送某一个文件的一份副本，服务器会响应这条命令，将指定文件送至用户的机器上。客户机程序接收到这个文件，将其存放在用户主机上的指定目录下。FTP 协议提供的文件传输服务主要分两大类，一类是将文件传送到 FTP 服务器，称为上传(upload)；另一类是从 FTP 服务器获取文件到本地，称为下载(download)。除了完成文件传输功能外，FTP 还能提供其他一些服务，例如，交互访问、格式说明、授权控制等。

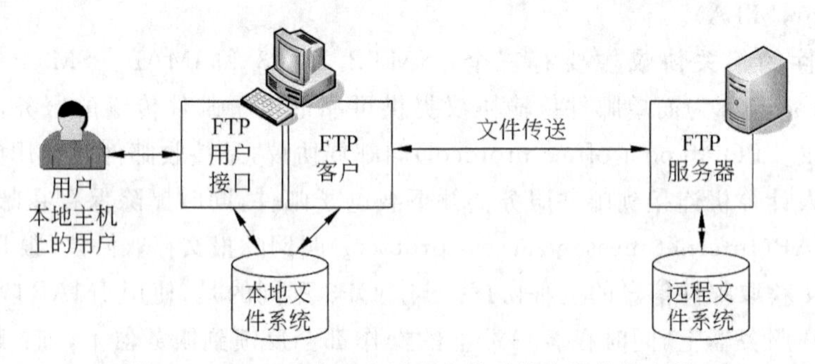

图 7-27　FTP 在本地和远程文件系统之间传输文件

本地主机的用户要想完成文件的上传、下载等操作，首先必须通过用户身份的认证，即用户必须正确提供用户名和口令才能连接到远地的 FTP 服务器；并且只能按照 FTP 服务器为这个用户账号分配的权限进行操作。

7.2　数据通信

数据通信技术是计算机技术与通信技术结合的产物，主要研究计算机中数字数据的传输与交换、存储、处理的理论、方法和技术，本节将介绍几种在数据通信网中常见的通信技术。

7.2.1　基本概念

为了实现远距离的信息传递，一方面需要有发送和接收信号的装置，即各种通信设备；同时还需要建立一套规则、标准或约定，用来规定传送信号的方式以及所传送信号的意义。

1. 数据通信系统

最直观的通信行为是发送者与接收者之间的直接通信,称为**点对点通信**。支持点对点通信的技术系统称为**通信系统**。数据从发送端出发到数据被接收端接收的整个过程称为**通信过程**。每次通信包含两个方面的内容,即**传输数据**和**通信控制**,其中**通信控制**用于执行各种辅助操作,并不交换数据,但对数据交换又是必不可少的。

对于任何一种通信系统,都可以借助如图 7-28 所示的通信系统模型来抽象地描述。在该图中,**信息源**产生的待交换数据,可用随时间变化的信号 $d(t)$来表示,它作为**发信机**的输入信号。由于信号 $d(t)$往往不适合在传输媒体中直接传送,因此必须由发信机将它转换成适合于传输媒体中传送的发送信号 $s(t)$。当该信号通过**传输媒体**进行传送时,信号将会受到来自设备或自然界中各种**噪声**源的干扰,从而引起畸变和失真等。因而在接收端收信机收到的信号 $r(t)$,可能不同于发送信号 $s(t)$。**收信机**将依据 $r(t)$和传输媒体的特性,把 $r(t)$转换成输出信号 $d'(t)$。当然,转换后的信号 $d'(t)$只是输入信号 $d(t)$的近似值或估计值。最后,**受信者**将从输出信号 $d'(t)$中识别出被交换的数据。

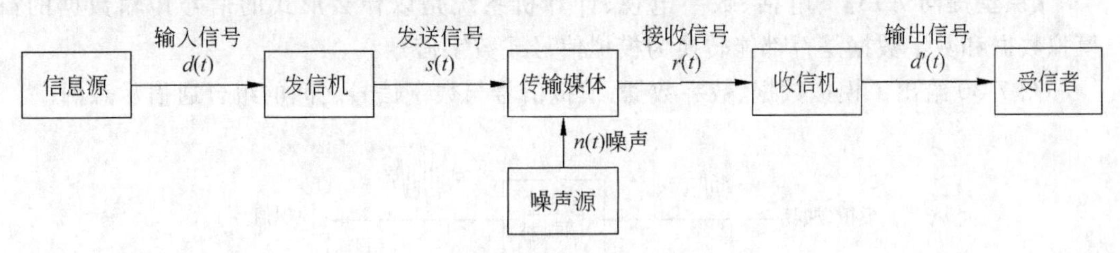

图 7-28　通信系统模型

【课堂提问 7-12】　请说明使用电话完成信息交互的过程。

在模拟电话通信过程中,信息源是发话者,他以话音的形式表达欲交换的数据,输入的语音信号的 $d(t)$通过电话机转换为同一频率的话流信号 $s(t)$,该信号通过电话电缆传输。由于一般情况下由电话机引起的畸变和失真很小,因此可以认为输入话音信号 $d(t)$和传输信号 $s(t)$之间无本质上的差异。但传输信号 $s(t)$通过电话电缆之后将会产生某些畸变和失真,所以接收信号 $r(t)$就不同于传输信号 $s(t)$。最后接收信号 $r(t)$再由受信端的电话机逆变为话音信号。此时受信者听到的话音已不是发话者真正的原始话音,只是受信者仍然能够从失真的话音和背景噪音中领悟发话者所交换的数据。

2. 数据和信号

数据有模拟数据(analog data)和数字数据(digital data)之分。**模拟数据**是随时间连续变化的函数,在一定的范围内有连续的无数个值。模拟数据在现实世界中大量存在,比如说话的声音强度或频率就是一个典型的例子。计算机使用数字数据,**数字数据**是离散的,只有有限个值。

无论是模拟数据还是数字数据都要通过信号(signal)进行传输,**信号**是数据传输的载体。数据在发送前要把它转换成某种物理信号,用它的特征参数表示所传输的数据,比如电信号的电平,正弦电信号的幅值、频率和相位,电脉冲的幅值、上升沿和下降沿,光脉冲信号的有和无等。实质上，这些信号在媒体中都是通过电磁波进行传输的，因此可以说，信号是数据在媒体中传输的电磁波表现形式。

信号有模拟信号和数字信号之分。**模拟信号**是表示数据的特征参数连续变化的信号，而**数字信号**是离散的信号，如图 7-29 所示。例如，把模拟的话音转换为电信号进行传输，使电信号的幅值与声音大小成正比，它是幅值连续变化的模拟信号。如果把二进制代码的 1 和 0 直接用高、低两种电平信号表示，作为传输信号进行传输，传输信号的幅值只有离散的两种电平，是一种数字信号。

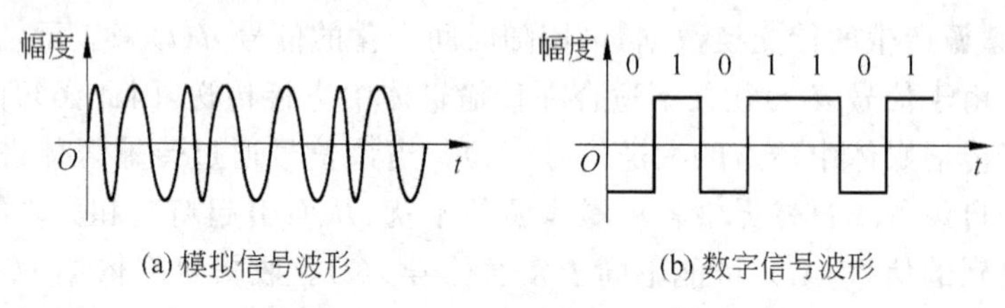

图 7-29　模拟信号与数字信号

【课堂提问 7-13】　电话、数字电视、计算机系统是以什么形式的信号传输数据的？模拟数据和数字数据是否都能转换为模拟信号或数字信号？

图 7-30 给出了模拟数据、数字数据、模拟信号与数字信号之间的组合通信示意图。

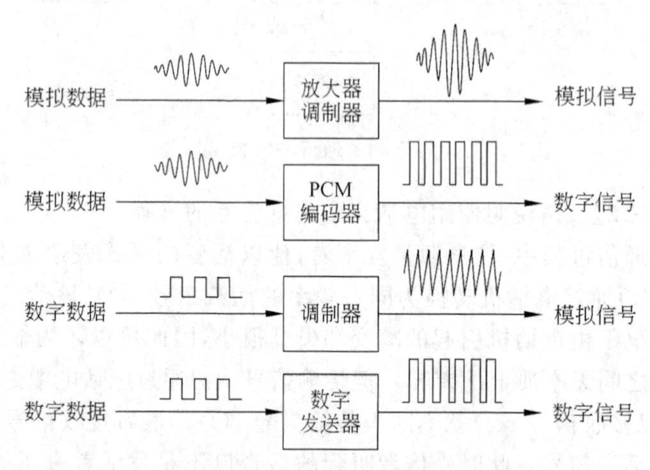

图 7-30　模拟数据、数字数据、模拟信号与数字信号

- 模拟数据用模拟信号来传输：如最早的电话系统。
- 模拟数据用数字信号来传输：将模拟数据转化成数字形式后，就可以使用数字传输和交换设备来传输，如数字电视系统。
- 数字数据以模拟信号来传输：如电话线路和无线信道，只适合于传播模拟信号，计算机使用这样的信道时，发送方必须将数字数据变换为模拟信号后才能传输，称为**调制**。
- 数字数据以数字信号来传输：如在计算机内部传送的数字数据是以数字信号形式在系统总线中传输的。

【课堂提问 7-14】　数字数据和数字信号是否比模拟数据和模拟信号更“先进”？

数据是数字的还是模拟的，是由所产生的数据的性质决定的。例如，当人们说话时，声音是连续变化的，因此运送话音信息的电信号就是模拟信号。如果使用的是一段当初为模拟电话建造的电话线路，这种传输媒体只适合于传送模拟信号，当然没有必要再转换成数字信号传输。但如果数据是数字形式的，就要将数字数据转换为模拟信号方能在这种媒体上传输。

如果网络的传输信道是合适于传送数字信号，那么PC机输出的数字比特流就没有必要再转换为模拟信号了。由于目前公用电话网中交换机之间的中继线路大都已经数字化了，因此模拟信号需要转换为数字信号才能在数字信道上传输。

7.2.2 信号编码

信号编码是实现数据通信的最基本的一项重要工作。除了用模拟信号传送模拟数据不需要编码外，数字数据在数字信道上传送需要数字信号编码，数字数据在模拟信道上传送需要调制编码，模拟数据在数字信道上传递更是需要进行采样、量化和编码过程。

1. 数字数据的数字信号编码

(1) 不归零制编码

对于传输数字信号来说，最普遍而且最容易的办法是用不同的电平来表示二进制的0和1。例如，用正电压表示1，负电压0，这种信号编码波形如图7-31(a)所示，称为**不归零制编码**NRZ(non-return to zero)。

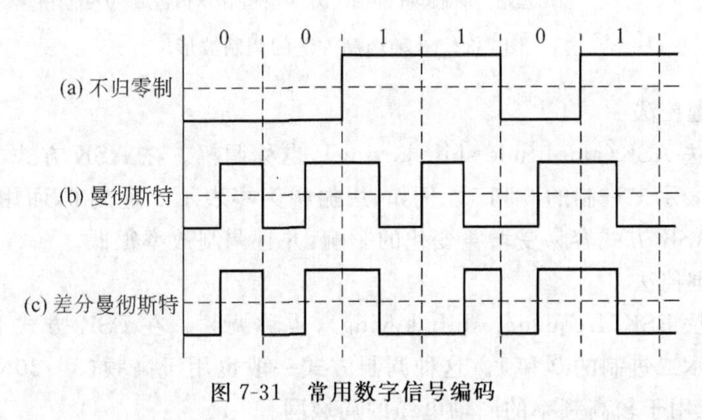

图7-31 常用数字信号编码

不归零制编码存在若干缺点：首先是接收方难以确定一个数据位的结束和另一数据位的开始；第二是如果连续传输1或0的话，那么在一段时间内将有累积的直流分量，而通信线路往往要求信号的平均直流分量接近于0。

(2) 曼彻斯特编码

能够克服上述缺点的一种编码方案就是**曼彻斯特编码**(Manchester coding)，如图7-31(b)所示，这种编码通常用于局域网传输，例如以太网。在曼彻斯特编码方式中，每一位的中间有一个跳变，跳变可以作为时钟信号，而跳变方向又可以作为数据信号。从高电平跳向低电平表示1，从低电平跳向高电平表示0。从图中可以看出曼彻斯特编码产生的信号频率比不归零制要高，也就是所需要的传输带宽要高。

(3) 差分曼彻斯特编码

还有一种常用的编码方案是差分曼彻斯特编码(differential Manchester coding)，如图 7-31(c)所示，它的特点是数值 0 和 1 是由每个位周期开始的边界是否存在跳变来确定的。每个位周期的开始边界有跳变代表 0，无跳变则代表 1，与跳变的方向无关。

2. 数字数据的调制编码

数字数据在模拟信道上发送的基础就是调制技术，调制需要使用一种连续、频率恒定的载波信号。载波可用 $A\cos(\omega t+\phi)$表示，它的参数有：振幅 A，频率 ω，相位 ϕ，可用来对数字数据进行编码。图 7-32 给出了用数字数据对模拟信号进行调制的 3 种基本形式。

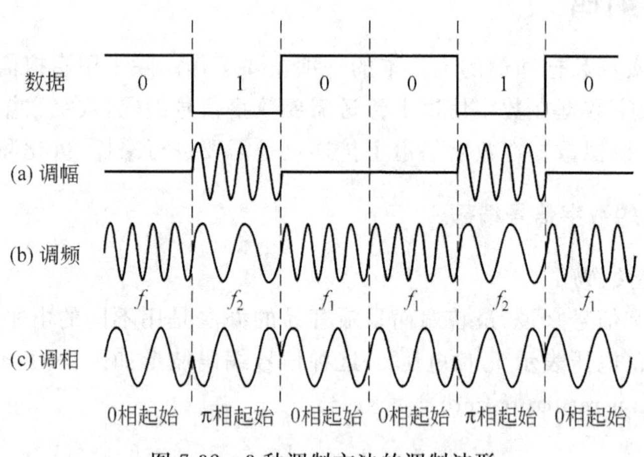

图 7-32　3 种调制方法的调制波形

(1) 幅移键控法

幅移键控法 ASK(amplitude-shift keying)，也称调幅。在 ASK 方式下，用载波的两个不同振幅来表示二进制的 0 和 1。例如，用振幅为零表示二进制 0，而用振幅不为零表示二进制 1。ASK 方式容易受增益变化的影响，并且调制效率很低。

(2) 频移键控法

频移键控法 FSK(frequency-shift keying)，也称调频。在 FSK 方式下，用两个不同频率的载波表示二进制的 0 和 1。这种调制方式一般也用于高频(3～30MHz)无线电传输，它甚至也能用于较高频率的同轴电缆的局域网。

(3) 相移键控法

相移键控法 PSK(phase-shift keying)，也称调相。在 PSK 方式下，利用载波信号的相位变化来表示二进制的 0 和 1。图 7-32(c)是一个二相调制的例子，用相位为 0 表示二进制的 0，用相位 π 表示二进制的 1。PSK 也可以使用多于二相的相移，例如四相调制(0，π/2，π，3π/2)能把两个二进制位编码到一个信号中。PSK 技术有较强的抗干扰能力，而且比 FSK 方式效率更高。

上述所讨论的各种技术也可以组合起来使用。

3. 模拟信号的数字编码

一个连续变化的模拟信号，假设其最高频率或带宽为 F_{max}，若对它以周期 T 进行采样，(采样频率为 $F=1/T$)若能满足 $F \geqslant 2F_{max}$，那么采样后的离散序列就能无失真(此处的不失真是相对于信号的传输需求而言，信号采样在理论上是绝对存在失真的)地恢复出原始的模拟信号，这就是著名的**奈奎斯特采样定理**(Harry Nyquist，1889－1976，美国物理学家，1917 年获得耶鲁大学工学博士学位，曾在美国 AT&T 公司与贝尔实验室任职，为近代信息理论做出了突出贡献)。

模拟数据的数字信号编码最典型的例子是 PCM 编码。PCM 是脉冲编码调制 PCM (pulse code modulation)的英文缩写，也称为脉冲调制，是一个把模拟信号转换为二进制数字序列的过程。PCM 编码过程包括采样、量化和编码 3 个过程。PCM 编码过程由 A/D(analog digital，模/数)转换器实现。在发送端，经过 PCM 过程，把模拟信号转换成二进制数字脉冲序列，然后发送到信道上进行传输。在接收端首先经 D/A(数/模)转换器译码，将二进制数转换成代表原模拟信号的幅度不等的量化脉冲，再经低通滤波器即可还原出原始模拟信号。由于在量化中会产生量化误差，所以根据精度要求，适当增加量化级数即可满质量要求。

7.2.3 检错和纠错

理想的通信系统是不存在的，信息传输总会出现差错。所谓**差错**就是接收端接收到的数据与发送端实际发出的数据出现不一致的现象。通信过程中出现的差错大致可以分为两类：一类是由电子的热运动产生的热噪声引起的随机错误，仅仅影响个别数据位；另一类是由外界电磁干扰产生冲击噪声引起的突发错误，往往引起多个位出错。因此一方面要提高线路和传输设备的性能和质量，减小误码率，这要依赖于更多的投资和传输技术的进步；另一方面则是采用差错控制。**差错控制**就是指在数据通信过程中，发现、检测差错，对差错进行纠正，从而把差错限制在数据传输所允许范围内的技术和方法。

【课堂提问 7-15】 在一个嘈杂环境中，如果要用手机告诉对方某个重要的电话号码，如何保证信息的正确性？

最简单的检错法是回声检测(echo checking)，它要求接收方必须将接收到的每个字符都回送给发送方，发送方通过比较能够发现是否出现传输错误。这种方法由于重传信息太多，目前已经很少使用。

发现差错甚至能纠正差错的常用方法是对被传送的信息进行适当编码，也就是给信息码元加上冗余码元，并使冗余码元与信息码元之间具备某种关联关系，然后将信息码元和冗余码元一起通过信道发出。在数字通信中常常用时间间隔相同的信号来表示一个二进制数字，这样的时间间隔内的信号称为**码元**(对于二进制，一个码元对应一个二进制位)。接收方接收到这两种码元后，检验它们之间的关联关系是否符合发送方建立的关系，这样就可以校验传输差错，甚至可以纠正。能够校验差错的编码称为**检错码**(error-correcting code)，如奇偶校验码、循环冗余检验码以及检验和等。能够纠正差错的编码称作**纠错码**(error-detecting code)，如海明码。检错码虽然要通过重传机制才能纠错，但原理简单，容易实现，编码与解码速度快，因此在网络中被广泛采用。纠错码虽然有优越之处，但实现复杂、造价高、开销大，在一般的通信场合很少采用。

1. 检错码

(1) 奇偶校验码

【课堂提问 7-16】 有 $N \times N$ 张相同的卡片，每张卡片要么正面朝上，要么背面朝上。在看不见的情况下，如果有人随意翻了一张卡片，是否有办法发现是哪张卡片被翻过来了呢？

在更改卡片的正反面前，首先需要增加一行和一列的卡片，且新增卡片的朝向取决于所在行或列中正面朝上的卡片总数，如果一行(或一列)中正面朝上的卡片数为偶数，则新增卡片背面朝上；如果为奇数，则新增卡片正面朝上。也就是让每一行、每一列正面朝上的卡片数量都为偶数。当翻动任何一张卡片后，其所在行和列中正面朝上的卡片数都会变成奇数，这样就知道翻的哪一张了。这些被放置的卡片就好比数据的数位(0 或 1)，那些新增的卡片就是奇偶校验码。

奇偶校验码是一种最常见的检错码，它的工作原理非常简单，就是在原始模式(也许在高位端)上增加一个附加比特位，即校验位，使最后整个模式中 1 的个数为奇数(奇校验)或偶数(偶校验)。

【例 7-5】 若原始模式为 8 位，若采用奇校验后字符 A 的 ASCII 码的模式变成什么？

解：字符 A 的 ASCII 码为 01000001B，在最高位增加奇校验位后的 9 位模式则变为 101000001B。若接收方收到的模式中 1 的个数不是奇数，则说明传输过程发生错误。

【课堂提问 7-17】 对于课堂提问 7-16 的练习，如果随意更改了一行(或一列)中两张或者三张、甚至四张卡片的朝向后，能否使用奇偶校验法检测出来？

如果更改了一张卡片的朝向，它总能被检测出来并能被修正；如果更改了两张或 3 张卡片的朝向，能够检测出来，但或许无法修复错误；如果更改了 4 张卡片的朝向，可能连卡片的朝向是否更改都无法确定。

奇偶校验只能检测出奇数位比特错，对偶数位比特错则无能为力。一般只用于对通信要求较低的环境。

由于奇偶校验码校验能力低，因此很难适用于块数据传输，取而代之的是**垂直水平奇偶校验码**，也称作**纵横奇偶校验码**或**方阵码**，如图 7-33 所示。在这种校验码中，14 个字符纵向排列形成一个数据块，每个字符占据一列，低位比特在上，高位比特在下，用 b_7(第 7 位)作为**垂直奇偶校验位**。各字符的同一比特位形成一行，每一行的最右边一位作为**水平奇偶校验位**，这里在垂直和水平方向均采用偶校验。由于所有行最右边一位构成的字符会在整个数据块的末尾发送，因此该字符称作**块检查字符**(block check character, BCC)，它的 b_0(第 0 位)是数据块中所有 b_0 的偶校验位；它的 b_1(第 1 位)是数据块中所有 b_1 的偶校验位，以此类推。

纵横奇偶校验能够检测到更多的错误，但这种概率究竟有多大，还取决于为之计算 BCC 数据块的长度，对于一些成对且成组出现的差错仍然无法检测。

【课堂提问 7-18】 假设有 9 个储存数据的硬盘，如何使用奇偶校验的方法提高硬盘

b_0	1	0	1	0	1	0	1	0	1	0	1	0	1	0	1
b_1	0	1	1	0	0	1	1	0	0	1	1	0	0	1	1
b_2	0	0	0	1	1	1	1	0	0	0	0	1	1	1	1
b_3	0	0	0	0	0	0	0	1	1	1	1	1	1	1	1
b_4	0	0	0	0	0	0	0	0	0	0	0	0	0	0	0
b_5	1	0	1	0	0	1	1	0	0	1	0	0	1	0	0
b_6	0	1	0	1	1	0	0	1	1	0	1	1	0	1	0
b_7	0	0	1	0	1	1	0	0	1	1	0	1	0	0	0

图 7-33　垂直水平奇偶校验码范例

的纠错性能？

首先将每个字节打散成 8 比特分别储存在 8 个硬盘上，而不是将数据连续填满每个磁盘。其次再增加存有奇偶校验位的第 9 块硬盘。如果出现一块硬盘被损坏，即使损失全部数据，只须算出遗失的比特使得 9 个硬盘上值为 1 的比特数总保持为偶数(若用偶校验)即可修复原始数据。此外，该方法还会使系统运行得更快，因为当计算机读取文件时，它可以同时向每块硬盘读取片段。这种优化方法正是 RAID(redundant array of independent disks，独立冗余磁盘阵列)5 硬盘系统采用的纠错方式。通过将数据分散存储在多块硬盘中，既可以保证运行的高速性和稳定性，还可以利用额外附加的硬盘提高硬盘的纠错性能。

ISBN(International Standard Book Number，国际标准书号)的最后一位数字也是校验码。2007 年后使用的 13 位 ISBN 是这样计算校验码的：最左一位为第 1 位，从第 1 位到第 12 位，奇数位乘以 1，偶数位乘以 3，然后相加，将和除以 10 得到余数，再用 10 减去这个余数就是**校验码**(结果为 10 时校验码为 0)。

【例 7-6】　若文字识别软件识别出的 ISBN 为 978-897283571-4，请问是否正确？

解：用 978-897283571-4 的前 12 位计算校验码：

$(9\times1)+(7\times3)+(8\times1)+(8\times3)+(9\times1)+(7\times3)+(2\times1)+$
$(8\times3)+(3\times1)+(5\times3)+(7\times1)+(1\times3)=146$

$146\%10=6$　(% 表示求余)

$10-6=4$

所以，该书号基本是正确的。

【课堂提问 7-19】　请问，为什么上面例题的结论是“基本”正确？

(2) 循环冗余校验编码

循环冗余校验编码(cyclic redundancy check，CRC)是局域网和广域网中使用最多，也是最有效的检错方式，其基本思想就是在数据块后面添加一组与数据块相关的**冗余码**。冗余码的位数常用的有 12，16 或 32 位，冗余码位数越多，检错能力就越强，但传输的额外开销也相应地变得更大。目前不管是发送方冗余码的生成，还是接收方的校验都可以使用专用的集成电路来实现，从而可以大大加快循环冗余校验的速度。

CRC 校验使用多项式码(polynomial code)。多项式码的基本思想是任何一个二进制位串都可以用一个多项式来表示,多项式的系数只有 0 和 1,n 位长度的二进制位串 C 可以用下述 $n-1$ 次多项式表示:

$$C(x)=C_{n-1}x^{n-1}+C_{n-2}x^{n-2}+\cdots+C_1x^1+C_0$$

也就是二进制数从右向左的每一位依次作为常数项系数、一次项系数、二次项系数……所谓"位串"是将二进制数看作字符序列的另一种说法。

【例 7-7】 写出二进制位串 1010001 对应的多项式。

解:7 位数,对应的是一个 6 次多项式,6 次、4 次、常数项系数为 1,其他项系数为 0,则对应的多项式为 x^6+x^4+1。

数据后面附加上冗余码的操作可以用多项式的算术运算来表示。例如,一个 k 位的信息码后面附加上 r 位的冗余码,组成长度为 $n=k+r$ 的码,它对应一个$(n-1)$次的多项式 $C(x)$,信息码对应一个$(k-1)$次的多项式 $K(x)$,冗余码对应一个$(r-1)$次的多项式 $R(x)$,$C(x)$与 $K(x)$和 $R(x)$之间的关系满足:

$$C(x)=x^rK(x)+R(x)$$

由信息码生成冗余码的过程,即由已知的 $K(x)$求 $R(x)$的过程,也是用多项式的算术运算来实现。其方法是:通过用一个特定的 r 次多项式 $G(x)$去除 $x^r K(x)$,即:

$$\frac{x^rK(x)}{G(x)}$$

得到的 r 位余数作为冗余码 $R(x)$(如果余数不足 r 位时,前面补 0,作为冗余码)。其中,$G(x)$称为**生成多项式**(generator polynomial),是由通信的双方预先约定的。除法中用到的减法使用模 2 减法(即无借位减,相当于作异或运算),用多项式的对应系数进行除法运算。

【例 7-8】 已知信息位串 1101011011,生成位串 10011,则冗余码是什么?

解:信息位串 1101011011,对应 $K(x)=x^9+x^8+x^6+x^4+x^3+x+1$。

生成位串 10011,对应 $G(x)=x^4+x+1$,$r=4$。

则 $x^r K(x)=x^{13}+x^{12}+x^{10}+x^8+x^7+x^5+x^4$,对应位串 11010110110000,$R(x)$的计算如图 7-34 所示的竖式,得出的 4 位余数 1110 作为冗余码,于是实际传输的位串为 11010110111110。

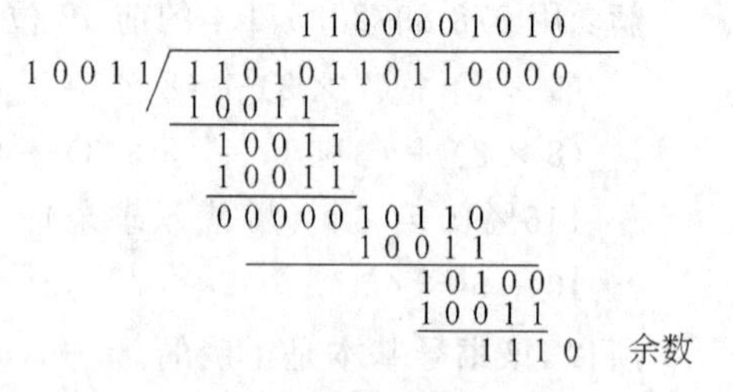

图 7-34 循环冗余码的校验码计算

如果数据在传输过程中不出现差错,则接收方收到信息的应当是 $C(x)$。在接收方将接收到的 $C(x)$除以生成多项式 $G(x)$,只要余数不等于 0,则表明有传输错误,若余数等于 0,则可以认为传输无误。证明如下:

设 $x^rK(x)$除以 $G(x)$的商为 $Q(x)$,则

$$x^rK(x)=G(x)Q(x)+R(x)$$

$$C(x)=x^rK(x)+R(x)=G(x)Q(x)+R(x)+R(x)=G(x)Q(x)$$

其中的加法也是模 2 加法,即无进位加,相当于异或运算,$R(x)+R(x)=0$。

如果传输没有错误，可以看出 $C(x)$ 必定能被 $G(x)$ 整除，即用接收到的 $C(x)$ 除以 $G(x)$ 的余数必定为0。要注意余数为0并不能断定传输一定没有错误，在某些非常特殊的比特差错组合下，CRC校验完全可能碰巧使余数等于0。因此，使用循环冗余检验CRC差错检测技术只能做到无差错接受(accept)。所谓"无差错接受"就是指："凡是接受的数据，都能以非常接近于1的概率认为这些数据在传输过程中没有产生差错"，或说得更简单些，是指"凡是接受的数据均无传输差错"。而要做到真正的"可靠传输"(即发送什么就收到什么)就必须再加上确认和重传机制。

目前已被标准化且广泛使用的生成多项式 $G(X)$ 有以下几种：

CRC_8：X^8+X^2+X+1

CRC_12：$X^{12}+X^{11}+X^3+X^2+X+1$

CRC_16：$X^{16}+X^{15}+X^2+1$

CRC_CCITT：$X^{16}+X^{12}+X^5+1$

CRC_32：$X^{32}+X^{26}+X^{22}+X^{16}+X^{12}+X^{11}+X^{10}+X^8+X^7+X^5+X^4+X^2+X+1$

这些生成多项式的主要特点有：①生成多项式的最高位和最低位必须为1；②当被传送信息(CRC码)任何一位发生错误时，被生成多项式做模2除后应该使余数不为0；③不同位发生错误时，应该使余数不同；④CRC一般可以纠正一位的错误，其中，CRC_8用于ATM信元头差错校验，CRC_16是二进制同步Bisync中采用的CRC校验生成多项式，CRC_CCITT则是网络的数据链路层中检错使用的生成多项式，CRC_32被IEEE 802.3以太网所采纳。其中CRC_16和CRC_CCITT生成的16位冗余码可以检测出所有的单个数位和两个数位的错误、所有的奇数个数位不正确的错误、两对相邻的错误、所有16个(或更少)数位的突发性错误以及99.998%以上多于16个数位的突发性错误。这些生成多项式都经过了数学上的精心设计和实际应用的长期检验的，只要适当地选择多项式，未检测出来的错误数量就有可能低至每 10^9 个字符只有一个错误。

(3) 校验和

校验和(checksum)是Internet中一种常用的校验方式。TCP/IP协议簇中的IP，ICMP，TCP和UDP等协议都使用了RFC1071定义的校验和来进行差错检测。

校验和的算法流程如下：

① 发送方算法：将待发送的数据划分成若干长度为16位的位串，每个位串看成一个二进制数；对这些16位的二进制数进行1的补码和(one's complement sum)累加运算，累加的结果再取反作为校验和，附加到数据后面，一起发送到接收方。

上述计算中，1的补码和就是指带循环进位(end round carry)的加法，最高位有进位应循环进到最低位。例如，1101B+1100B=11001B，最高位是进位，将它进到最低位再加得1001B+1B=1010B。

② 接收方算法：将接收的数据(包括校验和)进行1的补码和累加运算，累加的结果再取反。若结果为0，表明传输正确；否则，表明传输有差错。

【例7-9】 如果发送方要发送的3个数据分别是1001110000011010、1101101010001000、1010110100110101，则按照校验和得到的校验码是什么？接收方如何根据接收的数据验证传输正确？

解：如图 7-35 所示，图 7-35(a)是发送方的计算，①、②、③是 3 个数据。④是它们的 1 的补码和，⑤是④的反码，即校验和。发送方将⑤和数据一同发送。

图 7-35(b)是接收方的运算，①～④是接收到的数据，⑤是它们的 1 的补码和，⑥是校验和。接收方计算的校验和为 0，则表示没有传输差错，若不为 0，则表示有错。

①	数据	10011100	00011010
②	数据	11011010	10001000
③	数据	10101101	00110101
④	1的补码和	00100011	11011001
⑤	取反得到检验码	11011100	00100110

(a) 发送方的运算

①	数据	10011100	00011010
②	数据	11011010	10001000
③	数据	10101101	00110101
④	校验和	11011100	00100110
⑤	1的补码和	11111111	11111111
⑥	反码	00000000	00000000

(b) 接收方的运算

图 7-35 校验和运算

2. 纠错码

在所有的纠错码中，最著名的就是海明（Richard Wesley Hamming，1915－1998，美国数学家）码。在使用这个编码前，首先要定义两个位模式之间的**海明距离**（Hamming distance），它是两个等长的二进制位模式中不相同的位的个数。例如，001 和 010 有两个位不同，它们的海明距离就是 2。一组符号的编码中任意两个编码的海明距离的最小值，称为这个**编码集的海明距离**。

若传送的信息中有 4 个字符：A，B，C，D，给它们编码分别为 00，01，10，11，它们的最小海明距离是 1。若发送的是 00，但接收到的是 10，接收者无法判断出传输错误（可能认为发送的就是 01）。

若给 A，B，C，D 分别编码为 001，010，100，111，最小海明距离是 2。若发送的是 001，收到的是 101，有一位错误，但 101 不是一个合法的编码，就可以判断传输错误。事实上，该编码集的海明距离是 2，意味着一个编码错两位才能变成另一个合法编码。错一位不是合法的编码，从而容易判断出错误。

【课堂提问 7-20】 若一个编码集的海明距离是 d，能检测出几位的错误？

若 A，B，C，D 分别编码为 11010，01001，00110，10101，它们的最小海明距离是 3。若发送的是 11010(A)，错了一位，接收者收到的是 11110，收到的编码与 A，B，C，D 合法编码的海明距离分别是 1，4，2，3。在有一位错误的情况下，可以确定原编码应为 11010。

【例 7-10】 有 A,B,C,D,E,F,G,H 等 8 个符号需要传送,它们的编码列在表 7-3 中。①计算该编码集的海明距离。②若接收者收到的信息码为 010100,检测是否传输错误;若错,在一位错误的情况下正确的编码是什么?

表 7-3 各种传输介质比较

符号	编码	符号	编码	符号	编码	符号	编码
A	000000	C	010011	E	100110	G	110101
B	001111	D	011100	F	101001	H	111010

解:000000 和 001111 的海明距离为 4,000000 和 010011 的海明距离为 3,000000 和 011100 的海明距离为 3,000000 和 100110 的海明距离为 3,…,如此,计算所有编码对之间的海明距离,其中,最小值为 3,所以该编码集的海明距离为 3。

若接收者收到的编码字为 010100,计算它与 A,B,C,D,E,F,G,H 的海明距离依此为 2,4,3,1,3,5,2,4,所以判定传输出错,与 D 符号的编码的海明距离为 1,所以正确编码为 011100。

纠错码也是通过增加冗余位的方法来检错的,而且使得不同的数位错误时冗余位是不同的,这样通过这种关系就能判断哪一位或哪些位出现错误,从而纠正。海明码的构造和多位错误的纠错稍微复杂,这里不再介绍。

纠错技术被广泛用于增加计算设备的可靠性。例如,它们经常被用于高容量磁盘设备,以减少因磁盘表面瑕疵而损坏数据的可能性。

7.3 网络安全

网上支付系统一般包括 4 个实体:网上商户、客户、银行和 CA 认证中心,其中,商户和客户完成订单的提交和生成;银行端有网上银行管理服务器、支付服务器和商户管理服务器,网上银行管理服务器负责处理客户的注册开户申请,支付服务器负责处理支付信息,商户管理服务器负责处理商户的开户申请和与商户的对账;CA(certificate authority,认证中心)是颁发、管理和废除证明用户和商家真实身份的认证证书的机构,保证系统的认证和安全性。其实现原理如图 7-36 所示。

网上交易的传输安全控制手段采用 SSL 协议机制。SSL(secure socket layer protocol,安全套接层协议)是 Netscape Communication 公司设计的在传输层之上提供的一种基于 RSA 和保密密钥的用于浏览器和 Web 服务器之间的安全连接技术。SSL 采用了公开密钥(RSA)和对称密钥(DES)两种加密体制和 X.509 数字证书技术,对 Web 服务器和客户机的通信提供保密性、数据完整性和认证。商户端和银行端的 Web 服务器安装从第三方 CA 中心申请的服务器证书,商户与银行支付服务器之间采用证书认证方式。客户端的浏览器向商户和银行发送 CGI 请求时使用 https 协议建立 SSL 连接,所有用 https 发送的请求以及 Web 服务器返回的结果都会自动使用 SSL 加密传输。

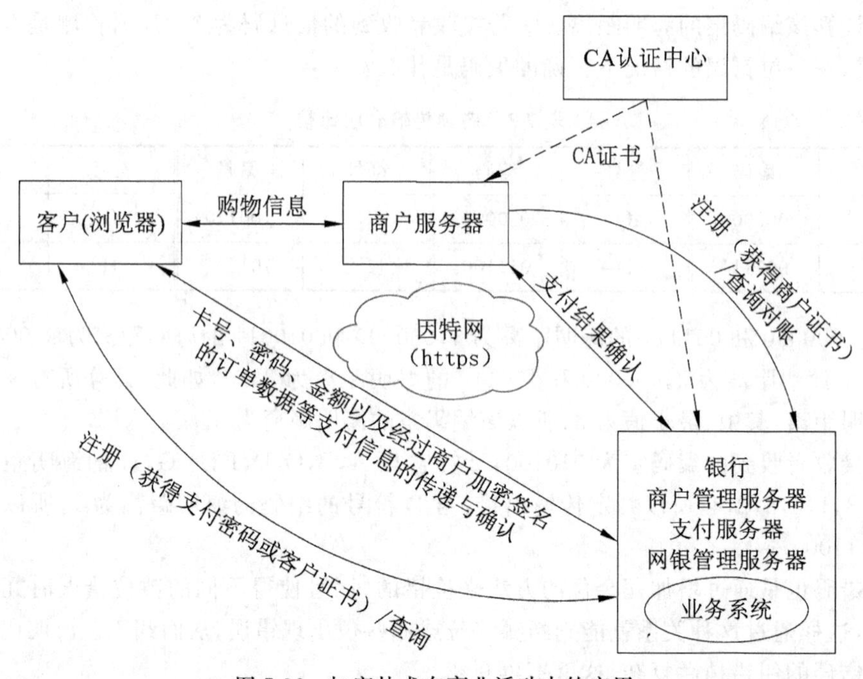

图 7-36 加密技术在商业活动中的应用

7.3.1 基本概念

国际标准化组织 ISO 对计算机网络安全(network security)的定义是:为数据处理系统建立和常用的安全防范技术,以保护计算机硬件、软件和数据不因偶然和恶意的原因遭到破坏、更改和泄露。通常需要保证以下几个方面的安全。

1. 网络安全涉及的内容

(1) 运行系统安全:即保证信息处理和传输系统的安全,侧重于保证系统正常运行,避免因系统的崩溃和损坏而对系统存储、处理和传输的信息造成破坏和损失,避免由于电磁泄漏导致信息泄漏,干扰他人或受他人干扰。

(2) 网络上系统信息的安全:包括用户口令鉴别、用户存取权限控制、数据存取权限及方式控制、安全审计、安全问题跟踪、计算机病毒防治、数据加密等。

(3) 网络上信息传播的安全:即信息传播后果的安全,包括信息过滤等,侧重于防止和控制非法有害的信息进行传播,避免公用网络上大量自由传输的信息失控。

(4) 网络上信息内容的安全:即狭义的"信息安全",侧重于保证信息的保密性、真实性和完整性,避免攻击者利用系统的漏洞进行窃听、冒充、诈骗等有损合法用户的行为,其本质是保护用户的利益和隐私。

2. 网络安全的特征

网络安全具备以下五个基本特征。

(1) 保密性：确保信息不泄露给非授权的用户、实体或进程。

(2) 完整性：只有得到授权的实体能修改数据，并且能够判别出数据是否被篡改。

(3) 可用性：得到授权的实体在需要时可以访问数据。

(4) 可控性：可以控制授权范围内的信息流向及行为方式。

(5) 可审查性：对出现的网络安全问题提供调查的依据和手段。

7.3.2　加密解密

图 7-37 是一个加密模型。欲加密的数据称为**明文**，明文经某种加密算法的作用后转换成**密文**。加密算法中使用的参数称为**加密密钥**。密文经解密算法作用后还原成明文输出。解密算法也有一个密钥，它和加密密钥可以相同也可以不同。加密算法和密码的设计称为**密码编码学**。

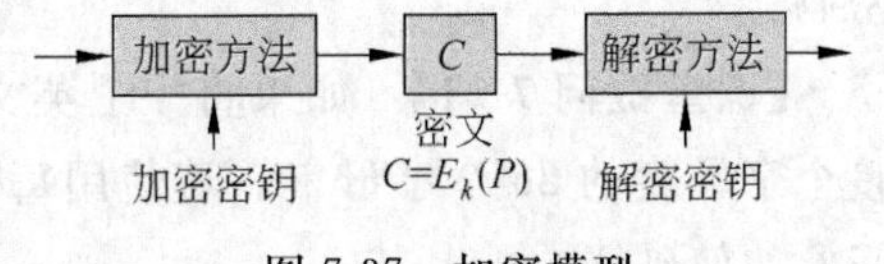

图 7-37　加密模型

密文在网络中传输时会被网络入侵者窃听，但不能从密文中直接得到信息的含义。当然，窃听者会想办法破译密码，希望得到明文。在未知密钥的情况下从密文得到明文或密钥的技术称为**密码分析学**。密码编码学和密码分析学合起来统称**密码学**。

密码学的一条基本原则是：必须假定破译者知道通用的加密方法，也就是说加密算法 E 是公开的。这种假设是合理的也是必要的，因为事实上任何一种加密算法都不可能做到完全保密，其次，一个加密算法在被公开之后仍能经得起攻击才称得上是一个强壮的算法，另外，只有在对加密算法的不断研究、攻击和改进中，密码学才能得到不断的发展。

既然加密算法是公开的，那么真正的秘密就在于密钥了。密钥是必须保密的，它通常是一个字符串，并且可以按需要频繁更换，因此以下要讨论的基本加密模型就是，加密算法是公开的和相对稳定的，而作为参数的密钥是保密的，并且是易于更换的。在这里密钥的长度很重要，因为找到了解密密钥也就破译了密码，而密钥长度越长，密钥空间就越大，遍历密钥空间所花的时间就越多，破译的可能性就越小。

通常用公式 $C=E_k(P)$ 表示明文 P 经加密算法 E 和加密密钥 k 作用后转换成密文 C，用公式 $P=D_k(C)$ 表示密文 C 经解密算法 D 和解密密钥 k 作用后转换成明文 P，并有关系：$P=D_k(E_k(P))$。

1. 传统加密技术

传统的加密方法基本可以分成 4 类。

(1) 单字符替代加密

在替代密码中，用一组密文字母来代替一组明文字母以隐藏明文，但保持明文字母的位置不变。单字符替换加密(mono alphabetic cipher)是一种简单的替代加密法，对明文中的每一个字母用另一个字母替代。最古老的单字符替代密码是**凯撒密码**(Caesar cipher)，它将明文中的每个字母用其后的第3个字母替代，即a用d替代，b用e替代，c用f替代，…，x用a替代，y用b替代，z用c替代。

【例7-11】 明文是Cipher的凯撒密文是什么？如何破译？

解：按照Caesar加密方法，每个字母用其后的第3个字母替代，构造密码表：

明文 a b c d e f g h i j k l m n o p q r s t u v w x y z

密文 d e f g h i j k l m n o p q r s t u v w x y z a b c

这样，很容易写出Cipher对应的密文为：Flskhu。

更一般地，将明文中的每个字母用其后的第k个字母替代，这样k就成了加密和解密的密钥。这种密码是很容易破译的，因为最多只须尝试25次($k=1\sim25$)即可轻松破译密码。

【课堂提问7-21】 如果将一个英文字母随意映射到另一个字母上，其密钥是对应于整个字母表的26个字母串。若使用每微秒能够尝试一个密钥的计算机，需要计算多长时间？如何破译？

虽然初看起来这个系统是很安全的，但要试遍所有26!种可能的密钥，即使计算机每微秒试一个密钥，也需要1013年。

但事实上完全不需要这么做，单字符替代加密的主要特征是：密文中的同一个字符去代替明文中的对应字符，破译者只要拥有很少一点密文，利用自然语言的统计特征，很容易就可破译密码，破译的关键在于找出各种字母或字母组合出现的频率。比如经统计发现，英文中字母e出现的频率最高，其次是t，o，a，n，i等，最常见的两字母组合依次为th，in，er，re和an，最常见的三字母组合依次为the，ing，and和ion。因此破译者首先可将密文中出现频率最高的字母定为e，频率次高的字母定为t……然后猜测最常见的两字母组、三字母组，比如密文中经常出现tXe，就可以推测X很可能就是h，如经常出现thYt，则Y很可能就是a等。同时，单字符替代加密并没有隐藏原来单词的长度，因此可以猜测这些加密的单词，如一个字符的单词可能是a或I，2个字母的单词可能是or，is，an，it或on，3个字符的单词可能是and或the。采用这种合理的推测，破译者就可以逐字逐句组织出一个试验性的明文。

(2) 多字符替代加密

为了去除密文中字母出现的频率特征，可以使用多字符替换加密，使明文字母和密文字母之间的映射关系没有固定规律，即明文中的同一字符不总是被密文中的固定字符所替换。多字符替换加密的一个重要例子是Vigenere密码，需要一个密钥和一个Vigenere表(见表7-4)。加密时，把密文周期性地写在明文上方。用明文中的一个字母对应表的列，该字母上方的密文字母对应表的行，这样就可以从Vigenere表中查到加密后的替代字母。下面通过一个例子看Vigenere方法是如何进行多字符替代加密的。

表 7-4　Vigenere 表

	A	B	C	D	E	F	G	H	I	J	K	L	M	N	O	P	Q	R	S	T	U	V	W	X	Y	Z
A	A	B	C	D	E	F	G	H	I	J	K	L	M	N	O	P	Q	R	S	T	U	V	W	X	Y	Z
B	B	C	D	E	F	G	H	I	J	K	L	M	N	O	P	Q	R	S	T	U	V	W	X	Y	Z	A
C	C	D	E	F	G	H	I	J	K	L	M	N	O	P	Q	R	S	T	U	V	W	X	Y	Z	A	B
D	D	E	F	G	H	I	J	K	L	M	N	O	P	Q	R	S	T	U	V	W	X	Y	Z	A	B	C
E	E	F	G	H	I	J	K	L	M	N	O	P	Q	R	S	T	U	V	W	X	Y	Z	A	B	C	D
F	F	G	H	I	J	K	L	M	N	O	P	Q	R	S	T	U	V	W	X	Y	Z	A	B	C	D	E
G	G	H	I	J	K	L	M	N	O	P	Q	R	S	T	U	V	W	X	Y	Z	A	B	C	D	E	F
H	H	I	J	K	L	M	N	O	P	Q	R	S	T	U	V	W	X	Y	Z	A	B	C	D	E	F	G
I	I	J	K	L	M	N	O	P	Q	R	S	T	U	V	W	X	Y	Z	A	B	C	D	E	F	G	H
J	J	K	L	M	N	O	P	Q	R	S	T	U	V	W	X	Y	Z	A	B	C	D	E	F	G	H	I
K	K	L	M	N	O	P	Q	R	S	T	U	V	W	X	Y	Z	A	B	C	D	E	F	G	H	I	J
L	L	M	N	O	P	Q	R	S	T	U	V	W	X	Y	Z	A	B	C	D	E	F	G	H	I	J	K
M	M	N	O	P	Q	R	S	T	U	V	W	X	Y	Z	A	B	C	D	E	F	G	H	I	J	K	L
N	N	O	P	Q	R	S	T	U	V	W	X	Y	Z	A	B	C	D	E	F	G	H	I	J	K	L	M
O	O	P	Q	R	S	T	U	V	W	X	Y	Z	A	B	C	D	E	F	G	H	I	J	K	L	M	N
P	P	Q	R	S	T	U	V	W	X	Y	Z	A	B	C	D	E	F	G	H	I	J	K	L	M	N	O
Q	Q	R	S	T	U	V	W	X	Y	Z	A	B	C	D	E	F	G	H	I	J	K	L	M	N	O	P
R	R	S	T	U	V	W	X	Y	Z	A	B	C	D	E	F	G	H	I	J	K	L	M	N	O	P	Q
S	S	T	U	V	W	X	Y	Z	A	B	C	D	E	F	G	H	I	J	K	L	M	N	O	P	Q	R
T	T	U	V	W	X	Y	Z	A	B	C	D	E	F	G	H	I	J	K	L	M	N	O	P	Q	R	S
U	U	V	W	X	Y	Z	A	B	C	D	E	F	G	H	I	J	K	L	M	N	O	P	Q	R	S	T
V	V	W	X	Y	Z	A	B	C	D	E	F	G	H	I	J	K	L	M	N	O	P	Q	R	S	T	U
W	W	X	Y	Z	A	B	C	D	E	F	G	H	I	J	K	L	M	N	O	P	Q	R	S	T	U	V
X	X	Y	Z	A	B	C	D	E	F	G	H	I	J	K	L	M	N	O	P	Q	R	S	T	U	V	W
Y	Y	Z	A	B	C	D	E	F	G	H	I	J	K	L	M	N	O	P	Q	R	S	T	U	V	W	X
Z	Z	A	B	C	D	E	F	G	H	I	J	K	L	M	N	O	P	Q	R	S	T	U	V	W	X	Y

【例 7-12】 如果明文是 I LOVE STUDYING NETWORKING，密钥是 YOUMUSTBECRAZY，则使用 Vigenere 表加密后的密文是什么？

解：列一个 3 行的表格，每个字母一列。明文在中间一行，密钥在第一行（循环写出）。对每一列，在 Vigenere 表中按照密钥字母找到行，按照明文字母找到列，交叉位置上就是密文字母。第 1 个密文 G 由 Vigenere 表的第 Y 行第 I 列确定，第 2 个密文 Z 由

Vigenere 表的第 O 行第 L 列确定……依此类推，表 7-5 的第 3 行就是密文。

表 7-5　多字符替代加密实例

密钥	Y	O	U	M	U	S	T	B	E	C	R	A	Z	Y	Y	O	U	M	U	S	T	B	E
明文	I	L	O	V	E	S	T	U	D	Y	I	N	G	N	E	T	W	O	R	K	I	N	G
密文	G	Z	I	H	Y	K	M	V	H	A	Z	N	F	L	C	H	G	A	L	C	B	O	K

另一种演变的多字符替代加密法是采用多张密码字母表，比如任意选择 26 张不同的单字母密码表，相互间排定一个顺序，然后选择一个简短易记的单词或短语作为密钥，在加密一条明文时，将密钥重复写在明文的上面，则每个明文字母上的密钥字母即指出该明文字母用哪一张单字母密码表来加密。

【例 7-13】 如果明文是 please execute the latest scheme，密钥是 computer，采用多字母密码表时，对应密文是什么？如何破译？

解：设有 26 张密码表，每个密码表列出明文字母对应的密文字母（注意，不一定是 Vigenere 密码表了）。列出 3 行的表格，每个字母一列（见表 7-6），中间一行是明文，第一行是密钥（循环写出），第 3 行写密文。假设用 a～z 表示 1～26，则第 1 个明文字母 p 用第 3 张单字母密码表加密，第 2 个明文字母 l 用第 15 张单字母密码表加密……显然，同一个明文字母因位置不同而在密文中可能用不同的字母来表示，从而消除了各种字母出现的频率特征。

表 7-6　多字母密码表加密实例

密钥	c	o	m	p	u	t	e	r	c	o	m	p	u	t	…	e	r	c	o	m	p
明文	p	l	e	a	s	e	e	x	e	c	u	t	e	t	…	s	c	h	e	m	e
密文																					

虽然破译多字母密码表要困难一些，但如果破译者手头有较多的密文，仍然是可以破译的，破译的诀窍在于猜测密钥的长度。首先破译者假设密钥的长度为 k，然后将密文按每行 k 个字母排成若干行，如果猜测正确，那么同一列的密文字母应是用同一单字母密码表加密的，因此同一列中各密文字母的频率分布应与英文相同，即最常用的字母（对应明文字母 e）频率为 13%，次常用的字母（对应明文字母 t）频率为 9%等。如果猜测不正确，则换一个 k 进行重试，一旦猜测正确，即可逐列使用破译单字母表密码的方法进行破译。进一步提高破译难度可以使用比明文还长的密钥，使上述破译方法失效，但这样的密钥难以记忆，如果记在本子上又会增加失密的可能性。

(3) 换位加密

换位加密（transposition cipher）是将明文字母的次序进行重新排列，并不对明文字母进行变换。最简单的换位加密是把要处理的明文填入一个表中，然后按照另一种方式读该表，形成密文。

【例 7-14】 将明文 company results are as expected 填入一个 5 列的表格中，每列一个字母，行数视需要确定。表格填好后，按列输出的密文是什么？如果使用一个密码指定列的转换次序，如24351，表示先转换第2列，然后第4列，依此类推，按列输出的密文是什么？如何破译？

解：设计5列的表格，将明文从第1个字母开始填入表格，第1行填满后填第2行，第3行等(见表7-7)。按列输出的密文是cns apd oyuase m lr c prteet aes xe；按照2,4,3,5,1列的顺序输出密文是oyuase prteet m lr c aes xe cns apd。

表7-7 换位加密实例1

c	o	m	p	a
n	y		r	e
s	u	l	t	s
	a	r	e	
a	s		e	x
p	e	c	t	e
d				

换位密码并不安全，它仍然保留了字母的频率信息，破译者可以尝试将这些字母重组为各种大小的矩阵，观察出现的单词。当然，如果把明文按照对角线或螺旋形填表，或者对密文再用第2张表进行一次转换可以使密文更复杂。

另一种演变的换位加密法是在加密时将明文按照密钥长度截成若干行排在密钥下面，密钥必须是一个不含重复字母的单词或短语，按照密钥字母在英文字母表中的先后顺序给各列进行编号，然后依照序号顺序按列输出密文。

【例7-15】 如果明文是pleaseexecutethelatestscheme，密钥是COMPUTER，采用上述换位加密后的密文是什么？如何破译？换位密码见表7-8。

表7-8 换位密码实例2

C	O	M	P	U	T	E	R
1	4	3	5	8	7	2	6
p	l	e	a	s	e	e	x
e	c	u	t	e	t	h	e
l	a	t	e	s	t	s	c
h	e	m	e	a	b	c	d

解：设计一个表格，列数与密钥的字母数相同，将密钥填入第1行，每个字母一列；第2行写出密钥字母排序后在密钥中的序号，第3行开始顺序填入明文，第1行填满后再填第2行……表格填好后，按第2行的数字从小到大的顺序按列输出，密文是PELHEHSCEUTMLCAEATEEXECDETTBSESA。

破译这种密码的第一步是判断密码类型，检查密文中E，T，O，A，N，I等字母的出现频率，如果符合自然语言特征，则说明密文是用换位密码写的。第二步是猜测密钥的长度，也即列数。在许多情况下，破译者根据消息的上下文，常常可以猜测出消息中可能包含的单词或短语，选择的单词或短语最好比较长一些，使其至少可能跨越两行，如 latestscheme。将选择的单词或短语按照假定的长度 k 截成几行，由于同一列上相邻的字母在密文中必是相邻的，因此可以将各列上的各种字母组合记下来，在密文中搜索。比如将 latestscheme 按照假设的长度 8 截成两行，则相邻的字母组合有 lh，ae，tm 和 ee。假如设想的 k 是正确的，则大部分设想的字母组合在密文中都会出现；如果搜索不到，则换一个 k 再试。通过寻找各种可能性，破译者常常能够确定密钥的长度。第三步是确定各列的顺序。如果列数比较少的话，可以逐个检查($k(k-1)$)个列对，查看它们的二字母组的频率是否符合英文统计特征，与特征符合最好的列对认为其位置正确。然后从剩下的列中寻找这两列的后继列，如果某列和这两列组合后，二字母组和三字母组的频率都很好地符合英文统计特征，那么该列就是正确的后继列。通过同构法也可以找到它们的前趋列，直至最终将所有的列序全部找到。

(4) 位级加密

位级加密(bit-level encryption)是对构成这些字符的二进制位进行加密，密钥也是一个二进制数，一般是 64 位或者 128 位。一种位级加密方法是，先将明文划分成与密钥相同长度的二进制位串，然后再与密钥进行异或运算，运算结果就是密文。

【例 7-16】 如果明文是 1010111001100010，密钥是 1110010110000101，采用位级加密后的密文是什么？如何解密？

解：明文位串和密文位串的长度相同，可以直接进行异或运算得到密文。

明文 1010111001100010
密钥 1110010110000101
密文 0100101111100111

由于异或操作是可逆的，对密文再与密钥进行一次异或运算，就可以得到明文，

密文 0100101111100111
密钥 1110010110000101
明文 1010111001100010

加密和解密的密钥是相同的。密钥越长，位级加密就越安全，但仍然存在如何安全地将密钥传送给可信任的接收者的问题。

2. 秘密密钥算法

现代密码学也使用替代密码和换位密码的思想，但和传统密码学的侧重点不同，传统密码学的加密算法比较简单，主要通过加长密钥长度来提高保密程度；而现代密码学正好相反，它使用极为复杂的加密算法，即使破译者能够对任意数量的选择明文进行加密，也无法找出破译密文的方法。

一种著名的加密技术是 DES(data encryption standard)，它由 IBM 在 20 世纪 70 年代开发。DES 用 56 位的密钥，将 64 位的明文块转换为 64 位的密文，它的密钥有 2^{56} 种可能性。该算法有许多步骤，组合了替代和换位技术，每一步的输出是下一步的输入，最后一步产生加密后的 64 位密文。在接收端，要使用同一密钥执行相反的步骤进行解密。尽

管DES算法很复杂,但它已被集成在VLSI(very large scale integration,超大规模集成电路)芯片中,加密过程很快。近年来由于计算能力的迅速提高,一台高性能计算机可以在3~4小时内破解这种密码,因此又开发了三重DES(triple DES)。三重DES将密钥增加到112位,明文块首先用密钥的前56位加密,然后再用后56位加密,最后再用前56位加密,这样得到的密文需要尝试2^{112}次才能破译。

图7-38(a)是一个实现换位密码的基本部件,称为P盒(P-box),它将输入顺序映射到某个输出顺序上,只要适当改变盒内的连线,它就可以实现任意的排列。图7-38(b)是一个实现替代密码的基本部件,称为S盒(S-box),它由一个3-8译码器、一个P盒和一个8-3编码器组成。一个3比特的输入将选择3-8译码器的一根输出线,该线经P盒换位后从另一根线上输出,再经8-3编码器转换成一个新的3比特序列。将P盒和S盒相复合构成乘积密码系统,就可以实现非常复杂的加密算法。图7-38(c)是一个乘积密码系统的例子。一个12比特的明文经第一个P盒排列后,按3比特一组分成4组,分别进入4个不同的S盒进行替代,替代后的输出又经第2个P盒排列,然后再进入4个S盒进行替代,这个过程重复进行直至最后输出密文。只要级联的级数足够大,算法就可以设计得非常复杂。

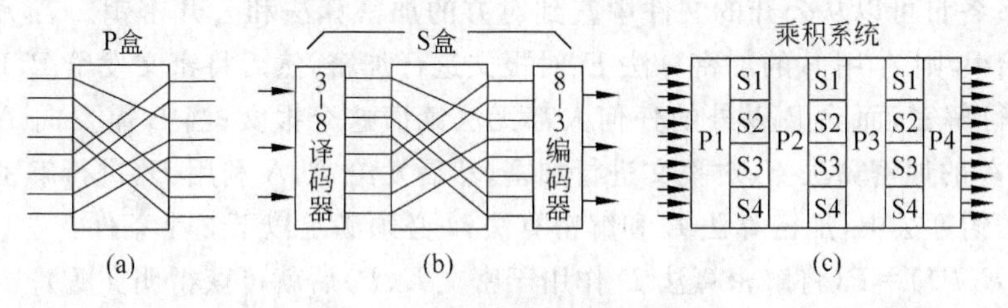

图7-38 乘积密码系统的构成

加密密钥和解密密钥是相同的,这样的加密算法称为**对称密钥算法**。这样的密钥需要保密,不能让第三方知道,也称**秘密密钥算法**。这种加密机制称为**对称密钥体制**或**秘密密钥体制**。由于解密密钥必须和加密密钥相同,因此就产生了如何安全地分发密钥的问题。传统上是由一个中心密钥生成设备产生一个相同的密钥对,并由人工信使将其传送到各自的目的地。对于一个拥有许多部门的组织来说,这种分发方式是不能令人满意的,尤其是出于安全方面的考虑需要经常更换密钥时更是如此。另外,两个完全陌生的人要想秘密地进行通信,就必须通过实际会面来商定密钥,否则别无他法。1976年,Diffie和Hellman提出了一种全新的加密思想——公开密钥算法,很好地解决了这个问题。

3. 公开密钥算法

在公开密钥加密(public key encryption,PKE)提出之前,所有密码系统的解密密钥和加密密钥都有很直接的联系,即从加密密钥可以很容易地导出解密密钥,因此所有的密码学家理所当然地认为应对加密密钥进行保密,但是Diffie和Hellman提出了一种完全不同的设想,从根本上改变了人们研究密码系统的方式。在Diffie和Hellman提出的方法中,使用非对称密钥(asymmetric key),即加密密钥和解密密钥是不同的,并且从加密密钥不能得到解密密钥。

(1) 基本思想

Diffie 和 Hellman 算法的基本思想是：如果某个用户希望接收秘密报文，他必须设计两个算法，加密算法 E 和解密算法 D，然后将加密算法放于任何一个公开的文件中广而告知，这也是公开密钥算法名称的由来，他甚至也可以公开他的解密方法，只要他妥善保存解密密钥即可。在这种算法中，每个用户都使用两个密钥，其中加密密钥是供其他人向他发送报文用的，这是公开的，解密密钥是用于对收到的密文进行解密的，这是保密的。通常用**公开密钥**(public key，**公钥**)和**私人密钥**(private key，**私钥**)分别称公开密钥算法中的**加密密钥**和**解密密钥**，以与传统密码学中的秘密密钥相区分。由于私人密钥只由用户自己掌握，不需要分发给别人，也就不用担心在传输的过程中或被其他用户泄密，因而是极其安全的。用公开密钥算法解决上面所说的密钥分发问题非常简单，中心密钥生成设备产生一个密钥后，用各个用户公开的加密算法对之进行加密，然后分发给各用户，各用户再用自己的私人密钥进行解密，既安全又省事。两个完全陌生的用户之间，也可以使用这种方法很方便地商定一个秘密的会话密钥。

【课堂提问 7-22】 当用户 A 和 B 希望秘密通信时，如何使用公开密钥加密和使用私人密钥解密？

A 和 B 各自可以从公开的文件中查到对方的加密算法和公开密钥。若 A 需要将秘密报文发给 B，则 A 用 B 的加密算法 E_B 对报文进行加密，然后将密文发给 B，B 使用解密算法 D_B 进行解密，而除 B 以外的任何人都无法读懂这个报文；当 B 需要向 A 发送消息时，B 使用 A 的加密算法 E_A 对报文进行加密，然后发给 A，A 利用 D_A 进行解密。

公开密钥算法中，加密算法 E 和解密算法 D 必须满足以下 3 个条件：

- $D(E(P))=P$(将解密算法 D 作用于密文 $E(P)$ 后就可获得明文 P)。
- 从 E 导出 D 非常困难(不可能从 E 导出 D)。
- 使用"选择明文"攻击不能攻破 E(破译者即使能加密任意数量的选择明文，也无法破译密码)。

如果能够满足以上 3 个条件，则加密算法完全可以公开。

(2) RSA 算法

由于公开密钥算法潜在的优越性，研究者们一直在努力寻找符合以上三个条件的算法。已经有一些算法被提了出来，其中较好的一个是由 MIT(Massachusetts Institute of Technology)的一个研究小组提出的，并以三个发现者名字的首字母进行命名，称为 RSA (Rivest Shamir Adleman)算法。RSA 的思想基础是，如果两个素数足够大，就几乎不可能从它们的乘积反推出原来的两个素数。在实际应用中，素数一般选得很大，在 10^{130}～10^{310}之间。在此不对它做理论上的推导，只说明如何使用这种算法。

【算法 7-1】 RSA 密钥生成算法。

① 选择两个大素数 p 和 q(典型值为大于 10^{100})，p,q 是保密的。

② 计算 $n=p\times q$ 和 $z=(p-1)\times(q-1)$。

③ 选择一个与 z 互质的数，令其为 d(一般 $d<z$)。

④ 找到一个 e 使满足 $e\times d=1(\text{mod } z)$。

⑤ (e,n)作为公开密钥，可以公开；(d,n)作为私人密钥，保密；p,q,z 保密。

计算以上参数后，就可以开始对明文加密。首先将明文看成一个比特串，将其划分成一个个的数据块 P 且有 $0 \leqslant P < n$。要做到这一点并不难，只须先求出满足 $2^k < n$ 的最大 k 值，然后使得每个数据块长度不超过 k 即可。对数据块 P 进行加密：计算 $C = P^e (\bmod\ n)$，C 即为 P 的密文；对 C 进行解密：计算 $P = C^d (\bmod\ n)$。可以证明，对于指定范围内的所有 P 其加密函数和解密函数互为反函数。

【例 7-17】 取 $p=3, q=11$，用 RSA 算法得到的公开密钥和私人密钥分别是什么？若要加密的明文为 $P=4$，则对应密文是什么？接收方如何解密？

解：按照 RSA 密钥产生算法。

① $p=3$ 和 $q=11$。

② 计算出 $n=3\times 11=33$ 和 $z=(3-1)\times(11-1)=20$。

③ 由于 3 和 20 没有公因子，因此可取 $d=3$。

④ 解方程 $7e=1(\bmod\ 20)$ 可以得到 $e=7$。

⑤ (7,33)是公开密钥，(3,33)是私人密钥。

假设要加密的明文为 $P=4$，则 $C=P^e(\bmod\ n)=4^7(\bmod\ 33)=16$，这是密文。

解密，计算 $P=C^d(\bmod\ n)=16^3(\bmod\ 33)=4$，恢复出明文。

实际上 (e,n) 和 (d,n) 这两对数任何一对都可以作为公钥，而另一对作为私钥。e,d 不应和 p,q 相同，至少公钥不能相同。

(3) RSA 的安全性

RSA 算法的安全性建立在难以对大数提取因子的基础上。如果破译者能对已知的 n 提取出因子 p 和 q 就能求出 z，知道了 z 和 e，就能利用 Euclid 算法求出 d。所幸的是，300 多年来虽然数学家们已对大数因式分解的问题作了大量研究，但并没有取得什么进展，到目前为止这仍是一个极其困难的问题。据 Rivest 等人的推算，用最好的算法和指令时间为 1 微秒的计算机对一个 200 位的十进制数作因式分解需要 40 亿年的机器时间，而对一个 500 位的数作因式分解需要 10^{25} 年。即使计算机的速度每 10 年提高一个数量级，能作 500 位数的因式分解也是在若干世纪之后，然而到那时，人们只要选取更大的 p 和 q 就行了。

非对称密钥技术的最大优点是解决了密钥交换的问题，所以广泛应用于许多产品中，如 Netscape Navigator，Lotus Notes 和 Internet Explorer，用于因特网上对数据的加密传输。另一个在电子邮件、计算机数据和语言通信中使用的非对称加密/解密程序是 PGP (pretty good privacy)，它在 1991 年由 Phillip R. Zimmerman 开发并免费发布到因特网上的，是第一个能使人们方便加密报文的产品。

微软公司在操作系统的 NTFS(一种文件系统的格式)中使用了 Encrypting File System，它是 PKE(public key encryption)的一种。用户选择文件后右击，选择"属性"，然后在"常规"选项卡中，单击"高级"按钮，再选择"加密内容以便保护数据"选项框，即可加密文件或文件夹。此外，还有许多加密产品，如 WinZip 9.0 可对压缩文件进行 128 位和 256 位 AES(advanced encryption standard)加密，ScramDisk 可提供 64 位和 128 位加密，DriveCrypt 可提供 1344 位军方标准的加密。

4. 密码破译

在计算机网络传输过程中，除了合法的接收者外，还有非授权者。非授权者会通过搭线窃听、电磁窃听、声音窃听等办法在信息传输过程中截取信息，因此机密信息会在网络传输中加密，但有时还是会被非授权用户截获，通过密码破译的方式获得明文甚至是密钥。密码破译是指在不知道密钥的情况下，恢复出密文中隐藏的明文信息的过程。成功的密码破译不仅能够恢复出明文或密钥，还能够发现密码体制的弱点。

(1) 影响密码破译的因素

影响密码破译的因素主要有：

① 密钥保密性：数据的保密程度直接与密钥的保密程度相关。

② 密钥长度，决定了需要尝试的密钥组合数量。

③ 算法强度：除了尝试所有可能的密钥组合之外的任何方法都不能使信息被解密的加密算法显然增加了密码破译的难度。

(2) 常见破译密码的方法

常见破译密码的方法可以分为以下 3 类。

① 密钥的穷尽搜索：这是破译密文最简单的方法，就是尝试所有可能的密钥组合。假设破译者有识别正确解密结果的能力，那么经过多次密钥尝试，最终会有一个密钥让破译者得到原文。

② 密码分析：在不知其密钥的情况下，利用数学方法破译密文或找到密钥的方法，称为密码分析(cryptanalysis)。密码分析有两个基本的目标：利用密文发现明文，利用密文发现钥匙。根据密码分析者破译(或攻击)时已具备的前提条件，通常将密码分析攻击法分为 4 种类型。

• 唯密文攻击(ciphertext-only attack)

密码分析者已知加密算法，掌握了一段或几段要解密的密文，通过对这些截获的密文进行分析得出明文或密钥。唯密文破解是最容易防范的，因为攻击者拥有的信息量最少。但是在很多情况下，分析者可以得到更多的信息，如捕获到一段或更多的明文信息、相应的密文以及明文的信息格式等。

• 已知明文攻击(known-plaintext attack)

密码分析者已知加密算法，掌握了一段明文和对应的密文，目的是发现加密的钥匙。在实际使用中，获得与某些密文所对应的明文是可能的。

• 选定明文攻击(chosen-plaintext attack)

密码分析者已知加密算法，设法让对手加密一段分析员选定的明文，并获得加密后的密文，目的是确定加密的钥匙。差别比较分析法也是选定明文破译法的一种，密码分析员设法让对手加密一组相似却差别细微的明文，然后比较加密前后的结果，从而获得加密的钥匙。

• 选择密文攻击(chosen-ciphertext attack)

密码分析者得到所需要的任何密文所对应的明文(这些明文可能是不明了的)，解密这些密文所使用的密钥与解密待解的密文的密钥是一样的。

上述 4 种攻击类型的强度依次递增，如果一个密码系统能抵抗选择明文攻击，它就能够抵抗唯密文攻击和已知明文攻击。

③ 利用加密系统实现中的缺陷或漏洞

虽然这种方法不是密码学所研究的内容，但对于每一个使用加密技术的用户来说是不可忽视的问题，甚至比加密算法本身更为重要。例如欺骗用户口令密码；在用户输入口令时，应用各种技术手段，"窥视"或"偷窃"密钥内容；利用加密系统实现中的缺陷；对用户使用的密码系统偷梁换柱；从用户工作生活环境获得未加密的保密信息，如进行的"垃圾分析"；让口令的另一方透露密钥或相关信息；威胁用户交出密码。

为了防止密码被破译，除了从思想上重视外，还可以采取以下措施：一是加强加密算法，通过增加加密算法的破译复杂程度和破译的时间，进行密码保护，如加长加密系统的密钥长度；二是使用动态会话密钥，每次会话所使用的密钥都不相同；三是定期更换加密会话的密钥。

7.3.3 用户认证

加密技术的一个重要应用就是身份认证。通信双方在进行重要的数据交换前，常常需要验证对方的身份，这种技术称为**用户认证**。在实际的操作中，除了认证对方的身份外，同时还要在双方间建立一个秘密的会话密钥，该会话密钥用于对其后的会话进行加密。每次连接都使用一个新的随机选择的会话密钥，其目的在于减少用永久性密钥加密的数据量，以防网络入侵者收集足够数量的密文进行破译；另一方面，当一个进程发生崩溃并且其内核落于他人之手时，最多只会暴露本次的会话密钥，而永久性密钥在会话建立后即被清除了。用户认证协议主要有三种类型。

1. 基于共享秘密密钥的用户认证协议

假设在 A 和 B 之间有一个共享的秘密密钥 K_{AB}。某个时候 A 希望和 B 进行通信，于是双方采用图 7-39 所示的过程进行用户认证。

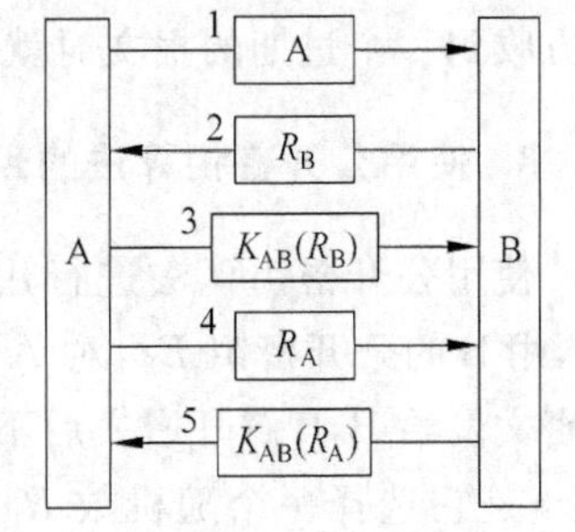

图 7-39　使用共享秘密密钥进行

首先 A 向 B 发送自己的身份标识；B 收到后，为了证实确实是 A 发出的，于是选择一个随机的大数 R_B，用明文发给 A；A 收到后用共享的秘密密钥 K_{AB} 对 R_B 进行加密，然后将密文发回给 B，B 收到密文后确信对方就是 A，因为除此以外无人知道密钥 K_{AB}；但这时 A 尚无法确定对方是否为 B，所以 A 也选择了一个随机的大数 R_A，用明文发给 B；B 收到后用 K_{AB} 对 R_A 进行加密，然后将密文发回给 A，A 收到密文后也确信对方就是 B；至此用户认证完毕。如果这时 A 希望和 B 建立一个秘密的会话密钥，它可以选择一个密钥 K_S，然后用 K_{AB} 对其进行加密后发送给 B，此后双方即可使用 K_S 进行会话。

2. 使用密钥分发中心的用户认证协议

要求通信的双方具有共享的秘密密钥有时是做不到的，比如在两个陌生人之间；另外

如果某个用户要和 n 个用户进行通信，就需要有 n 个不同的密钥，这给密钥的管理也带来很大的麻烦。解决的办法是引进一个密钥分发中心 KDC(key distribution center)。KDC 是可以信赖的，并且每个用户和 KDC 间有一个共享的秘密密钥，用户认证和会话密钥的管理都通过 KDC 来进行。

一个最简单的利用 KDC 进行用户认证的协议，如图 7-40 所示。A 希望和 B 进行通信，于是 A 选择一个会话密钥 K_S 然后用与 KDC 共享的密钥 K_A 对 K_S 和 B 的标识进行加密，并将密文和 A 的标识一起发给 KDC；KDC 收到后，用与 A 共享的密钥 K_A，将密文解开，此时 KDC 可以确信这是 A 发来的，因为其他人无法用 K_A 来加密报文；然后 KDC 重新构造一个报文，放入 A 的标识和会话密钥 K_S，并用与 B 共享的密钥 K_B，加密报文，将密文发给 B；B 用密钥 K_B 将密文解开，此时 B 可以确信这是 KDC 发来的，并且获知了 A 希望用 K_S 与它进行会话。

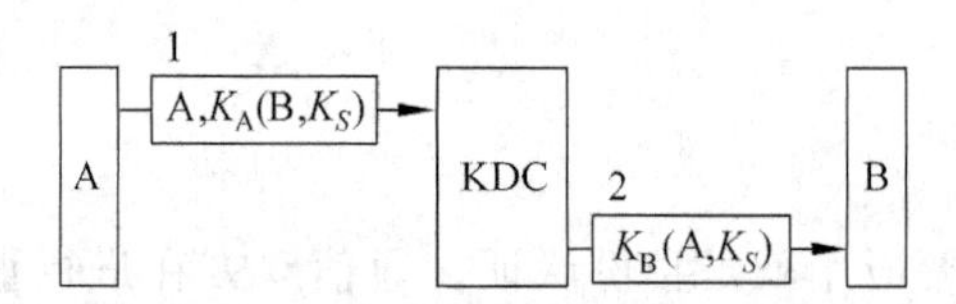

图 7-40　一个用 KDC 进行用户认证的协议

【课堂提问 7-23】　假如有个 C，当他为 A 提供了一定的服务后，希望 A 用银行转账的方式支付他的酬金，于是 A 和 B(银行)建立一个会话，指令 B 将一定数量的金额转至 C 的账上。这时 C 将 KDC 发给 B 的密文和随后 A 发给 B 的报文复制了下来，等会话结束后，C 将这些报文依次重发给 B，而 B 无法区分这是一个新的指令还是一个老指令的副本，因此又将相同数量的金额转至 C 的账上，这个问题称为重复攻击。如何解决这个问题？

可以在每个报文中放一个一次性的报文号，每个用户都记住所有已经用过的报文号，并将重复编号的报文丢弃。另外还可以在报文上加一个时间戳，并规定一个有效期，当接收方收到一个过期的报文时就将它丢弃。

3. 使用公开密钥算法的用户认证协议

使用公开密钥算法进行用户认证的典型过程如图 7-41 所示。A 选择一个随机数 R_A，用 B 的公开密钥 E_B，对 A 的标识符和 R_A 进行加密，将密文发给 B，B 解开密文后不能确定密文是否真的来自 A，于是它选择一个随机数 R_B 和一个会话密钥 K_S，用 A 的公开密钥 E_A 对 R_A，R_B 和 K_S 进行加密，将密文发回给 A；A 解开密文，看到其中的 R_A 正是自己刚才发给 B 的，于是知道该密文一定发自 B，因为其他人不可能得到 R_A，并且这是一个最新的报文而不是一个复制品，于是 A 用 K_S 对 R_B 进行加密表示确认；B 解开密文，知道这一定是 A 发来的，因为其他人无法知道 K_S 和 R_B。

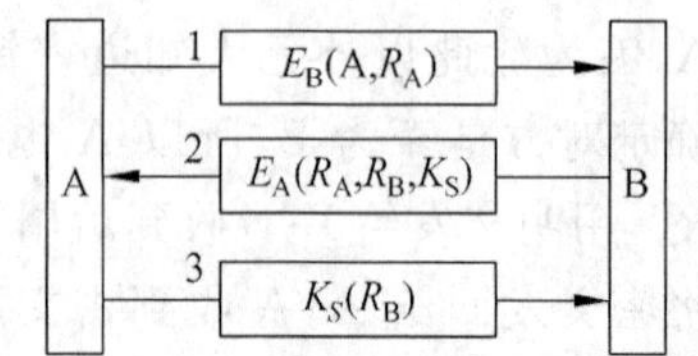

7-41　使用公开密钥进行用户认证

7.3.4 数字签名

在许多情况下，文件是否真实有效要取决于是否有授权人的亲笔签名，但在使用计算机进行信息处理时，手迹签名显然是行不通的，必须使用数字形式的签章来解决。

【课堂提问 7-24】 假设一个股民委托他的股票经纪人代为炒股，并指令当他所持的股票达到某个价位时，立即全部抛出。股票经纪人首先必须认证该指令确实是由该客户发出的，而不是其他什么人在伪造指令，这需要什么条件？

【课堂提问 7-25】 假定股票刚一卖出，股价立即猛升，该客户后悔不已，如果该客户是不诚实的，他可能会控告股票经纪人，宣称他从未发出过任何卖出股票的指令，这时股票经纪人可以拿出有他自己签名的委托书作为最有力的证据，这需要什么条件？

【课堂提问 7-26】 另一种可能是股票经纪人玩忽职守，当股票价位合适时没有立即抛出，不料此后股价一路下跌，客户损失惨重，为了推卸责任，股票经纪人可能试图修改委托书，修改成客户要求在某一个更高价位上（实际上该价位不可能达到）卖出股票，否则不卖，为了保障客户的权益，这需要什么条件？

第 1 种情况下，股票经纪人必须能够确认客户的身份，即接收方通过文件中的签名能认证发送方的身份；第 2 种情况下，客户不能事后否认发送过指令，即发送方事后不能否认发送过签名文件；第 3 种情况下，股票经纪人不能修改委托书，即接收方不可能伪造文件内容。因此这是一个可以替代手迹签名的系统所必须满足的条件。

数字签名(digital signature)对于电子商务非常有用，它是对网络上的一条报文进行签名，并保证他的内容没有被修改。数字签名的目的是确认发送者的真实身份、发送报文的完整性以及发送者的不可抵赖性。有效地数字签名应该不会被他人伪造，并可以自动加入时间戳，有许多加密技术可以保证这种安全性。

1. 使用秘密密钥算法的数字签名

这种方式需要一个可以信赖的中央权威机构(Central Authority，以下简称 CA)的参与，每个用户事先选择好一个与 CA 共享的秘密密钥并交给 CA，以保证只有用户和 CA 知道这个密钥。除此以外，CA 还有一个对所有用户都保密的秘密密钥 K_{CA}。

如图 7-42 所示，当 A 想向 B 发送一个签名的报文 P 时，它向 CA 发出 $K_A(B,R_A,t,P)$，其中 R_A为报文的随机编号，t 为时间戳；CA 将其解密后，重新组织成一个新的密文 $K_B(A,R_A,t,P,K_{CA}(A,t,P))$发给 B，因为只有 CA 知道密钥 K_{CA}，因此其他任何人都无法产生和解开密文 $K_{CA}(A,t,P)$；B 用密钥 K_B解开密文后，首先将 $K_{CA}(A,t,P)$放在一个安全的地方，然后阅读和执行 P。

【课堂提问 7-27】 在使用 CA 的数字签名中，是如何保证第二和第三个条件的？

当过后 A 试图否认给 B 发过报文 P 时，B 可以出示 $K_{CA}(A,t,P)$来证明 A 确实发过 P，因为 B 自己无法伪造出 $K_{CA}(A,t,P)$，它是由 CA 发来的，而 CA 是可以信赖的，如果 A 没有给 CA 发过 P，CA 就不会将 P 发给 B，这只要用 K_{CA}对 $K_{CA}(A,t,P)$进行解密，一切就可真相大白。

【课堂提问 7-28】 协议中使用随机报文编号 R_A和时间戳 t 的目的是什么？

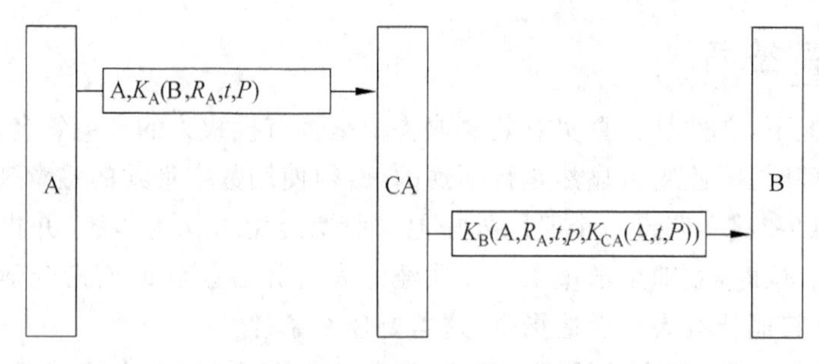

图 7-42　使用 CA 进行数字签名

为了避免重复攻击。B 能记住最近收到的所有报文编号，如果 R_A 和其中的某个编号相同，则 P 就被当成一个复制品而丢弃，另外 B 也根据时间戳 t 丢弃一些非常老的报文，以防止攻击者经过很长一段时间后，再用老报文重复攻击。

2. 使用公开密钥算法的数字签名

使用秘密密钥算法的数字签名，需要一个大家共同信赖的中央权威机构，而在实际中要找到这样一个机构是比较困难的，所幸的是使用公开密钥算法的数字签名可不受此条件的限制。

使用公开密钥算法的数字签名，其加密算法和解密算法除了要满足 $D(E(P))=P$ 外，还必须满足 $E(D(P))=P$，这个假设是可能的，因为 RSA 算法就具有这样的特性。数字签名的过程如图 7-43 所示，当 A 想向 B 发送签名的报文 P 时，它向 B 发送 $E_B(D_A(P))$，由于 A 知道自己的私人密钥 D_A 和 B 的公开密钥 E_B，因而这是可能的；B 收到密文后，先用私人密钥 D_B 解开密文，将 $D_A(P)$ 复制一份放于安全的地方，然后用 A 的公开密钥 E_A 将 $D_A(P)$ 解开，取出 P。

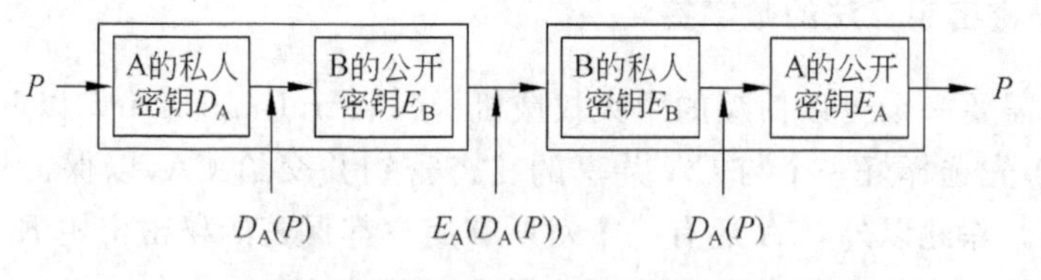

图 7-43　使用公开密钥的数字签名

【课堂提问 7-29】　在使用公开密钥的数字签名中，是如何保证第 2 和第 3 个条件的？

当 A 过后试图否认给 B 发过 P 时，B 可以出示 $D_A(P)$ 作为证据，因为 B 没有 A 的私人密钥 D_A，除非 A 确实发过 $D_A(P)$，否则 B 是不会有这样一份密文的，只要用 A 的公开密钥 E_A 解开 $D_A(P)$，就可以知道 B 说的是真话。

使用公开密钥的数字签名后，在实际使用仍然会遇到一些问题，这些问题不是算法本身的问题，而是和算法的使用环境有关。首先只有 D_A 仍然是秘密的，B 才能证明 A 确实发送过 $D_A(P)$，如果 A 试图否认这一点，他只须公开他的私人密钥，并声称他的私人密钥被盗了，这样任何人包括 B 都有可能发送 $D_A(P)$；其次是 A 改变了他的私人密钥，出于安全因素的考虑，这种做法显然是无可非议的，但这时如果发生纠纷的话，裁决人用新的 E_A

去解老的 $D_A(P)$，就会置 B 于非常不利的地位。因此在实际的使用中，还需要有某种集中控制机制记录所有密钥的变化情况及变化日期。

3. 报文摘要

有人对以上的签名方法提出批评，认为它们将认证和保密两种截然不同的功能混在了一起，有些报文只需要签名而不需要保密，将报文全部进行加密速度太慢也不必要。为此有人提出一个新的方案，该方案使用一个单向的哈希函数(hash function)，将任意长的明文转换成一个固定长度的比特串，然后仅对该比特串进行加密，这样的哈希函数通常称为报文摘要(message digests，MD)，必须满足三个条件：给定 P，很容易计算出 MD(P)；给出 MD(P)，很难计算出 P；任何人不可能产生出具有相同报文摘要的两个不同的报文。为满足条件 3，MD(P)至少必须达到 128 位，实际上有很多函数符合以上三个条件。

下面来看一看，如何实现以上的两个签名过程。

在秘密密钥密码系统中，如果使用报文摘要实现签名，则 CA 解开密文后，首先计算出 MD(P)，然后着手组织一个新的密文，在新的密文中它不是发送 $K_{CA}(A,t,P)$，而是发送 $K_{CA}(A,t,MD(P))$，而 B 解开密文后将 $K_{CA}(A,t,MD(P))$保存起来。如果发生纠纷，B 可以出示 P 和 $K_{CA}(A,t,MD(P))$作为证据。因为 $K_{CA}(A,t,MD(P))$是由 CA 送来的，B 无法伪造，当 CA 用 K_{CA}解开密文取出 MD(P)后，可将哈希函数作用于 B 提供的明文 P，然后判断报文摘要是否和 MD(P)相同。因为条件 3 保证了不可能伪造出另一个报文，使得其报文摘要同 MD(P)一样，因此只要两个报文摘要相同，就证明了 B 确实收到了 P。

在公开密钥密码系统中，如果使用报文摘要实现数字签名，如图 7-44 所示。A 首先对明文 P，计算出 MD(P)，然后用私人密钥对 MD(P)进行加密，连同明文 P 一起发送给 B；B 将 $D_A(MD(P))$复制一份放于安全的地方，然后用 A 的公开密钥解开密文取出 MD(P)，为防止途中有人更换报文 P，B 对 P 进行报文摘要，如结果同 MD(P)相同，则将 P 接收下来。当 A 试图否认发送过 P 时，B 可以出示 P 和 $D_A(MD(P))$来证明自己确实收到过 P。

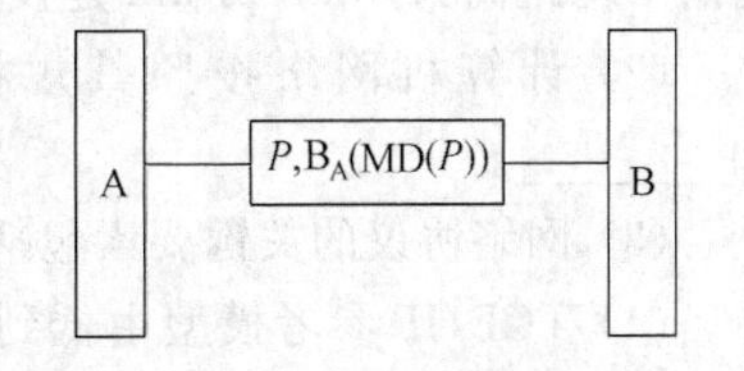

图 7-44　使用报文摘要的数字签名

【课堂提问 7-30】 假如要将一份销售合同发送给另一个城市中的房地产代理机构，你希望能向代理机构保证该文档确实是你发送的，并且他们接收到的内容确实是你发送的内容。

在公开密钥密码系统中，你可以先将合同复制到一个电子邮件信息中，用哈希函数计算该电子邮件报文的哈希值，使用发送者的私钥对该哈希值加密，加密后的哈希值就是发送者的数字签名，它被附加到原始信息后。资产代理机构收到信息后，为了确保信息是你发来的并未被篡改，接收端会计算收到信息的哈希值，然后使用你的公钥对附加在信息后的加密哈希值进行解密，比较两个哈希值，如果两者一致，说明接收到的信息是有效的。

习 题 7

1. 单选题

(1) 计算机通过点到点的链路与中心结点相连，这种网络拓扑结构是(　　)。

A. 星形　　B. 环形　　C. 总线　　D. 树形

(2) 计算机网络中常用的有线传输介质有(　　)。

A. 双绞线、红外线、同轴电缆　　B. 同轴电缆、激光、光纤

C. 双绞线、同轴电缆、光纤　　D. 微波、双绞线、同轴电缆

(3) 因特网上的每台主机都有一个唯一的、可识别的地址称为(　　)。

A. 端口号　　B. 物理地址　　C. IP 地址　　D. 域名

(4) 若子网掩码是 255.255.192.0，则以下地址中(　　)和(　　)属于同一个子网。

A. 150.20.115.133　　B. 150.20.190.2

C. 150.20.192.59　　D. 150.20.215.133

(5) DNS 系统的功能是(　　)。

A. 将 IP 地址转换为 MAC 地址　　B. 将域名转换为 MAC 地址

C. 将域名转换为 IP 地址　　D. 将 IP 地址转换为 MAC 地址

2. 填空题

(1) 如果用全互连拓扑结构建设一个具有 500 个结点的广域网，假设网络中结点之间的平均距离为 5km，每 km 建设成本是 1 万元，则总成本是________万元。

(2) 计算机网络按照其规模大小和延伸距离远近划分为________、________和________。

(3) 网络协议的关键要素包括________、________和________。

(4) TCP/IP 参考模型由低到高，分别是________、________、________和________，依次对应 OSI 参考模型的________、________、________和________。

(5) IPv4 地址是一个________位二进制数，而 IPv6 是一个________位的二进制数。

(6) 一般情况下，通过域名访问一个网站需要访问________次域名服务器就能知道该域名服务器的 IP 地址。

(7) 万维网 WWW 的组成部分有________、________和________。

(8) FTP 传输过程中要建立________连接和________连接。

(9) 下图是曼彻斯特编码的波形图，它表示的二进制序列是________。

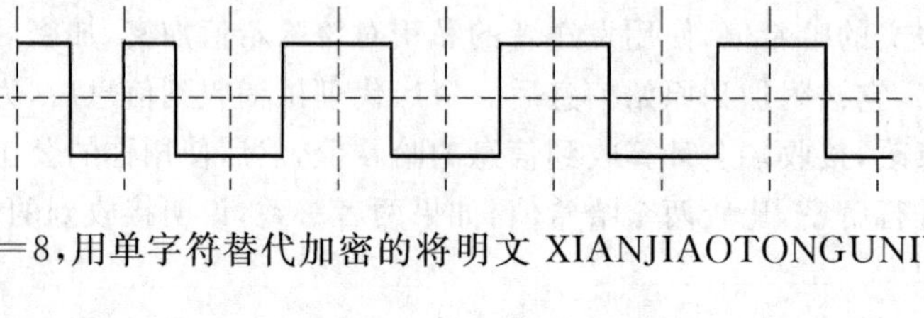

(10) 假设 $k=8$，用单字符替代加密的将明文 XIANJIAOTONGUNIVERSITY 加密

后的密文是________。($k=8$ 的 Caesar 加密)

(11) 如果明文是 XIANJIAOTONGUNIVERSITY,密钥是 CTEC,则使用 Vigenere 表加密后的密文是________。

(12) 如果明文是 XIANJIAOTONGUNIVERSITY,密钥是 CTEC,则使用换位加密后的密文是________。

(13) 原始信息的二进制序列为 100111010,分别采用奇校验和偶校验后得到的二进制序列是________(校验加到最低位)。

(14) 已知信息位串是 11000101,生成多项式为 X^4+X+1,用 CRC 编码后的位串是________。

(15) 已知信息位串是 100101110,生成多项式为 X^5+X^4+X+1,CRC 的校验码是________。

3. 问答题

(1) 常见的网络拓扑结构有哪些?都具有什么特点?

(2) 请简要说明 TCP/IP 模型各层的功能。

(3) TCP/IP 模型中各层的典型协议有哪些?

(4) 举例说明分层思想在日常生活中的使用。

(5) 中国一家公司的经理要与德国一家公司的经理进行商务谈判。请将谈判过程的机制用层次结果表示出来,并描述在中机制下的商谈过程。已知条件如下:

① 谈判策略已经由双方的董事会确定,由双方的经理亲自掌握。

② 中方经理不懂德语,德方经理也不懂汉语,但双方都可以聘请翻译人员。

③ 翻译人员只负责语言翻译,不涉及商务。

④ 双方的通信手段只能使用传真,而且只有秘书会使用传真。

(6) 请对比收发室和邮政系统的功能,考虑它们应该对应于 OSI 参考模型中的哪一层?

(7) 在广播网络中,由于路由选择较简单,因此 OSI 模型中哪一层的功能会很弱?

(8) 常用的传输介质有哪些?适用于何种场合?

(9) WiFi 使用的电磁波频段是多少?

(10) 中继器、集线器、交换机和路由器应该具有 OSI 模型中哪些层的功能?

(11) 为什么说划分子网可以节约地址空间?

(12) Webmail 与其他方式相比,在使用方法、访问方式、安全防护等方面还具有哪些优点?

(13) 通过哪些软件可以使用 WWW 服务、域名服务、电子邮件服务、远程文件传输服务?

(14) IP 电话与传统电话通信系统的区别在哪里?

(15) 在数据通信过程中,会用到哪些类型的信号?

(16) 绘制比特流为 011000101111 的曼彻斯特编码波形图和差分曼彻斯特编码波形图。

(17) 已知接收端收到的数据如下，其中第 3 组是校验和的检错码，请检验收到的信息是否有误？为什么？

1011 0101 1010 0011

1101 1010 0110 1110

0110 1111 1111 0001

(18) 请设计一种换位加密方法，对信息 property controls to remain next year 进行加密，要求写出密钥、加密方法、解密方法。

(19) 自己选择两个素数 p,q，按照 RSA 算法，计算一组公开密钥和私人密钥，并对一个数据进行加密和解密(可以利用计算器和 Python 编程)。

(20) 三种用户认证协议分别适用于何种场合？

(21) 如何使用公开密钥算法确认一个用户的身份。

(22) 写出使用秘密密钥算法和 CA 的数字签名过程，如何防止客户否认？

ASCII字符表

符　号	十进制	八进制	十六进制	符　号	十进制	八进制	十六进制
NUL 空字符(Null)	0	0	0H	ETB(传输块结束)	23	27	17H
SOH(头标开始)	1	1	1H	CAN(取消)	24	30	18H
STX(正文开始)	2	2	2H	EM(媒体结束)	25	31	19H
ETX(正文结束)	3	3	3H	SUB(替换)	26	32	1AH
EOT(传输结束)	4	4	4H	ESC	27	33	1BH
ENQ(查询)	5	5	5H	FS(文件分割符)	28	34	1CH
ACK(确认)	6	6	6H	GS(组分隔符)	29	35	1DH
BEEP 响铃	7	7	7H	RS(记录分隔符)	30	36	1EH
BS(退格)	8	10	8H	US(单元分隔符)	31	37	1FH
\t 水平制表符	9	11	9H	空格符	32	40	20H
\n 换行(LF)	10	12	AH	!	33	41	21H
\v 垂直制表符	11	13	BH	"	34	42	22H
\f 换页(FF)	12	14	CH	#	35	43	23H
\r 回车(CR)	13	15	DH	$	36	44	24H
SO(移出)	14	16	EH	%	37	45	25H
SI(移入)	15	17	FH	&	38	46	26H
DLE(数据链路转义)	16	20	10H	'	39	47	27H
DC1(设备控制 1)	17	21	11H	(	40	50	28H
DC2(设备控制 2)	18	22	12H	)	41	51	29H
DC3(设备控制 3)	19	23	13H	*	42	52	2AH
DC4(设备控制 4)	20	24	14H	+	43	53	2BH
NAK(反确认)	21	25	15H	,	44	54	2CH
SYN(同步空闲)	22	26	16H	—	45	55	2DH

续表

符　号	十进制	八进制	十六进制	符　号	十进制	八进制	十六进制
.	46	56	2EH	L	76	114	4CH
/	47	57	2FH	M	77	115	4DH
0	48	60	30H	N	78	116	4EH
1	49	61	31H	O	79	117	4FH
2	50	62	32H	P	80	120	50H
3	51	63	33H	Q	81	121	51H
4	52	64	34H	R	82	122	52H
5	53	65	35H	S	83	123	53H
6	54	66	36H	T	84	124	54H
7	55	67	37H	U	85	125	55H
8	56	70	38H	V	86	126	56H
9	57	71	39H	W	87	127	57H
：	58	72	3AH	X	88	130	58H
；	59	73	3BH	Y	89	131	59H
＜	60	74	3CH	Z	90	132	5AH
＝	61	75	3DH	[	91	133	5BH
＞	62	76	3EH	\	92	134	5CH
?	63	77	3FH	]	93	135	5DH
@	64	100	40H	^	94	136	5EH
A	65	101	41H	_	95	137	5FH
B	66	102	42H	`	96	140	60H
C	67	103	43H	a	97	141	61H
D	68	104	44H	b	98	142	62H
E	69	105	45H	c	99	143	63H
F	70	106	46H	d	100	144	64H
G	71	107	47H	e	101	145	65H
H	72	110	48H	f	102	146	66H
I	73	111	49H	g	103	147	67H
J	74	112	4AH	h	104	150	68H
K	75	113	4BH	i	105	151	69H

续表

符　号	十进制	八进制	十六进制	符　号	十进制	八进制	十六进制
j	106	152	6AH	u	117	165	75H
k	107	153	6BH	v	118	166	76H
l	108	154	6CH	w	119	167	77H
m	109	155	6DH	x	120	170	78H
n	110	156	6EH	y	121	171	79H
o	111	157	6FH	z	122	172	7AH
p	112	160	70H	{	123	173	7BH
q	113	161	71H	|	124	174	7CH
r	114	162	72H	}	125	175	7DH
s	115	163	73H	～	126	176	7EH
t	116	164	74H	删除	127	177	7FH

参 考 文 献

[1] 张凯. 计算机科学技术前沿选讲[M]. 北京：清华大学出版社,2010.

[2] 吴吉,平玲娣,等. 云计算：从概念到平台[M]. 电信科学,2009(12).

[3] 刘艺,蔡敏,刘炳伟. 计算机科学概论[M]. 北京：人民邮电出版社, 2008.

[4] 董荣胜,古天龙. 计算科学与技术方法论[M]. 北京：人民邮电出版社,2005.

[5] 赵欢. 计算机科学概论[M]. 北京：人民邮电出版社, 2004.

[6] 徐光, 史元春,等. 普适计算[J]. 计算机学报, 2003,26(9):1042—1059.

[7] 黄国兴,等. 中国计算机科学与技术学科教程 2002[M]. 北京：清华大学出版社,2002.

[8] 李昌烟. 漫游计算机世界[M]. 山东：山东大学出版社,2001.

[9] 郭世荣. 纳贝尔筹在中国的传播与发展[J]. 中国科技史料, 1997.

[10] 白尚恕,李迪. 故宫珍藏的原始手摇计算机[J]. 故宫博物院院刊, 1980(01).

[11] 戴曙明. 电脑的起源(上)[J]. 自然辩证法通讯, 1979(02).

[12] 钱立豪. 计算尺的使用与原理[M]. 上海：上海人民出版社,1976.

[13] 赵英良,卫颜俊,仇国巍,等. Python 程序设计[M]. 北京：人民邮电出版社,2016.

[14] Tim Bell,Andrea Arpaci-Dusseau. 不插电的计算机科学[M]. 孙俊峰,等,译. 武汉：华中科技大学出版社,2010.

[15] 冯博琴,吴宁. 微型计算机硬件技术基础[M]. 2 版. 北京：高等教育出版社,2010.

[16] 程向前. 计算机应用基础[M]. 北京：中国人民大学出版社,2010.

[17] 傅祖芸. 信息论—基础理论与应用[M]. 2 版. 北京：电子工业出版社,2007.

[18] 战德臣, 孙大烈. 大学计算机[M]. 北京：高等教育出版社,2009.

[19] 钟义信. 信息科学与技术导论[M]. 北京：北京邮电大学出版社,2007.

[20] J. Glenn Brookshear. 计算机科学概论[M]. 9 版. 刘艺,等,译. 北京：人民邮电出版社,2006.

[21] 王昆仑,赵洪涌. 计算机科学与技术导论[M]. 北京：中国林业出版社, 2006.

[22] Randal E. Bryant,等. 深入理解计算机系统[M]. 龚奕利,等,译. 北京：中国电力出版社, 2004.

[23] 赵英良,仇国巍,等. 软件开发技术基础[M]. 3 版. 北京：机械工业出版社,2015.

[24] 赵英良,等. 计算机软件技术基础[M]. 西安：西安交通大学出版社,2010.

[25] 冯博琴,贾应智. 大学计算机基础[M]. 3 版. 北京：中国铁道出版社,2010.

[26] 李春葆,数据库原理与应用[M]. 2 版. 北京：清华大学出版社,2007.

[27] 陈小平. 数据结构导论[M]. 北京：经济科学出版社,2005.

[28] 赵文静,等. 数据结构与算法[M]. 北京：科学出版社,2005.

[29] 萨师煊. 数据库系统概论[M]. 3 版. 北京：高等教育出版社,2000.

[30] Mark Lutz. Python 学习手册[M]. 3 版. 侯靖,等,译. 北京：机械工业出版社,2009.

[31] 张德富. 算法设计与分析[M]. 北京：国防工业出版社, 2009.

[32] Sanjoy Dasgupta,Christos Papadimitriou,Umesh Vazirani. 算法概论[M]. 北京：清华大学出版社, 2008.

[33] 王晓东. 计算机算法设计与分析[M]. 3 版. 北京：电子工业出版社,2007.

[34] Cormen,T. H. 等. 算法导论[M]. 2 版. 潘金贵,等,译. 北京：机械工业出版社,2006.

[35] 谢希仁. 计算机网络[M]. 7 版. 北京：电子工业出版社,2017.

[36] 冯博琴,陈文革,程向前,等. 计算机网络[M]. 北京：高等教育出版社,2009.

[37] Peter Norton. 计算机导论[M]. 杨继萍，钱伟，译. 北京：清华大学出版社，2009.

[38] Stanford H. Rowe，Marcha L. Schuh. 计算机网络[M]. 李春洪，李文中，叶保留，译. 北京：清华大学出版社，2006.

[39] 孟庆昌. 操作系统[M]. 北京：电子工业出版社，2008.

[40] 维基百科[M/OL]. http://zh.wikipedia.org/wiki/%E7%B4%8D%E7%9A%AE%E7%88%BE%E7%9A%84%E9%AA%A8%E9%A0%AD.

[41] 百度百科[M/OL]. http://baike.baidu.com.

[42] 维基百科[M/OL]. http://wikipedia.jaylee.cn.

[43] 互动百科[M/OL]. http://www.hudong.com.